JewelCAD 电脑首饰设计

李园 编著

JewelCAD
Diannao
ShouShi
Sheji

中国地质大学出版社

内 容 提 要

本书结合 JewelCAD 电脑设计绘图的商业首饰实例，以珠宝行业实际生产的标准化制图为要求，分析不同类型首饰及宝石镶嵌方法的行业数据，整理出每个实例的制作步骤。从首饰镶嵌设计与制作流程，软件基础应用，综合案例分析，到工厂实例解析，内容讲解循序渐进，逐步完成整个软件操作学习与规范绘图。本书可用作珠宝设计专业的教材，又可作为珠宝电脑设计绘图从业者的自学书籍。

图书在版编目(CIP)数据

JewelCAD 电脑首饰设计/李园编著. —武汉：中国地质大学出版社，2015.9(2017.9重印)
ISBN 978 - 7 - 5625 - 3679 - 6

Ⅰ.①J…
Ⅱ.①李…
Ⅲ.①首饰-计算机辅助设计-应用软件
Ⅳ.①TS934.3 - 39

中国版本图书馆 CIP 数据核字(2015)第 177844 号

JewelCAD 电脑首饰设计	李 园 编著
责任编辑：张 琰 马 严　　选题策划：张 琰	责任校对：张咏梅

出版发行：中国地质大学出版社(武汉市洪山区鲁磨路388号)	邮编：430074
电　话：(027)67883511　　传　真：(027)67883580	E-mail:cbb @ cug.edu.cn
经　销：全国新华书店	Http://www.cugp.cug.edu.cn

开本：787 毫米×1 092 毫米　1/16	字数：410 千字　　印张：16
版次：2015 年 9 月第 1 版	印次：2017 年 9 月第 2 次印刷
印刷：荆州鸿盛印务有限公司	印数：2 001—4 000 册

ISBN 978 - 7 - 5625 - 3679 - 6	定价:58.00 元

如有印装质量问题请与印刷厂联系调换

序

随着 3D 打印技术的迅猛发展和广泛应用,电脑首饰设计起版在珠宝首饰现代化生产中已经步入成熟阶段。JewelCAD 是目前国内首饰行业通用的电脑首饰设计软件,各珠宝企业对于该软件应用型人才的需求旺盛。因此国内各珠宝首饰的教学机构也积极地将 JewelCAD 的软件教学设为基本的应用型课程。

学习软件必须重视实践,在实战中提高应用设计能力。值得鼓励的是,本书的作者作为从事课程教学的专业教师,能投入到企业实际的生产中,不断进行知识的更新,努力提高实践能力,同时能沉下心来,将实践中获得的技能进行梳理,结合教学经验,整理出《JewelCAD 电脑首饰设计》一书。这充分体现了一个教育工作者应有的态度,从实践中总结出规律进行教学指导,使得书本的知识内容能与实际相结合。

该书的前两章详细介绍了软件的基本应用知识,并在每一节知识点学习后附有小案例,供学习者一边练习,一边有针对性地回顾本节相关软件工具的应用知识。内容讲解细致,步骤清晰,并对容易出现错误的操作环节标以注释,这一部分内容对于初接触 JewelCAD 的读者是非常适用的。

综合实例解析这一章,可满足希望进一步提高实际应用水平的读者,在夯实基础知识的同时增加了不同类别首饰案例,结合实际生产扩展了软件教学的应用范围,帮助读者在逐步完成指定案例后渐渐提高软件实际应用能力。本书综合案例涵盖的内容丰富,数据详尽,汇合不同知识点于案例之中,在每一个案例前都归纳了步骤及说明,并根据该步骤进行详细的操作解析。

工厂实例练习库这一章包含十余个设计案例,涉及到的内容广泛,建模操作顺序及步骤解析详细。可应对建模常见的不同种类首饰镶嵌方法及应注意的相关数据问题,进一步提高学习者的综合电脑设计能力。

《JewelCAD 电脑首饰设计》一书作者为本人硕士研究生,对电脑首饰设计一直有着浓厚的兴趣,毕业后在高校从事首饰设计的教学工作,特别专注于电脑首饰设计软件的教学与改革工作。本书作者希望自己教授的学生能直接服务于电脑首饰设计起版行业,充分体现作为一个现代首饰设计的学生应该具备的艺术与技术相结合的特征,这与首饰设计的应用性学科属性也相一致,值得提倡和赞赏。

非常高兴为这本书写序,也希望这本书能给更多希望从事电脑首饰设计起版的学生及专业人士提供有价值的指导和帮助。

2015 年 7 月

前 言

随着科学技术的不断进步和发展,计算机辅助设计结合计算机辅助制造大幅度提升了生产效率。JewelCAD(简称 JCAD)作为国内珠宝行业应用最广的电脑起版软件,已经成为珠宝制造业现代化生产链中必不可少的重要组成部分。伴随计算机科学的飞速发展,珠宝行业使用的计算机辅助快速成型机也逐步更新换代,从树脂机,SOLIDSCAPE T66 喷蜡机,到现在行业内应用广泛的 3D‐SYSTERM PROJET CPX 3510 蓝蜡机。然而机型在更新,对于起版人才的标准化技术要求始终不变。为了能更好地适应市场的需求,电脑设计制作人才不仅要熟练掌握软件的基本应用,制作简单的首饰 3D 模型及效果图,还需要了解自己绘制或设计的模型能否符合实际工艺标准并制作成首饰实物,更要精确到各个制作环节的数据,实践并结合后期生产,完善从设计图到计算机辅助设计生产的全过程。

教材对于课程的教学有规范与指导的作用,所囊括的知识应该紧跟行业的发展。基于上述情况,笔者利用业余时间,带领学生在广州市花都区云峰翡翠电脑起版部门进行实践学习,使学生通过手绘设计—电脑起版—后期喷蜡,逐渐承担从设计到标准化制图的首饰生产。笔者结合在珠宝生产一线进行 JewelCAD 设计起版及与自己近几年的高校教学经验,并联合本人承担的 2015 广东省高等教育教学改革项目"JewelCAD 电脑首饰设计课程的教学改革"与校级教学成果奖培育项目"电脑首饰设计课程的教学改革",整理出《JewelCAD 电脑首饰设计》一书。

该书分为 4 个章节。

第一章:首饰镶嵌设计与制作流程

让初学者基本了解一件首饰从设计到计算机辅助制造的过程。了解 JewelCAD 在首饰生产链中的位置。从选石—设计图纸—电脑辅助设计—计算机起版—实物成型,进行分类图示讲解。

第二章:软件基础应用

侧重基础知识的熟悉应用,每一小节的知识内容根据课时设定,并配以满足该小节知识点的首饰案例进行巩固练习。运用"分类工具理论讲解"结合"实例首饰模型制作"的模式,使得知识点掌握更加牢固。同时根据笔者课堂教学经验,将知识点的重点与难点详细标注于每一小节,由简入精逐步完成软件的操作。

第三章:综合案例练习(详细解析)

包含9个详细讲解的实例,整理出规范的商业起版制作全过程,主要是笔者与云峰翡翠研发中心电脑首饰起版部门集合挑选的综合实例解剖(包括戒指、吊坠、耳环、手链、手镯等),囊括的不同案例除了涉及到刻面宝石不同的镶嵌在首饰生产中实际的建模方法外,同时还增加了不同形状玉石的电脑镶嵌起版方法,从工具的选取到使用讲解。对每一案例标注应注意到的一些实际环节要点。

第四章:工厂实例练习库(关键步骤解析)

包含从工厂精心挑选的14个不同类型实例。案例典型、适用广泛,并整理出了制作过程及思路,针对关键知识点给出详细解析。其中包括钻石分类镶嵌,真假反带,翡翠及彩色宝石镶嵌,不同瓜子扣等制作。通过充分的实例练习,使得学习者的制图技能得到提升。

特别感谢广州花都云峰(国际)珠宝服饰有限公司为本书的出版提供了支持;特别感谢尊敬的张汉凯校长给予的帮助;感谢我的导师张荣红教授和云峰翡翠研发中心从事电脑三维起版十余年的张宇昌师傅给予的指导和帮助;感谢华南理工大学广州学院珠宝学院的领导及同事给予的支持;同样感谢跟随我进入云峰起版部门精心收集部分案例的林愉东同学、朱慧强同学。

编著者

2015年8月

目 录

第一章 首饰镶嵌设计与制作流程/1

第二章 软件基础应用/4

  第一节 JewelCAD界面及基本操作简介/4

    一、JewelCAD界面介绍/4

    二、JewelCAD基本操作/6

  第二节 基本变形/11

    一、基本变形工具和命令/11

    二、基本变形设计的练习/14

  第三节 复制设计/18

    一、复制工具/18

    二、复制设计的练习/24

  第四节 复杂变形/27

    一、复杂变形命令工具/27

    二、复杂变形设计的练习/31

  第五节 曲线、映射、投影/34

    一、曲线工具和命令/34

    二、曲面/曲线映射/43

    三、投影/45

    四、案例练习/47

  第六节 曲面工具和命令/53

    一、直线延伸曲面/53

    二、纵向环形对称曲面/53

    三、横向环形对称曲面/55

    四、线面连接曲面工具/56

    五、封口曲面 开口曲面/59

六、U/V 互换/59

　　七、V-曲线/59

　　八、倒序编号/60

　　九、增加控制点/60

　　十、平滑度/60

　　十一、管状曲面/61

　　十二、圆柱、角锥、球体/62

　　十三、导轨曲面/62

　第七节　布林体、超减物件与非超减物件/73

　　一、布林体原理/73

　　二、超减物件与非超减物件/74

第三章　综合案例练习（详细解析）/75

　案例一　"U"形镶爪钻石女戒/75

　案例二　翡翠爪镶戒指/86

　案例三　反带蝴蝶结包镶钻石吊坠/99

　案例四　"福"字纹饰素金男戒/108

　案例五　四爪镶钻石耳环/117

　案例六　虎爪镶钻石通花吊坠/128

　案例七　翡翠佛公镶嵌/137

　案例八　弧面形彩宝手链/146

　案例九　逼镶方石手镯/153

第四章　工厂实例练习库（关键步骤解析）/170

　实例练习一　直齿镶钻石女戒/170

　实例练习二　六围一钻石吊坠/173

　实例练习三　铲边钉镶钻石戒指/177

　实例练习四　心形假反带多切面吊坠/181

　实例练习五　真反带梅花钉镶钻石项链/185

　实例练习六　抹镶钻石字母戒指/191

　实例练习七　瓜子扣（一）——水滴形、马眼形钻石瓜子扣/195

　实例练习八　瓜子扣（二）——开合瓜子扣/200

　实例练习九　方形碧玉插口镶戒指/204

　实例练习十　弧面彩宝公共爪镶钻石吊坠/208

　实例练习十一　翡翠金鱼吊坠/212

　实例练习十二　"G"形花头翡翠钻石吊坠/217

　实例练习十三　莲花葫芦翡翠吊坠/221

　实例练习十四　卡通螃蟹镶嵌玉石戒指/225

附录/232
  附录1 制版缩水计算方法/232
  附录2 爪镶制版数据分析图/234
  附录3 包镶制版数据分析图/235
  附录4 底镶制版数据分析图/236
  附录5 面种钉镶制版数据分析图/237
  附录6 面种格子镶制版数据分析图/238
  附录7 虎爪微镶制版数据分析图/239
  附录8 铲边钉镶制版数据分析图/240
  附录9 方石逼镶制版数据分析图/241
  附录10 常用手寸转换毫米直径表/242

主要参考文献/243

第一章
首饰镶嵌设计与制作流程

  每一件首饰诞生需要一系列的工艺步骤。下面以笔者设计制作的首饰"莲花葫芦"为例，介绍一件翡翠镶嵌首饰从设计—制图—出蜡版—成品的整个工艺流程。记录一件首饰结合计算机辅助设计与制作的诞生过程。

  第一步：选石。JewelCAD 软件针对宝石镶嵌的设计较多，在做货时大多以来料订制为主，根据不同石头大小与形状，进行设计并建模。所以首先我们需要测量主石的大小，包括长、宽、高，给出准确数据（图 1-1-1）。以便后期精确设计并绘图。

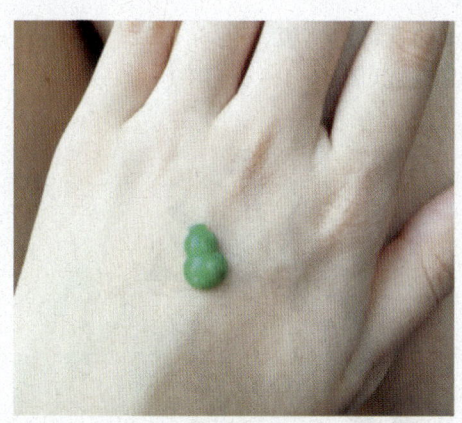
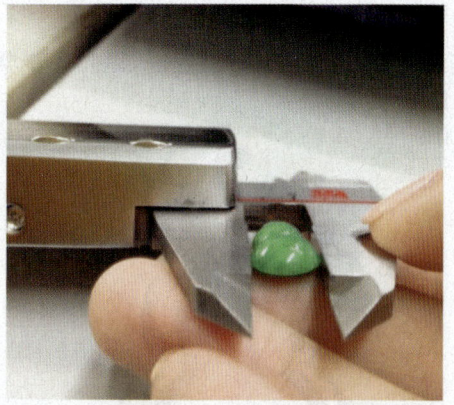
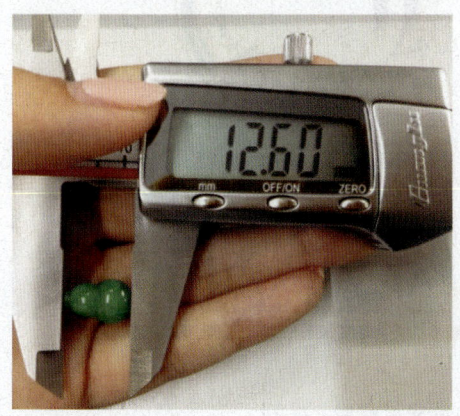
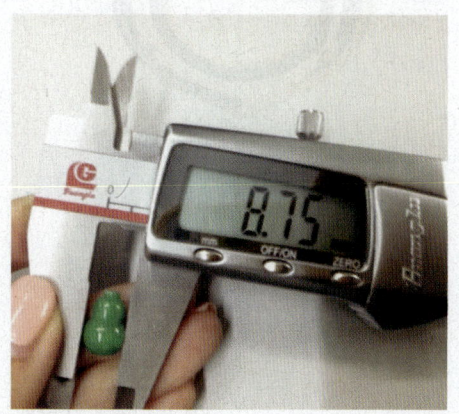

图 1-1-1 葫芦型翡翠玉石测量

第二步：概念与图纸设计。拿到一颗宝石，我们会根据它的形状，结合设计元素绘制1∶1大小的设计草图及三视图。在概念上使得它具有一定文化或内涵，同时要考虑并分析会购买并佩戴这件首饰的对象属于会接受哪一类型元素，哪一种设计理念的群体。如果是根据某一个特定人物来设计首饰，那我们要了解她的喜好、品味及诉说要求。莲花葫芦佩戴对象杨女士，身上透出年轻妈妈特有的细腻与清新，将设计元素定为莲花，葫芦口吐莲花，寓意清风永在，福禄绵长。

图1-1-2为设计制作单，主要展示首饰相关材质及工艺流程。

第三步：计算机辅助设计与制造。通过JewelCAD将草图以精确的尺寸进行电脑绘制，完成最初的设计图纸。如图1-1-3所示。

第四步：建模后进入快速成型3D-SYSTERM Projet 3510设备，如图1-1-4为蓝蜡版，并采用失蜡浇注工艺，导出如图1-1-5所示的首饰金属版。

第五步：完成后续执模，镶嵌，抛光等步骤，成品完成（图1-1-6～图1-1-9）。

图1-1-2　莲花葫芦图纸设计

图1-1-3　JewelCAD电脑建模模型三视图

图 1-1-4 首饰蓝蜡

图 1-1-5 浇注金属版

图 1-1-6 剪水口

图 1-1-7 执模

图 1-1-8 显微镜镶石

图 1-1-9 成品展示

第二章

软件基础应用

第一节 JewelCAD 界面及基本操作简介

一、JewelCAD 界面介绍

JewelCAD 由 5 个部分组成,分别是标题栏、菜单栏、浮动工具列、状态栏和绘图区域,如图 2-1-1 所示。

坐标轴的认识:作为三维绘图软件,图 2-1-1 显示的绘制界面上视图,我们只看到 X 轴、Y 轴两个轴,我们常称之为横轴、纵轴。而垂直于该平面坐标中心还有第三个轴向 Z 轴,X

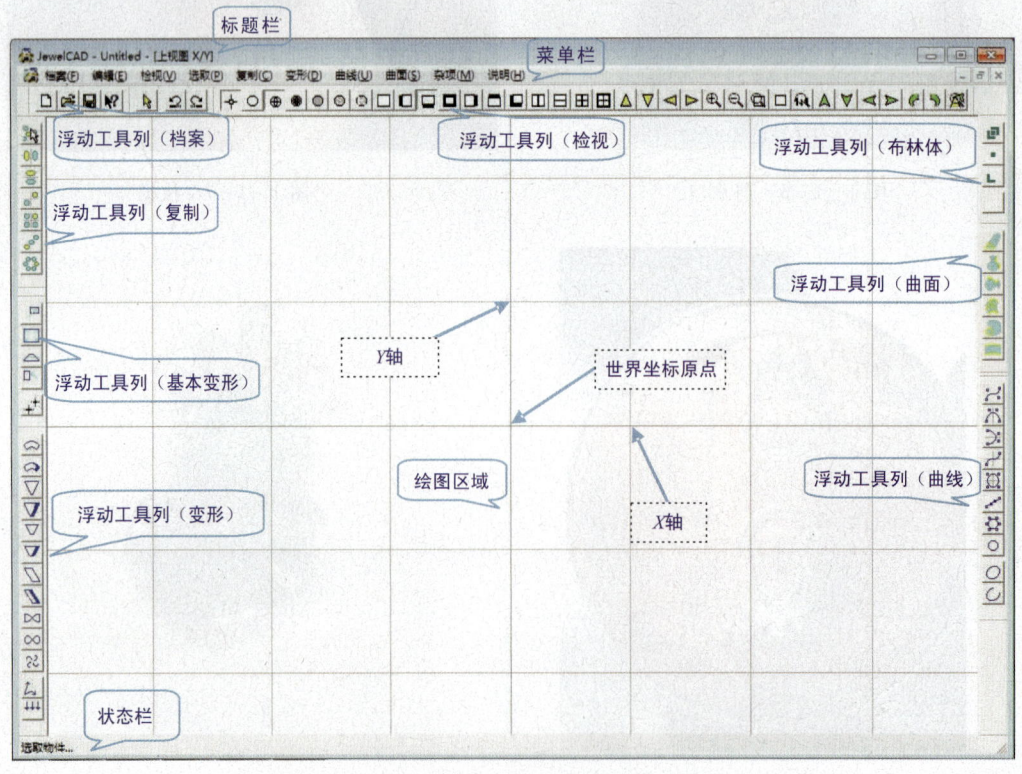

图 2-1-1 软件界面介绍

轴、Y轴、Z轴3个轴相互垂直,如图2-1-2所示。

下面我们从【菜单栏—档案—资料库—Rings】调出一个戒圈,再点击浮动工具列的检视栏上的不同图标,以便切换视图立体地带。我们认识绘图界面存在X轴、Y轴、Z轴。

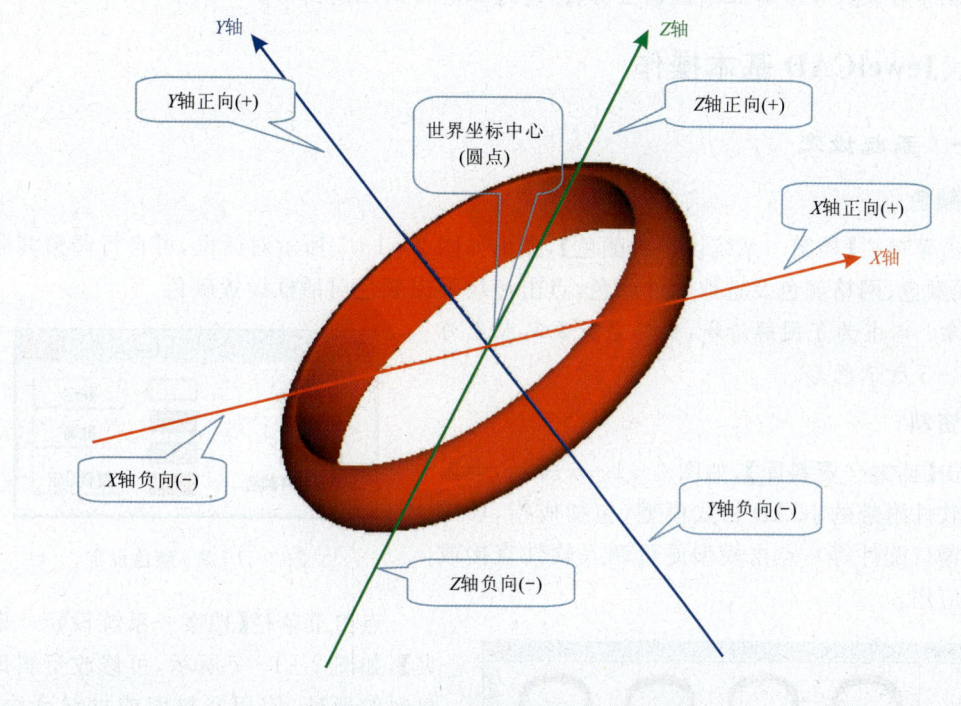

图2-1-2 坐标轴的X轴、Y轴、Z轴

图2-1-3为戒指的上视图,此时X轴为水平轴,Y轴为竖直轴,Z轴为进出轴。

图2-1-4为戒指的正视图,此时X轴为水平轴,Z轴为竖直轴,Y轴为进出轴。

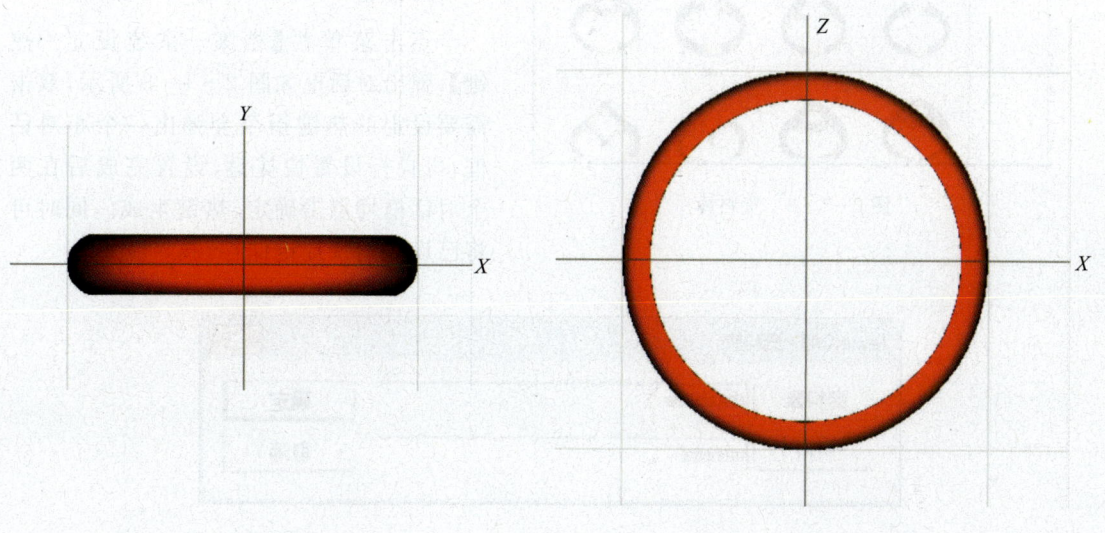

图2-1-3 戒指的上视图　　　　　　图2-1-4 戒指的正视图

注意：上面提到 X 轴、Y 轴、Z 轴。这些轴向是固定的,能够使物件与点从状态栏中得到空间的准确位置。而软件的默认状态下会在当前视图重新建立起水平轴、竖直轴与进出轴的操作,以方便软件对话框的设置。

请在学习软件命令时正确认识坐标轴,通过工具得到理想图形。

二、JewelCAD 基本操作

（一）系统设定

1. 颜色

点击菜单栏【档案—系统设定—颜色】,弹出如图 2-1-5 所示对话框,可自行调整背景颜色、轴线颜色、网格颜色及选取物件颜色,点击色块弹出颜色对话框设置颜色。

注意：本书为了图解清晰,软件系统设定颜色为图 2-1-5 所示色彩。

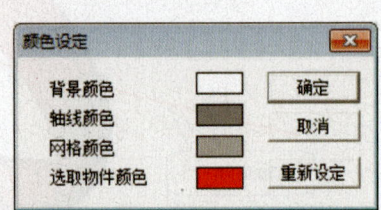

图 2-1-5 颜色设定

2. 资料

点击【档案—资料库】,如图 2-1-6 所示,会出现很多软件附带的 JCAD 格式模型（包括戒指、项链及各种镶口配件等）,点击模型便可调入软件直接或再编辑应用。

点击菜单栏【档案—系统设定—资料夹】,如图 2-1-7 所示,可修改资料库和材料的地址,使用资料库或材料命令时,弹出的窗口可连接到新设置的地址。这一命令可实现资料库和材料库的网络共享。

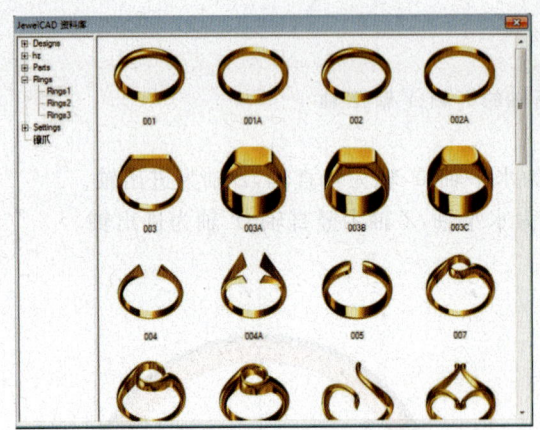

图 2-1-6 资料库

3. 热键

点击菜单栏【档案—系统设定—热键】,弹出对话框如图 2-1-8 所示,双击需要设定的热键指令会弹出一个小对话框,可自行设置快捷键,设置完成后在两个对话框均点击确定,热键生成。同时可将已设立的快捷键储存,载入应用。

图 2-1-7 资料夹

(二)视图操作

(1)将鼠标放置在视图工具条上会显示出其视图名称,如图2-1-9所示。

(2)视图:点击某一视图按钮绘图区会迅速切换到相应视图,如图2-1-10所示,依次为正视图、右视图、上视图、背视图、左视图、下视图、立体图、两视图、正四视图、背四视图。

(3)视图渲染:如图2-1-11所示,依次为简易线图(显示大致轮廓)、普通线图(显示主要轮廓)、详细线图(显示整体轮廓)、快彩图(简单渲染)、彩色图(渲染效果较好)、光影图(渲染效果最佳)。

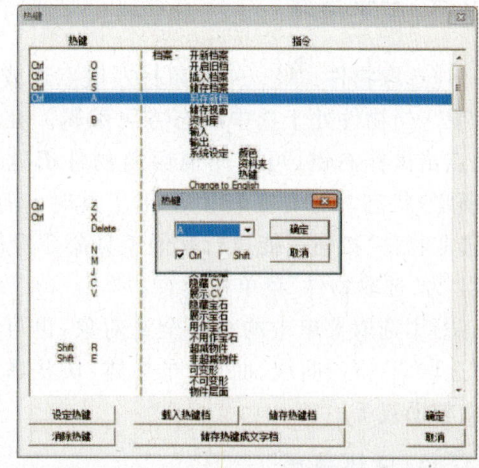

图2-1-8 热键

如图2-1-12所示,为一个戒指分别在简易线图、普通曲线、详细线图时,在绘图区呈现的状态。我们在进行作图时,一般都调整到普通曲线进行绘制。当需要看到物件完整的结构或测量精确的尺寸时,则需要切换到详细线图。

图2-1-9 视图名称　　　　图2-1-10 视图　　　　　　　图2-1-11 视图渲染

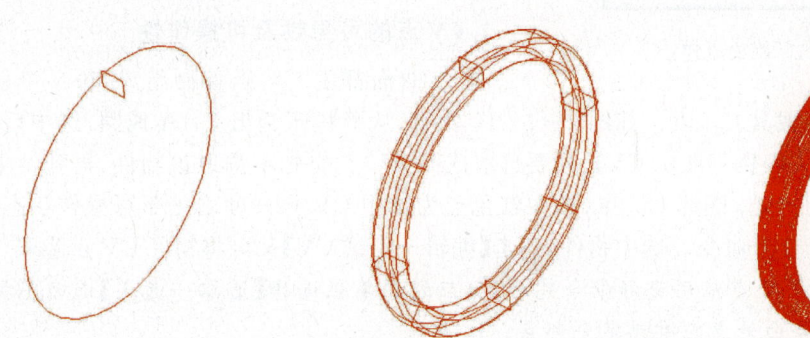

图2-1-12 简易线图、普通线图和详细线图(从左到右)

(4)视图角度变换:如图2-1-13所示,黄色箭头移上、移下、移左、移右依次为视图窗口的上下左右平移;放大镜加减可做操作视图的推近,推远(此操作可用鼠标滑轮完成);格放为针对视图框选区域做全视图放大;全图是最大化显示绘图区所有已知物件。放大/缩小1∶1为模型实际尺寸。点击绿色箭头,可不同角度观察物件。其操作并不会对物件进行实际的翻转操作,如想回到相应视图可点击视图栏的各视图按钮。

图2-1-13 视图角度变换

(三)对象选择

(1)选取物件 ——用鼠标左键点选或不选中操作对象。当物件处于选中状态方可编辑。在绘图区空白处点击鼠标右键,可以使视窗内物件都处于不选取(即锁定)状态。有时在转换使用工具时,需要单击一下"选取物件"按钮才能执行其他工具命令操作。图2-1-14 为"选取物件"菜单栏位置。

(2)用选取菜单中的命令全选对象,也可以按属性分别选取CV点、曲线、曲面、布林体、块状体、宝石、多面体、辅助线等。

图2-1-14 "选取物件"菜单栏位置

(四)网格设定

网格是在视图区显示的方格,用来进行辅助绘图的作用。在菜单栏【检视—网格设定】中可以调出网格设定窗口,如图2-1-15所示,网格距离单位为mm,初始设置以10mm为一格,可自行设置。可勾选"没有网格"取消网格。

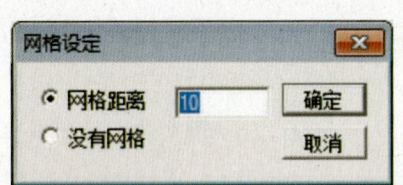

图2-1-15 网格设定

(五)对象可见性

1.物件的可见性

单击编辑菜单的隐藏、不隐藏、交替隐藏命令,可以使选择物件对象显示、不显示或互换显示。

2.CV点的可见性及可操作性

曲线、曲面都由CV点控制组成,每一个已成型物件均可展示或隐藏其CV点。如图2-1-16所示,从资料库调出001A戒圈,选中后,在菜单栏选择【菜单栏—编辑—展示CV】,如要选取戒圈CV点应先不选取该物件,再到菜单栏选择【选取—选点】可点选,框选CV点(图中红色点为选中CV点),使之处于可操作状态,此刻CV点可被应用于变形命令。选中物件,点击【编辑—隐藏CV】又可将物件CV点隐藏。

注意:如选择的CV点应用变形命令完毕后,应到菜单栏选择【选取—选点】选回不操作的点,使之锁定。或空白处点右键锁定全部点。

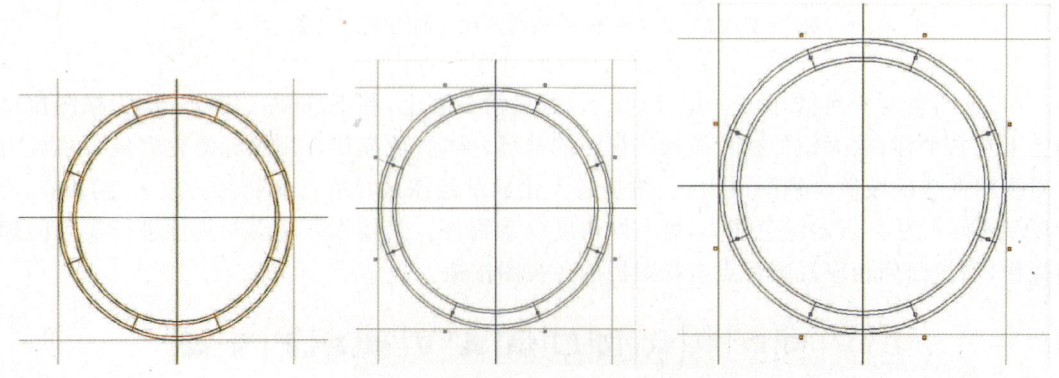

图2-1-16 隐藏CV点戒圈、展示CV点戒圈和选中部分CV点戒圈(从左至右)

3. 宝石的可见性

如图 2-1-17 所示,单击【菜单栏—编辑—隐藏宝石】,【展示宝石】命令,可以使画面中的宝石不显示或者显示。

(六)图层设置

(1)物件层面是一种成层的操作管理方式,众多对象之间通过图层分离,对建立复杂的图像模型是非常有用的,每一个层受控于所在的图层,通过选定一图层来改变图层的属性。

(2)单击【菜单栏—编辑—物件层面】命令,弹出层面设置框如图 2-1-18 所示,可以对物件图层的可编辑性、可见性、颜色、名称等进行设定。

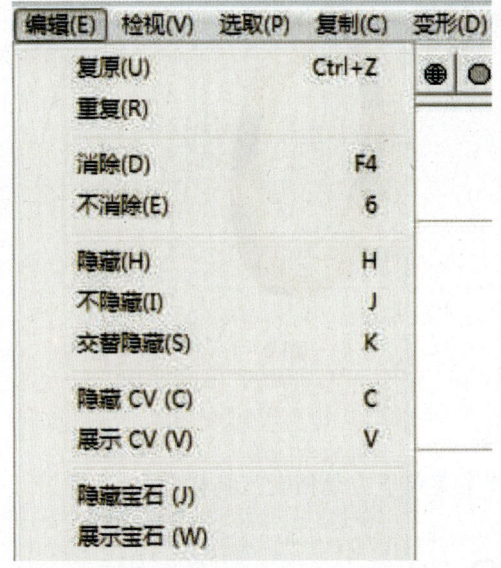

图 2-1-17 菜单栏—编辑—隐藏宝石

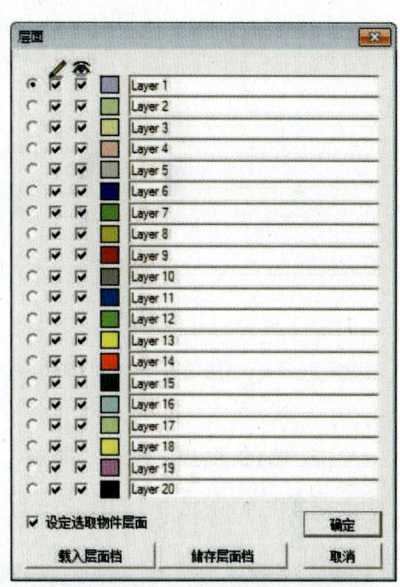

图 2-1-18 层面设置框

(七)材料和渲染

1. 材料

单击菜单的【编辑—材料】命令,打开材料库,内有不同首饰材料和宝石材质的材质球,在绘图区选中需要改变材料的物件,再打开材料库,点击不同材质球可以很方便地贴图于操作对象,如图 2-1-19 所示。

2. 渲染

(1)着色方式(图 2-1-20):①快彩图——占用系统资源和内存少,是排石常用

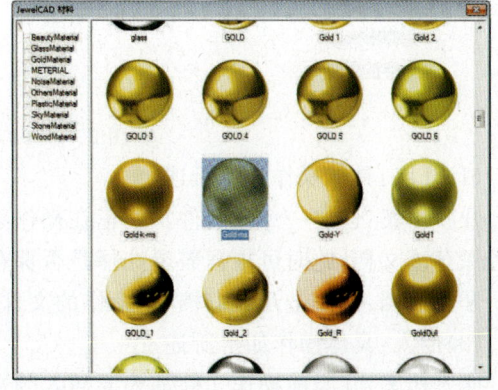

图 2-1-19 材料库

的显示方式,但看不到经布林体和超减操作的效果。②彩色图——占用系统资源和内存一般,能看到经布林体和超减操作的效果,但物体材质感不真实。③光影图——占用系统和内存多,能看到物体的真实感,但渲染速度较慢。

(2)渲染输出:单击杂项菜单/存光影图命令,可以输出 bmp 格式的高清渲染图,勾选轮廓线条可输出模型主要结构线,如图 2-1-21 所示。

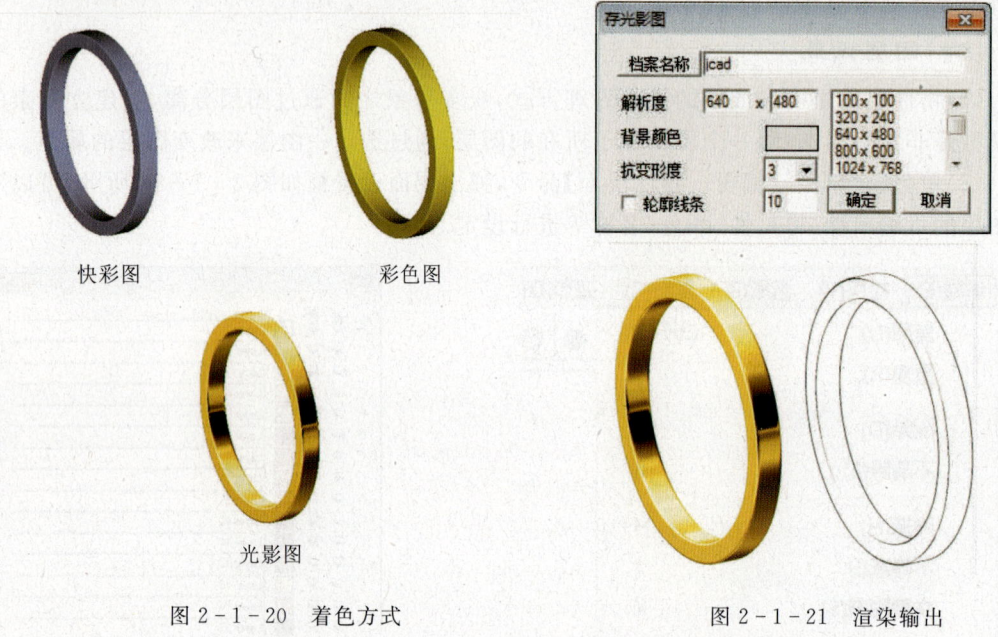

图 2-1-20 着色方式　　　　　　　　图 2-1-21 渲染输出

(八)文档的开启、插入、保存、输入、输出

点击菜单栏档案选项,如图 2-1-22 所示,档案菜单下方是档案工具栏。

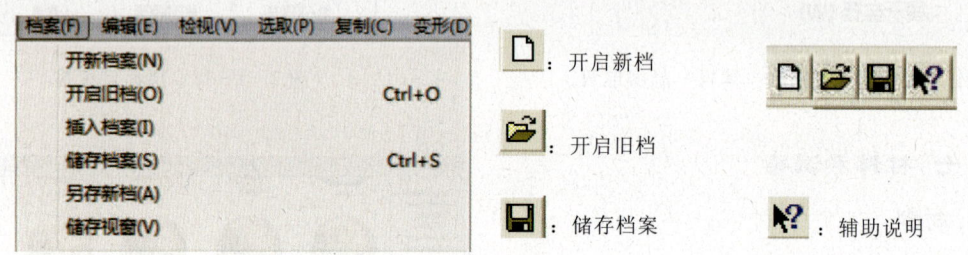

图 2-1-22 档案工具栏

(1)开启:具体操作如下所述。

开新档案:创建一个新文件。如正在操作某文件未保存,点击开启新档会弹出对话框询问是否保存该文档,此时可根据需要选择是否保存。

开启旧档:当点击开启旧档,正操作的文件会被完全替换为所选择旧档,不可撤销操作。

(2)插入:具体操作如下所述。

插入档案:在当前操作文件加入要插入的文件,此时文件中的隐藏部分亦插入,可撤销上一步操作。

(3)保存:具体操作如下所述。

存储档案:点击储存档案,弹出保存对话框,可选择保存位置,输入保存文件名称及类型。

另存新档:如操作途中需要将文件另外保存可点击该命令,此时界面直接转到新保存的文件,原文件处于最后一步保存阶段。

储存视窗:可对绘图区当前状态进行 bmp 图像储存。

(4)输入:DXF、IGES、STL 格式的图像文件。

(5)输出:DXF、IGES、STL 格式的图像文件,JewelCAD Viewer File(*.jcv)图像文件。

第二节　基本变形

一、基本变形工具和命令

注意:所有变形命令均适用于选择物体或选中 CV 点(以下统称对象或物件)。基本变形工具栏各命令可于【菜单栏—变形】中选择,相对应命令的工作原理相同。

(一)坐标

1. 世界坐标

世界坐标是以软件视图中心原点建立的坐标系,分别为横坐标轴、纵坐标轴、进出轴,为创建物件的默认坐标。我们开启软件绘图时一般都默认坐标为世界坐标。

2. 物件坐标

物件坐标是以选取对象自身中心点所建立的坐标系,移动、缩放、旋转等变形操作都与物件坐标和世界坐标有关。在默认情况下,物件的变形都是以世界坐标系进行变换;但当点击了物件坐标命令后,物件就会围绕自身坐标进行变换。

注意:只有按下物件坐标工具按钮命令后,物件自身的坐标才会建立并开始应用。如需返回世界坐标,再次点击物件坐标,自动恢复。

(二)移动工具

移动工具可将选取对象移动到指定位置(图 2-2-1 所示移动命令的操作,其中球体物件点击【曲面—球体曲面】调出)。

操作方法:选中对象,点击图标选择命令,按住鼠标左键于绘图区只能横向或纵向拖拉,于是物体只能沿水平、垂直方向移动;按住右键可以使物件于操作视图随鼠标的滑动,向平面内任意方向移动。如图 2-2-1 所示,"→"为鼠标拖动方向。

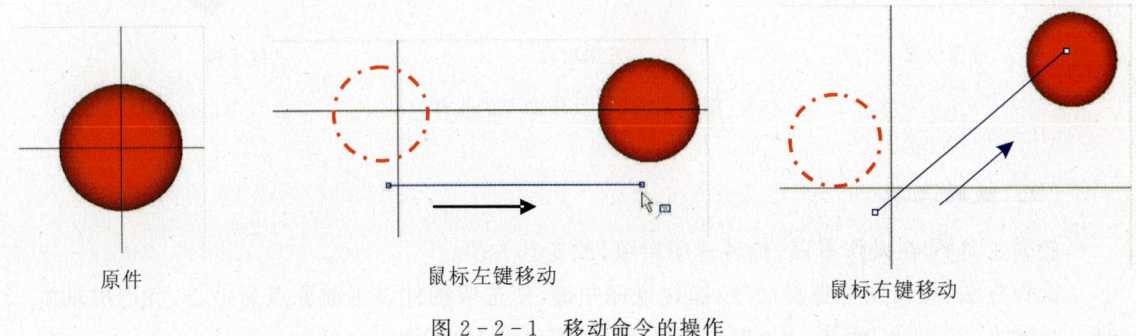

原件　　　　　鼠标左键移动　　　　　鼠标右键移动

图 2-2-1　移动命令的操作

(三)尺寸工具

尺寸工具 ▣ 也称缩放工具,该命令以当前坐标为中心对操作对象进行放大或缩小的变形。

操作方法:点击图标选择命令,按鼠标左键于绘图区横向或纵向拖拉物件可使其全方位整体缩放;按鼠标右键于绘图区横向或纵向拖拉物件可使其单方向缩放。如图2-2-2所示,"→"为鼠标拖动方向。

注意:物件远离坐标轴并需要进行尺寸变换时,可点击选择物件坐标为中心,以方便操作改变物件形体大小。

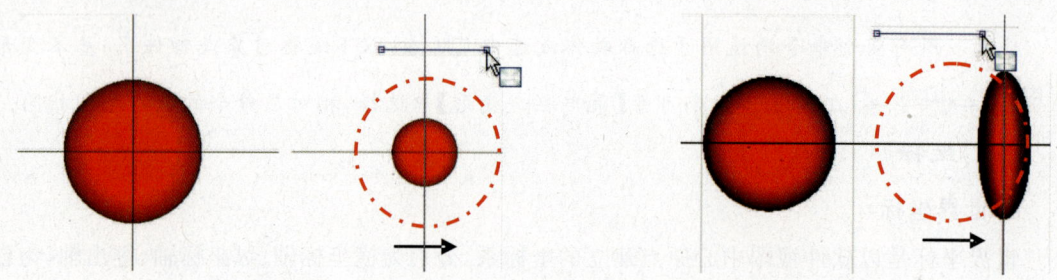

图2-2-2 左边为鼠标左键全方位缩放对比图,右边为鼠标右键单向缩放对比图

(四)反转工具

反转工具 ▲ 使选取对象于三维空间反转,改变其方位。

操作方法:点击图标选择命令,点鼠标左键平行或垂直拖拉选取物件,可使其绕当前坐标纵轴或横轴旋转。点鼠标右键可使选取物件绕坐标轴中心点自由旋转。如图2-2-3所示,"→"为鼠标拖动方向。图2-2-3所示物件从【档案—资料库—part1—资料库 leaf1】调出。

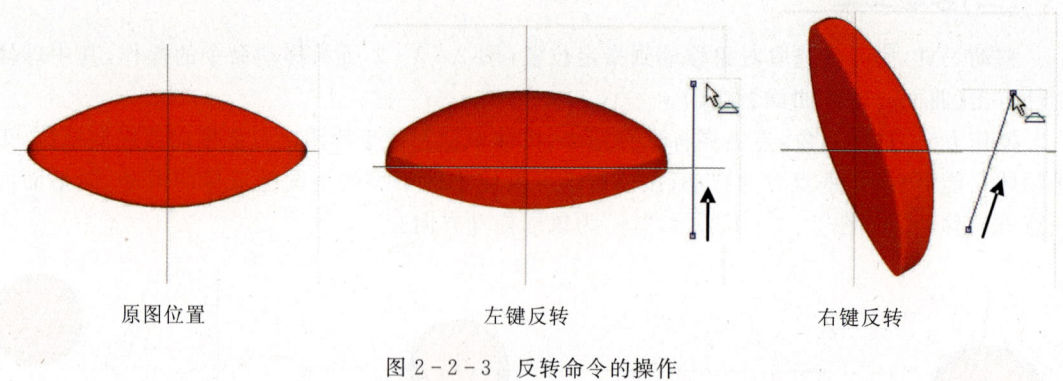

原图位置　　　　　左键反转　　　　　右键反转

图2-2-3 反转命令的操作

(五)旋转工具

旋转工具 ◌ 在操作平面,旋转选中对象,改变其方位。

操作方法:点击图标选择命令,拖拉鼠标左键,使选取物件以当前原点为中心,绕进出轴旋转。如图2-2-4所示,"→"为鼠标拖动方向,"↻"为物件旋转方向。

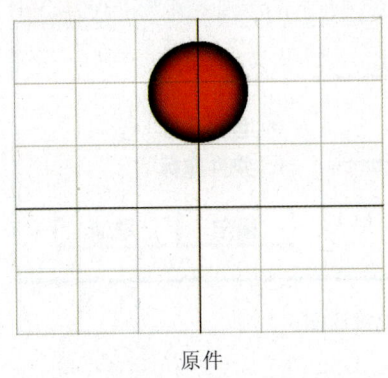
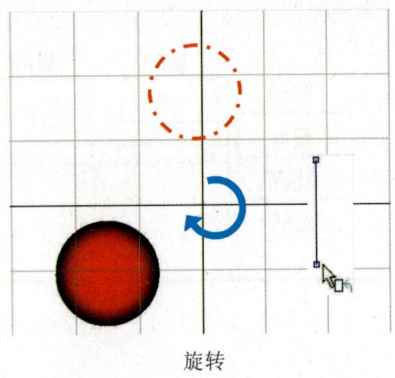

原件　　　　　　　　　　　　旋转

图 2-2-4　旋转命令的操作

(六) 反转变形

反上：物件绕着操作视图当前坐标横轴往上旋转 90°到达新位置。
反下：物件绕着操作视图当前坐标横轴往下旋转 90°到达新位置。
反左：物件绕着操作视图当前坐标纵轴往左旋转 90°到达新位置。
反右：物件绕着操作视图当前坐标纵轴往右旋转 90°到达新位置。
操作方法：如图 2-2-5 所示，选中对象后于菜单栏【变形—反转—反下】点击该命令。

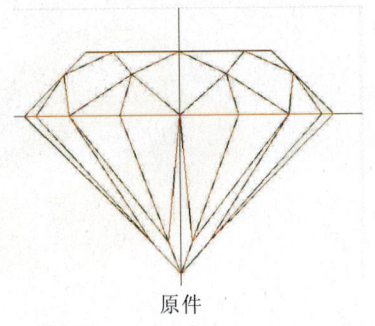
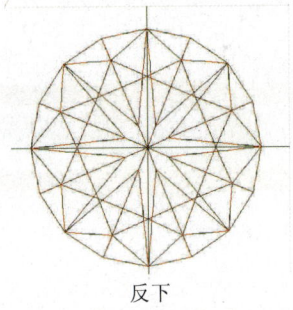

原件　　　　　　　　　　　反下

图 2-2-5　反下命令的操作

(七) 多重变形

多重变形可以同时对物件进行移动、缩放、旋转等操作。
操作方法：选择需要变形的物件，多重变形命令在菜单【变形—多重变形】，选用该命令后，弹出多重变形对话框，完成对话框设置后按确定键即生成多重变形操作命令。如图 2-2-6 所示。
对话框中包括如下内容。
(1) 移动：用于设置物体在空间移动的位置，可沿不同轴向输入正负数值。
(2) 尺寸：用于设置物体等比缩放的比例，可精确数值十位数，小数点后十位。
(3) 比例：用于设置物件沿不同轴向缩放比例。
(4) 旋转：用于设置物件绕不同轴向旋转的角度，可按逆或顺时针方向输入正或负度数。

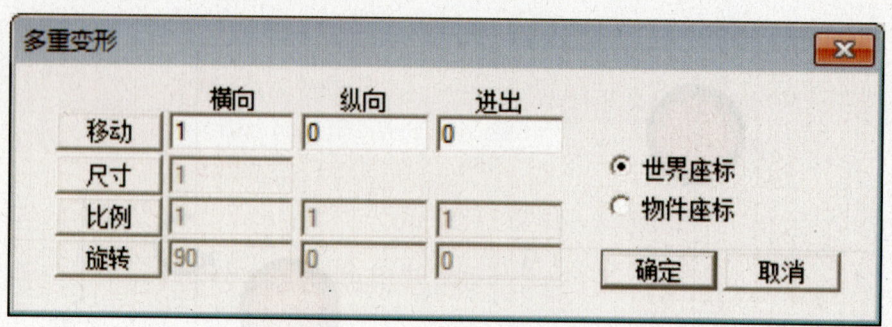

图 2-2-6 多重变形对话框

（5）世界坐标：该选项用来设置物件移动、旋转、缩放所参照的坐标为世界坐标。
（6）物件坐标：该选项用来设置物体移动、旋转、缩放所参照的坐标为物件坐标。

二、基本变形设计的练习

当点击【档案—资料库】时，会弹出系统自带的JCAD格式文件资料库，前期部分基础练习我们采用资料库物件组合的方式完成给出模型，目的是帮助快速理解并学习所讲解的基础工具。

基本变形综合练习案例如图2-2-7所示（资料库 Rings1/001、Rings/001A、Settings/Oval1/Ovl00001、Parts1/S06）。

图 2-2-7 基本变形综合练习案例一：组合戒指

练习操作命令:尺寸工具 ▧ ,旋转工具 ▯ ,移动工具 ▯ 。

操作步骤如下。

(1)将视图调整到普通线图,正视图。点击【档案—资料库】,将半弧形戒指圈 Rings1/001 调出,此时物件处于选中状态并处于世界坐标为中心的位置。鼠标左键单击物件或鼠标空白处单击右键,使半弧戒圈锁定。

注意:选中物件方可操作,可根据系统设定判断物件状态:本书设定红色线段为选中可操作,蓝色线段为锁定不可操作。

(2)调出 Rings/001A 方形戒圈、在右或左视图使用【尺寸】工具,按鼠标右键横向拉伸,使方形戒圈宽度大于半弧形戒圈(图 2-2-8)。切换到正视图,使用尺寸工具,按鼠标左键全方位等比缩放,将弧形戒圈放大到适当大小包裹方形指圈(图 2-2-9),接着再切换到左或右视图使用【尺寸】工具,按鼠标右键横向缩放弧形戒圈(图 2-2-10),使得整个比例适中。

注意:如绘图中发生错误操作,或者想要终止命令,可点击【选取】▯ 命令。

如想返回到上一步或几步操作,可点击【复原】▯ ,每点击一次回到之前的一步。与之相对应步骤为【重复】▯ 命令。

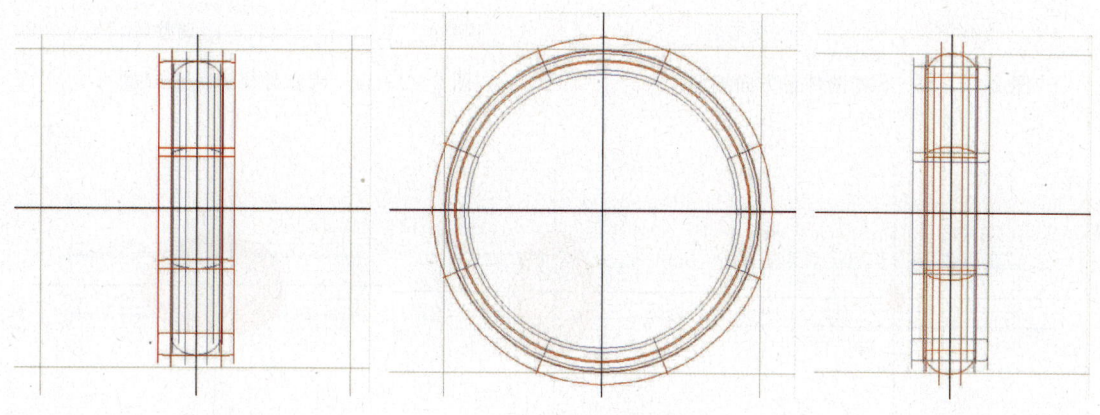

图 2-2-8 方形戒圈宽度调整　　图 2-2-9 弧形戒圈等比放大　　图 2-2-10 弧形戒圈宽度调整

(3)戒圈完成后,选择【编辑栏—隐藏】,将戒圈部分隐藏起来。接着从资料库中将 Settings/Oval1/Ovl00001 椭圆形钻石调出来,使用【尺寸】工具右键将椭圆形钻石调整适当(图 2-2-11)。然后点击使其不选中。再从资料库中将 Parts1/S06 调出来,使用【尺寸】工具左键,使其包裹住椭圆镶口。如图 2-2-12 所示。点击【杂项—布林体—联集】使 S06 组合。

(4)使用【尺寸】工具,按鼠标右键单向缩放,调整物件形状大小(图 2-2-13)。最后再用【移动】及【尺寸】工具,在不同视图上,调整好两个物件的位置关系,如图 2-2-14 所示。

(5)椭圆形钻石花头制作完成后,我们选择【编辑—不隐藏】把做好的戒圈调出来。切换成上视图,使用【尺寸】工具,按住鼠标左键全方向缩放,将椭圆形花头的大小调整好,再用【旋转】工具,将其调整到适当位置,如图 2-2-15 所示。

(6)切换到正视图进行操作,使用【移动】工具,将椭圆形花头移到戒圈上的适当位置,如图 2-2-16 所示为移动前正视图效果。接着在切换视图观察镶口和戒圈进行调整,如图

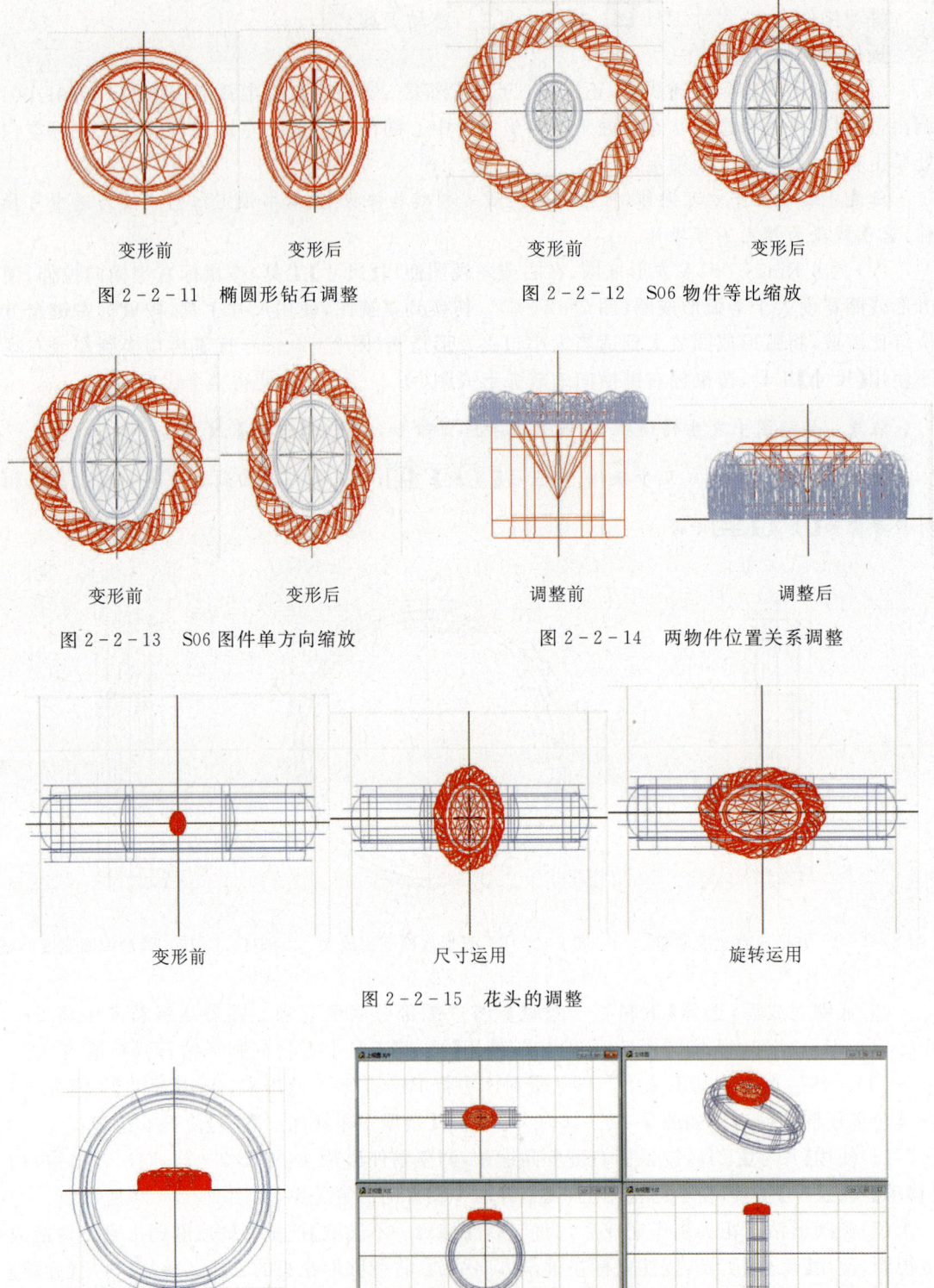

变形前　　　变形后　　　　　　变形前　　　　　变形后
图 2-2-11　椭圆形钻石调整　　图 2-2-12　S06 物件等比缩放

变形前　　　变形后　　　　　　调整前　　　　　调整后
图 2-2-13　S06 图件单方向缩放　图 2-2-14　两物件位置关系调整

变形前　　　　　　尺寸运用　　　　　　旋转运用
图 2-2-15　花头的调整

图 2-2-16　花头移动前位置关系　　图 2-2-17　花头调整后位置关系

2-2-17所示为移动后各视图效果。

注意：①如绘图时选择显示多个视图窗口操作，点选工具命令前应先点击要操作的视图窗口，使之处于可操作激活状态；②如需自由查看物件空间效果，按住键盘"Tab"键同时按住鼠标左键于绘图区拖拉，可沿任意方向翻转查看视图中的模型立体效果。

(7)选中外层的弧面形戒圈，点击【编辑—材料】，为弧面形戒圈选择铂金材料，如图2-2-18所示。

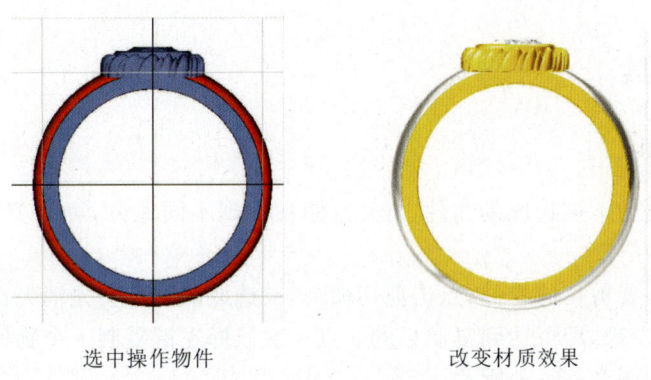

选中操作物件　　　　　　　改变材质效果

图2-2-18　弧面形戒圈材料变换

(8)最终椭圆型包镶钻石戒指制作完成，如图2-2-19所示。

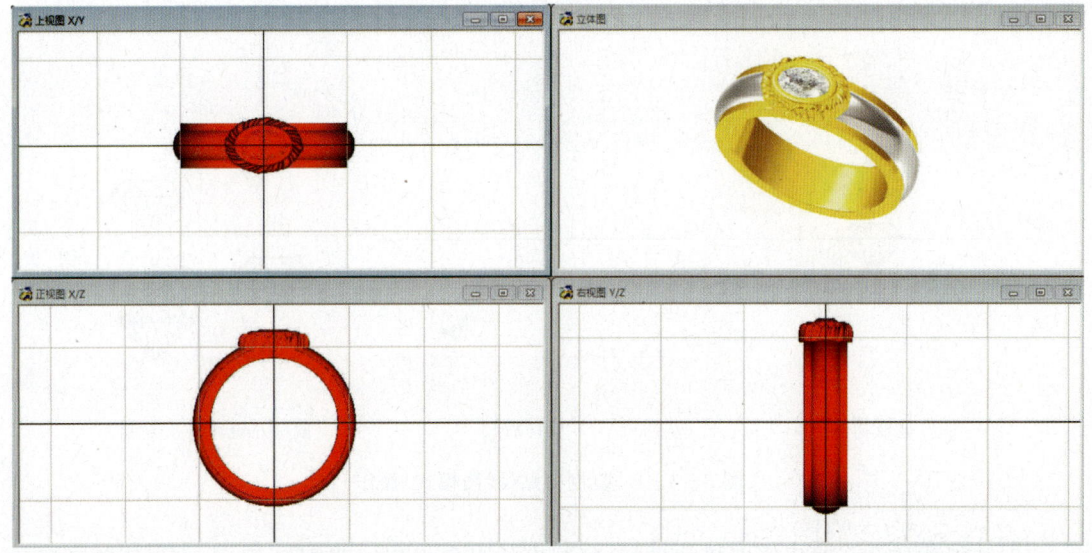

图2-2-19　制作完成各视图展示

操作重点

(1)首先应熟悉模型与各视图、坐标轴的位置及操作关系。
(2)熟悉操作命令与世界坐标轴及物件坐标轴的关系。
(3)掌握尺寸工具的全方位缩放与单方向缩放。
(4)懂得灵活运用视图及工具，掌握切换视图调整模型大小及方位。

小结: 本节介绍了 JewelCAD 很多基础信息和功能,初步接触了 JewelCAD。学习了基本变形工具,这是平常制图中常用的工具,熟悉掌握这些基础变形工具对于初学者是非常重要的。充分地掌握和理解了这些变形工具,才能深入地学习 JewelCAD。

第三节 复制设计

一、复制工具

(一) 剪贴工具

剪贴工具 是剪下被选取的物件,将其复制粘贴到不同地方,可以剪下某一物体进行多次复制粘贴。

操作方法:选中要剪切的物件,点击剪切命令,被选取的物件会先消失在视图中,在希望粘贴的位置点击鼠标左键,即可达到复制目的。点一次鼠标左键复制一个物件,如要复制多个对象,可重复操作。如图 2-3-1 所示。

1. 两种复制效果

(1) 如操作该命令时以线图模式进行,复制出的对象也将以线图显示,并且大小方向与原剪贴物件一致。如图 2-3-1 所示(该钻石出自【菜单栏—杂项—宝石】,调出同时可设定其直径大小)。

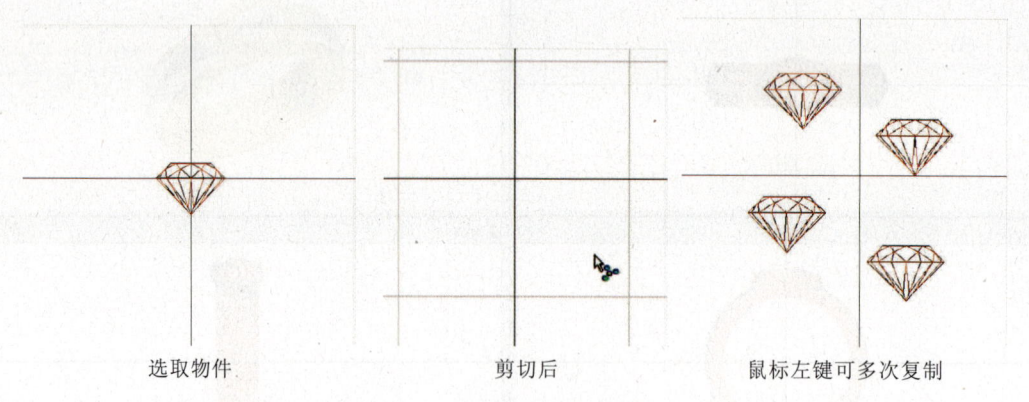

图 2-3-1 复制剪贴(线图模式)操作

(2) 如操作该命令时以彩图模式进行,复制出的对象也将以彩图显示,大小与原剪贴物件一致。方向与原剪贴物件表面垂直。

如希望剪切后的物件粘贴于某一物件上,被剪切物件必须就世界坐标系原点调整好对应位置,被剪切物件相对坐标的位置是复制粘贴物件相对被粘贴物件的位置。剪切后,粘贴步骤应在彩图进行,如图 2-3-2 所示为宝石粘贴于物件表面效果。

注意: 在线图粘贴的物件不具备粘贴于物件表面的功能。

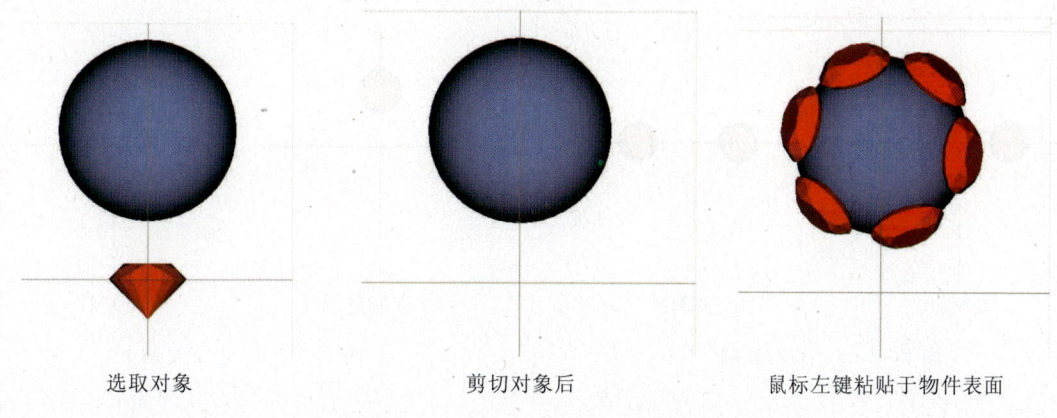

| 选取对象 | 剪切对象后 | 鼠标左键粘贴于物件表面 |

图 2-3-2 复制剪贴(彩图模式)操作

2. 可改变复制后对象

粘贴到某一位置后,可改变大小位置,此时必须是没有退出复制命令方可操作。

(1)shift+鼠标左键按住对象拖拉:可改变复制后对象位置。

(2)shift+按住鼠标左键于对象外绘图区拖拉(方向为水平或垂直):可改变复制后对象大小(图 2-3-3 为改变复制对象大小的操作)。

(3)shift+按住鼠标右键于对象外绘图区拖拉(方向为水平或垂直):旋转复制后对象。

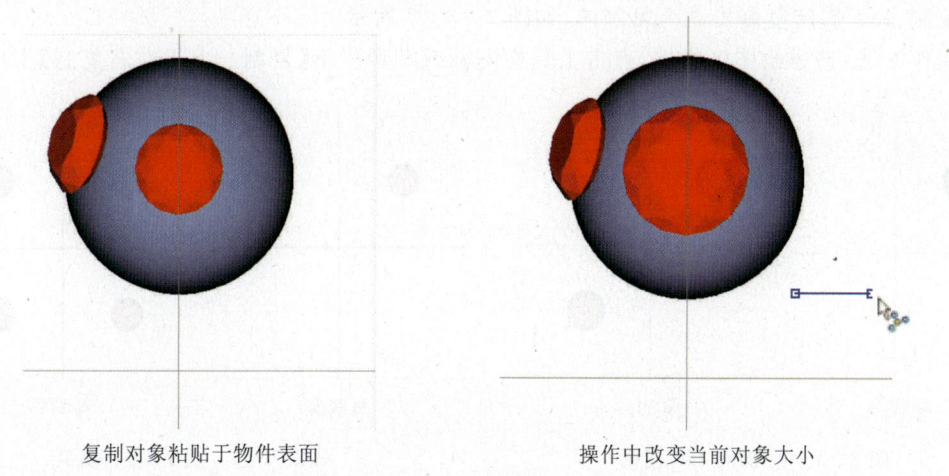

| 复制对象粘贴于物件表面 | 操作中改变当前对象大小 |

图 2-3-3 改变复制对象于物件表面大小的操作

(二)左右复制工具

左右复制工具 是将物件以当前操作视图的竖直轴左右镜像复制,如图 2-3-4 所示。
操作方法:选中绘图区物件,点击工具栏图标或菜单栏下【复制—左右复制】工具即可生成。

(三)上下复制工具

上下复制工具 是将物件沿当前操作视图的水平轴上下镜像复制,如图 2-3-5 所示。

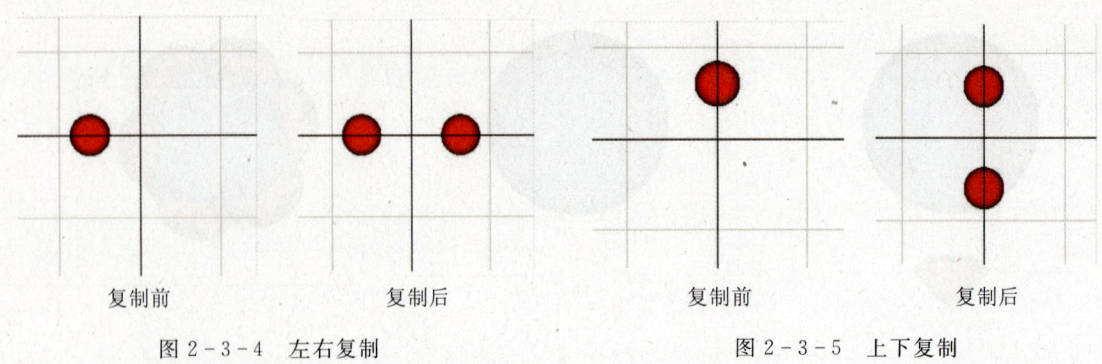

图 2-3-4 左右复制　　　　　　　　图 2-3-5 上下复制

操作方法：选中绘图区物件，点击工具栏图标或菜单栏下【复制—上下复制】工具即可生成。

(四) 旋转 180°复制

旋转 180°复制 是将物件绕操作视图原点进行旋转 180°得出的复制物件，如图 2-3-6 所示。

操作方法：选中绘图区物件，点击工具栏图标或菜单栏下【复制—旋转 180°复制】生成。

(五) 上下左右复制工具

上下左右复制工具 是将选中的物件沿着当前的操作视图的垂直轴左右复制、水平轴的上下复制、180°旋转复制出 3 个复制体，如图 2-3-7 所示。

操作方法：选中绘图区物件，点击工具栏图标或菜单栏下【复制—上下左右复制】生成。

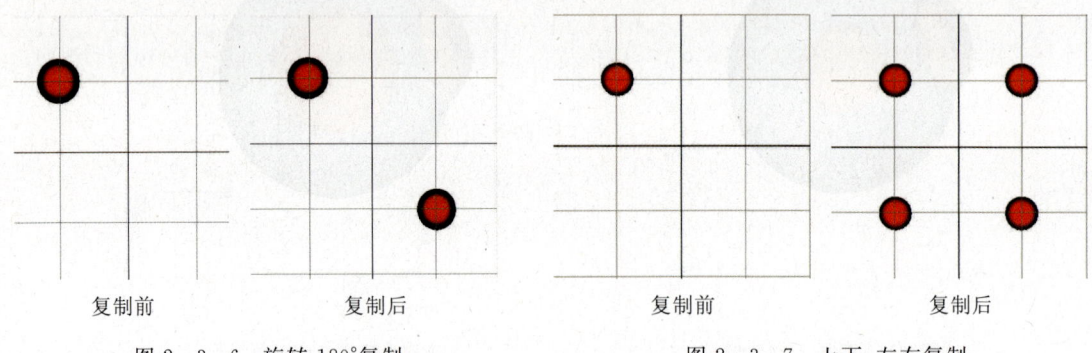

图 2-3-6 旋转 180°复制　　　　　图 2-3-7 上下、左右复制

(六) 直线复制工具

直线复制工具 是将选中的物件沿着设定好的坐标方向直线复制。

操作方法：选中要复制的物件，点击工具在弹出如图 2-3-8 所示的对话框，设定好相应数值点确认即可。

直线延伸对话框的内容包括如下几点。

(1) 延伸数目：用来设定直线复制后视图中物件的数量，数值不能小于 2。

(2) 水平　：用来设定复制的两两物件中心点在水平轴方向上的间距。

(3) 竖直　：用来设定复制的两两物件中心点在竖直轴方向上的间距。

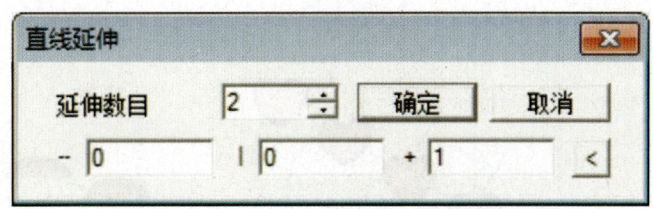

图 2-3-8 直线复制对话框

（4）进/出 ：用来设定复制的两两物件中心点在进/出轴方向上的间距。

同时也可以通过鼠标来完成间距与方向的确定。在弹出直线延伸对话框状态下，在视图中按住鼠标并沿所需方向拖动鼠标，即可完成设定。其中鼠标测量间距或输入的数值间距皆为两两物体中心点的距离。从【档案—资料库—part1—heart】调出心形并缩小，使用直线延伸复制4个，并设定横向两两物件中心相距10mm得到的复制效果如图2-3-9所示。

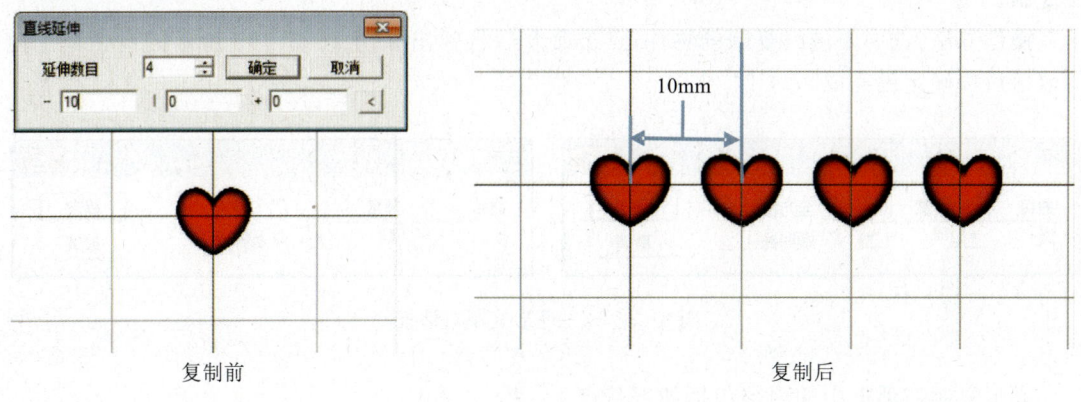

复制前　　　　　　　　　　　　　　复制后

图 2-3-9 直线复制

注意：点击最右边 键，会出现如图2-3-10对话框的另外一种方式的直线复制方法。

（1）长度 ：复制后两两物件中心点的距离。

（2）与横轴成角 ：延伸的复制直线方向与横轴所成的角度。

（3）与视图平面成角 ：延伸的复制直线方向与平面所成的角度。

如图2-3-11所示为心形物件按照图2-3-10对话框设置，得到的复制效果。

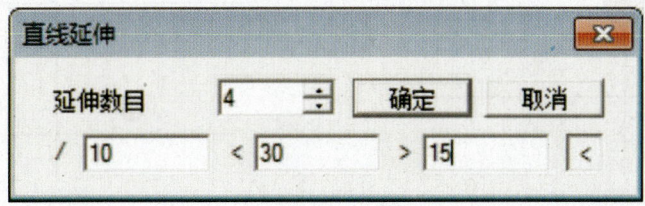

图 2-3-10

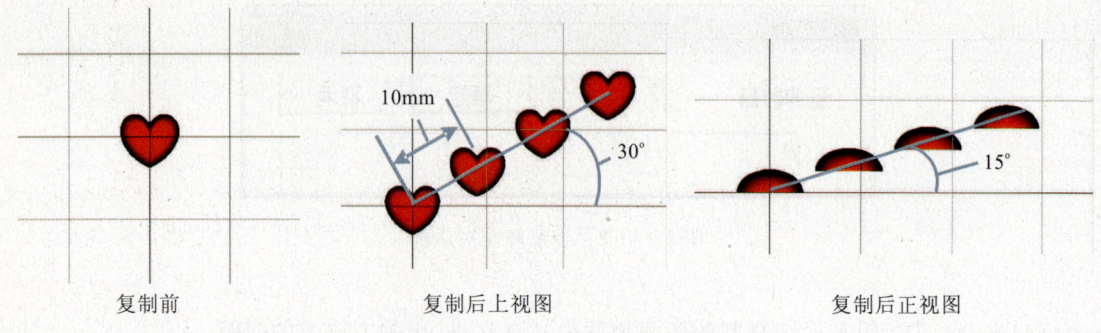

图 2-3-11 直线复制(成角度)

(七)环形复制工具

环形复制工具 以世界坐标原点为中心,以坐标原点到被复制物体中心为半径进行环形复制。

操作方法:选中要进行复制的物件,点击命令后将弹出如图 2-3-12 所示的对话框。填写数值后按确定键完成。

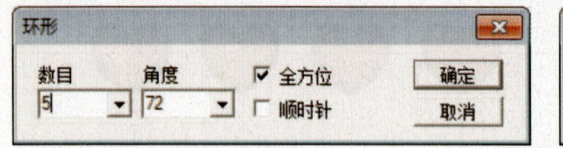 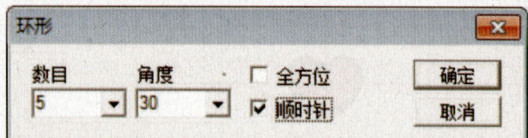

图 2-3-12 环形复制对话框

环形复制对话框中的内容包括如下几点。

(1)数目:用来设定环形复制后,在视图中出现的物件的数量。它的数值不能小于2。

(2)角度:用来设定两个相邻的物件的中心点与坐标原点组成夹角的大小。

(3)全方位:这个选项在默认的状态下是被选中的,它使得设定的复制数目平均分布于环形上,该环形以坐标为中心,到物件中心距离为半径。操作方法如图 2-3-13 所示。

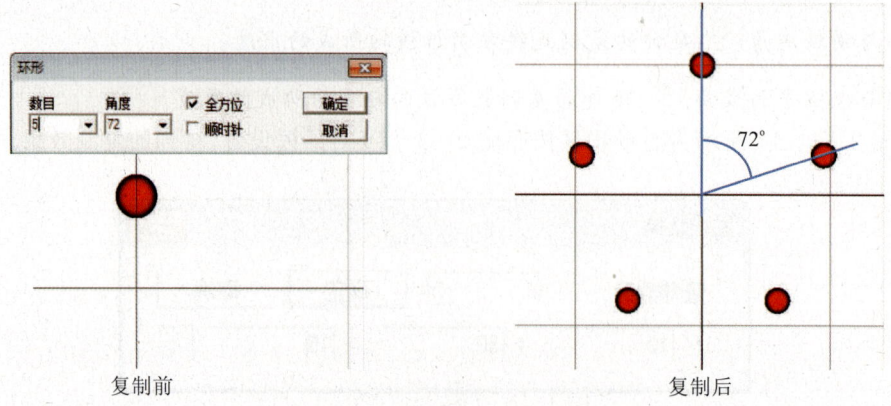

图 2-3-13 环形复制(全方位)

(4)顺时针:取消全方位的勾选,点击顺时针,可调节数目与角度,使得复制的物件按拟定角度呈扇形复制,操作方法如图2-3-14所示。

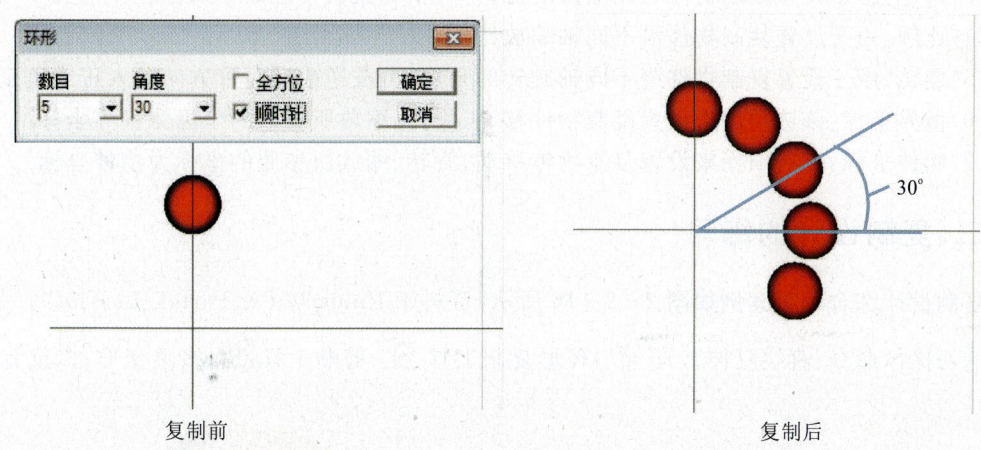

复制前　　　　　　　　　　复制后

图2-3-14　环形复制(顺时针)

(八)反转复制

反上:选取物件绕着操作视图当前坐标横轴往上旋转90°得到复制物件。
反下:选取物件绕着操作视图当前坐标横轴往下旋转90°得到复制物件。
反左:选取物件绕着操作视图当前坐标纵轴往左旋转90°得到复制物件。
反右:选取物件绕着操作视图当前坐标纵轴往右旋转90°得到复制物件。
操作方法:选中对象后于菜单栏点击【变形—反转】命令即可。

(九)复制—多重变形

多重复制位于菜单栏【复制—多重变形】,可对原物件就其位置进行移动、缩放、旋转等复制操作。
操作方法:该命令与多重变形相似。选择物件,弹出多重变形对话框,输入数值点确定完成命令。如图2-3-15所示。

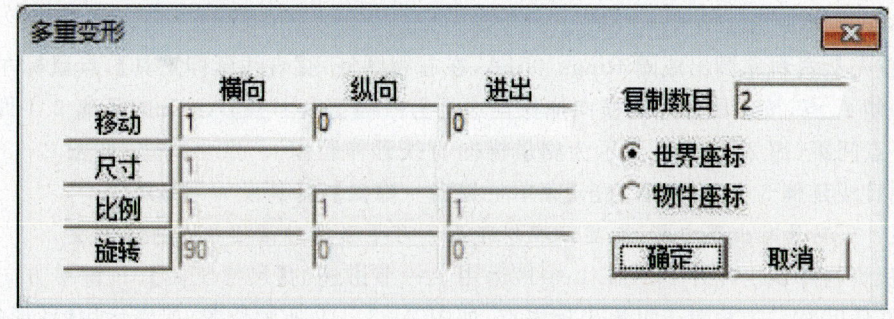

图2-3-15　【复制—多重变形】对话框

对话框中包括以下内容。

(1)复制数目:复制后的物件总数(含原物件)。
(2)移动:用于设置复制物体在空间移动的位置,可沿不同轴向输入正负数值。
(3)尺寸:用于设置复制物体等比缩放的比例,可精确数值十位数,小数点后十位。
(4)比例:用于设置复制物件沿不同轴缩放比例。
(5)旋转:用于设置复制物件绕不同轴旋转的角度,可按逆或顺时针方向输入正或负度数。
(6)世界坐标:该选项用来设置复制物件移动、旋转、缩放所参照的坐标为世界坐标。
(7)物件坐标:该选项用来设置复制物体移动、旋转、缩放所参照的坐标为物件坐标。

二、复制设计的练习

复制设计综合练习案例如图 2-2-16 所示(资料库 Rings/001A、Parts1/Leaf1)。

练习操作命令:直线延伸工具 ;环形复制工具 ;剪贴工具 ;多重变形;多重复制。

图 2-3-16 复制设计综合练习案例:叶片戒指

操作步骤如下。

(1)首先从资料库调出戒圈 Rings/001A,在右视图使用【直线延伸工具】,点鼠标左键于戒指宽度一侧 A 点,按住鼠标左键横向拖拉至戒指另一侧宽度 B 点,A~B 的距离 2.1 即为两两物体中心点间距(图 2-3-17 所示为测量横向直线延伸距离)。点击确定,如图 2-3-18 所示将戒圈直线延伸 3 个,完成后点击【菜单栏编辑—隐藏】,将其设为不显示。

注意: 如测量时出现中断,未显示理想距离。可于当前对话框状态再次测量。

(2)从资料库调出叶片 Parts1/Leaf1,运用上一节讲述的【尺寸工具】,右键单方向缩小叶片宽度,并使叶片左边角置于世界坐标中点,如图 2-3-19 所示位置,接着运用【环形复制(顺时针)】工具,制作两叶片间隔为 15°角的扇形物件。点击【杂项—布林体—联集】使叶片组合(图 2-3-20)。

(3)回顾上一节【多重变形】工具,在对话框输入如图 2-3-21 所示数值。将扇形物件绕

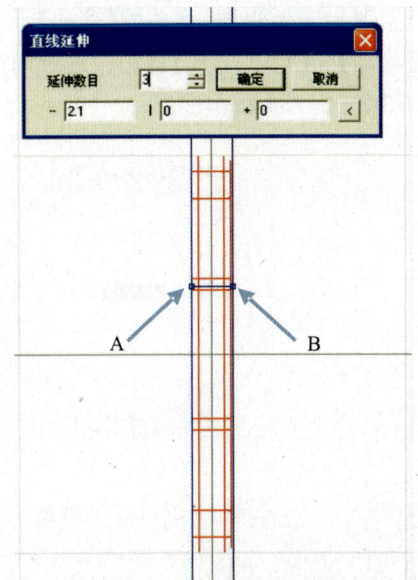
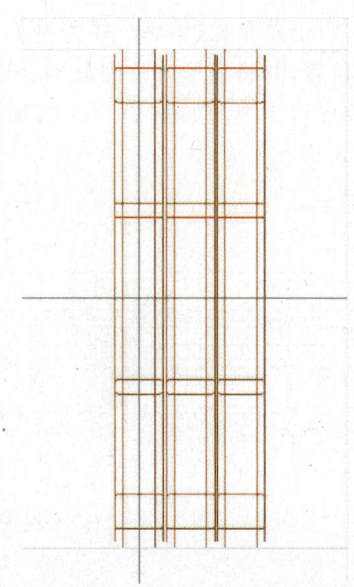

图 2-3-17 戒圈直线复制操作　　　　　图 2-3-18 直线复制后效果

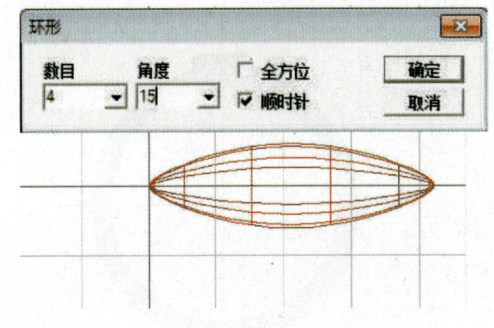
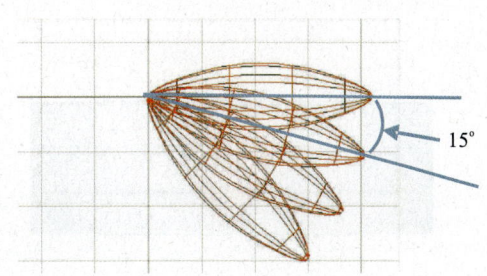

图 2-3-19 叶片环形复制(顺时针)操作　　图 2-3-20 环形复制(顺时针)后效果

进出轴旋转 112.5°角后,中心轴与世界坐标纵轴重合(图 2-3-22)。

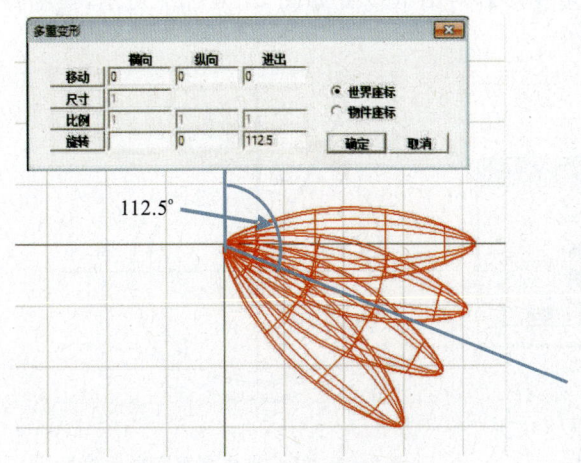
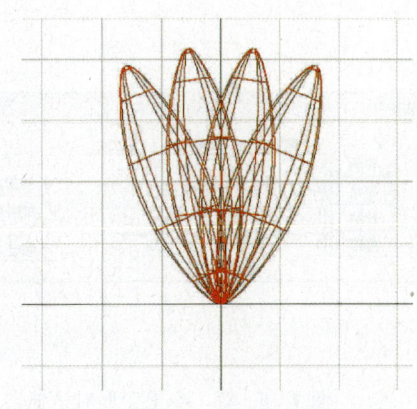

图 2-3-21 多重变形设定　　　　　　　图 2-3-22 完成多重变形后效果

· 25 ·

(4)点击菜单栏【编辑—不隐藏】,显示戒圈,根据图示于上视图,将戒圈【移动】于十字坐标轴中心位置,并将扇形叶片缩放到合适大小,使用【移动】和【尺寸工具】对它们进行调整位置和大小,完成后上视图如图2-3-23所示,正视图如图2-3-24所示。

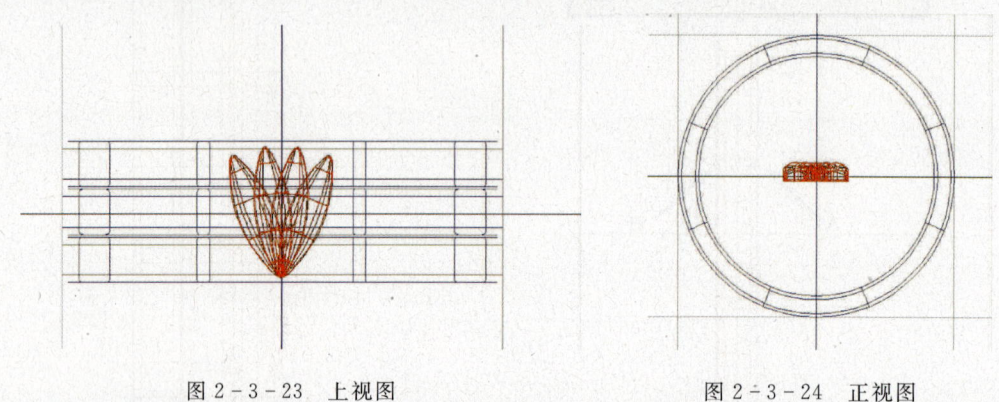

图2-3-23 上视图　　　　　　　　图2-3-24 正视图

(5)点击复制【剪贴工具】,剪切扇形叶片,回到上视图快彩图效果,将其粘贴于戒指上端。完成后上视图如图2-3-25所示,上视图将叶片【上下复制】,正视图如图2-3-26所示。

 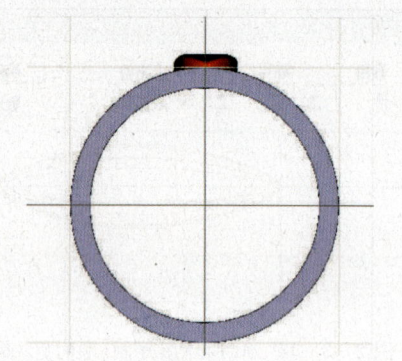

图2-3-25 复制、剪贴完毕后上视图　　　图2-3-26 复制、剪贴完毕后正视图

(6)正视图,点击【菜单栏—复制—多重变形】,对话框设置如图2-3-27所示,使物件绕进出轴旋转30°得到另一叶片(图2-3-28)。

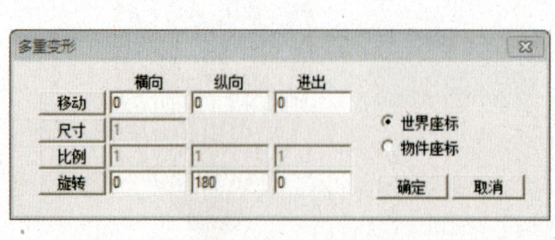 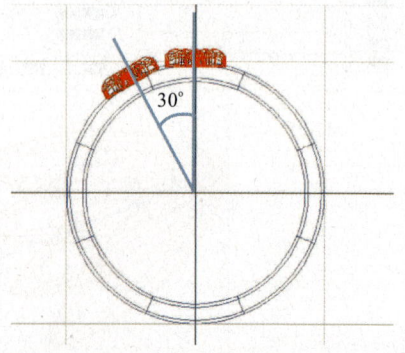

图2-3-27 多重变形对话框设置　　　图2-3-28 完成多重变形后效果

(7)正视图,选中两组叶片。选择【环形复制】工具,选择顺时针、全方位、数目6个(图2-3-29)。得到图形如图2-3-30所示。

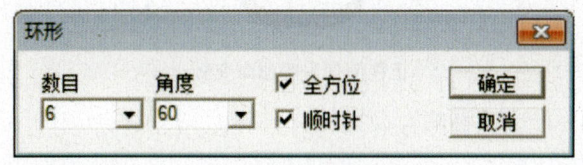 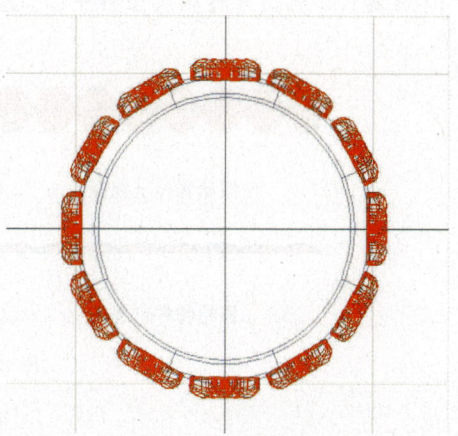

图2-3-29 环形复制对话框设置　　　　图2-3-30 完成环形复制后效果

操作重点

(1)掌握各复制命令工作原理。
(2)复制剪贴工具于彩图方可具备粘贴功能。
难点:对多重变形及多重复制工具的理解。
小结:复制工具在JewelCAD设计建模操作过程中的运用是比较频繁的,它在建模过程中具有便捷性,同时还兼备着准确性。只有熟悉和掌握复制工具之后学习综合设计建模方能更加方便、准确、快捷。

第四节　复杂变形

注意:
(1)所有变形命令均适用于选择物体或选中CV点(以下统称对象或物件)。基本变形工具栏各命令亦可于【菜单栏—变形】中选择,相对应命令的工作原理相同。
(2)复杂变形命令均以世界坐标为对称基准,远离坐标轴或坐标中心,物件会产生不规则变形或不对称变形。
(3)如物件无法变形可尝试点击【菜单栏—编辑—可变性】,使之符合变形特性。
(4)点击变形工具操作后发现鼠标拖拉方向有误,或中断想进行另一方向操作,此时如命令无法执行,应点击选取键后再次选择该命令操作。

一、复杂变形命令工具

(一)弯曲

该命令 可使选中的物件在当前视图发生弯曲改变。

操作方法:选中物件后选择该命令,在操作视图按住鼠标左键垂直或平行拖拉。图2-4-1为操作示意图。"→"为鼠标拖动物件变形方向。

注意:如远离坐标轴或坐标中心,物件会产生长度叠加变形或不对称弯曲变形。

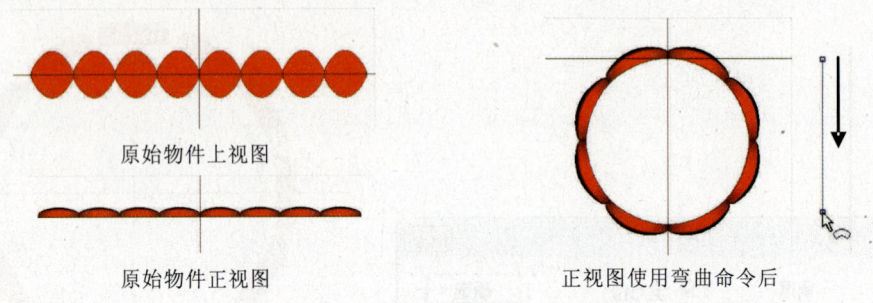

图2-4-1 弯曲操作

(二)双向弯曲

该命令可使选中的物件在当前视图与其垂直视图均发生弯曲改变。

操作方法与弯曲命令相同。如图2-4-2所示左边为"弯曲变形",右边为"双向弯曲变形"。

图2-4-2 左边为"弯曲变形",右边为"双向弯曲变形"

(三)梯形化

该命令使物体于操作视图呈梯形变化。

操作方法:选中物件后选择该命令,在操作视图按住鼠标左键垂直或平行拖拉。图2-4-3所示为操作示意图。"→"为鼠标拖动物件变形方向。

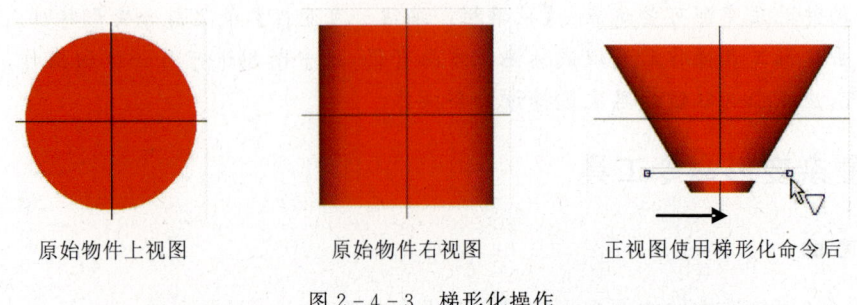

图2-4-3 梯形化操作

注意：①物件位于坐标中心时呈对称梯形化变形，垂直于拖拉方向的高度不发生改变。②物件与坐标轴相交部分长度、宽度不发生改变。

（四）双向梯形化

该命令 ▽ 可使选中的物件在当前视图与其侧视图均发生梯形变化，操作方法与梯形化命令相同。如图 2-4-4 所示左边为梯形化，右边为双向梯形化。

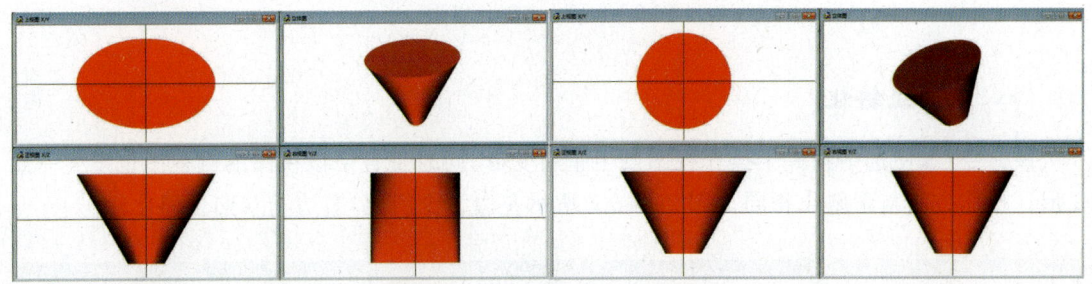

图 2-4-4　左边为梯形化，右边为双向梯形化

（五）比例梯形化

该命令 ▽ 可使选中的物件在当前视图发生成比例梯形变化。操作方法与梯形化命令相同。

注意：物件与坐标轴相交部分，平行于拖拉方向的长度不发生改变。物件整体宽度及高度发生成比例改变（图 2-4-5）。

（六）比例梯形化（双向）

该命令 ▽ 可使选中的物件在当前视图与其垂直侧视图均发生成比例梯形变化。操作方法与梯形化命令相同（图 2-4-5）。

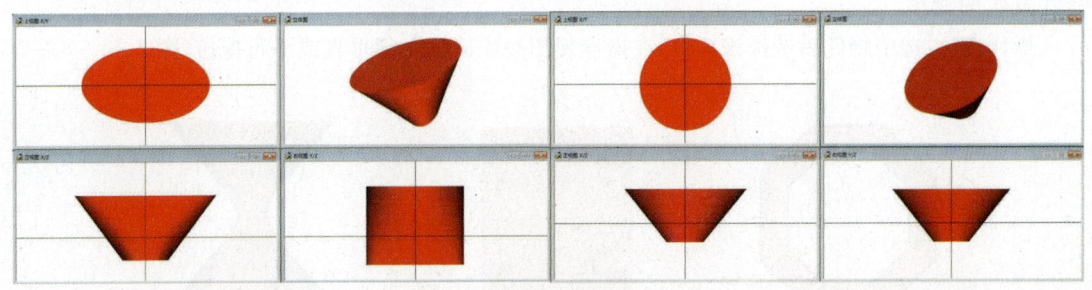

图 2-4-5　左边为比例梯形化，右边为比例双向梯形化

（七）歪斜化

该命令 ◊ 使选中物件于操作视图发生歪斜变形。

操作方法：选中物件后选择该命令，在操作视图按住鼠标左键垂直或平行拖拉。图 2-4-6 所示为操作示意图。"→"为鼠标拖动物件变形方向。

注意：操作后物件垂直于鼠标拖拉方向的水平长度不发生改变。

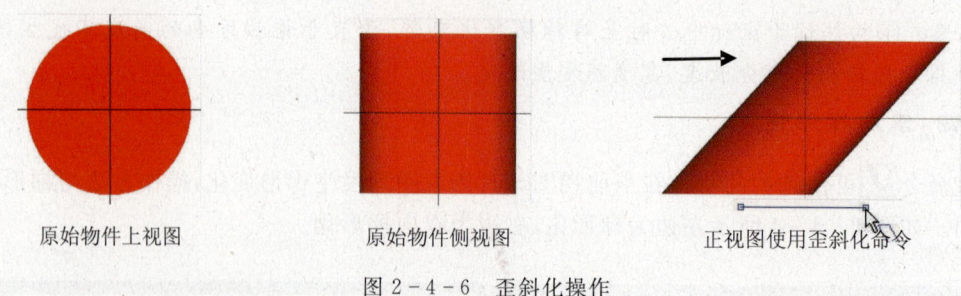

| 原始物件上视图 | 原始物件侧视图 | 正视图使用歪斜化命令 |

图 2-4-6　歪斜化操作

(八)双向歪斜化

该命令 使选中物件于操作视图发生歪斜变形,同时垂直于该视图的侧视图也发生一致变形。操作方法与歪斜化相同。图 2-4-7 所示左边为歪斜化,右边为双向歪斜化。

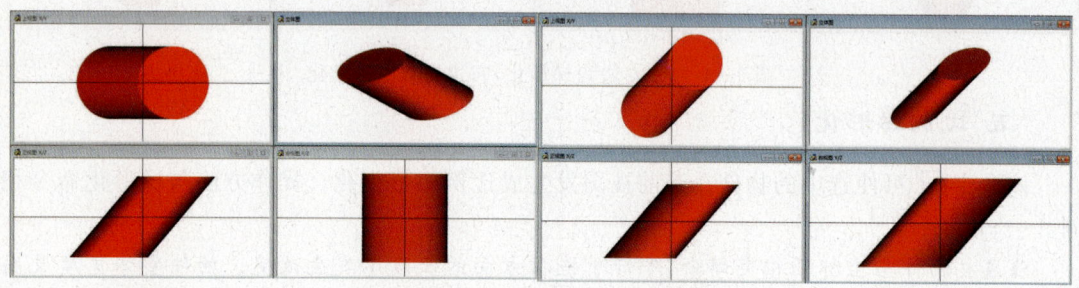

图 2-4-7　左边为歪斜化,右边为双向歪斜化

(九)扭曲

该命令 用于扭曲选中的物件,执行命令过程类似于拧干衣服,而不断拧紧的衣服就像物件发生的变形。

操作方法:选中物件后选择该命令,在操作视图按住鼠标左键垂直或平行拖拉(图 2-4-8)。

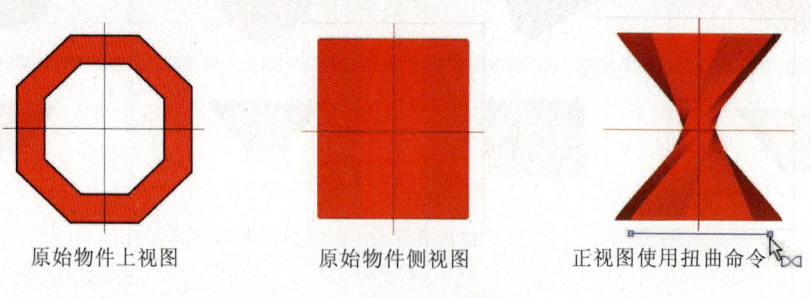

| 原始物件上视图 | 原始物件侧视图 | 正视图使用扭曲命令 |

图 2-4-8　歪斜化操作

(十)歪斜扭曲

操作歪斜扭曲 命令时,物件当前视图平面随鼠标拖拉而歪斜,同时与该平面对应的另一端平面,呈相反方向歪斜,从而达到歪斜扭曲的效果(图 2-4-9)。

操作方法：选中物件后选择该命令，在操作视图按住鼠标左键垂直或平行拖拉。

注意：如原物件远离坐标轴或坐标中心，物件会产生不对称扭曲变形。

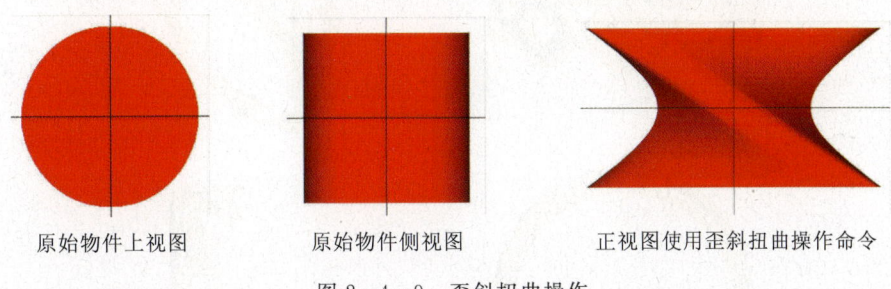

原始物件上视图　　　　原始物件侧视图　　　　正视图使用歪斜扭曲操作命令

图 2-4-9　歪斜扭曲操作

（十一）漩涡变形

漩涡变形 为使选取物件以坐标原点为中心，物件绕中心旋转游走的变形，如图 2-4-10 所示，"→"为鼠标拖动方向。

注意：将物件放置于坐标中间，变形时观察物件 CV 点游走变化，于靠近圆心 CV 点旋转走动幅度并不大，越靠近外圈 CV 点走动幅度越大；同时每个 CV 点均沿着其初始点与原点为半径形成的圆旋转走动，从而使物件形成漩涡变形。

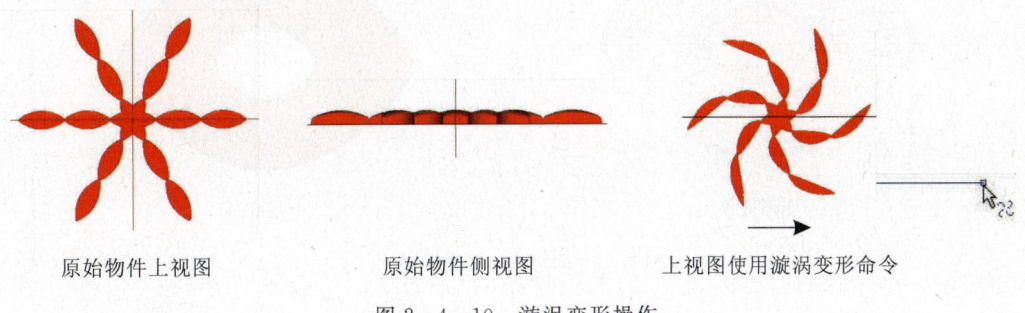

原始物件上视图　　　　原始物件侧视图　　　　上视图使用漩涡变形命令

图 2-4-10　漩涡变形操作

二、复杂变形设计的练习

案例练习：如图 2-4-11 所示（资料库：Parts1/Leaf2、Rings/002）。

主要练习操作命令：弯曲工具 ；梯形化工具 ；歪斜化工具 。

操作步骤如下。

（1）首先从资料库中调出物件 Parts1/Leaf2，选中物件在上视图中点击使用【尺寸工具】，按住鼠标右键，单方向对物件进行缩放变形，如图 2-4-12 所示（"→"为物件变形方向）。

（2）选中物件在上视图使用【直线延伸工具】，对物件进行直线复制（图 2-4-13），延伸数目为 4。接着选中原件右边的 3 个物件，对其进行左右复制，如图 2-4-14 所示。

（3）选中全部物件，切换到正视图，选择【弯曲】工具，在视图中点击鼠标左键的同时，向下拖拉鼠标对物件进行弯曲变形。使其物件的两端相互结合即可。如图 2-4-15 所示"→"为

图2-4-11 复杂变形设计综合练习案例:头冠戒指

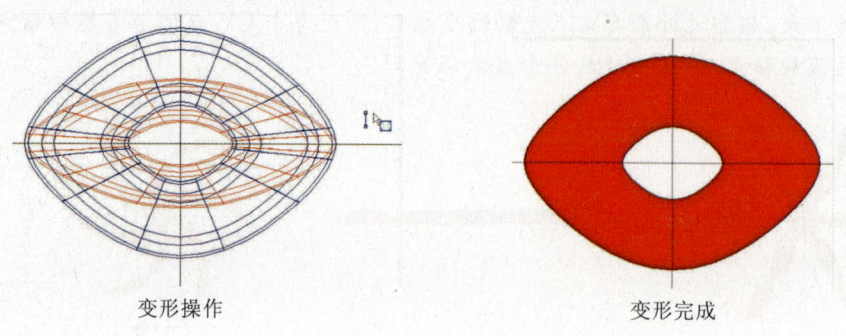

变形操作　　　　　　　　　　　变形完成

图2-4-12 Leaf2变形操作

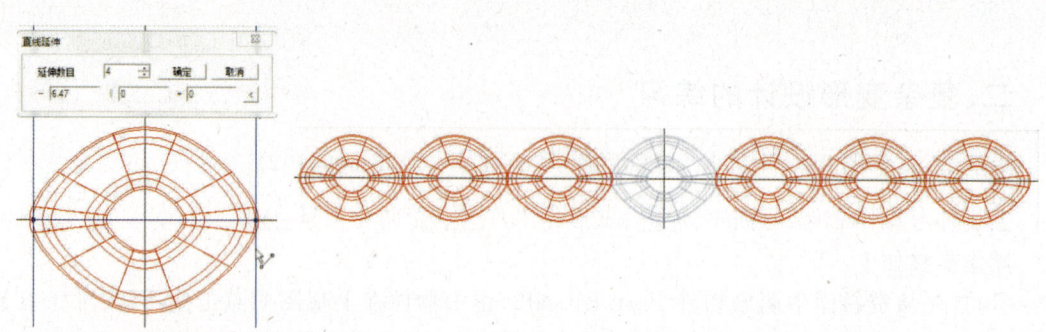

图2-4-13 直线延伸复制命令操作　　　　图2-4-14 直线延伸复制完毕后效果

物件变形方向,图2-4-16所示为戒指弯曲变形完成效果。

注意: 只有将物件摆放在坐标轴的中心,才能保证物件弯曲变形过程中,不叠加变形的同时,又能保持变形后的整个物件是一个正圆。

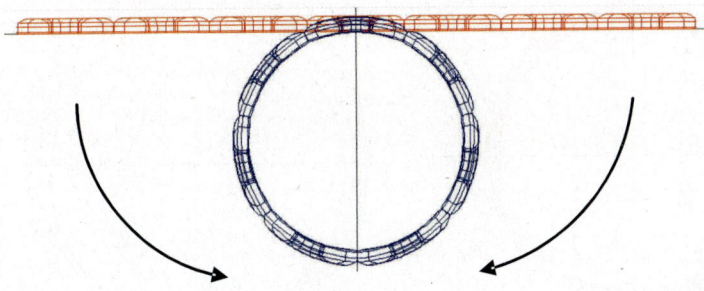
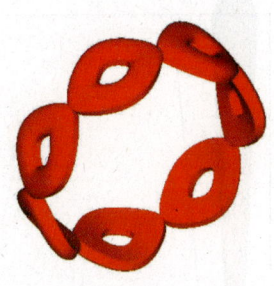

图 2-4-15　对物件进行弯曲变形　　　　　图 2-4-16　物件弯曲变形完成效果

（4）切换到右视图，使用【梯形化】工具对物件进行梯形化变形。选中物件，选择命令后，在视图中点击鼠标的同时，水平拖拉鼠标，对其物件进行变形。完成后点击【菜单栏—隐藏】将其设为不显示。操作过程如图 2-4-17 所示，变形完毕图形如图 2-4-18 所示。

注意：正在执行梯形化命令期间，梯形化命令只能对物件进行一个方向或此方向的相反方向的变形。这一限制取决于最初选择命令并拖动鼠标的方向。如果在命令执行期间需要对物件进行其他方向的改变，这时需要再次点击梯形化工具图标，重新执行梯形化命令。

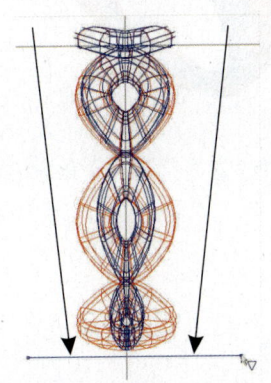

图 2-4-17　右视图梯形化操作　　　　　图 2-4-18　梯形化完毕后效果

（5）从资料库中导出戒圈 Rings/002。在右视图中，使用【尺寸工具】对其大小进行适当改变，再使用【梯形化】工具对其进行梯形化变形（图 2-4-19）。点击【菜单栏编辑—不隐藏】，将隐藏的物件显示出来（图 2-4-20），再在正视图中，使用【尺寸工具】使戒指圈和圆形物件底部贴合，如图 2-4-21 所示。

（6）切换到右视图中，使用【移动】对圆形物件的位置进行向左移动到如图 2-4-22 所示位置。选中连接环物件，在右视图中使用【歪斜化工具】对其进行歪斜化变形。变形程度如图 2-4-23 所示，物件边缘贴合于戒圈的斜边即可。最后使用【移动工具】微调最后位置。制作完毕立体图如图 2-4-24 所示。

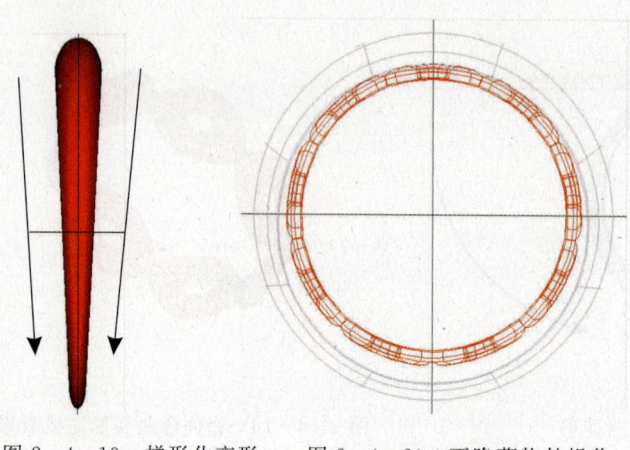

图2-4-19 梯形化变形　　图2-4-20 不隐藏物件操作　　图2-4-21 尺寸操作

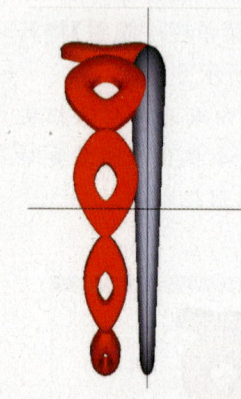 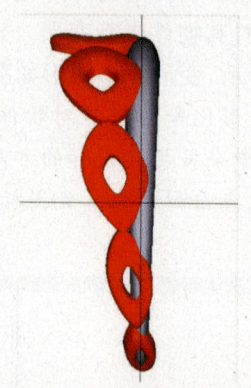 

图2-4-22 移动操作后效果　　图2-4-23 歪斜化操作后效果　　图2-4-24 制作完毕立体图

第五节　曲线、映射、投影

一、曲线工具和命令

注意：基本变形工具栏各命令亦可于【菜单栏—变形】下拉选择，相对应命令的工作原理相同。

曲线工具栏：

曲线命令栏依次分为：任意曲线、左右对称线、上下对称线、旋转180°曲线、上下左右对称线、直线重复线、环形重复线。每一命令栏生成的曲线都由相应的CV点（即控制点）组成，连点成线。点与点之间的相互约束与位置关系，组成了不同命令的曲线。

（一）曲线的绘制

1. 任意曲线

该命令 可创建任意形态的曲线。

操作方法:选取任意曲线命令,鼠标左键点击想要放置曲线的开始位置,生成 CV 点 0 点,放开鼠标,沿着想要绘制的方向依次左键点击生成 1 点、2 点、3 点……从而生成由多个 CV 点组成的任意曲线。完成一条理想的任意曲线的绘制后,点击选取件或键盘空格完成任意曲线命令操作。

注意:以下注意事项均适用于其他性质曲线的绘制。

(1)调整 CV 点:绘制途中(曲线于绘制状态),所有 CV 均可用鼠标左键点中拖拉调整位置。

(2)增加 CV 点:绘制途中(曲线于绘制状态),已绘制的线段 CV 点前后均可增加 CV 点。

(3)去掉 CV 点:绘制途中(曲线于绘制状态),如想去掉正在绘制,或已绘制的 CV 点,鼠标左键点住该 CV 点不放,单击右键,此 CV 点去除。

(4)复合 CV 点:绘制途中(曲线于绘制状态),左键双击鼠标生成复合 CV 点。双击一次即两个 CV 点叠加,于该点再次双击生成三个 CV 点的叠加,它的用处在于使绘制的曲线在复合 CV 点的位置生成一个折角。三个 CV 点叠加形成的折角比两个 CV 点叠加形成折角要锐利。

(5)修改曲线:如想对已经完成的曲线进行修改,则需要从菜单栏【曲线—修改】中,根据绘制的曲线性质选择命令,然后回到操作视图点击该曲线,此时点击曲线激活可进行修改绘制。

(6)CV 点两两之间相互牵制。当绘制弧线时,CV 点的多少、位置、间距均会影响弧线的形态。如图 2-5-1 所示。

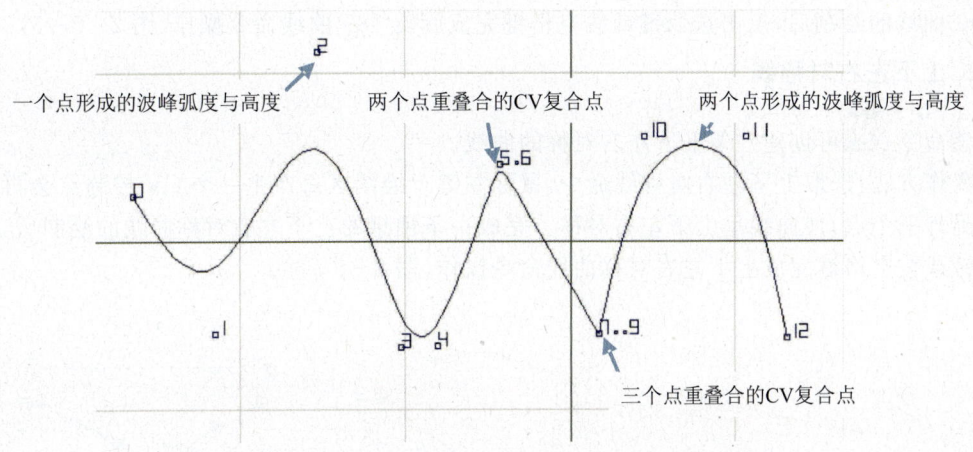

图 2-5-1　曲线中 CV 点的多少、位置、间距关系

2. 左右对称线

该命令 可创建一条在操作视图内的竖直轴左右对称的线段。

操作方法:选取左右对称线命令,在竖直轴一边,鼠标左键点击想要放置曲线的开始位置,点击位生成 CV 0 点,此时另一边对称生成 CV1 点(图 2-5-2),形成一水平线段,于线段中 0 点后增加下一个 CV 点,此时该点变成 CV1 点,其对称点变成 CV2 点(图 2-5-3)。依次类推,完成一条理想的左右对称曲线的绘制后,点击选取键或按空格键完成左右对称曲线命令操作。

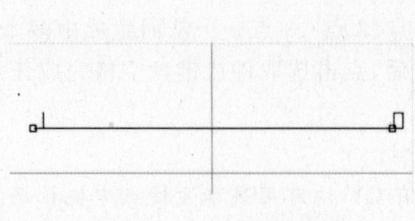
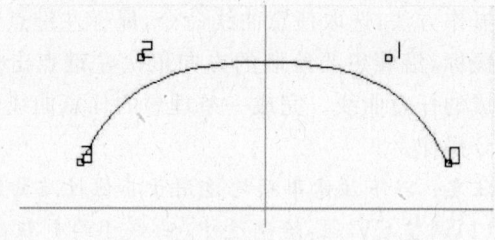

图 2-5-2　左右对称线段　　　　　图 2-5-3　左右对称曲线

3. 上下对称线

该命令 可创建一条于操作视图的水平轴上下对称的线段。

操作方法:选取上下对称线命令,鼠标左键于绘图区每产生的一个CV控制点就会在就水平轴对称位置产生另一CV点,依次增加控制点,形成相应线段。完成一条理想的上下对称曲线的绘制后,点击选取键或按空格键完成上下对称曲线命令操作(图2-5-4)。

4. 旋转180°曲线

该命令 创建一条以原点旋转180°对称的曲线。

操作方法:选取旋转180°曲线命令,鼠标左键于绘图区每产生一个CV控制点就会在坐标原点旋转180°对应位置产生另一CV点,依次增加控制点,形成相应线段。完成一条理想的旋转180°曲线的绘制后,点击选取键或按空格键完成旋转180°曲线命令操作(图2-5-5)。

5. 上下左右对称线

该命令 可创建一条上下左右对称的曲线。

操作方法:选取上下左右对称线命令,鼠标左键于绘图区每产生一个CV控制点会再自动创建另外三个点,使曲线呈上下左右对称。完成一条理想的上下左右对称曲线的绘制后,点击选取键或按空格键完成上下左右对称曲线命令操作(图2-5-6)。

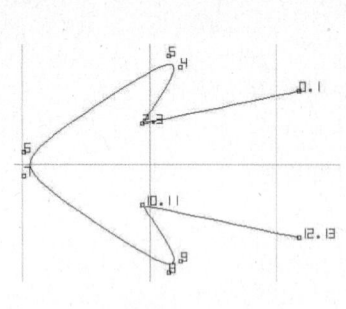
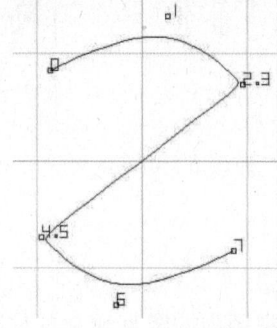
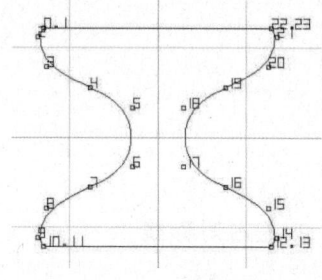

图 2-5-4　上下对称线　　　图 2-5-5　旋转180°曲线　　　图 2-5-6　上下左右对称线段

6. 直线重复线

该命令 用于在三维空间内绘制一条直线重复线。

点击该命令后会弹出如图2-5-7所示的对话框。

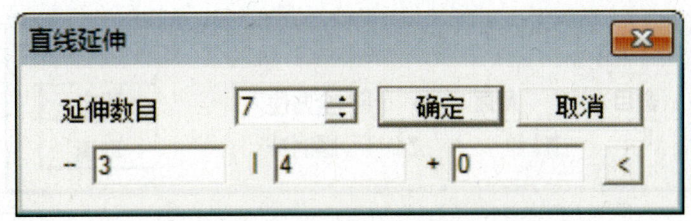

图 2-5-7 直线重复线对话框

对话框包括以下内容。

(1)延伸数目:用来设定直线延伸后,在视图中出现的直线的 CV 点的总数,它的数值不能小于 2,延伸后两两 CV 点之间距离相等。

(2)水平 ：用来设置延伸直线上两两 CV 点在水平轴方向上的间距。

(3)竖直 ：用来设置延伸直线上两两 CV 点在竖直轴方向上的间距。

(4)进/出 ：用来设置延伸直线上两两 CV 点在进/出轴方向上的间距。

操作方法:点击命令打开对话框,填写好数值点击确定(按上图数值输入),于绘图区点击鼠标左键出现直线延伸线段。图 2-5-8 所示为按图 2-5-7 对话框输入得到效果,按住 0 点拖拉可调整线段位置。如仍处于该命令时,点击任意两点之间,会生成双倍 CV 点(图 2-5-9)。

注意:数值也可以通过鼠标测量间距来完成,在对话框状态下,于绘图区,按住左键拖动鼠标来完成垂直或水平方向的测量及延伸。按住右键拖动鼠标来完成自定义方向的测量及延伸。

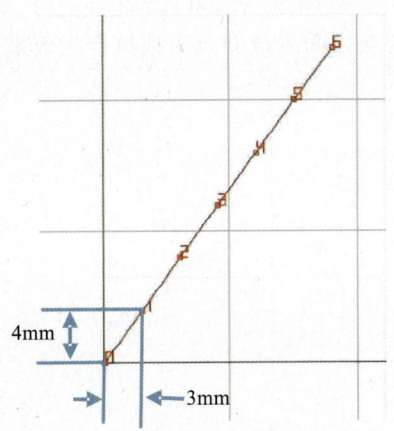

图 2-5-8 直线重复线命令效果

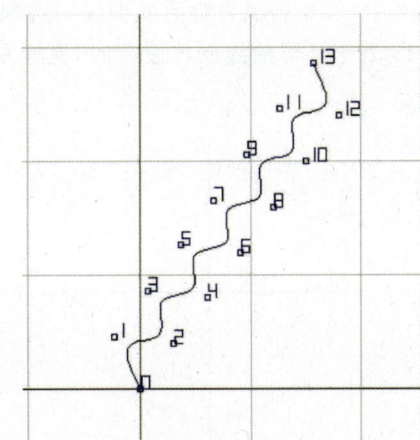

图 2-5-9 将左图任意两点间左键点击后拉伸效果

7. 环形重复线

该命令 用于绘制一条环形重复曲线。

操作方法:点击命令打开对话框,填写好数值点击确定,于绘图区点击鼠标左键出现环形重复线段,按住 0 点拖拉可调环形大小。如点击两点之间,会生成双倍 CV 点。

选择该命令时会弹出图 2-5-10 所示的对话框。

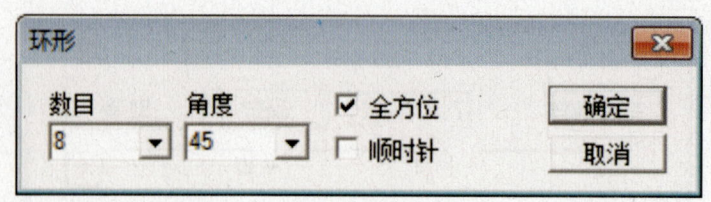

图 2-5-10　环形重复线对话框

对话框包括以下内容。

(1)数目:用来设定环形重复线的 CV 点的总数,由于是中心对称的闭合曲线,3 个点以上方能看到绘图效果,若要形成正圆,最少 8 个控制点。

(2)角度:用来设定两个相邻的 CV 点与坐标原点组成的夹角的大小。

(3)全方位:设定指定数目的 CV 点平均分布在创建的圆上,绘制的曲线为逆时针闭合曲线。

(4)顺时针:用来设定 CV 点方向于顺时针依次产生,不勾选全方位并只勾选顺时针一栏。可自由设定角度,使得 CV 点以原点为中心,呈扇形分布,组合成开口曲线。

注意:以上各选项的数值也可以通过拖动鼠标来完成,在窗口状态下,于绘图视窗,按住左键拖动鼠标,系统将会计算间距,从而变换 CV 点数目与角度,点击确定后,以鼠标左键点击的位置确定起始 CV 点,并沿顺时针方向组合成所需线段。

图 2-5-11 显示环形曲线为图 2-5-10 对话框数据得到效果。图 2-5-12 为图 2-5-11 图形处于环形曲线操作命令时,鼠标左键点击任意两点之间生成新点后拖拉产生效果。

图 2-5-13 显示为对话框中仅勾选顺时针,数目 8,角度 15 所得效果,图 2-5-14 为图 2-5-13 处于环形曲线操作命令时,鼠标左键点击任意两点之间生成新点后拖拉产生效果。

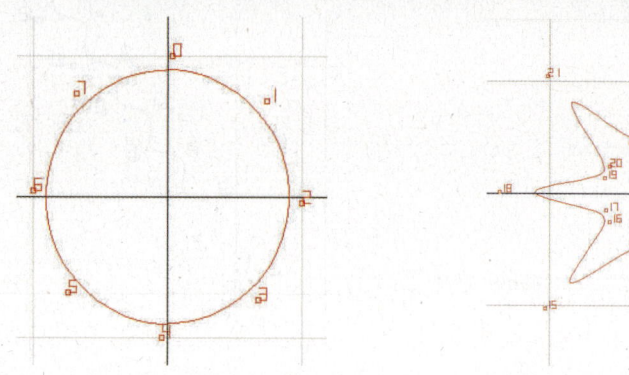

图 2-5-11　环形重复线(全方位)　　图 2-5-12　将左图任意两点间左键点击后拉伸效果

(8)圆形

该命令 ◯ 用来创建一个以世界坐标原点为中心的圆形曲线。

操作方法:点击命令,完成对话框填写,点击确定,圆形即生成于操作视图。

点击圆形工具会弹出如图 2-5-15 所示的对话框,输入相应数值后得到圆形如图 2-5-16 所示。

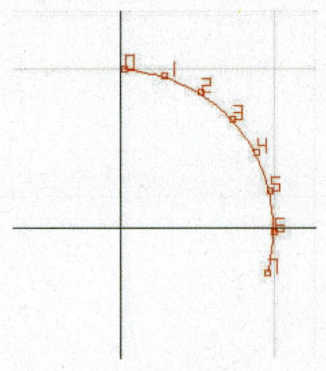 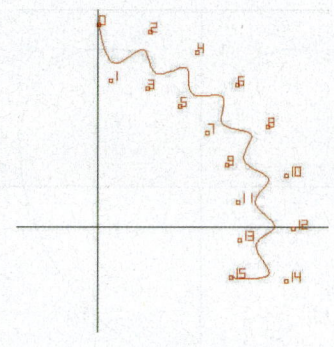

图2-5-13　环形重复线（顺时针）　　图2-5-14　将左图任意两点间左键点击后拉伸效果

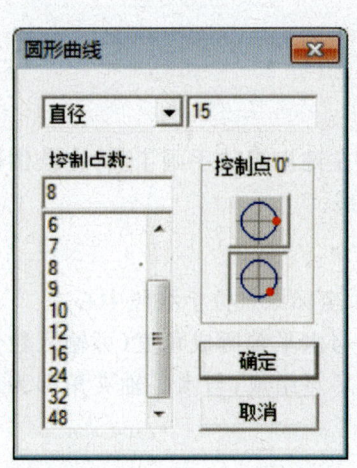 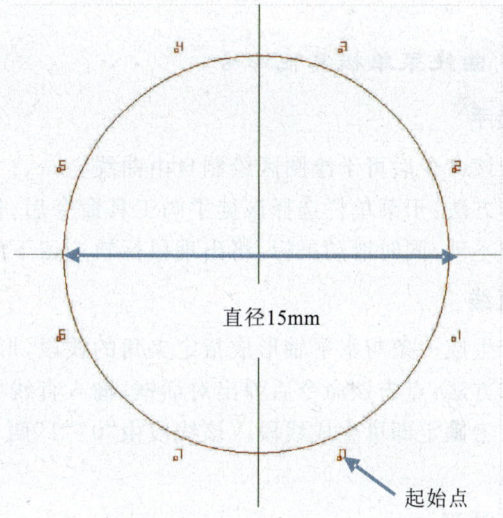

图2-5-15　圆形曲线对话框　　　　　图2-5-16　圆形曲线形成效果

对话框包括以下内容。

（1）直径/半径：用来设置即将创建的圆是以直径大小还是以半径大小来创建。在其旁边可以输入该圆直径/半径数值（单位：mm）。

（2）控制点数：用于设置创建的圆上的控制点总数。

（3）控制点"0"：用于设置创建的圆上的控制点"零点"的位置。

9. 封口曲线

该命令 ⬚ 用于将开口曲线封口。如图2-5-17为一条开口曲线，操作完毕后，使得曲线CV点首尾相连，形成如图2-5-18所示封口曲线。

操作方法：选中曲线点击命令即可完成。

10. 开口曲线

该命令 ⬚ 将已闭合的曲线开口，首尾分开。

操作方法：选中曲线点击命令即可完成。

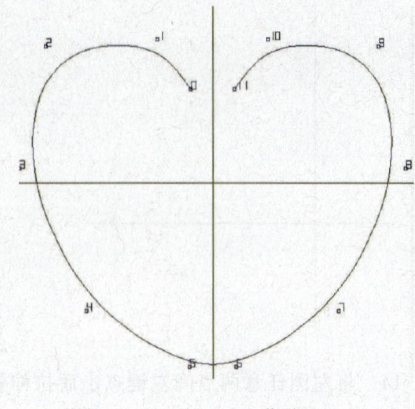
图 2-5-17 开口曲线

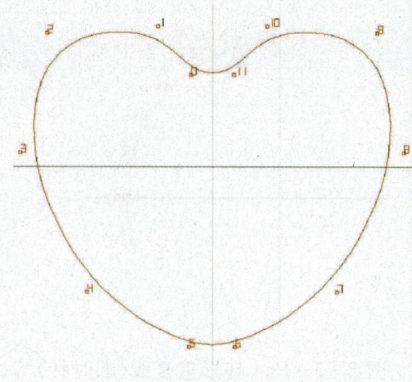
图 2-5-18 封口曲线

(二) 曲线菜单栏其他命令

1. 徒手

点击该命令后可于绘图区绘制自由曲线。

操作方法：于菜单栏选择该徒手画工具命令后，鼠标左键出现徒手画工具，在绘图区按住鼠标左键不动，同时滑动鼠标，将出现鼠标轨迹留下的曲线。

2. 直线

用于生成一条与水平轴形成指定夹角的线段，形成后坐标原点位于线段中心。

操作方法：点击该命令后弹出对话框，输入直线希望与水平轴所成角度（可输入数值亦可选择），点击确定即可生成线段。该线段由"0""1"两个 CV 点组成，与水平轴夹角即为对话框输入数值。

3. 多边形

用于生成正多边形曲线，可设置多边形的边数及"0"点位置。

操作方法：点击该命令，弹出对话框，输入或选择边的数目，点击确定后即可完成绘制。

4. 螺旋曲线

用于生成螺旋曲线。

操作方法：于希望生成螺旋曲线的视图点击该命令，弹出对话框中相应数值后点击确定即可。

图 2-5-19 为螺旋曲线讲解示意图。

对话框包括以下内容。

(1) 半径 1：螺旋曲线第一圈半径。

(2) 半径 2：螺旋曲线末尾圈半径。

(3) 长度：即螺旋曲线首尾 CV 点连接直线距离。

(4) 回圈数目：螺旋曲线的旋转圈数。

(5) 每圈 CV 数目：控制螺旋曲线每一圈的 CV 点数目。

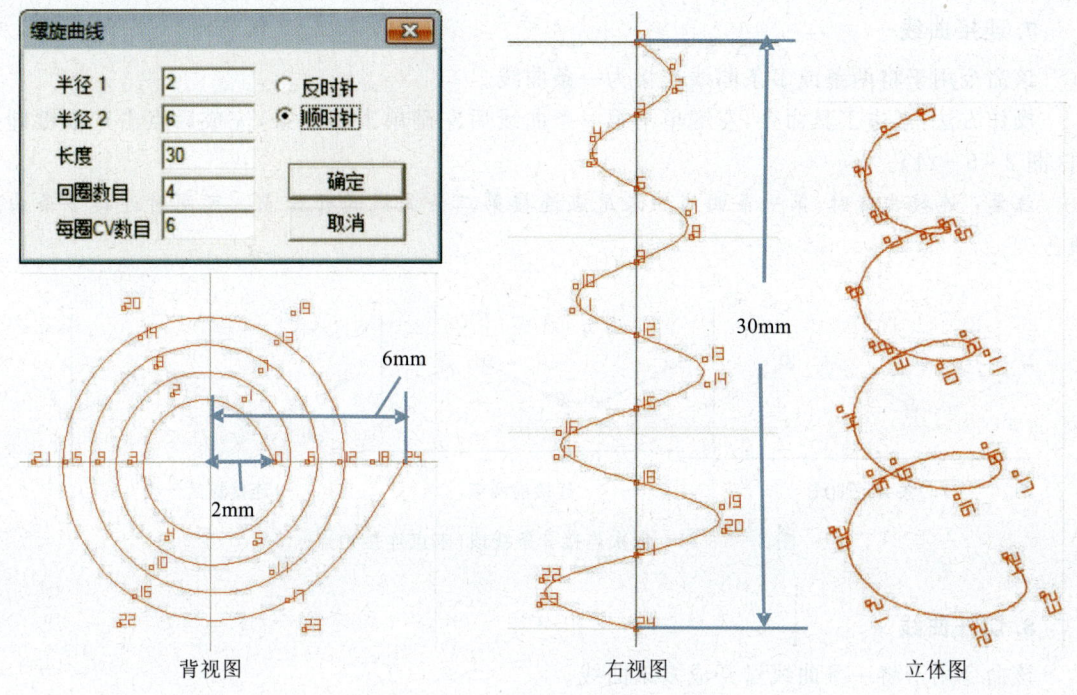

图 2-5-19　螺旋曲线讲解示意图

5. 倒序编号

将线段 CV 点顺序进行首尾调转，倒序后不改变曲线形状。选中曲线点击命令即可完成。如图 2-5-20 所示，左边"D"字曲线为原始曲线，中间"D"字曲线为倒序编号后。

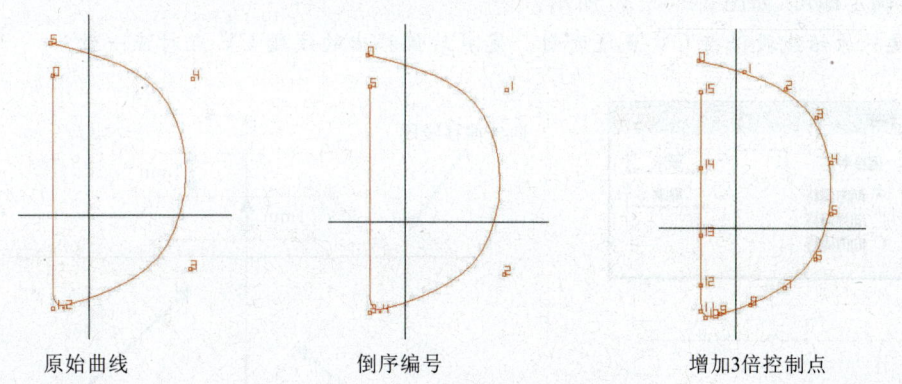

图 2-5-20　曲线倒序编号与增加控制点

6. 增加控制点

该命令用于成倍数的增加线段控制点。

操作方法：选中曲线点击增加控制点，弹出对话框可直接设置倍数，选择好增加倍数后点击确定，操作完成。如图 2-5-20 最后一个"D"字曲线为原始曲线增加 3 倍控制点后效果。

7. 连接曲线

该命令用于将两条或多条曲线连接为一条曲线。

操作方法：点击工具命令，左键单击第一条曲线后左键单击第二条，完成后点击选取键即可（图 2-5-21）。

注意：连接曲线时，第一条曲线的末尾点连接第二条曲线的开始点。可同时连接多条曲线。

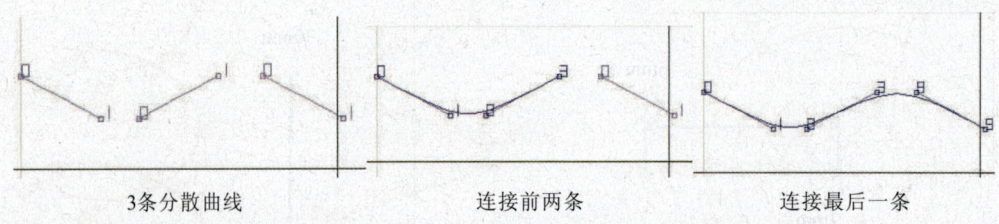

图 2-5-21 依次连接 3 条线段（末点连接始点）

8. 切开曲线

该命令用于将一条曲线切开成多条曲线。

操作方法：点击工具命令，左键单击要切开的 CV 点位置即可，完成后点击选取键。可同时切开多段。

9. 偏移曲线

该命令用于曲线的偏移复制。

操作方法：将曲线选中后点击偏移曲线，出现对话框，于对话框输入偏移距离及偏移方向，点击确定即可，如图 2-5-22 所示。

注意：原始线段保持 CV 点逆时针。完成后偏移出的线段 CV 点对应一致。

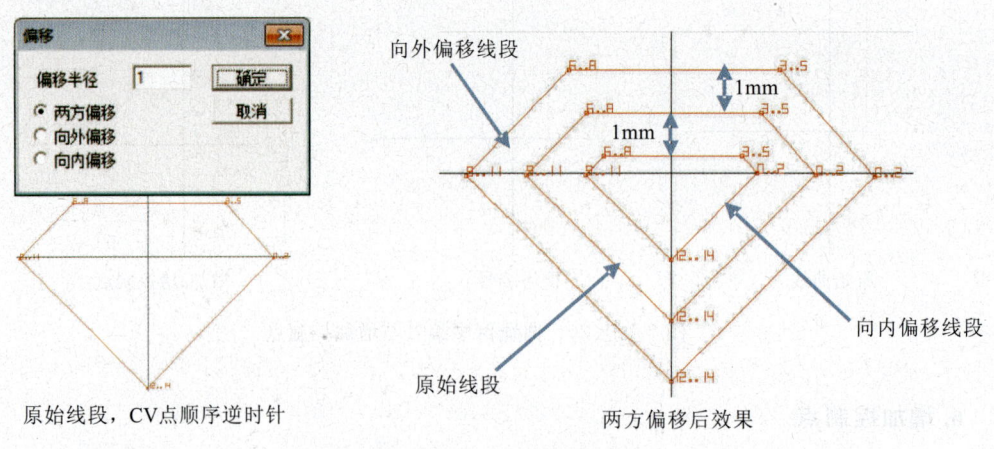

图 2-5-22 偏移曲线操作示意图

10. 中间曲线

于两条 CV 点数目及 CV 点顺序对应一致的曲线,中间生成一条中间线,使得生成线段的 CV 点到两边对应相同 CV 点的距离相等。

如图 2-5-23 所示为两条 CV 点数顺序对应一致的两条曲线,图 2-5-24 红色线段为点击【中间曲线】命令后,再分别点击两条曲线生成的中间曲线。

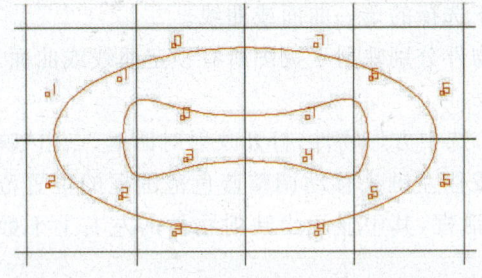
图 2-5-23 点数点序对应一致的两条曲线

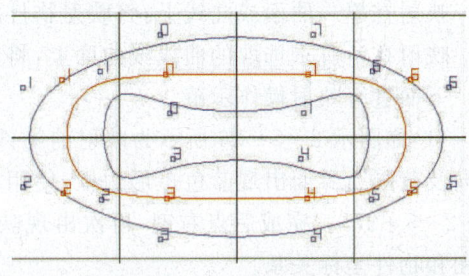
图 2-5-24 点击中间曲线命令后效果

操作方法:选择中间曲线命令,点击其中任意一条曲线,接着点击另一条即可生成中间曲线。

若原件的两条曲线为闭合,生成的中间曲线为开口,则点击【封口曲线】命令即可。

11. 曲线长度

该命令用来测量曲线的长度。

操作方法:选择曲线长度工具,点击需要测量的曲线,于状态栏窗口会显示曲线长度,我们将上图得到的中间曲线测量长度,状态栏显示:

选取要量度长度的曲线　曲线长度=13.862

即:曲线长度为 13.862mm。

二、曲面/曲线映射

该命令 用来将选中的曲面或曲线映射到另外的曲线或曲面上,以产生相应的变形。

比方一个新的创可贴,买来时它是平整的,而将它贴在受伤的手指上,它就会随着手指外轮廓发生变形,而这个过程就是映射的原理。

选择此命令后,会弹出【曲面/线映射】对话框,如图 2-5-25 所示。

对话框内容:

(1)横向和纵向:横向表示把被映射物件当前视图横向作为映射方向。

纵向表示把被映射物件当前视图纵向作为映射方向。

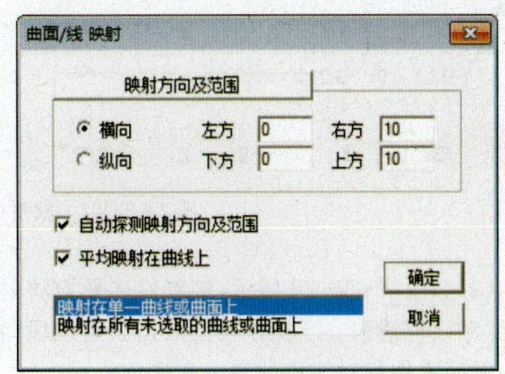
图 2-5-25 【曲面/线映射】对话框

左方、右方、上方、下方分别指要映射范围的左右上下的水平坐标距离。
（2）自动探测映射方向：勾选则系统按照选中的映射物件自动设定范围。

不勾选则可点击"映射方向及范围"精确框选映射范围。
（3）平均映射在曲线上：勾选则物件会平均映射于曲线。

不勾选则物件会根据曲线 CV 点稀疏位置映射分布（即 CV 点越密集物件分布越密集）。

映射在单一曲面或曲线上：将映射物件映射于选择的单一曲面或曲线。
映射在所有未选取的曲线或曲面上：将映射物件分别映射于视图所有锁定曲线或曲面。
下面进行映射操作示范。

（1）如图示 2-5-26 所示为映射前物件位置，选中方形物件，打开映射对话框，点击"映射方向及范围"，界面出现蓝色矩形边框，使用鼠标按住左键来移动调整蓝色范围框的位置范围（图 2-5-27）。完成后点右键，再次出现映射对话框，其中显示出映射物件的左右上下数值范围和物件坐标关系。

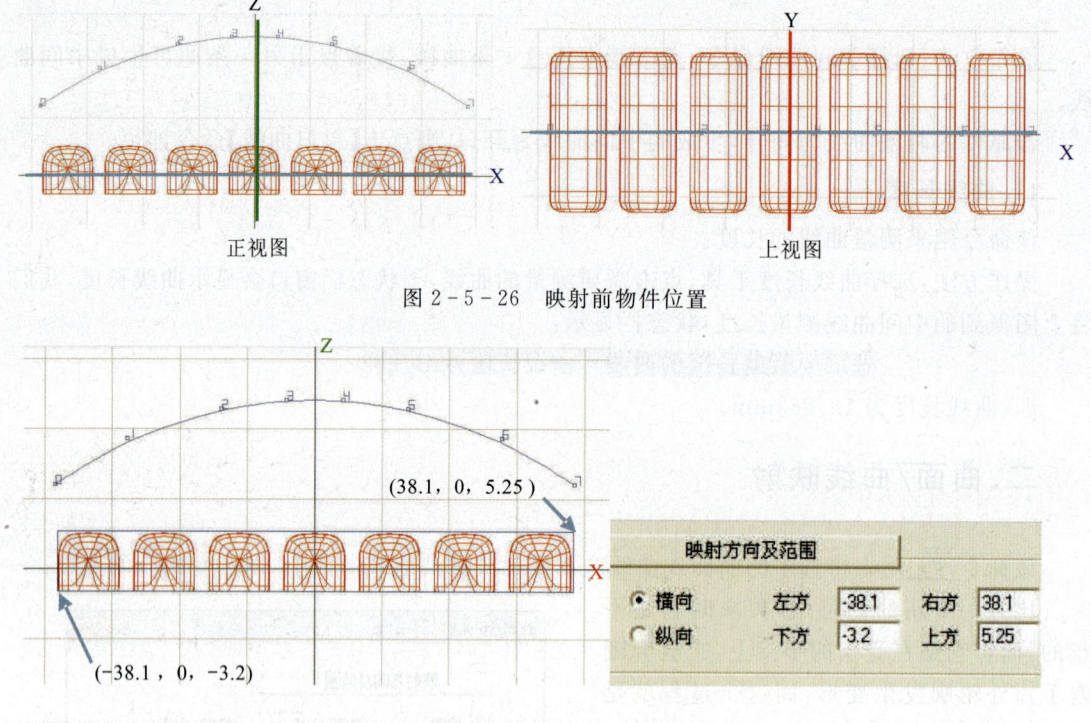

图 2-5-26 映射前物件位置

图 2-5-27 映射中映射方向及范围

（2）如图 2-5-28 所示，接着勾选平均映射在曲线上，点映射在单一曲线或曲面上，点击确定，对话框消失。于操作视图点击映射线段，物件映射完毕（物件相对坐标轴突出的高度 A ＝映射后物件相对线段的突出高度 B）。

注意：①案例曲线 CV 点从 0 到 7 点从左至右横向排列，那么方形物件也会从左至右映

右图：点击曲线映射

下图：映射对话框各项数值与选择

右下图：映射完成

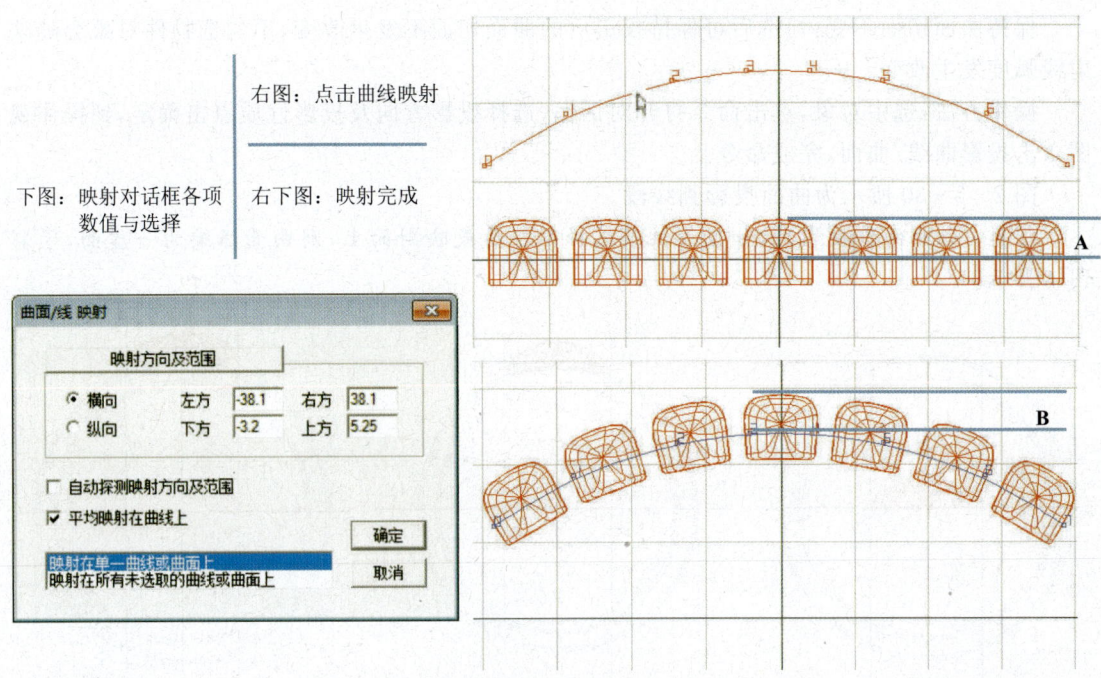

图 2-5-28 映射示范

射去，如若线段 CV 点起始排列自右向左，映射后物件会发生倒转排列。②如不希望映射后物体发生变形，映射前选中物件选择菜单栏【编辑—不可变形】。同时映射物体长度应与线段长度一致。③选中物件 CV 点同样可以映射到线段上。

三、投影

该命令 用于将选中的物件投射到另外的曲线或曲面产生相应的变形。

点击投影工具将弹出如图 2-5-29 所示的对话框。

对话框包含以下内容。

（1）投影方向。

向上，向下，向左，向右：由投影到的曲线/曲面在对象的平面位置决定。如在对象左边即点击向左，同理类推。

任意方向：可通过三个轴的数值确定投影的方位或点击"任意方向"钮设置。

（2）投影性质。

加在曲线/曲面上：将选中物件投影到曲线/曲面上时，大小高度不发生变化。

贴在曲线/面上：即对象所有 CV 点均水平或垂直移动于曲线/曲面上。投影到曲线或曲面上的物件会完全贴合。

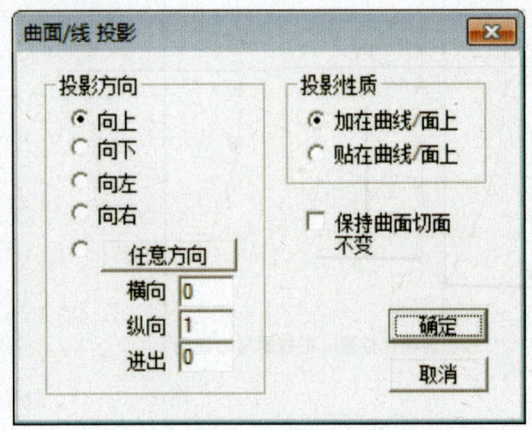

图 2-5-29 曲面/线投影对话框

保持曲面切面不变:勾选后可保持投影后的曲面切面不发生改变,不勾选物件对象会随映射线弧度发生改变。

操作方法:选中对象,点击命令打开对话框,选择投影方向及投影性质点击确定,到操作视图点击投影曲线/曲面,完成命令。

图2-5-30所示为曲面投影到线段。

注意:当曲面作投影时,如投影性质选择贴在线或映射面上,则曲面压缩为一虚面,于彩图不显示。

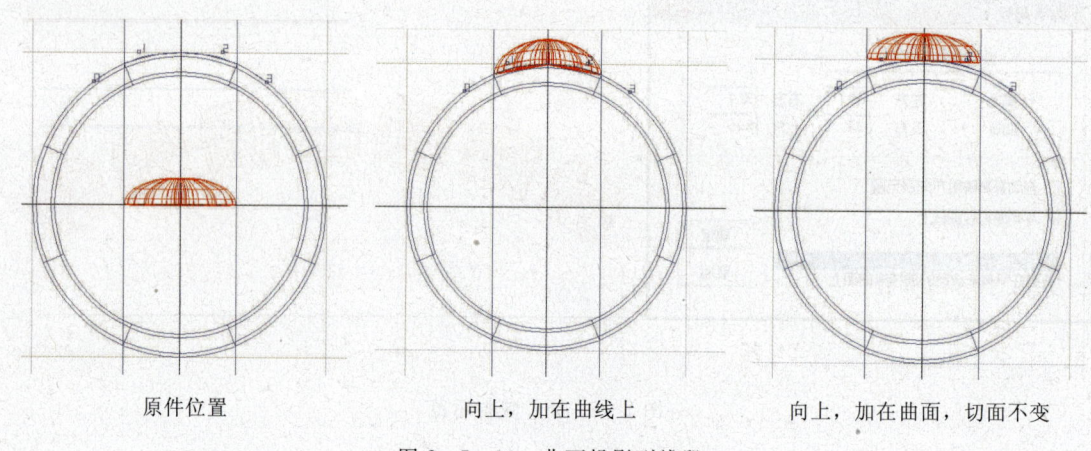

图2-5-30 曲面投影到线段

图2-5-31所示为曲线投影到线段。

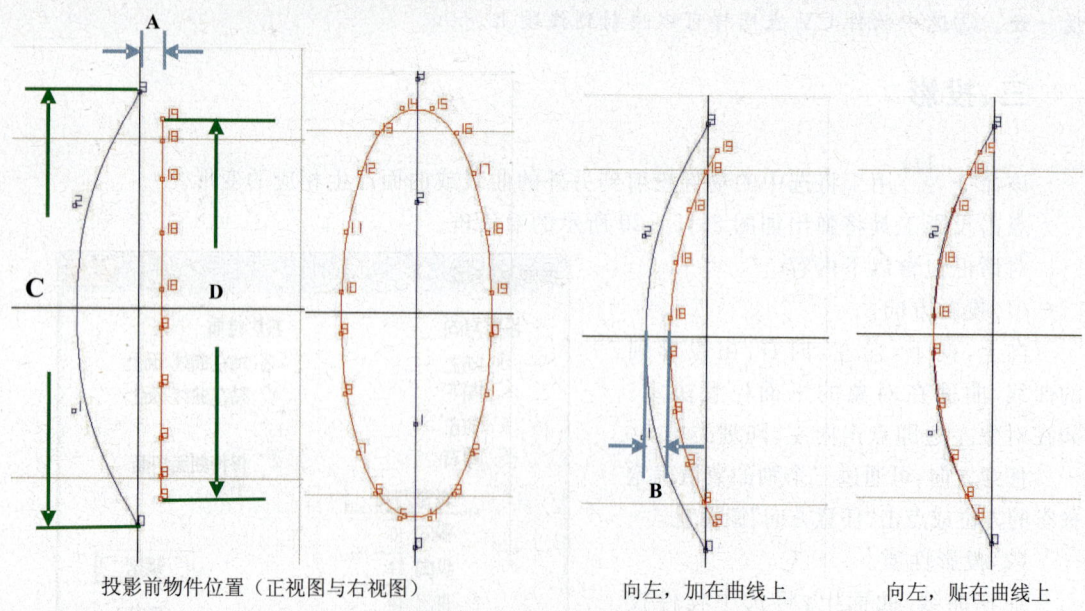

图2-5-31 曲线投影到线段

注意:①映射前对象离坐标轴距离等于映射后对象离映射线段距离,如图2-5-31中,A=B。②若将一曲线对象投影于另一曲线,应保证投影线长度大于对象,如图2-5-31中,C>D,如短于对象会导致投影不完全,线段部分CV点滞留于原位置。③若选择贴在曲面上,操作后两线段不服贴,考虑对象增加控制点再次投影。

四、案例练习

复杂变形工具综合案例练习:如图 2-5-32 所示(资料库:Rings、005\Parts1、Leaf1b/Parts1、RIPPLEA/Settings、Round1、Rnd00001)。

练习操作命令:曲面或曲线映射 ;投影 。

图 2-5-32　复杂变形工具综合案例练习:花朵戒指

操作步骤如下。

(1)首先从资料库中导出戒圈 Rings、005,正视图,如图 2-5-33,选中戒圈。点击【编辑—展示CV】将戒圈隐藏起来的 CV 点显示出来,得到如图 2-5-34 所示图形。

(2)切换到右视图,使用【任意曲线】在戒圈旁边绘出一条弧线,如图 2-5-35 所示。再【左右复制】一条(图 2-5-36)。接着使戒圈处于不选中状态,点击【选取—选点】,将戒圈一边的 CV 点全部选中(图 2-5-37)。

注意:选择 CV 点时,遇到难以精准选择到某个点的情况时,可以切换到立体图中选择。

(3)点击【投影】,对话框中选择"投影方向右边,投影性质选择贴在曲线/面上,勾选保持曲面切面不变"(图 2-5-38),点击确定键。再点击投影曲线(图 2-5-39)。投影成功后(图 2-5-40),再次打开【投影】工具,对话框中投影方向选择左边,其他不变。将戒圈的另一边 CV 点也进行投影(图 2-5-41)。

注意:为了保持投影出来的物件不产生其他变形,绘制的投影的曲线/曲面的尺寸,要比投影物件尺寸范围稍大。如图 2-5-39 所示,映射线应该长于投影 CV 点范围。

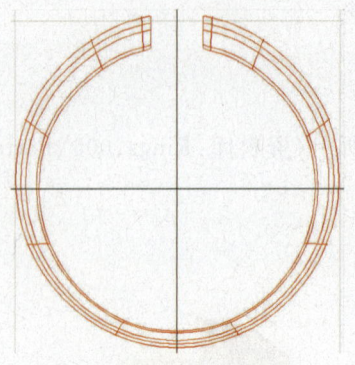
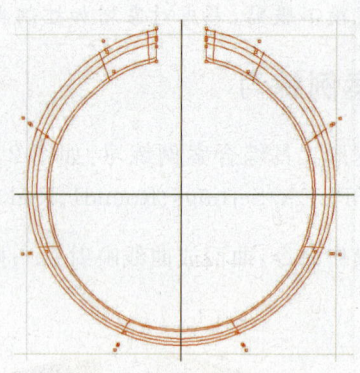

图 2-5-33　戒圈正视图　　　　　　图 2-5-34　戒圈展示 CV 点

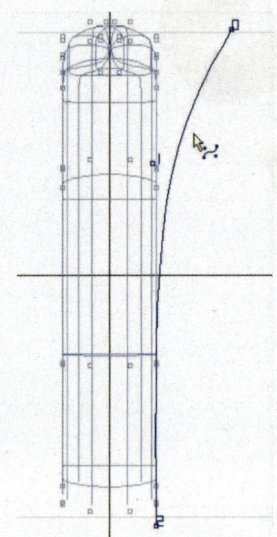
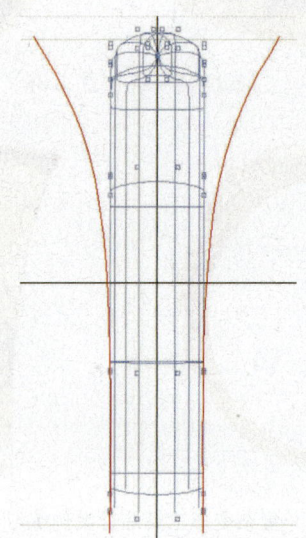
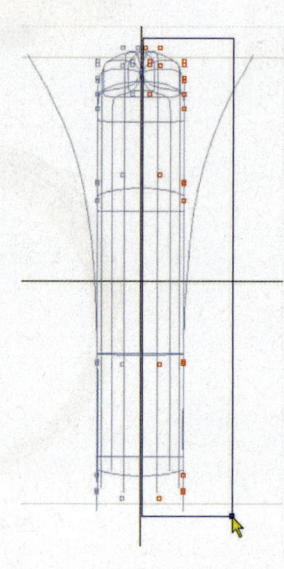

图 2-5-35　投影线绘制　　图 2-5-36　投影线左右复制　　图 2-5-37　部分 CV 点选取

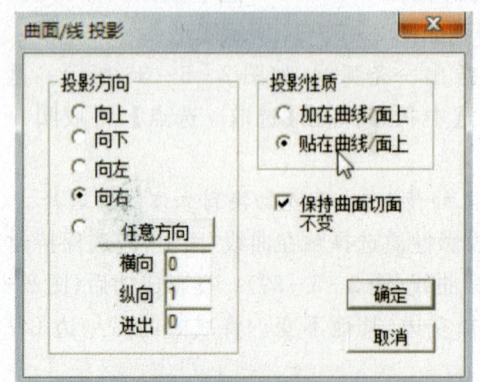
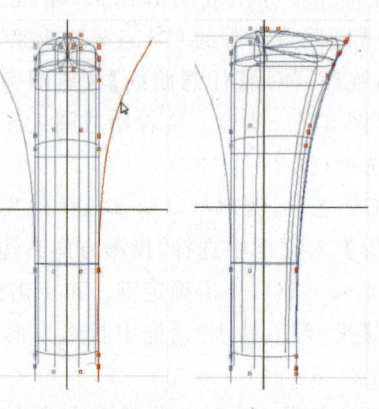
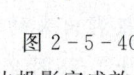

图 2-5-38　投影对话框设定　　图 2-5-39　　图 2-5-40　　图 2-5-41
　　　　　　　　　　　　　　　点击投影线　一边投影完成效果　两边投影完成效果

(4)投影好的戒圈,造型上的一些细节还不是很到位,这需要对戒圈某几个CV点进行调节。选中需要调节的CV点,在正视图/右视图中,使用【移动】工具对选中的CV点进行水平移动调整("→"为物件变形方向),如图2-5-42为修改前,图2-5-43所示为修改后,弧度横向饱满。

注意:调整CV点时候,需要在正确的视图中水平/垂直拉伸操作,避免物件产生其他变形。

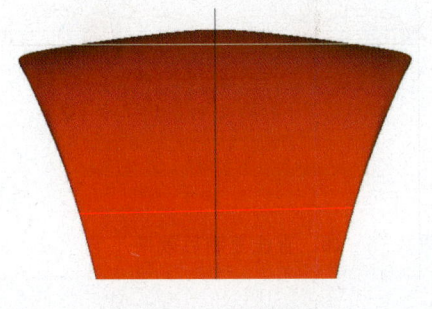 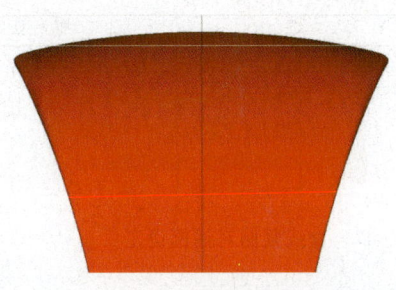

图2-5-42 修改前　　　　　　　图2-5-43 修改后

(5)将做好的戒圈点击【编辑—隐藏】,使之不显示于绘图区。再从资料库中导出Parts1、Leaf1b,使用【尺寸】+【移动】工具改变物件的大小和位置。接着使用【环形复制】工具(图2-5-44)对其进行环形复制,复制数目为"6"。成型后如图2-5-45所示。

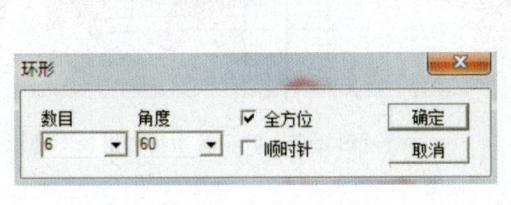 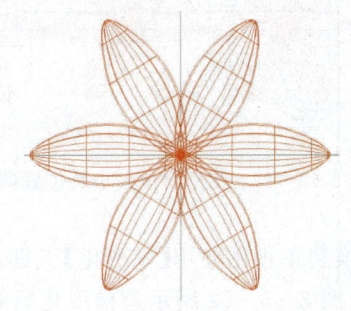

图2-5-44 环形对话框设置　　　图2-5-45 完成环形复制后效果

再从资料库中导出Parts1、RIPPLEA,使用【尺寸】工具+【移动】工具对其大小和位置进行改变,摆放在花型物件的中间(图2-5-46)。

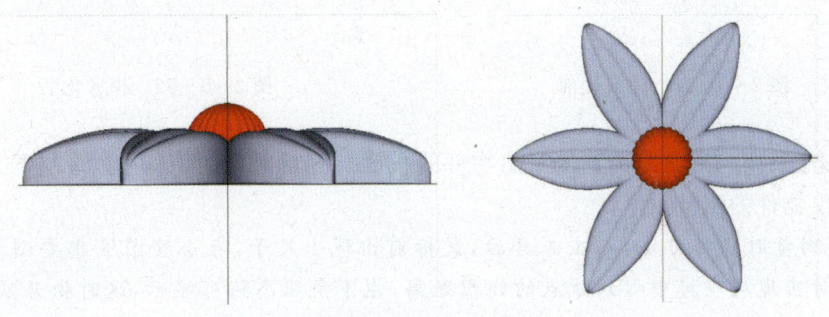

图2-5-46 花型物件效果(左为正视图,右为上视图)

(6)选中花型物件,点击使用【直线复制】工具(图 2-5-47),对其进行直线复制,复制数目为"3"。得到图形如图 2-5-48 所示。

图 2-5-47 直线复制对话框设定　　　　　图 2-5-48 直线复制后效果

(7)再使用【尺寸】+【移动】工具,将复制好的物件的大小和位置进行适当调节(图 2-5-49)。然后使用【比例梯形化】工具对物件进行比例梯形化变形,得到如图 2-5-50 所示形状。

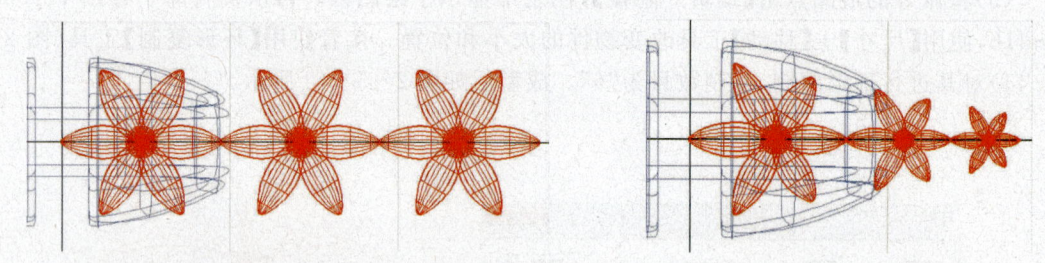

图 2-5-49 花型物件大小及位置调整　　　图 2-5-50 花型物件上视图梯形化变形

切换到正视图使用【梯形化】工具,对物件进行梯形化变形,如图 2-5-51 所示为物件梯形化前,图 2-5-52 所示为梯形化后效果。

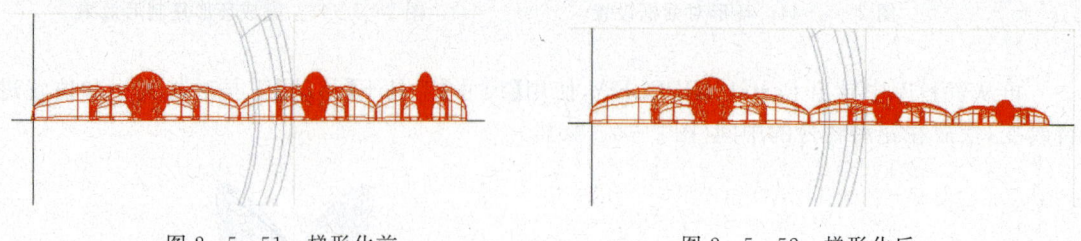

图 2-5-51 梯形化前　　　　　　　　　　图 2-5-52 梯形化后

(8)点击【杂项—测量距离】,测量出物件的长度。测量时,在操作视图的左下方的状态栏中,会显示出物件的测量数值。

注意:测量时操作方法:点击工具后,鼠标前出现小尺子,点击绘图区想要测量的两两距离一端,此时出现从坐标中心到该点的线段距离,左下角状态栏可显示,这时松开鼠标左键,点击测量距离的另一端,则出现想要测量的两点之间的线段距离(图 2-5-53),线段距离同样于左下角状态栏显示为 16.7mm(图 2-5-54)。

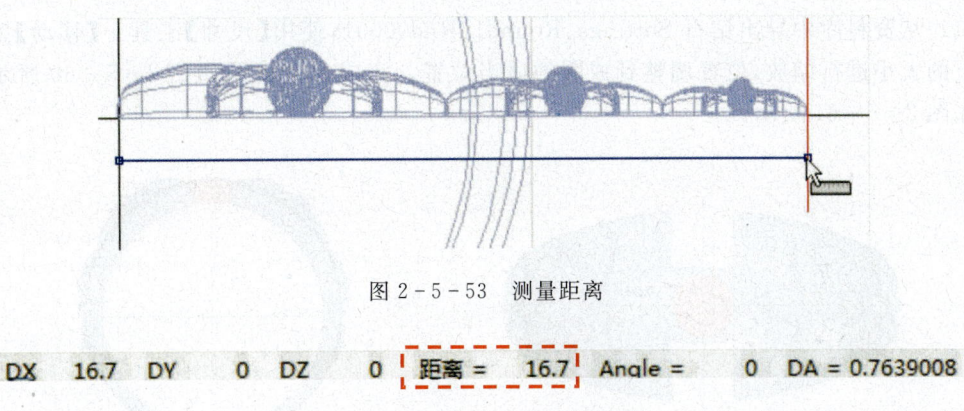

图2-5-53 测量距离

DX 16.7 DY 0 DZ 0 距离 = 16.7 Angle = 0 DA = 0.7639008

图2-5-54 测量距离读取

（9）将数值记录下来，使用【任意曲线】在戒圈上绘出一条与物件长度相同的曲线（图2-5-55）。画好曲线后，可以点击【菜单栏—曲线—曲线长度】，再点击该曲线。在状态栏中观察所画的曲线长度是否贴近所要的数值。如果还未到达所要的数值，或者已超过所要的数值时，点击【菜单栏—曲线—修改—任意曲线】来对曲线进行精确修改，直到长度与物件长度达到一致（图2-5-56）。

注意：尽量使曲线的长度与物件的长度一致，这样才能保持下一步使用映射命令后，物件不至于夸张变形。

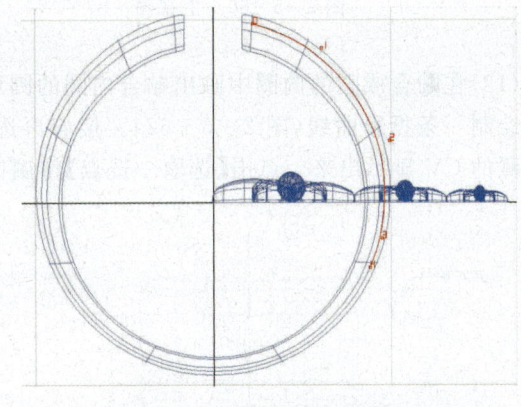

图2-5-55 任意曲线绘制

选取要量度长度的曲线 曲线长度 = 16.700

图2-5-56 曲线长度读取

（10）选中全部物件，打开映射工具命令，在对话框中勾选"自动探测映射方向及范围；平均映射在曲线上"，然后点击确定，再点击曲线。如图2-5-57所示为映射前，图2-5-58所示为映射后。选中映射好的物件，正视图，点击选择【左右复制】工具，对物件进行左右复制。完成后图形如图2-5-59所示。

注意：对要进行映射的物件摆放位置，要贴合着横坐标上方。

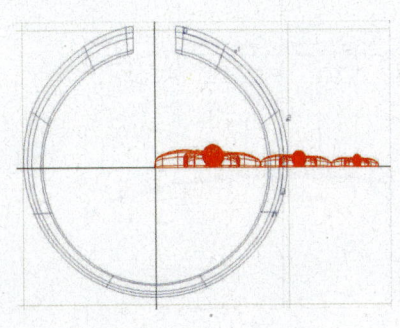 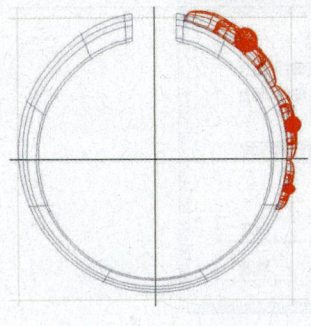 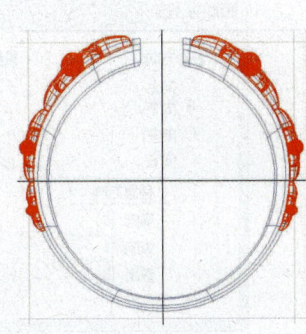

图2-5-57 映射前   图2-5-58 映射后   图2-5-59 左右复制

(11)从资料库中导出钻石 Settings、Round1、Rnd00001,使用【尺寸】工具+【移动】工具,对钻石的大小进行缩放,位置调整到戒圈的适当位置。完成后上视图如图 2-5-60 所示,正视图如图 2-5-61 所示。

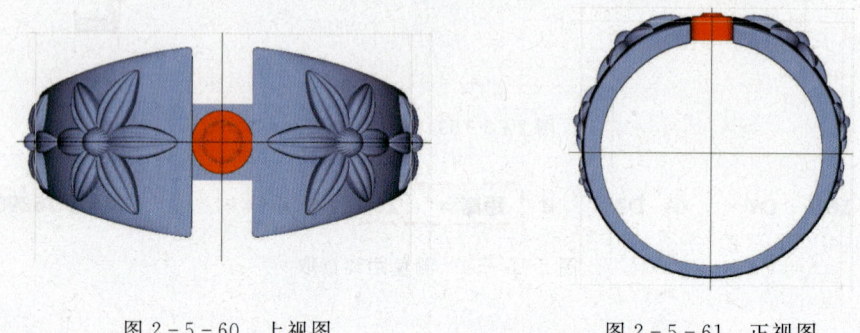

图 2-5-60 上视图　　　　　　　图 2-5-61 正视图

(12)在贴合戒圈的内圈中画出贴合内圈的圆形曲线,做辅助线参照,再沿着圆形曲线于镶口下绘制一条投影曲线(图 2-5-62)。接着再选中钻石镶口,点击【菜单—编辑—展示CV】将隐藏的 CV 显示出来。点击【选取—选点】将镶口底部的所有点全部选中(图 2-5-63)。

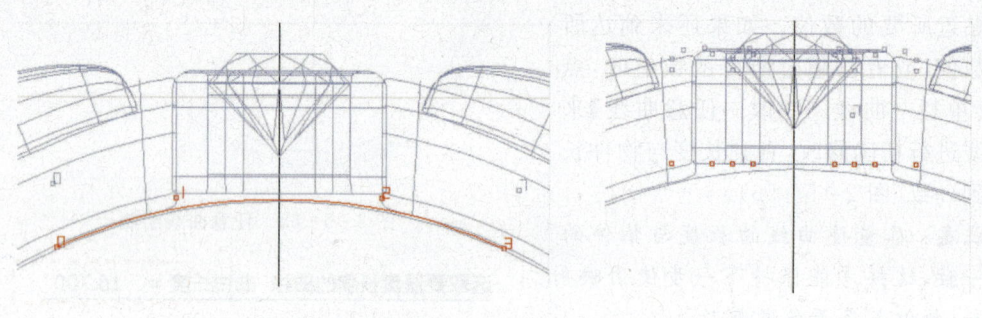

图 2-5-62 绘制投影曲线　　　　　图 2-5-63 选中 CV 点

(13)打开【投影】命令,对话框选择"投影方向向下;投影性质选择贴在曲线/面上;勾选保持曲面切面不变"(图 2-5-64)。选择完成后,最后点击确定键,再点击投影线,对 CV 进行投影。完成后效果如图 2-5-65 所示。

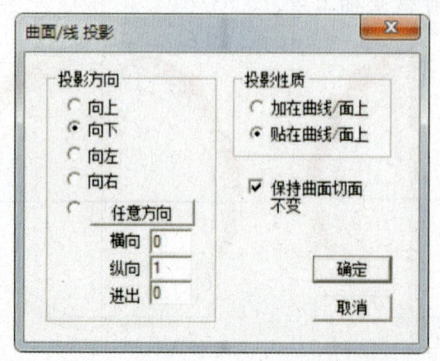 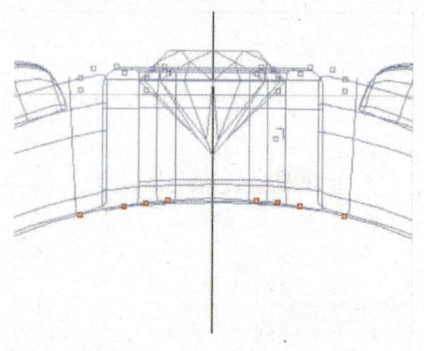

图 2-5-64 【投影】命令对话框　　　图 2-5-65 投影完成后效果

重点：要能熟悉掌握复杂变形工具的命令原理，掌握各个命令操作细节。

难点：复杂变形工具命令执行原理大多跟十字坐标轴相关，被映射曲线或曲面的大小或长度会随着映射曲线而发生变化，应准确理解把握两者之间的数据和关系。

小结：复杂变形工具中映射工具和投影工具，是本节中的两个重要的知识点。映射工具和投影工具的运用，对平时建模过程中小的物件的变形编列，或物件复杂CV点的变形调整，起到很大的作用。本节除了对复杂工具的介绍和运用外，还在案例中融入了一些建模过程中相关的知识点，比如测量线段、测量距离等。掌握这些知识点，可以在以后建模的过程中起到有效作用。

第六节　曲面工具和命令

注意：曲面工具栏各命令亦可于【菜单栏—曲面】下拉选择，相对应命令的工作原理相同。

一、直线延伸曲面

该命令 可将一个已知曲线，往三维空间某一个方向进行直线延伸，创建出具有一定厚度的曲面。

操作方法：选中需要延伸的曲线，点击直线延伸曲面工具，弹出对话框，填入相应数值后点击确定键即可生成。

对话框包括(图2-6-1)：

(1)延伸数目：用来设定直线延伸后，在视图中出现的曲面结构段面，它的数值不能小于2。

(2)水平 ：用来设置延伸曲面两两结构段面水平轴方向上的间距。

(3)竖直 ：用来设置延伸曲面两两结构段面垂直轴方向上的间距。

(4)进/出 ：用来设置延伸曲面两两结构段面进出轴方向上的间距。

注意：

(1)如曲线开口，则延伸出的曲面为一虚面。

(2)如曲面封口，则延伸曲面为一实体。

(3)数值也可以通过鼠标来完成，在窗口状态下，于相应绘图视图窗口，按住左键拖动鼠标来完成垂直或水平方向的延伸。按住右键拖动鼠标来完成自定义方向的延伸。

图2-6-1为将上视图绘制的圆形曲线，向进出轴正方向直线延伸了3个结构段，设定延伸结构段之间距离为5mm。

图2-6-2为延伸后物件上视图，图2-6-3为延伸后正视图。

图2-6-4为同样数值的开口曲线延伸后的效果。

二、纵向环形对称曲面

该命令 可将一个曲线，绕垂直坐标轴旋转形成一环形对称实体。

操作方法：选中曲线，点击纵向环形对称曲面工具，弹出对话框，填入相应数值后点击确定键即可生成。

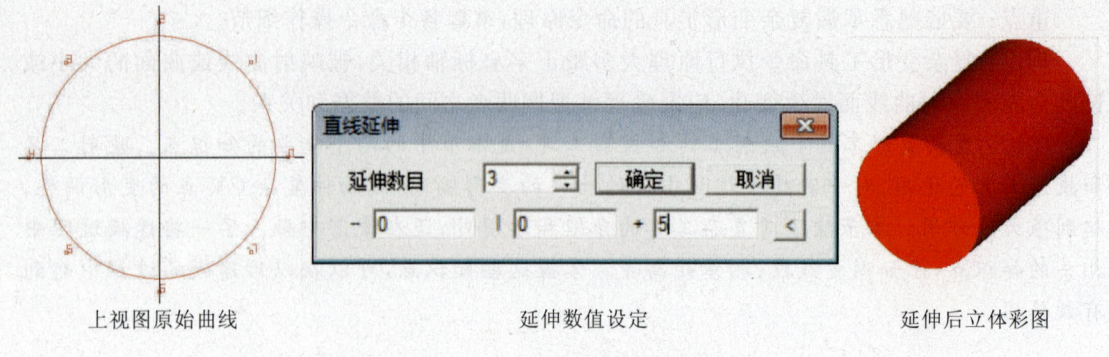

图 2-6-1 直线延伸示意图

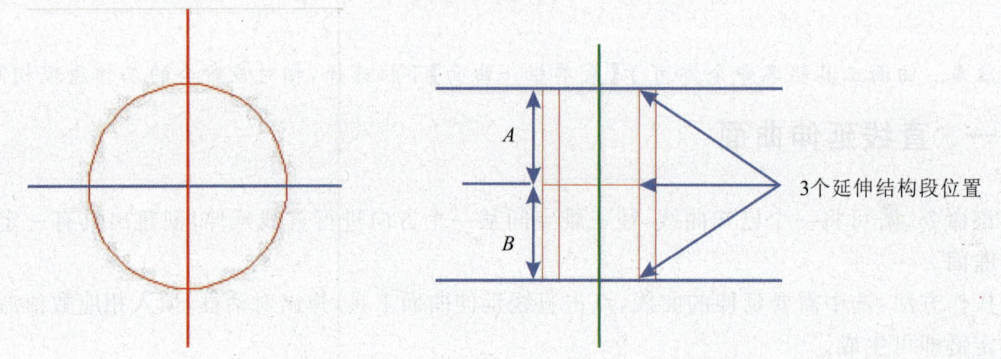

图 2-6-2 延伸后上视图　　　图 2-6-3 延伸后正视图（$A=B=5mm$）

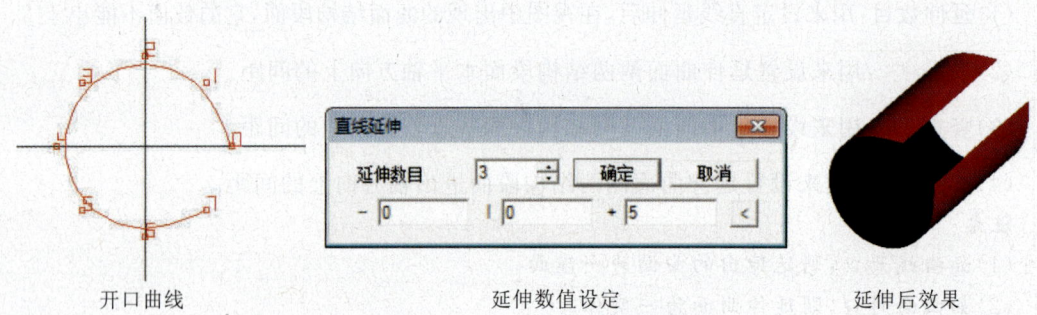

图 2-6-4 开口曲线延伸示意图

对话框包括（图 2-6-5）：

数目：是构成曲面的结构段数。

角度：是两两曲面结构段形成的角度。

全方位：结构段于 360°平均分布。

顺时针：在默认状态下结构段以逆时针方向旋转排列得出曲面，勾选后方向为顺时针。

按图 2-6-5 对话框的设置并制作如图 2-6-6 所示杯子模型，原始曲线与形成曲面示意图如图 2-6-7 所示。

注意：对话框输入数目越大，角度越小，则曲面越圆滑。操作纵向环形对称曲面命令同样可不选择全方位，自定义结构段数目与角度大小，使之呈扇形分布。

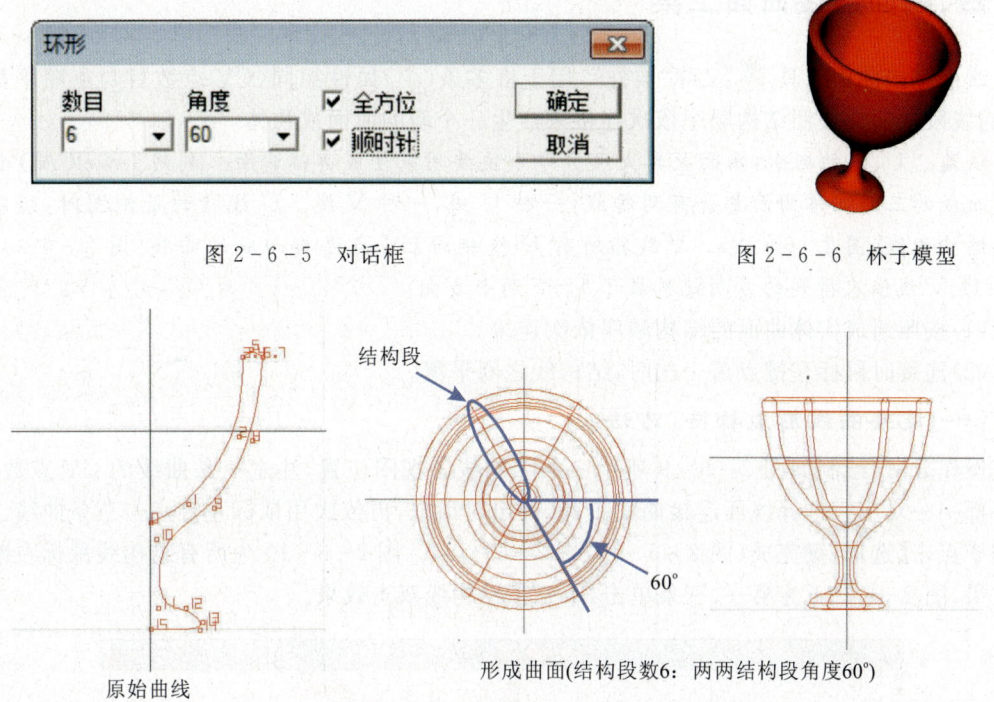

图 2-6-5 对话框　　　　图 2-6-6 杯子模型

图 2-6-7 原始曲线与形成曲面示意图

三、横向环形对称曲面

该命令 ![icon] 可将一个曲线，绕水平坐标轴旋转形成一环形对称实体。对话框设定及操作法与纵向环形对称曲面一致（图 2-6-8）。

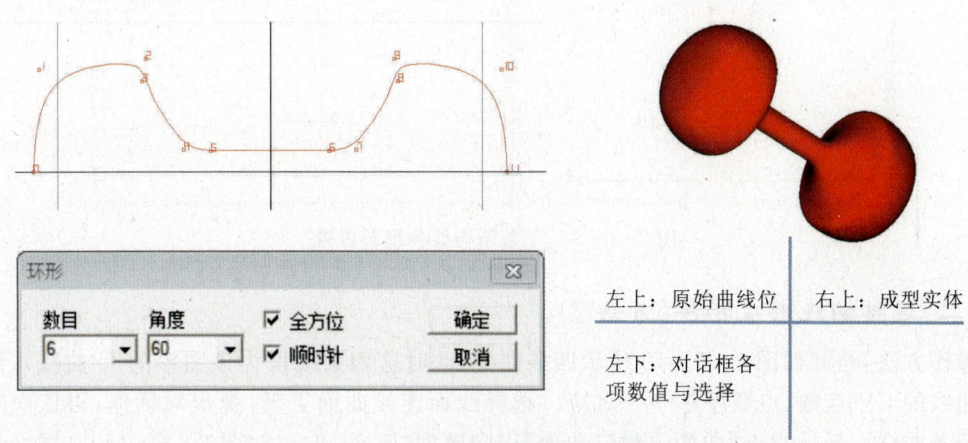

图 2-6-8 横向环形对称曲面生成示意图

四、线面连接曲面工具

线面连接曲面工具 ![icon] 又称"放样",用于将多条(个)属性相同(CV 点数目与点顺序都一致)的线段或曲面按照结构顺序依次连接来产生一个新的曲面或物体。

注意:U、V 的概念:曲面菜单大部分命令主要用来生成实体曲面。利用 JewelCAD 制作构建而成的三维实体曲面都含有两种线,一种 U 线,一种 V 线。U 线指的是制图时,绘制的轮廓结构曲线(图 2-6-10)。V 线指所有 U 线相同 CV 点连接而成的曲线(图 2-6-10)。这些 U、V 线依次排列的方向就构成了 U、V 两个方向。

(1)按照组成实体曲面的结构顺序依次连接。
(2)连接时鼠标左键点击一次时,结构线之间平滑。

(一)连接曲线形成物件(方法 1)

操作方法:绘制如图 2-6-9 所示三条结构线各视图位置,注意三条曲线的 CV 点数、点顺序都一一对应。选择线面连接曲面工具,弹出对话框,再依次用鼠标左键点击三条曲线。操作完毕点击【选取】键完成(图 2-6-10、图 2-6-11)。图 2-6-10 为所有结构线鼠标左键单击效果,图 2-6-11 为第一、三条单击,第二条结构线双击效果。

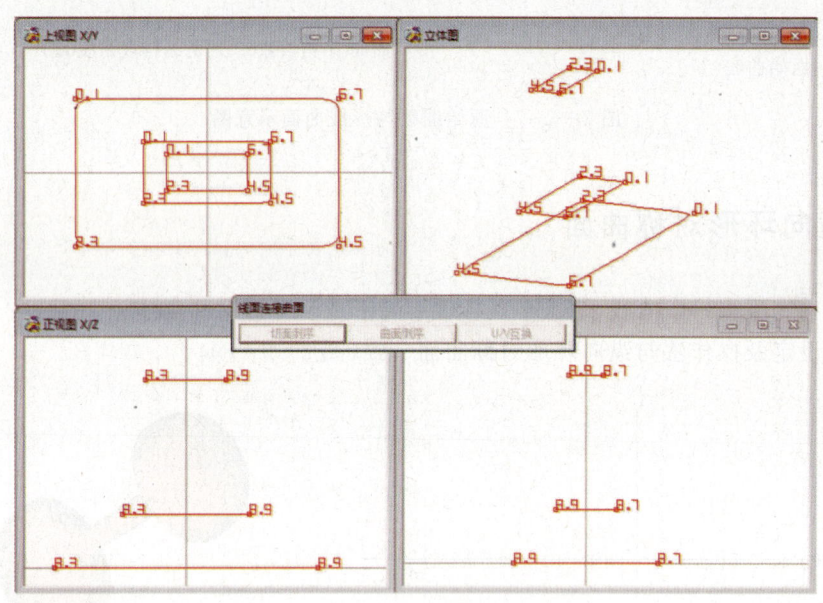

图 2-6-9　三条结构线各视图位置

(二)连接曲线形成物件(方法 2)

操作方法:绘制如图 2-6-12 所示四条曲线(此时这四条线段为该图形的 U 曲线),注意四条曲线的 CV 点数、点顺序都一一对应。选择线面连接曲面工具,弹出对话框,再依次左键双击四条曲线。最后点击【曲面—封口曲面】得到模型(图 2-6-13、图 2-6-14)。图 2-6-13 为封口曲面闭合效果,图 2-6-14 为点击线段闭合效果。

注意:如点击完四条曲线,再点回第一条曲线,则在快彩图形成一中空曲面。第一条曲线由于多次点击棱角变得锋利。若以彩色图及渲染图则显示闭合状态。

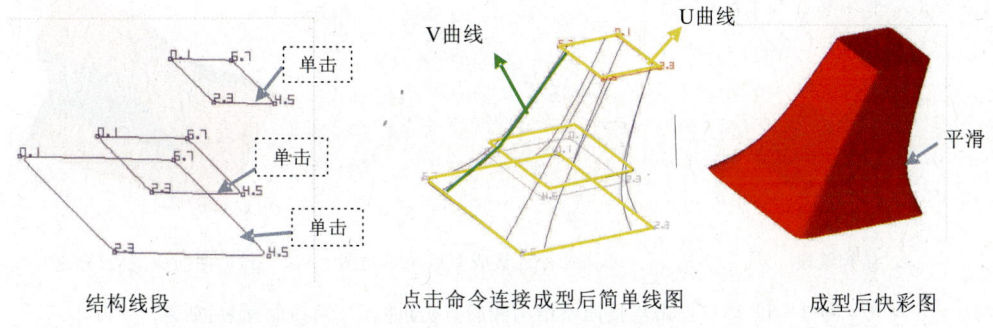

图 2-6-10　UV 曲线及结构线鼠标左键点击一次效果

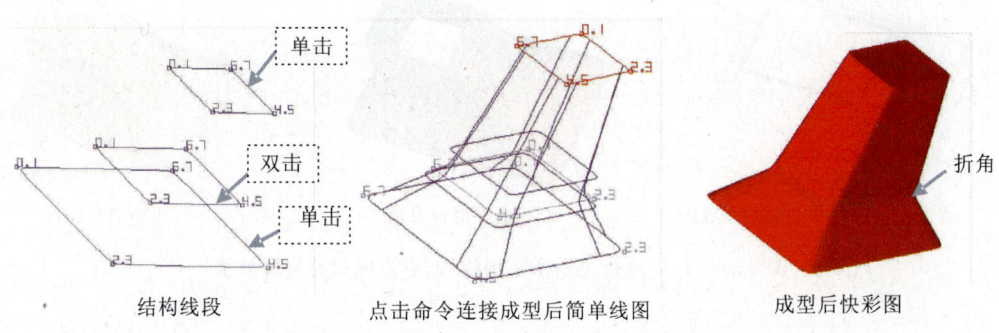

图 2-6-11　第二条结构线鼠标左键点击两次效果

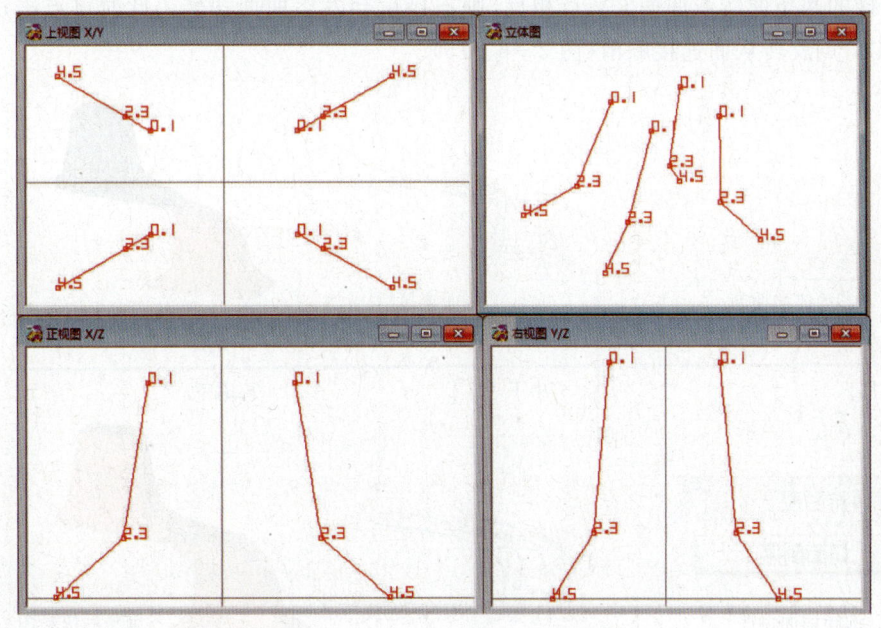

图 2-6-12　绘制四条曲线

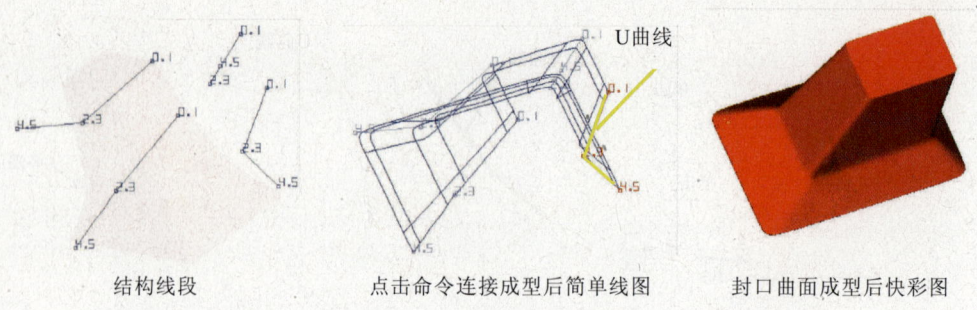

图2-6-13 点击连接四条结构线后点击【曲面—封口曲面】后效果

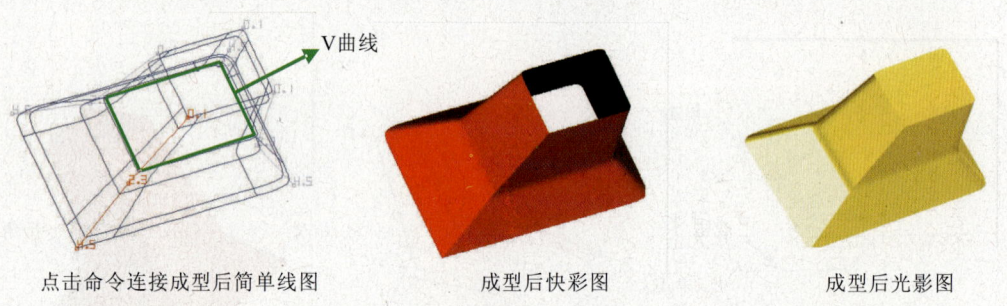

图2-6-14 连接完四条结构线后,点击回初始线段效果

(三)线面连接曲面对话框

1. 切面倒序

如连接的两条曲线或曲面CV点相反,则连接后会发生曲面扭转。此时可点击切面倒序按钮,使CV点反转从而连接顺滑(图2-6-15)。

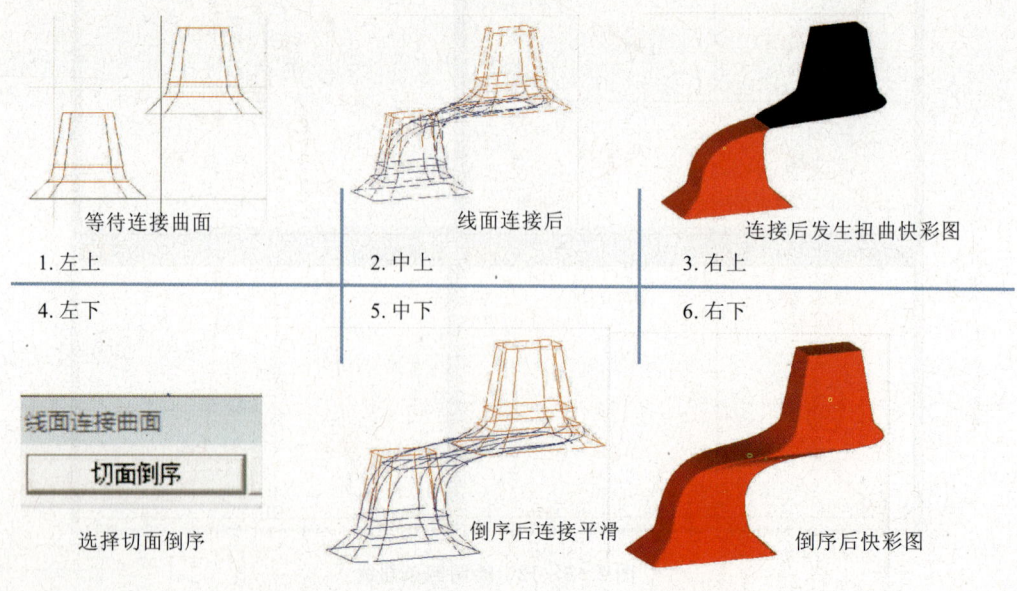

图2-6-15 切面倒序

2. 曲面倒序

连接两个曲面时,与连接曲线命令类似,即一方末端连接另一方开始一端。图 2-6-16 所示模型为线面连接曲面而成,图形较窄一头为连接的最后段,所以这一边为曲面的末端因此连接时,自动去找第二个曲面的开始一端(物件最宽一端)。连接左右两个曲面完毕后形成新的曲面,如此时想使第一个曲面末端连接第二个曲面末端,则可点击"曲面倒序",即可转换连接面。

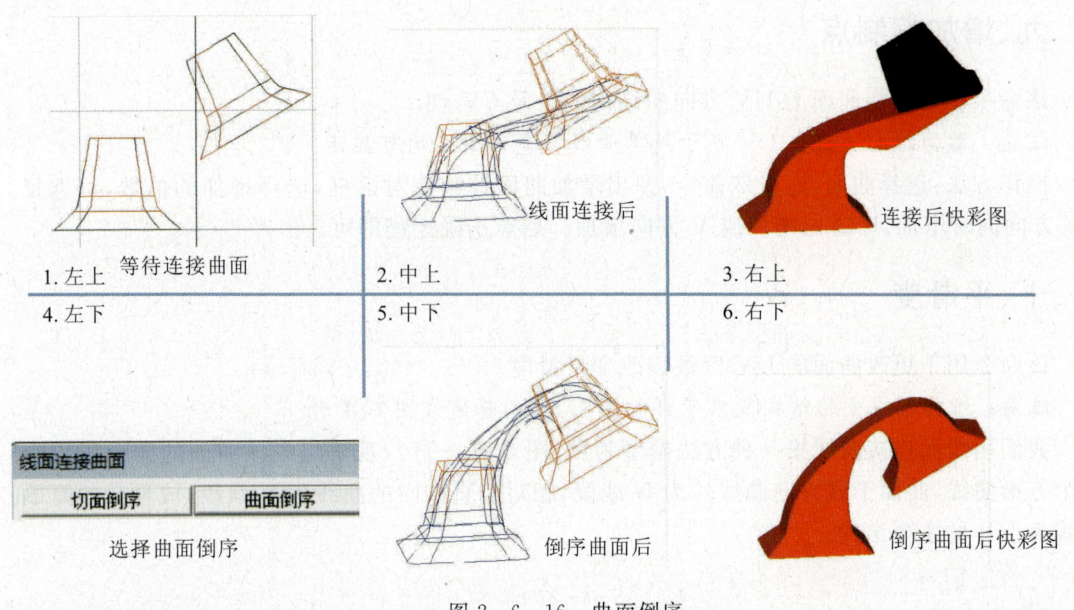

图 2-6-16 曲面倒序

3. U/V 互换

可使曲面的 U 曲线和 V 曲线互换,用于辅助线面连接曲面操作。

五、封口曲面、开口曲面

封口曲面指从 U 方向将曲面封闭。
开口曲面指从 U 方向将曲面开口。
操作方法:选择曲面,然后点击【封口曲面】或【开口曲面】即可。

六、U/V 互换

U/V 互换即使得选择曲面 U/V 线段互换。
操作方法:选择曲面,点击【U/V 互换】即可。

七、V-曲线

封口曲面:使得选中曲面的 V 曲线相连。
开口曲面:使得选中曲面的 V 曲线开口。

倒序编号:倒序选中曲面的 V 曲线上 CV 点。
操作方法:与 U/V 互换相同。

八、倒序编号

该命令将曲面上的 U 曲线 CV 点顺序调转。
操作方法:选择曲面,后点击【倒序编号】即可。

九、增加控制点

该命令用于增加曲面上 UV 方向的结构线段及 CV 点。
注意:增加的 UV 线与 CV 点于简单曲线与复杂曲线均可显示。
操作方法:选择曲面,点击该命令,弹出增加曲面控制点对话框,选择增加的倍数,可选择 UV 方向同时增加、U 方向增加或 V 方向增加。后点击确定键即可。

十、平滑度

该命令用于更改曲面的 UV 段数以改变平滑度。
注意:增加或减少的结构段只于详细线图显示,普通线图不显示。
我们用线面连接曲线第一种方法模型为例(图 2-6-17),观察组成该曲面的原始线段为三个方形曲线,曲面于该方向曲线均为 U 线段,相对竖直方向的曲线为 V 线段,成型后的简单曲线为 UV 的主要结构。

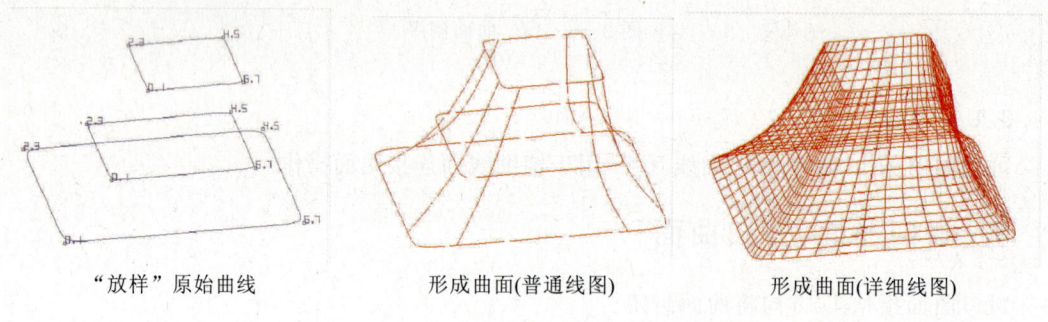

"放样"原始曲线　　　形成曲面(普通线图)　　　形成曲面(详细线图)

图 2-6-17　线面连接曲线第一种方法模型

操作方法:选中曲面,点击该命令,弹出对话框,输入相应参数点击确定,如图 2-6-18 所示。

指定数字:以简易曲线的 UV 线为基准,填入数字为两两 U 线或两两 V 线之间分割的结构块数,效果只在详细曲线显示。

图 2-6-17 中普通线图 UV 方向曲线个数分别为 3 和 6。输入图 2-6-18 指定数字命令后,到详细线图中观察 U 方向两两线段被分割成了 2 段,V 方向则两两结构曲线分割成 3 段。

增加倍数:为了使物件表面更加平滑,使 UV 方向增加成倍数的段数,输入的数值为详细曲线 UV 段数增加的倍数。如详细曲线 U 段数为 16,增加 2 倍后数量为 32。

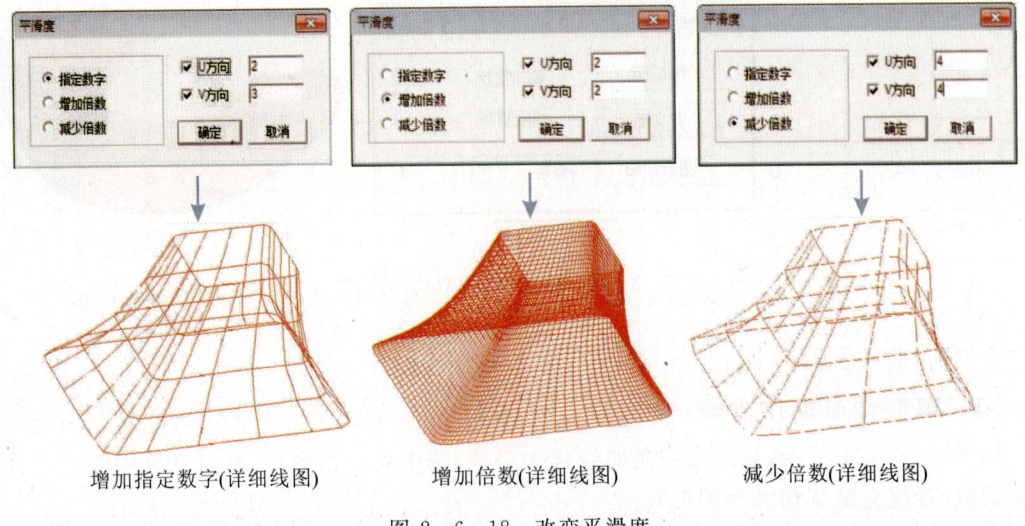

增加指定数字(详细线图)　　增加倍数(详细线图)　　减少倍数(详细线图)

图 2-6-18　改变平滑度

减少倍数：使 UV 方向减少成倍数的段数，这样会使得物件表面平滑度降低。输入的数值为详细曲线 UV 段数减少的倍数。如详细曲线 U 段数为 16，减少 4 倍后数量为 4。

注意：对话框勾选 U 方向、V 方向，设置数值方可生效。

十一、管状曲面

该命令 用于一个切面线段沿着一条曲线路径扫描，生成一个新的曲面。

注意：绘制的切面应放置于世界坐标中心。切面相对坐标位置即为曲面相对曲线的位置关系。

(一) 单切面操作方法

如图 2-6-19 所示，首先绘制路径曲线与切面线，选中路径曲线，后点击管状曲面工具，弹出对话框，设置对话框参数，后选择单切面，于绘图区点击切面即可生成。

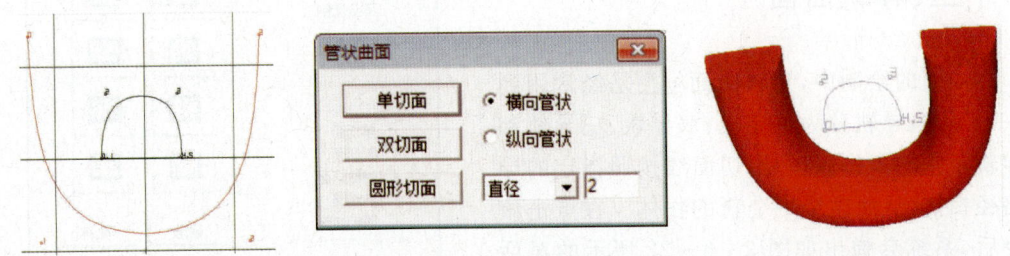

图 2-6-19　管状曲面(单切面操作)

(二) 双切面操作方法

如图 2-6-20 所示，一条曲线作为路径，另外需要两条线段作为切面，切面的形状可以不同，但是 CV 点的数目顺序要对应一致。选中路径曲线，后点击管状曲面工具，弹出对话框，设置对话框参数，然后选择双切面，于绘图区点击第一个切面(对应路径曲线 0 点位置)，再点击

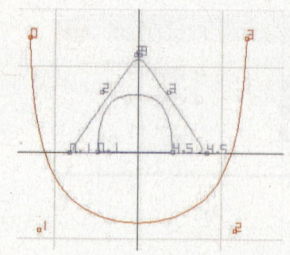 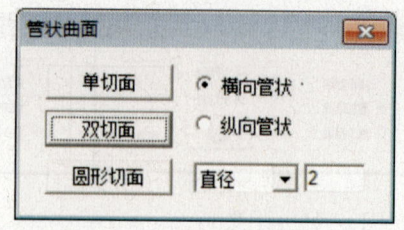 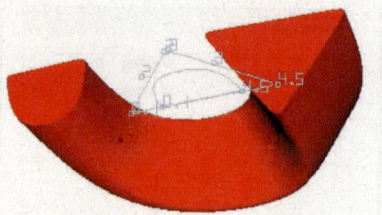

图 2-6-20 管状曲面（双切面操作）

第二个切面，即可生成。

（三）圆形切面操作方法

如图 2-6-21 所示，只需要一条曲线作为路径，选中后点击命令，在对话框中输入直径或半径数值（系统会默认切面为圆形）。

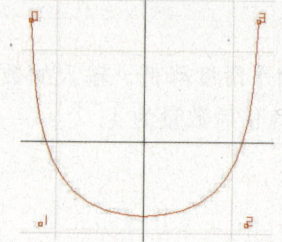 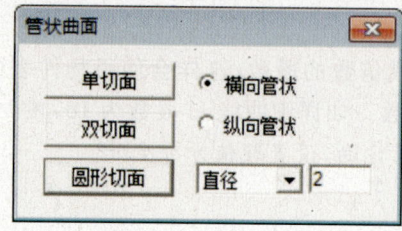 

图 2-6-21 管状曲面（圆形切面操作）

十二、圆柱、角锥、球体

点击圆柱、角锥、球体均可于绘图区调出相应曲面，大小均为 2mm×2mm×2mm。

十三、导轨曲面

在曲面的绘制中，导轨曲面 是经常用到的一个工具，导轨分为单导轨、双导轨、三导轨和四导轨。它的工作原理是：切面线按照指定的导轨路径扫描，从而生成一个新的物体。在点击该命令后，系统会弹出如图 2-6-22 所示的对话框。

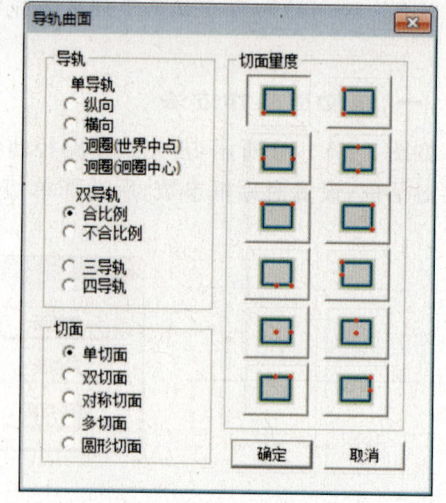

图 2-6-22 导轨曲面对话框

切面量度：切面量度决定了导轨通过切面的位置，它包括以下选项（图 2-6-23）。

(1) 单切面：使用一条曲线作为扫描切面，自导轨线"0 点"到"末点"均只用一个切面图形。

(2) 双切面：使用两条点数点序相同曲线作为切面。选择的第一条作为"切面 1"，第二条作为"切面 2"，扫描自导轨"0 点"到"末点"，由"切面 1"自然过渡至"切面 2"。形成实体。

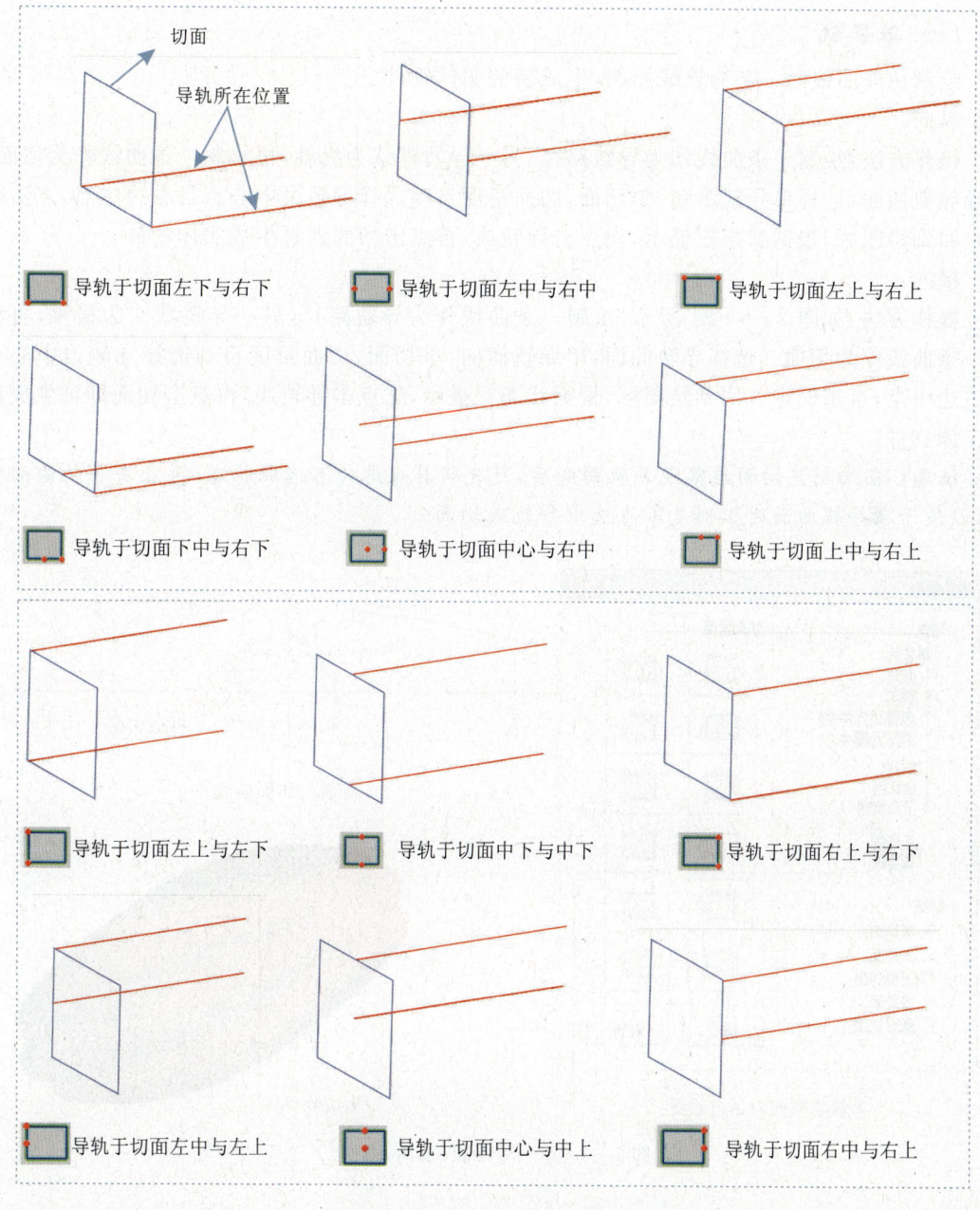

图 2-6-23 切面量度分析图

(3)对称面：使用两条点数点序相同曲线作为切面。选择的第一条作为"切面 1"，第二条作为"切面 2"，"切面 1"从"0 点"和"末点"开始，向导轨线中心点自然过渡到"切面 2"，形成实体。

(4)多切面：使用多条点数点序相同曲线作为切面。可于导轨线上逐一设置每一 CV 点的切面，形成实体。

(5)圆形切面：使用一个圆形曲线作为切面，自导轨线"0 点"至"末点"扫描，形成实体。

(一)单导轨

绘制切面曲线沿一条导轨线扫描,生成新的实体物件。

纵向:

操作方法:绘制一条曲线作为导轨路径,另一导轨默认为纵轴,再绘制一条曲线作为切面。选择导轨曲面,选择单导轨纵向,单切面,切面量度自动选择导轨过中心点与右边中点,点击确定。回到绘图区,根据状态栏提示,先点击导轨线,再点击切面即可生成实体物件。

横向:

操作方法:如图2-6-24所示,绘制一条曲线作为导轨路径,另一导轨默认为横轴,再绘制一条曲线作为切面。选择导轨曲面,单导轨横向,单切面,切面量度自动选择导轨过中心点与右边中点,点击确定。回到绘图区,根据状态栏提示,先点击导轨线,再点击切面即可生成新的实体物件。

注意:在绘制完切面与路径导轨曲线后,可先将其点选为不选取状态,再点击导轨曲面操作,以便于在导轨曲面时识别是否点选中导轨或切面。

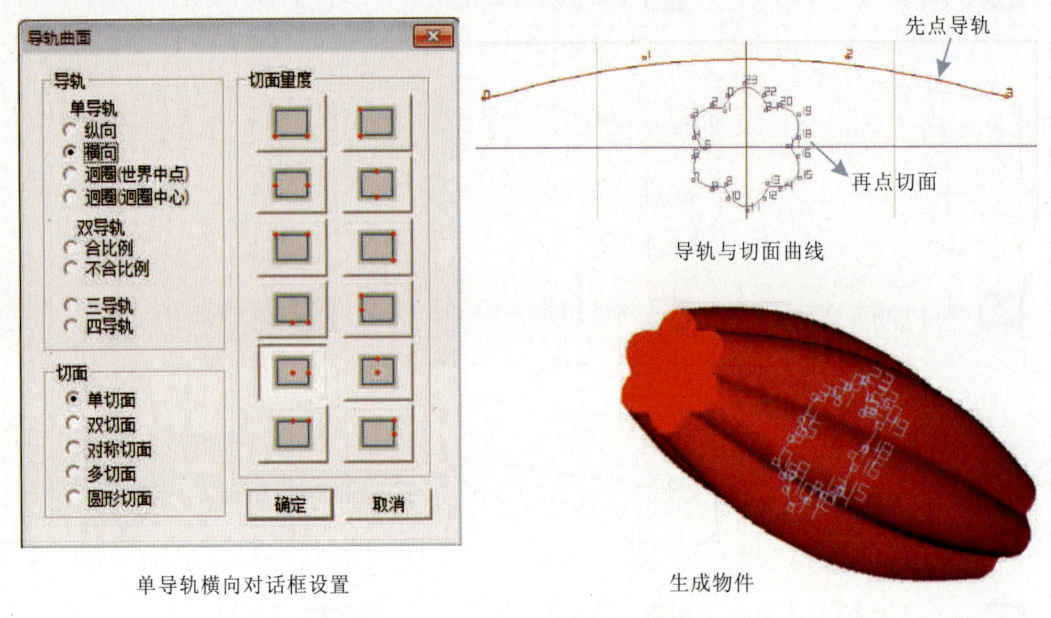

图2-6-24 单导轨(横向)操作

迴圈(世界中心)原理为:绘制的导轨曲线与世界坐标进出轴位置相垂直,将切面垂直于绘制导轨曲线,并放置于进出轴与导轨曲线之间。绕进出轴扫描360°,形成新实体物件。

注意:如迴圈(世界中心)命令,在绘制导轨线时,应考虑曲线与世界坐标的位置关系。

迴圈(迴圈中心)原理为:绘制的导轨曲线与物件自身坐标进出轴位置相垂直,将切面垂直于绘制导轨曲线,并放置于进出轴与导轨曲线之间。绕进出轴扫描360°,形成新实体物件。

操作方法:绘制一条导轨曲线,另一导轨默认为进出轴。再绘制一条曲线作为切面(切面可位于正视图以衡量高度位置,亦可同样绘制于导轨线相同视图)。选择导轨曲面,选中世界中心(或迴圈中心)单切面,此时切面量度自动跳转至导轨于切面左下与右下方,点击确定。回到绘图区,根据状态栏提示,先点击导轨线,再点击切面即可生成实体物件。

注意:

(1)绘制好导轨线与切面后,将曲线点击为不选中,后面进入命令时,点击到的曲线便会显示处于选中状态,这样更有利于判断曲线是否被选中。

(2)单导轨在执行命令时应选择能够完全显示导轨线的视图,先点击导轨,再点击切面。

例:单导轨迴圈(迴圈中心)——叶片(图 2-6-25)。

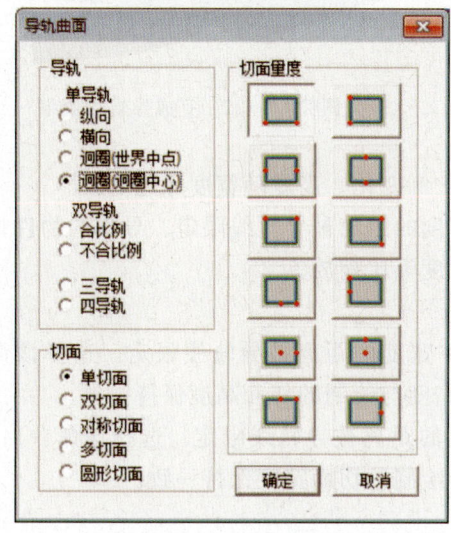

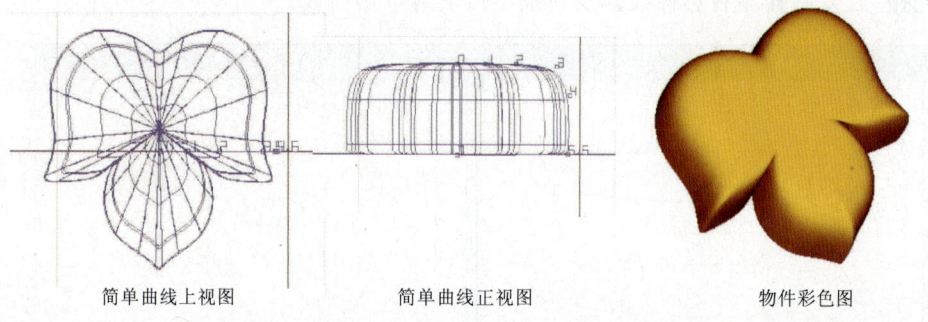

图 2-6-25　单导轨叶片模型制作

注意: 在使用单导轨迴圈命令时,系统默认绘制切面的最左端垂直线到切面线段面积为扫描面,所以应正确理解绘制的切面方向。

图 2-6-26 所示为上边叶子相同导轨线,只是切面开口绘制向右。得到的效果便如图 2-6-27 所示。

(二)双导轨

原理为绘制切面沿两条导轨线扫描,生成实体物件。

注意: 两条导轨线点的数量与点的排列顺序都需一一对应。

合比例:

如:设定导轨线位于切面左下角和右下角,则物件宽度的距离被导轨线限定。选择该命令

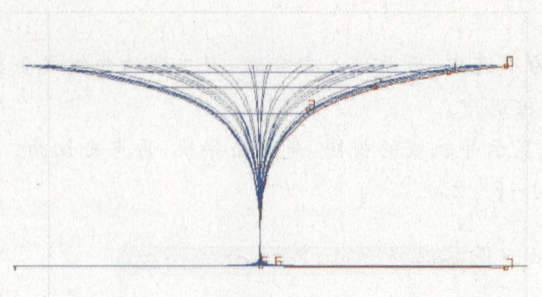
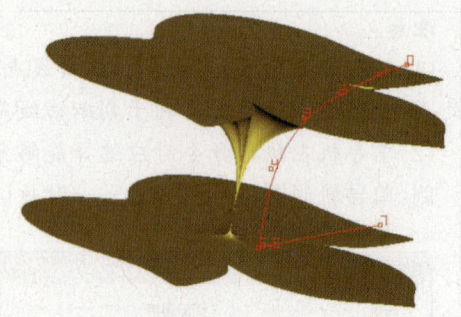

图 2-6-26 正视图观察切面开口方向向右　　　　图 2-6-27 完成导轨后效果

后,导出的物件切面高度会随宽度的距离变化而成比例变化。高度随宽度等比缩放。

如:设定导轨线位于切面上中和下中,则物件高度的距离被导轨线限定。导出的物件切面宽度会随高度的距离变化而成比例变化。宽度随高度等比缩放。

不合比例:

如:设定导轨线位于切面左下角和右下角,物件宽度的距离被导轨线限定。选择该命令后,导出物件高度不会随宽度的距离变化而变化。高度与绘制的切面高度保持一致。

如:设定导轨线位于切面上中和下中,切面高度的距离被导轨线限定。选择该命令后,导出物件宽度不会随高度的距离变化而变化。宽度与绘制的切面宽度保持一致。

例:双导轨戒指

首先正视图绘制如图 2-6-28 所示两条导轨曲线,圆形直径 15(提示:用到工具【圆形曲线】【投影】【左右复制】【左右对称线】)及一条半弧形封口切面线。

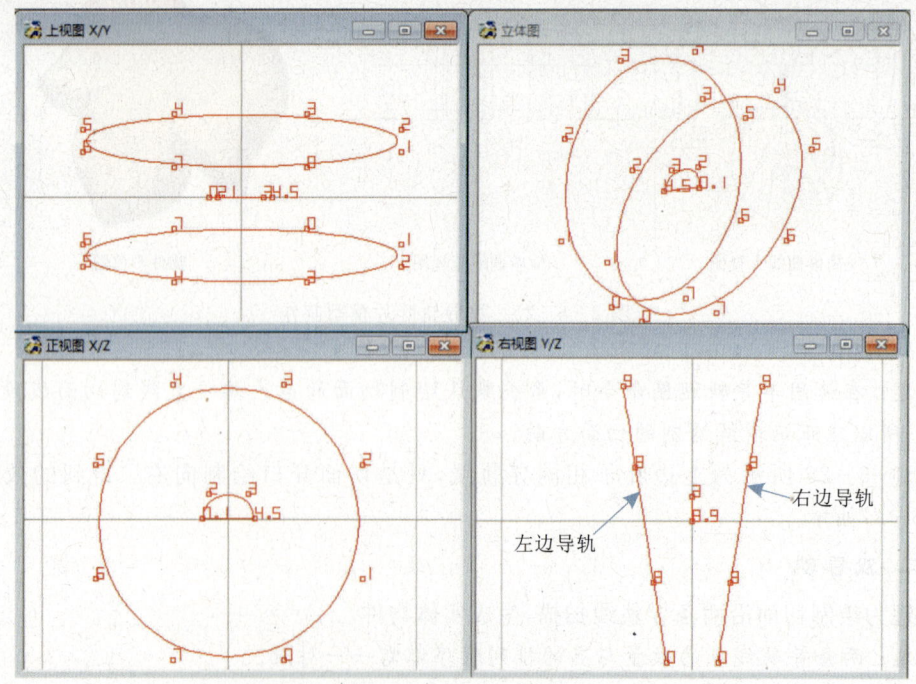

图 2-6-28 双导轨戒指导轨线与切面

绘制好曲线后,锁定所有绘制曲线。选择导轨曲面,点击双导轨合比例,单切面,切面量度选择导轨于切面左下与右下方,点击确定(图2-6-29)。回到绘图区,根据状态栏提示,先点击左边导轨线,再点击右边导轨,最后点击切面(图2-6-30)。即可生成实体物件,如图2-6-31所示。

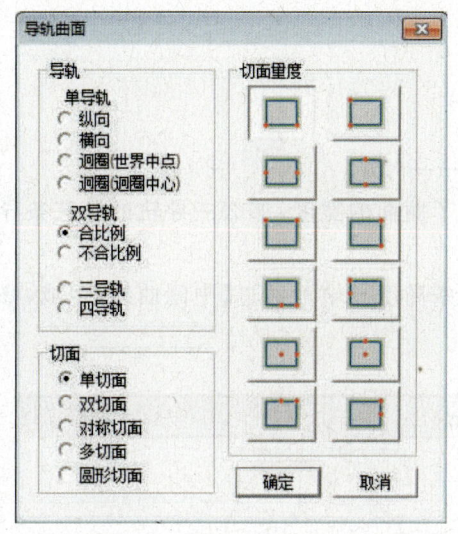

图2-6-29 对话框设置

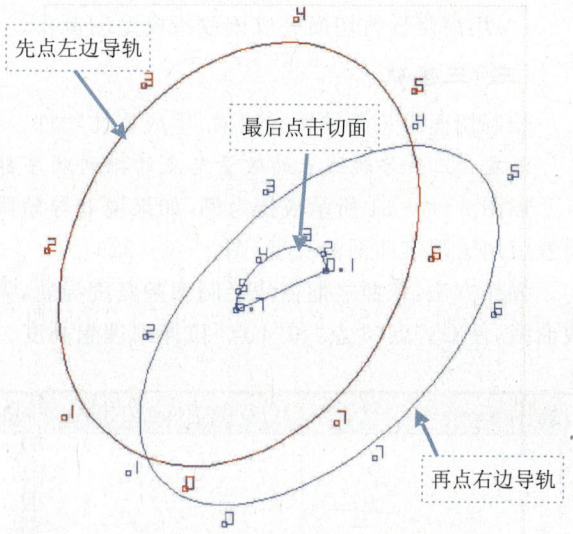

图2-6-30 导轨及切面点击顺序

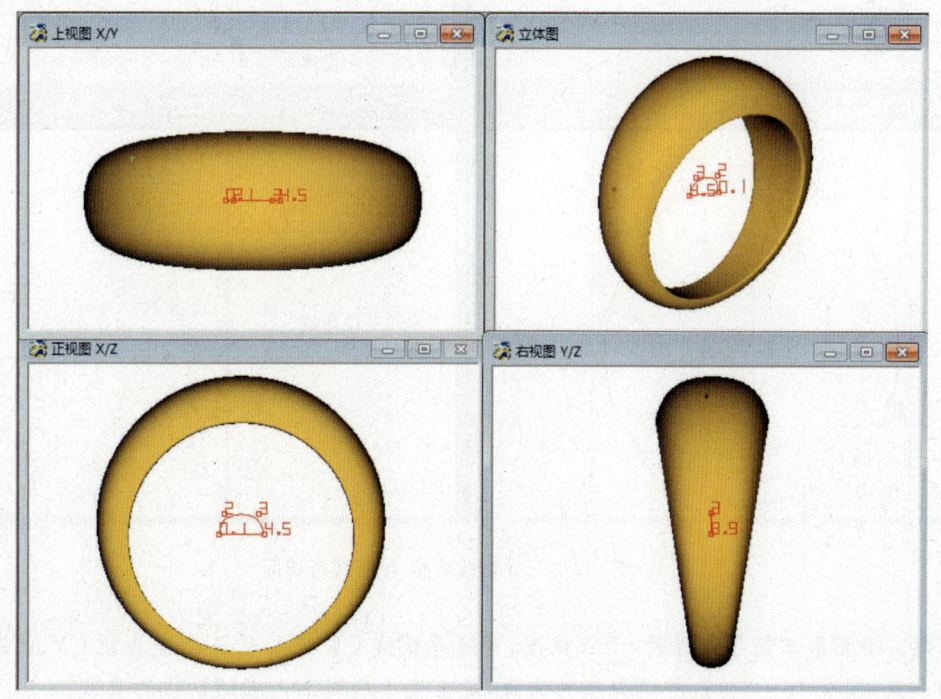

图2-6-31 双导轨戒指成型彩图

注意： 在绘制左右两条导轨线时，由于没有注意到线段 CV 点序关系，导致双导轨点击左边导轨与右边导轨，再点击切面产生物件切面反转，这时只需返回到线图，将导轨线倒序编号，再次使用导轨命令，即可完成正确的图形。

思考：

(1)选择"不合比例"制作该戒指模型，观察绘制后的物件与"合比例"差异。

(2)用高度导轨切面完成该戒指模型的制作。

(三)三导轨

绘制切面沿三条导轨线扫描，生成实体物件。

注意： 三条导轨线点的数量与点的排列顺序都需一一对应。

以图 2-6-31 所示戒指为例，如果说双导轨限定了曲面的宽度，那么三导轨的第三条导轨线就用于限定曲面的高度(图 2-6-32)。

操作方法：依照之前方法绘制两条宽度导轨，第三条高度导轨可通过【中间曲线】生成，修改曲线，使 CV 点"3 点"和"4 点"拉伸到理想高度。

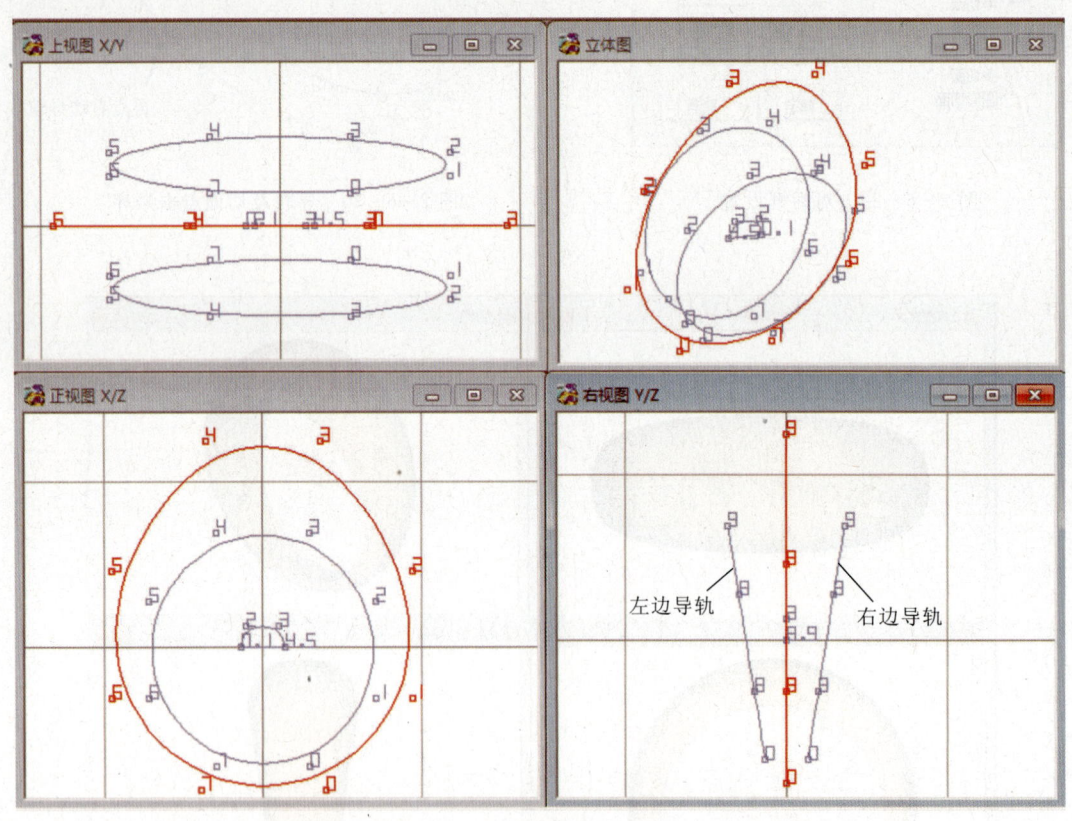

图 2-6-32 三导轨线戒指 导轨线与切面

注意： 绘制第三条导轨线时，于正视图，宽度导轨线 CV 点尽量与高度导轨 CV 点保持法线方向一致(图 2-6-33)。所谓曲线的法线，是垂直于曲线上一点的切线的直线。

我们于后期绘制图形时同样应注意到这一点。

绘制好曲线后,使所有绘制曲线不选中。选择导轨曲面,对话框选择三导轨单切面,切面量度选择导轨于切面左下与右下方,点击确定(图2-6-34)。回到绘图区,根据状态栏提示,先点击左边导轨线,再点击右边导轨,再点击高度导轨(图2-6-35),最后点击切面。即可生成实体物件(图2-6-36)。

1. 三导轨 (双切面、对称切面)

操作方法:于图2-6-35导轨线与切面不变情况下,再绘制一切面曲线,注意两个切面的点数量与点顺序相同并对应一致。选取导轨曲面命令,选择三导轨,双切面(对称切面),切面量度选择导轨于切面左下与右下方,后点击确定。按左下角状态栏提示,依次点击左右及上边导轨线后,先选一曲面作为切面1,再选一切面作为切面2,点击即可完成(图2-6-37、图2-6-38)。

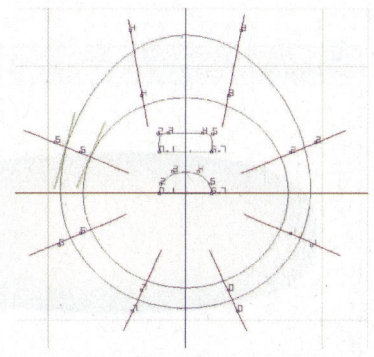

图2-6-33　保持CV点法线一致

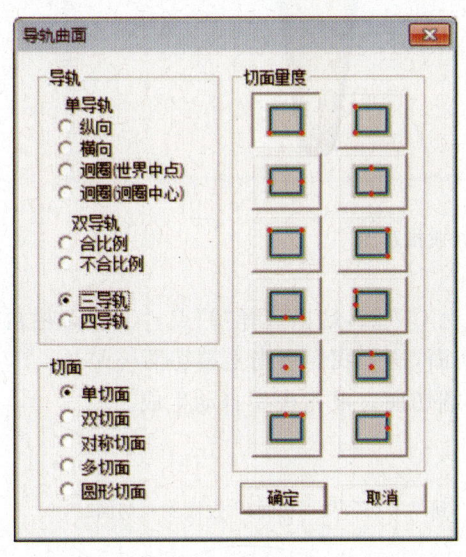

图2-6-34　对话框设置

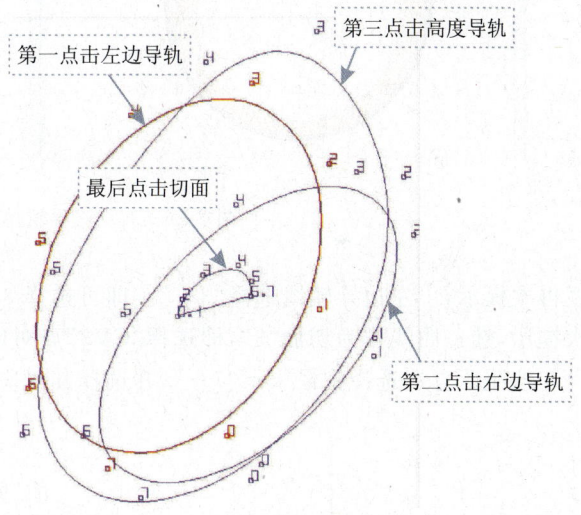

图2-6-35　导轨及切面点击顺序

2. 三导轨(多切面)(图2-6-39)

操作方法:于上图导轨线与切面不变情况下,再绘制第三个切面曲线,注意三个切面的点数量与点顺序相同并对应一致。选取导轨曲面命令,选择三导轨,多切面,切面量度选择导轨于切面左下与右下方后点击确定。按状态栏提示,依次点击左右及高度导轨线后:①左下角状态栏提示,选一曲线作为切面"0",即选择"0"点对应切面,这里我们点击选择下端切面。②状态栏再次提示,于左边导轨线选择"1+"。即可选择1以上CV点,这里选择"1"点。③状态栏再次提示,选一曲线作为切面"1",即选择"CV1"点对应切面,这里我们点击中间切面。④状态栏再次提示,于左边导轨线选择"2+"即可选择2以上CV点,这里选择"2"点。⑤状态栏再次提示,选一曲线作为切面"2",即选择"CV2"点对应切面,这里我们依然点击中间切面。⑥状态

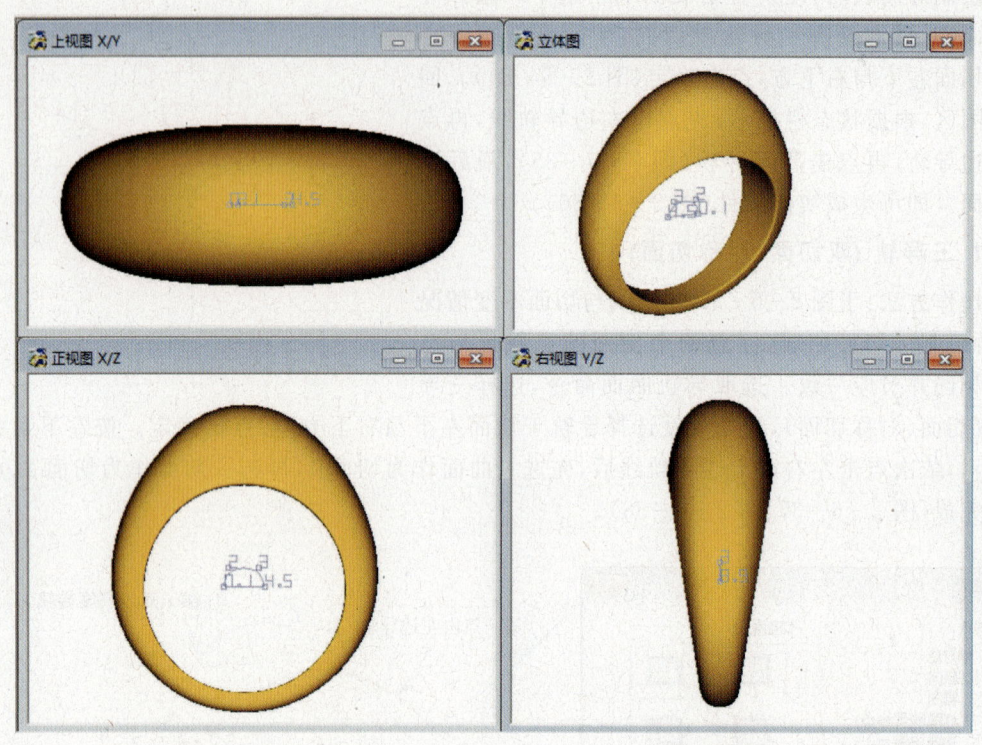

图 2-6-36 三导轨单切面戒指彩图

栏再次提示,于左边导轨线选择"3+"。即可选择3以上CV点,这里选择"3"点。⑦状态栏再次提示,选一曲线作为切面"3",即选择"CV3"点对应切面,这里我们点击上端切面……

按照此方法选择到最末点"7+",并选择其对应下端切面。戒指模型自动生成。

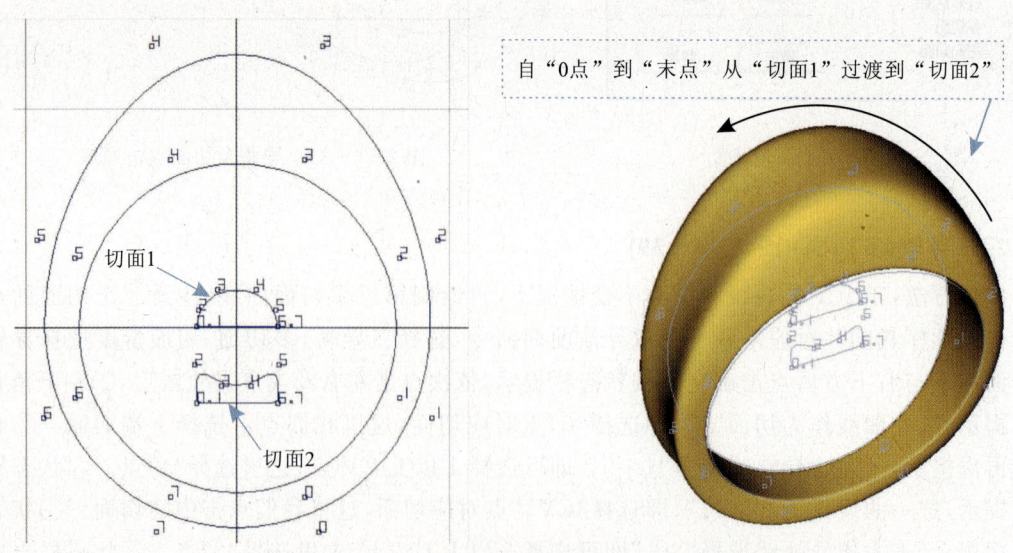

图 2-6-37 三导轨双切面

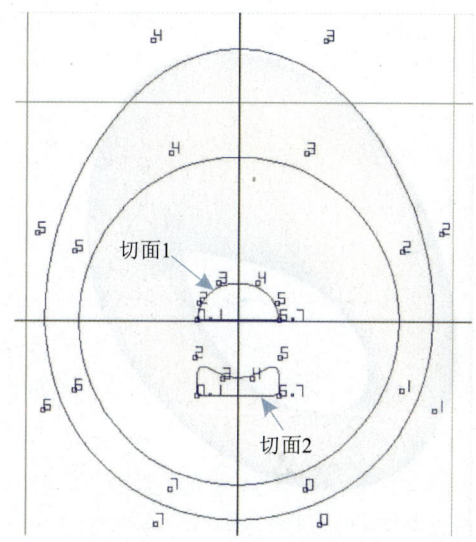 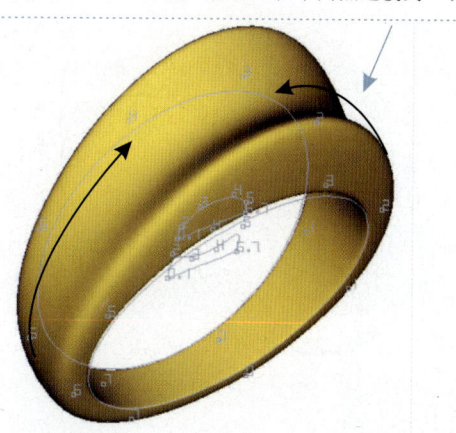

图 2-6-38 三导轨对称切面

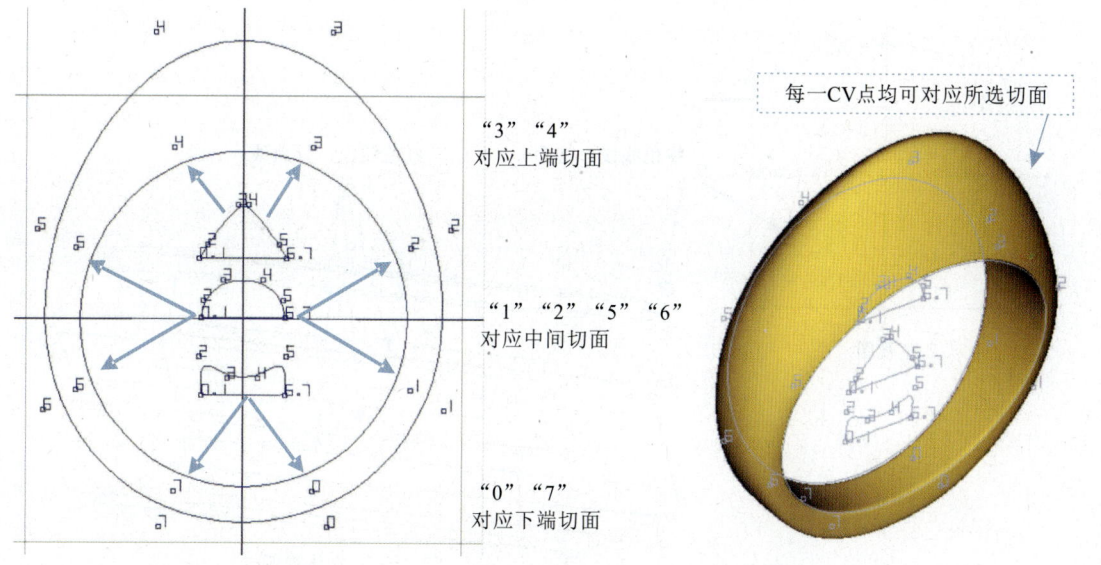

图 2-6-39 三导轨多切面

3. 三导轨(圆形切面)

操作方法：于图 2-6-35 三条导轨线不变情况，无需绘制切面线(图 2-6-40)，直接选取导轨曲面命令，选择三导轨，圆形切面，此时切面量度自动跳转导轨于切面左中与右中(切面默认为圆形)，后点击确定。按左下角状态栏提示，依次点击左右及上边导轨线后，即可完成图 2-6-41 戒指模型绘制。

(四) 四导轨

绘制切面沿四条导轨线扫描，生成实体物件。

如图 2-6-42 所示切面与导轨位置关系，红色线段位置为四条导轨线位置，蓝色线段为

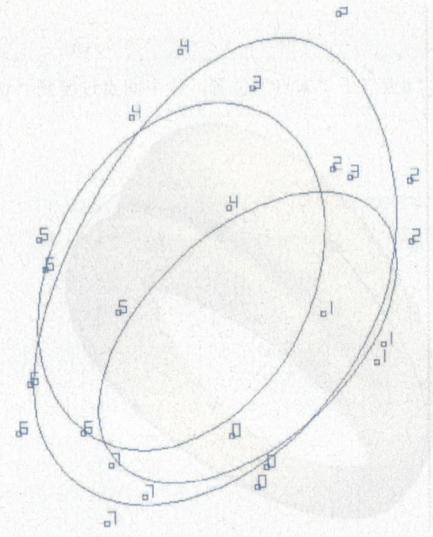

图2-6-40 圆形切面戒指导轨线图

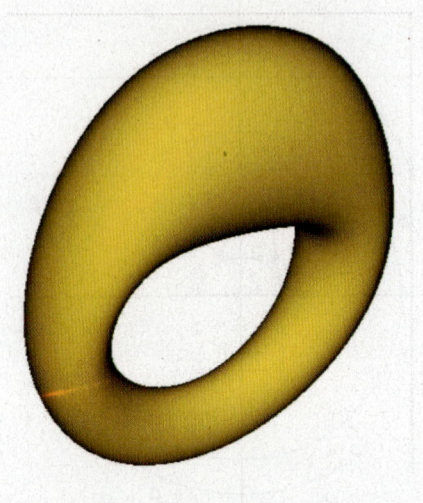

图2-6-41 三导轨圆形切面戒指彩图

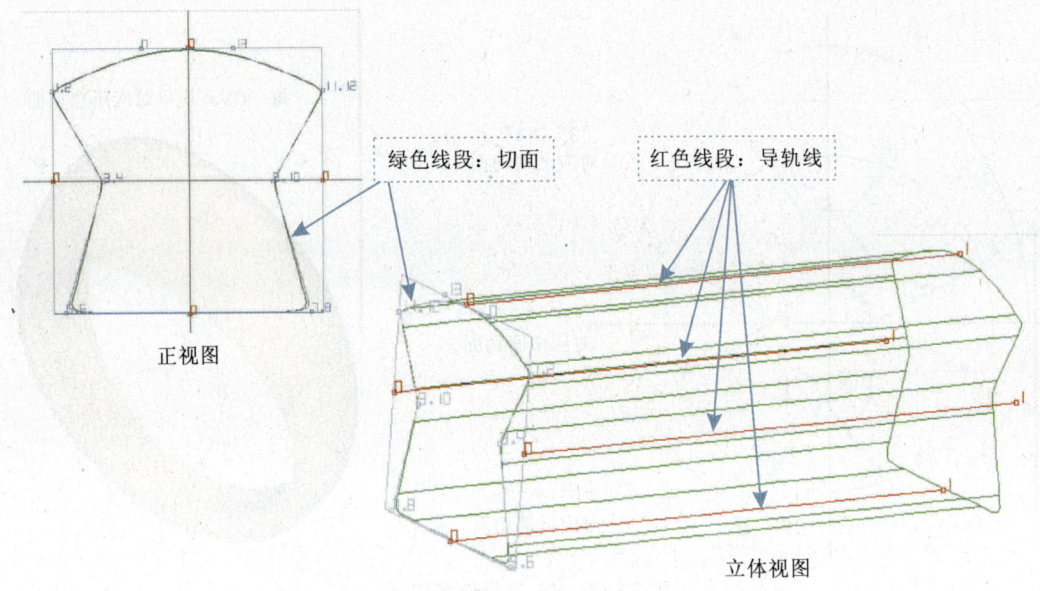

图2-6-42 切面沿四条导轨线扫描、生成实体物件

切面位置。

操作方法：

(1)如图2-6-42所示,绘制四条导轨线再绘制一条切面线(注意四条导轨线的点数量与点顺序相同并点与点一一对应一致)。使导轨线分别位于目标成型物件的上中、下中、左中、右中的位置(即切面最宽距离与最高距离围住的方形四边中点位)。

(2)点击导轨曲面命令,选择四导轨单切面,切面量度选择导轨于切面左下与右下方,后点击确定。这时按左下角状态栏提示依次点击左边导轨、右边导轨、上边导轨与下边导轨,再点击切面。点击完毕物件成形。

注意：在使用双导轨/三导轨/四导轨绘制曲面时，其中两条导轨线/或三条导轨线/四条导轨线的 CV 点数目、顺序和位置都要保持对应一致。

难点：掌握曲面中各个基本命令工作原理，导轨的使用原理及方法。

重点：熟练掌握导轨成型原理并制作模型，双导轨的"合比例"与"不合比例"的选择和区别；可分析解析适用三导轨的模型。

小结：本节介绍了 JewelCAD 中曲面各项工具的功能，也动手接触了直线延伸、横（纵）向环形对称曲面工具，连接曲面工具，管状曲面以及导轨的用法。应了解导轨工具是平常制图中常用到的工具，熟练掌握这些曲面工具对于初学者是非常重要的。只有弄懂了该工具各个命令的操作原理后，才能通过它来方便快速地做出自己想要的图形。

第七节　布林体、超减物件与非超减物件

一、布林体原理

布林体是指布尔运算（Boolean），用来表示两个数值相集合的结果，有合集、交集和补集。JewelCAD 中相应的布林体工具或菜单命令是联集、交集和相减。

注意：使用布林体命令后，物件在线图和快彩图均无变化，仅在彩色图与渲染图显示。

1. 联集

▣ 使多个物件集合成一个。A 和 B 两个物体互相连接组成新的集合 C，如图 2-7-1 所示。

操作方法：选中两物件，点击联集工具 ▣，再次点击选取物件，发现两物体合并为一体，可被同时选中。

2. 交集

▪ A 和 B 物体连接，公共相交部分 C 为 A 和 B 的交集，如图 2-7-2 所示。

操作方法：选中两物件，点击交集工具 ▪，于彩图与渲染图显示两物体相交部分。

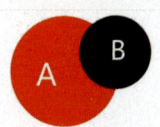

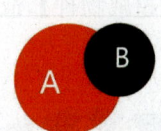
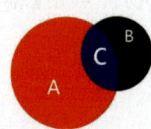

图 2-7-1　联集　　　　　　　　　　图 2-7-2　交集

3. 相减

A 和 B 物体有重合，两物体相减，减去其中一物体和重合部分，如图 2-7-3、图 2-7-4 所示。

操作方法：选中要减去的物体，点击相减工具 ▣，再点击要留下的物体即可。

4. 还原布林体

可用于已经过布尔运算的物体，使其返回运算前。

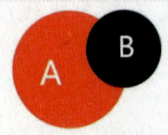    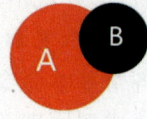

图 2-7-3　此为 A 减去 B 得到 C　　　　　图 2-7-4　此为 B 减去 A 得到 C

操作方法：选中物件，点击还原布林体命令 ▣ 即可。

二、超减物件与非超减物件

（1）超减物件原理：用一个实体作为超减物件，超减物体可以将在它范围内的所有物体进行超减。其效果仅在彩色图与光影图可观察。超减物件并非布林体相减，不会和对象产生真实的相减运算。一般用于观察绘制模型的内部结构，辅助绘图。

（2）非超减物件原理：在进行超减物体的情况下，非超减物体才能起作用。即取消超减物体的操作。

例如：调出【资料库—Ring2—000102】戒指。正视图绘制如图 2-7-5 方形曲线。去到上视图使用【直线延伸曲面】进行拉伸成体（图 2-7-6）。

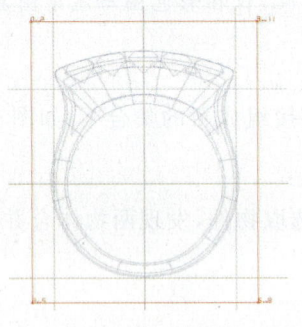　　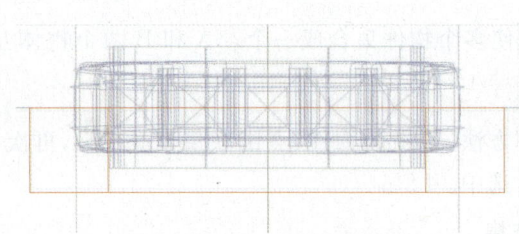

图 2-7-5　绘制方形曲线　　　　　图 2-7-6　上视图拉伸成体

选中该拉伸物体点击【编辑—超减物件】，去到彩色图观察，正视图效果如图 2-7-7。选中该物件点击【编辑—非超减物件】，渲染图观察立体效果如图 2-7-8。

图 2-7-7　超减效果　　　　　图 2-7-8　非超减效果

第三章
综合案例练习(详细解析)

案例一 "U"形镶爪钻石女戒

"U"形镶爪钻石女戒设计线稿如图3-1-1所示。

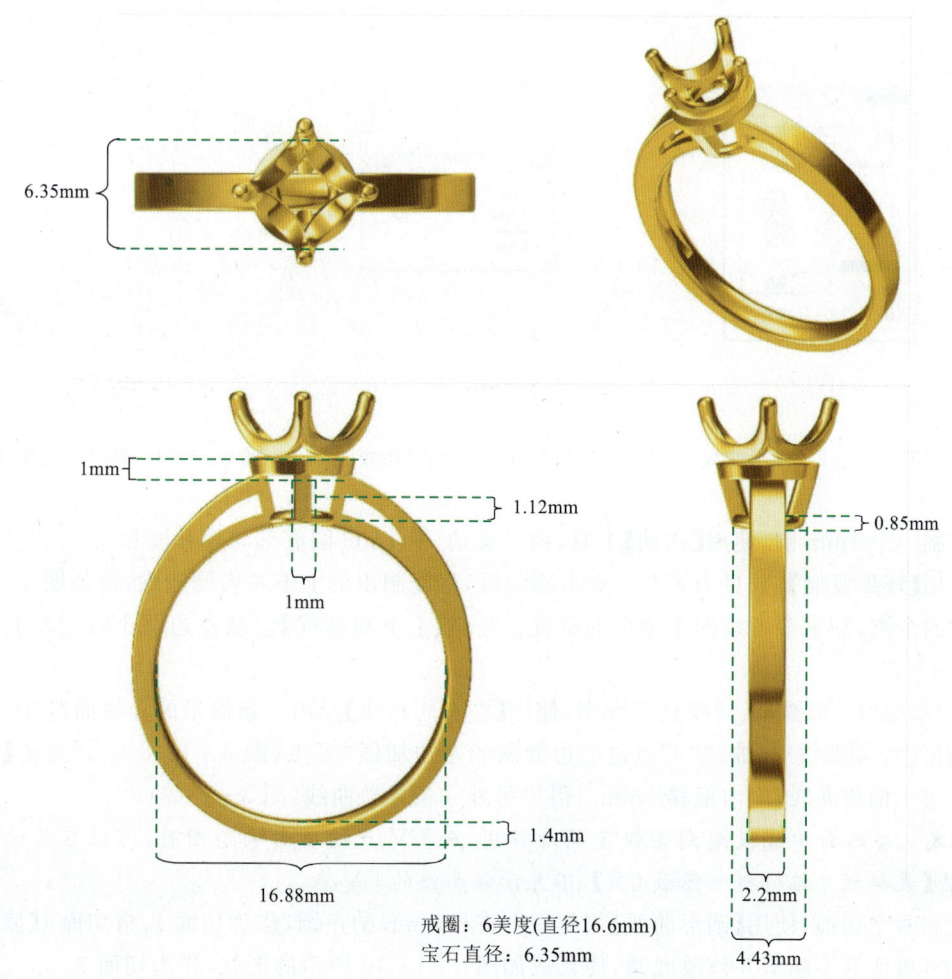

戒圈：6美度(直径16.6mm)
宝石直径：6.35mm

图3-1-1 "U"形镶爪钻石女戒各视图及相关数据

建模基本思路如下。
(1)制作镶爪。
(2)镶爪底托制作。
(3)制作戒圈。
(4)衔接位制作。
(5)镂空与掏底。
操作步骤如下。

1. 制作镶爪

(1)绘制参考线:点击【菜单栏—杂项—宝石】,绘图区会出现宝石库对话框,里面有各种形状的宝石。我们点击第一个圆刻面宝石,这时将出现用来设定直径大小的对话框,我们在第一个框内设定其直径大小:6.35,第二个为单位 mm。如图 3-1-2 所示,用【圆形曲线】绘制一个直径 6.35mm 的圆,注意绘制圆形曲线时,CV 点数目最少用到 8 个才能绘制出正圆。如图 3-1-3 所示,使用【菜单栏—曲线—偏移曲线】,将圆形曲线向内偏移 0.15mm,偏移后的曲线用来衡量镶爪吃入石头的距离(图 3-1-4)。

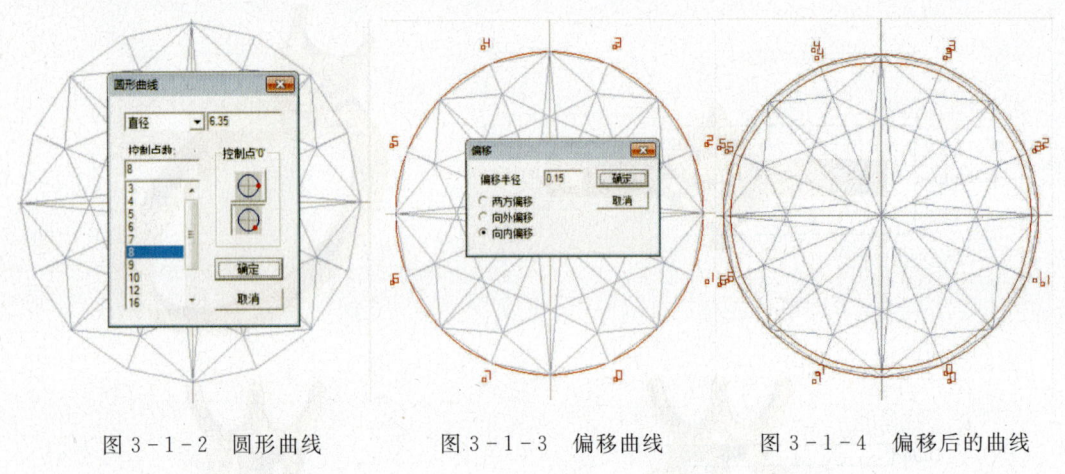

图 3-1-2　圆形曲线　　图 3-1-3　偏移曲线　　图 3-1-4　偏移后的曲线

绘制一个 1mm 圆,使用【移动】工具,向上移动,使 1mm 圆底部与偏移圆相切(如图 3-1-5)。使用【环形复制】,数目为 8 个。点击确定后,将复制出的上下左右圆删除,留如图 3-1-6 所示的四个圆,用来参考装四个镶爪的位置。并用【上下对称线】绘制左边两个圆的左右切线(图 3-1-7)。

(2)绘制"U"形镶爪:切换到正视图,使用【左右对称线】绘出一条镶爪的导轨曲线(图 3-1-8)。注意绘制曲线时,曲线"0"点过上边绘制的左边切线"0"点(图 3-1-8)。再点击【编辑栏—曲线—偏移曲线】向内偏移 1mm。得出另外一条导轨曲线(图 3-1-9)。

注意:当画面中线段起到的仅是辅助作用,而 CV 点过多影响绘图时,可以在其选中状态,点击【菜单栏—编辑栏—隐藏 CV】,不显示该曲线的 CV 点。

绘制两个切面:使用【圆形曲线】得到一个直径 1mm 的正圆,作为切面 1,将切面 1【隐藏复制】一个,再使其不隐藏并修改此圆,使其成如图 3-1-10 所示的形状,作为切面 2。

注意:所画出来的两个切面曲线的 CV 点数目和位置要对应好。

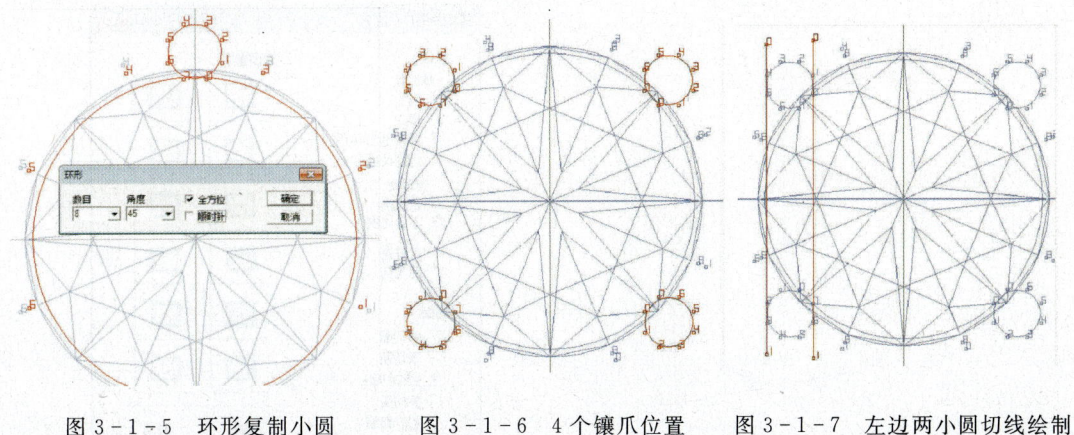

图 3-1-5 环形复制小圆　　图 3-1-6 4 个镶爪位置　　图 3-1-7 左边两小圆切线绘制

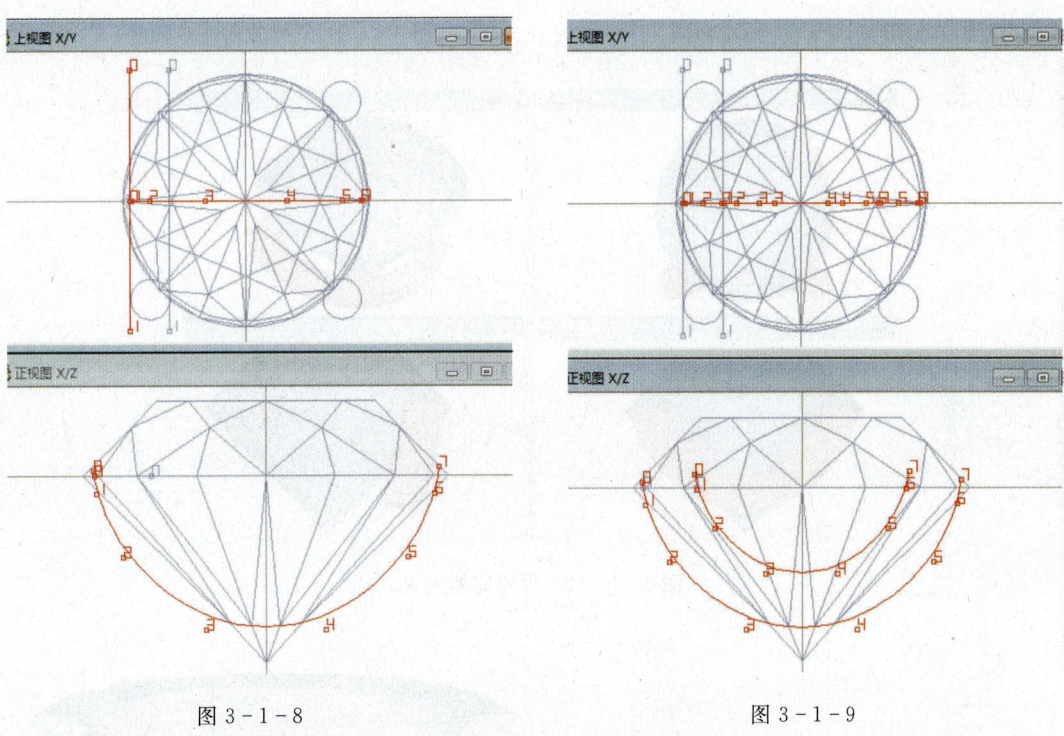

图 3-1-8　　　　　　　　　　　图 3-1-9

打开【导轨曲面】,使用【双导轨—不合比例—对称切面】,切面量度选择导轨于切面上中与下中,然后点击确定(图 3-1-11)。

"U"形镶爪导轨:依次点击上边导轨—下边导轨—切面 1—切面 2。得到一边"U"形镶爪。并使用【移动工具】在上视图将绘制好的镶爪物件与镶爪位参考圆重合。用【旋转】结合【歪斜化】工具在右视图,将镶爪略倾斜。改变后的物件的位置如图 3-1-12 所示。

选中镶爪,从【菜单栏—编辑栏—展示 CV】显示镶爪的所有 CV 点。然后点击镶爪使之为不选中状态。按住鼠标左键框选其中需要编辑的两个 CV 点(图 3-1-13),使用【移动工具】来对物件的造型做稍微的调整("→"为 CV 点移动方向)(图 3-1-14)。

修改好造型后隐藏 CV 点,切换到上视图,选中物件使用【环形复制】设定数目为"4"个(图

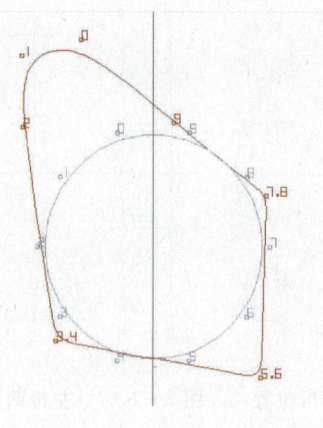 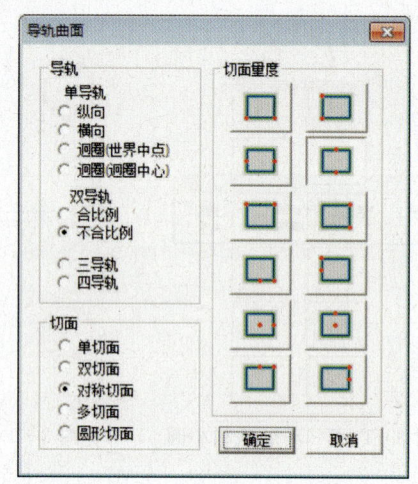

图 3-1-10 两个切面　　　　　图 3-1-11 导轨曲面对话框

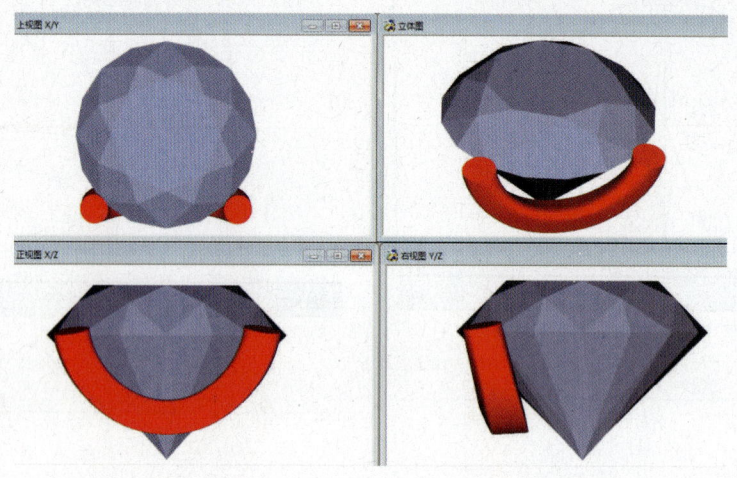

图 3-1-12 导轨完毕效果

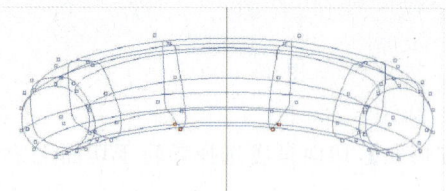 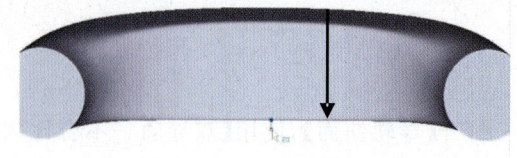

图 3-1-13 选取 CV 点　　　　　图 3-1-14 移动调整

3-1-15)。完成后的效果如图 3-1-16 所示。

（3）圆柱爪绘制：接下来制作镶爪顶端的圆爪正视图，先绘出一个"1mm"的正圆，又或者比 1mm 稍微大一点的正圆也可。然后使用【左右对称线】准确绘出物件的造型，以其作为辅助线（图 3-1-17）。最后使用【任意曲线】根据辅助线描绘出一半的造型（图 3-1-18）。在曲面工具栏中选择【纵向环形对称曲面】，对话框数目栏填入 8 个，得出圆爪物件（图 3-1-19）。

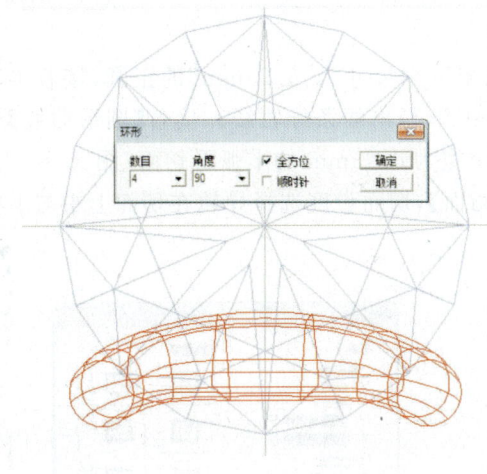
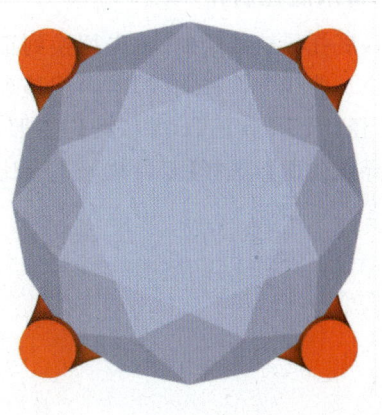

图 3-1-15 环形复制镶爪　　　　　图 3-1-16 环形复制完毕效果

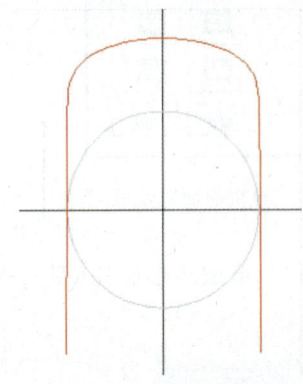
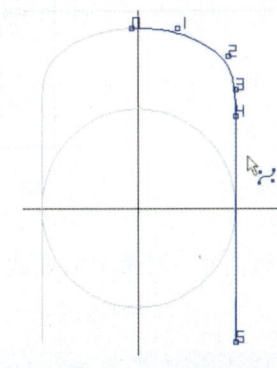
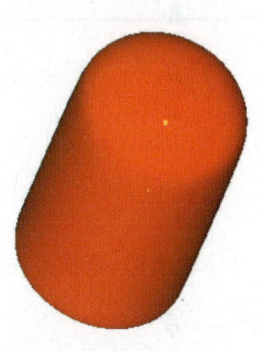

图 3-1-17 圆爪辅助线　　　图 3-1-18 曲线绘制　　　图 3-1-19 圆爪成体

在上视图,使用【移动工具】和【反转】工具结合调整,右视图使用【旋转工具】,将圆爪移动对齐到"U"形镶爪上,需要衔接吻合度较高(图 3-1-20)。最后选中物件,点击【环形复制工具】对物件进行复制,数目为"4"个(图 3-1-21)。

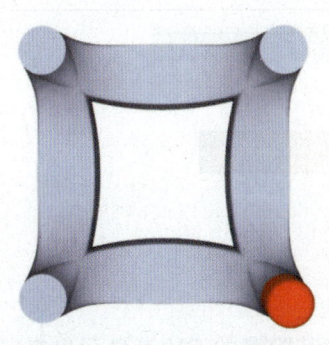
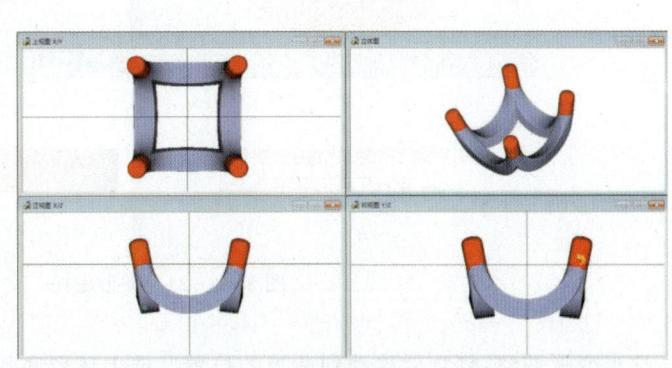

图 3-1-20 镶爪对接　　　　图 3-1-21 圆爪环形复制后各视图效果

2. 镶爪底托制作

(1)底托导轨线绘制:首先切换到正视图,画出一个尺寸为"6.25mm"的正圆,接着再选择【菜单栏—曲线—偏移曲线】向内偏移大小为"1mm",得出两条导轨线。接着【圆形曲线】绘制一个直径 0.95mm 正圆,并依此作参照,绘制一个宽为 0.95mm 的半弧形切面(图 3-1-22)。点击【导轨曲面】,选择【双导轨—不合比例—单切面】,切面量度选择导轨在切面上中与下中位置(图 3-1-23)。

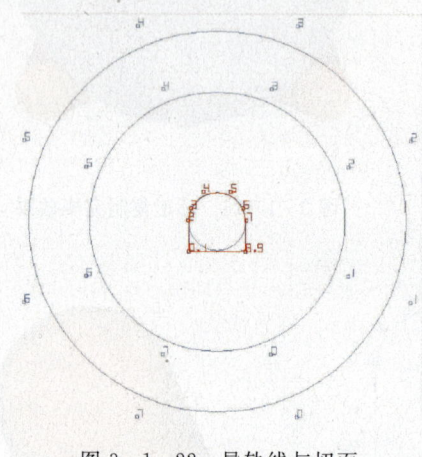

图 3-1-22 导轨线与切面

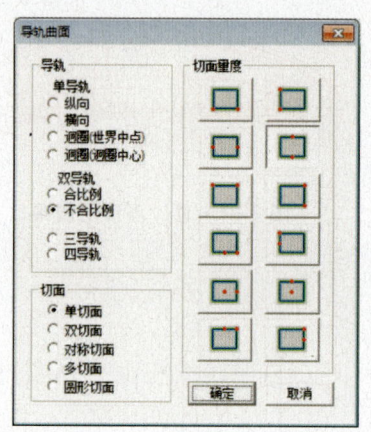

图 3-1-23 导轨曲面对话框

(2)导轨成形:依次点击"内圈导轨曲线—外圈导轨曲线—切面"。形成环形底托(图 3-1-24)。

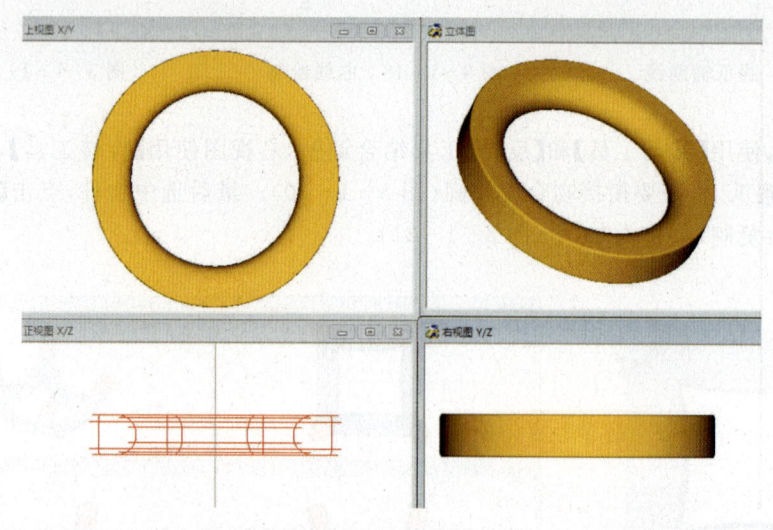

图 3-1-24 环形底托

选点变形调整:将物件移动到适当的位置。选中环形底托将其隐藏的 CV 点显示出来,选中所需变动的 CV 点(图 3-1-25),使用移动工具对其位置进行改变("→"为 CV 点移动方向)(图 3-1-26)。

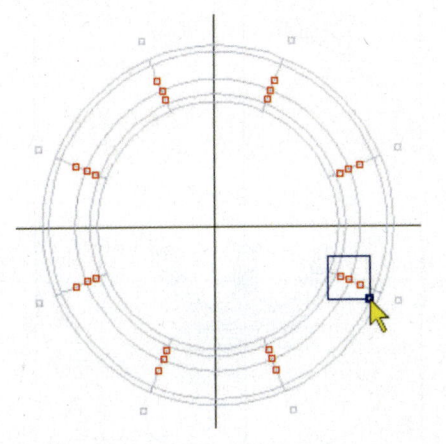

图 3-1-25　选取 CV 点　　　　　　　　图 3-1-26　移动调整

在上视图,选中镶口使用【多重变形工具】,对话框中点击"旋转"激活这一栏,并在"进出项"填入 45,如图 3-1-27 所示,点击确定后,完成花头的制作(图 3-1-28)。

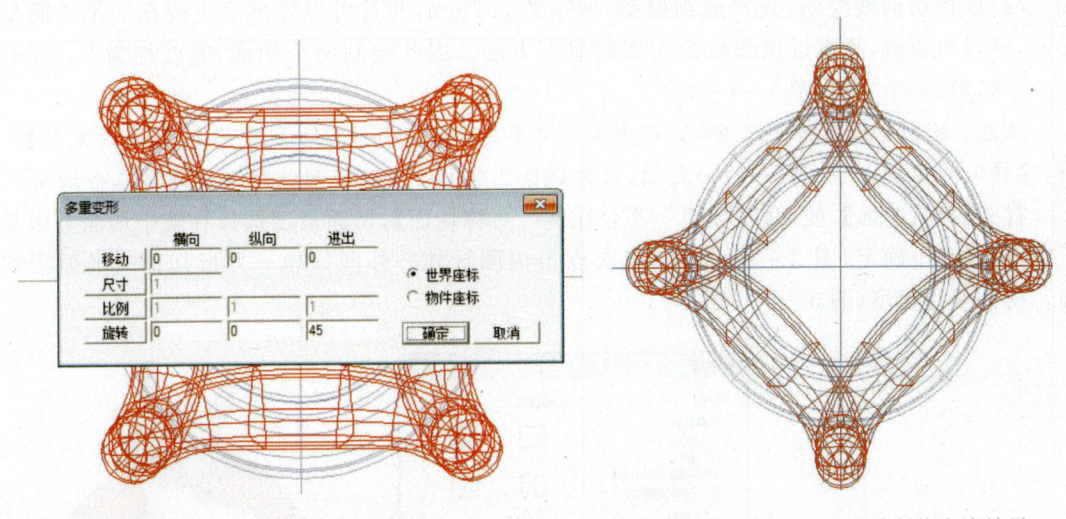

图 3-1-27　多重变形设置　　　　　　　　图 3-1-28　花头制作完毕效果

3. 戒圈制作

(1)戒指导轨线绘制:切换到正视图,绘出一个直径 16.6mm 的辅助内圆,再分别绘制直径 1.4mm 及 1.6mm 的辅助圆,分别放于 16.88mm 大圆底部与右边,并与大圆相切(图 3-1-29)。用【左右对称曲线】沿着 16.6mm 内圆绘制出第一条开口的导轨线。再参考 1.4mm,1.6mm 圆用【左右对称曲线】绘制第二条开口的导轨线,CV 点的点数量与点顺序要保持一致,并点点对应(图 3-1-30)。

注意:绘制戒指的时候,一般会做出参考圆来辅助绘制导轨线,这些圆用来限定戒指的指圈大小,戒指底部,左右,上部厚度,一般戒指左右两边厚度不宜过大,比戒指底部厚度多出 0.2~0.3mm 即可。绘制戒圈外围导轨线时,过渡需平滑自然。此时可隐藏之前绘制的 16.6mm 内圈参照圆。

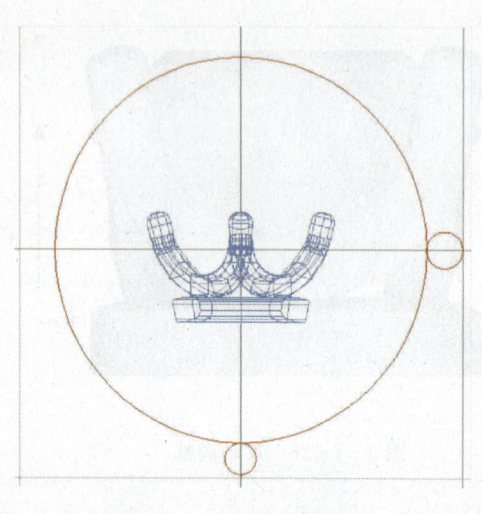
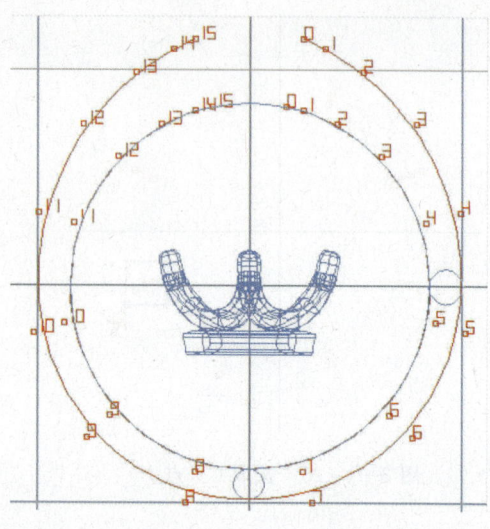

图3-1-29 参考线绘制　　　　　　图3-1-30 导轨线绘制

(2) 戒指切面线绘制：观察戒指模型，戒指宽2.2mm，并且可以发现靠近戒指底部内圈呈弧形，显得稍圆滑，越靠近顶部戒指切面则呈四方形。因此绘制两个切面，宽度均为2.2mm。一个半弧形，一个方形（图3-1-31）。

注意：绘制切面时可用2.2mm圆形曲线作参照，绘制好一个切面后可往下【直线复制】一个，这样做的便捷在于CV点的一致性，只需调整已有CV点改变形状即可得到第二个切面

打开【导轨曲面】，使用【双导轨—不合比例—对称切面】，切面量度选择导轨于切面上中与下中，然后点击确定（图3-1-32）。依次点击内圈导轨—外圈导轨—方形切面—半弧形切面。得到戒指模型（图3-1-33）。

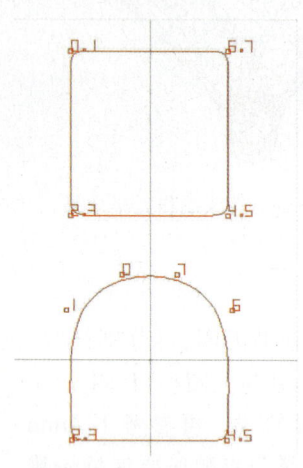
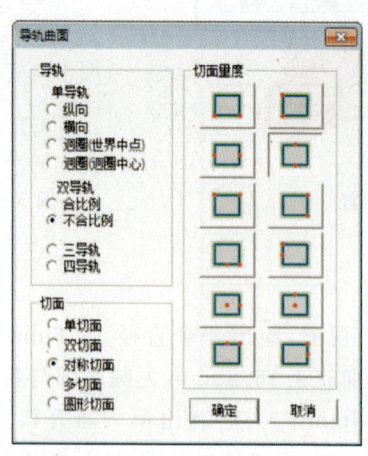

图3-1-31 切面绘制　　　　图3-1-32 导轨曲面对话框　　　　图3-1-33 戒指导轨成形

4. 衔接位制作

(1) 圆环导轨：如图3-1-34所示，切换到上视图，绘出一个直径"2.7mm"的正圆作为一条内圈导轨（此圆便于后期投影制作，CV点数目可设置稍多，这里CV点数目设置为16个），

再将其使用【偏移曲线】,向外偏移"0.85mm",得到外圈导轨线。回到正视图,如图3-1-35所示,将之前隐藏的参照内圆不隐藏,选中刚才绘制的两条圆形导轨曲线。点击【曲面/线投影】,选中"向上""贴在曲线/面上""保持曲面切面不变"。后点击确定。点击戒指内圈16.88mm的圆。将导轨线贴合在内圈曲线上。

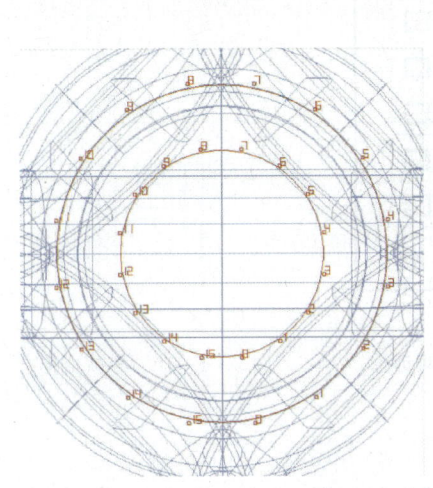

图3-1-34 导轨线绘制

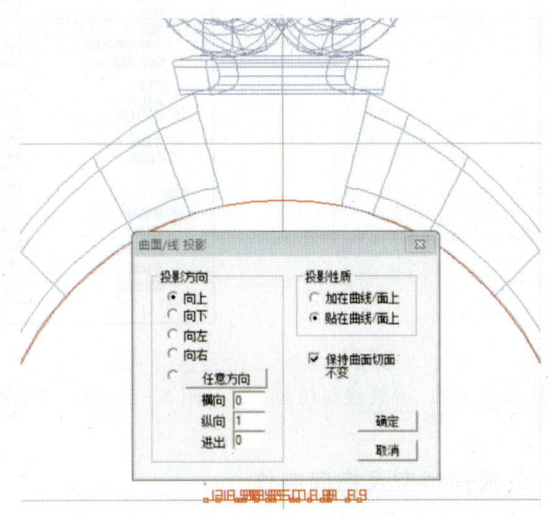

图3-1-35 投影对话框设置

打开【导轨曲面】,使用【双导轨—合比例—圆形切面】,切面量度选择导轨于切面左下与右下,然后点击确定(图3-1-36)。依次点击内圈导轨—外圈导轨得到圆环模型(图3-1-37)。

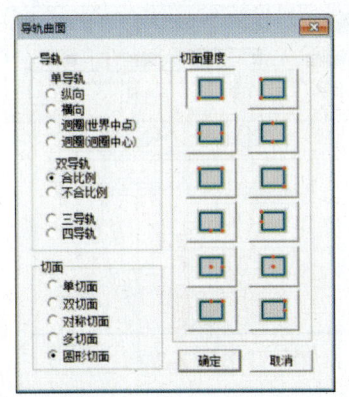

图3-1-36 导轨曲面对话框

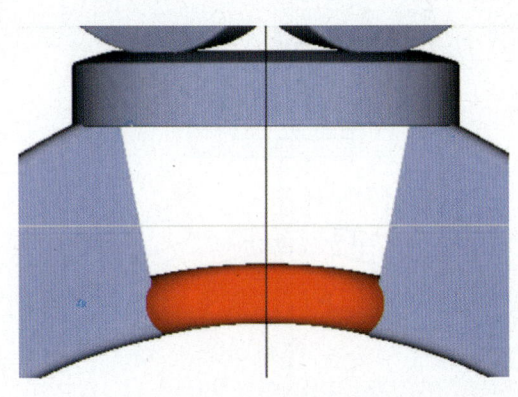

图3-1-37 圆环导轨成形

接下来制作连接镶爪和圆环的长条物件,正视图绘出一个直径"1mm"的辅助圆,使用【任意曲线】相切辅助圆左侧画出一条导轨曲线,接着再对其进行【左右复制】形成右边导轨,再绘出一个直径"1.18mm"的辅助圆,参照其绘制一个直径1.18mm高的半弧形的切面(图3-1-38)。打开【导轨曲面】,使用【双导轨—不合比例—单切面】,切面量度选择导轨于切面左中与右中,然后点击确定(图3-1-39)。依次点击左边导轨—右边导轨—半弧形切面,得到长条模型。回到右视图,使用【旋转】工具,调整长条物件,使之上下衔接(图3-1-40)。完成后左右复制。

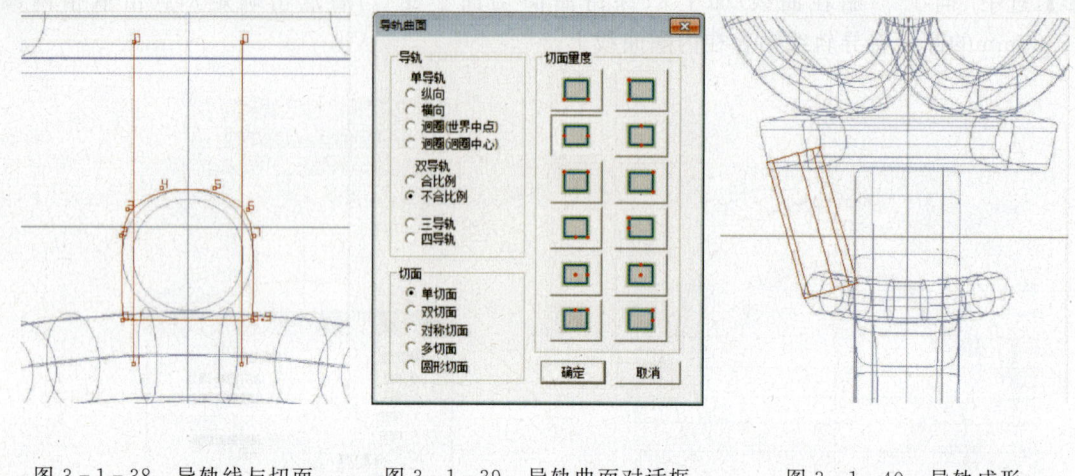

图3-1-38 导轨线与切面　　图3-1-39 导轨曲面对话框　　图3-1-40 导轨成形

5. 戒指镂空及掏底制作

(1)正视图,在戒指需要镂空的位置用【任意曲线】绘制如图3-1-41所示的封闭曲线。可绘制好一边再进行左右复制。去到侧视图,用【直线延伸曲面】工具,绘制出镂空物件(图3-1-42)。将绘制好的实体向左【移动】,使其贯穿戒指。选中镂空物件,点击【布林体—相减】,再点击戒指,完成相减。

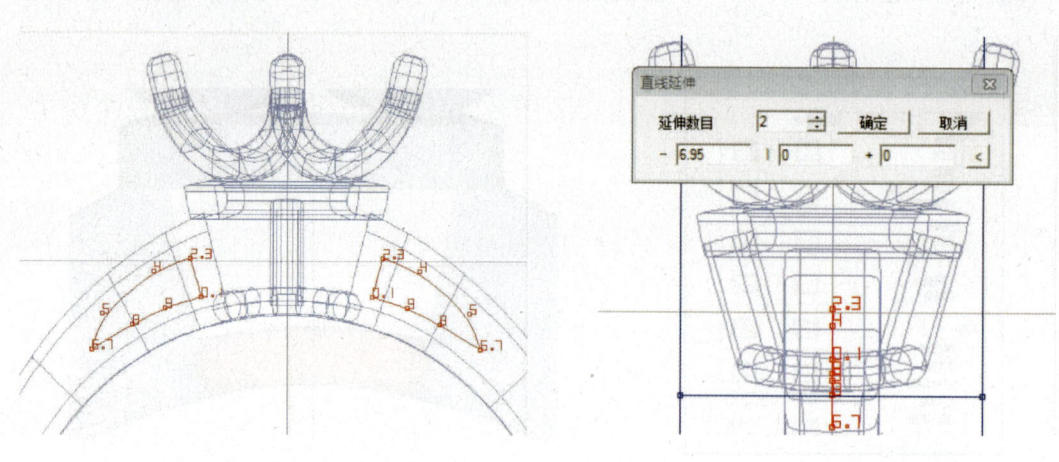

图3-1-41 封闭曲线　　　　　　图3-1-42 直线延伸曲面

(2)接下来制作戒圈内的掏底物件,用【左右对称曲线】绘好如图3-1-43所示封口曲线,用1mm圆衡量留出的厚度距离。再切换到右视图中,如图3-1-44所示,使用【多重变形】工具横向移动0.38。(由于戒圈宽度2.2,减去左右各留出的0.72宽度,得到掏空物件宽度为0.76,对称纵轴移动一半的距离为0.38)再于当前视图将曲线【左右复制】(图3-1-45)。

右视图,使用【线面连接曲面工具】依次点击两条曲线(图3-1-46),后点击黄色【选取物

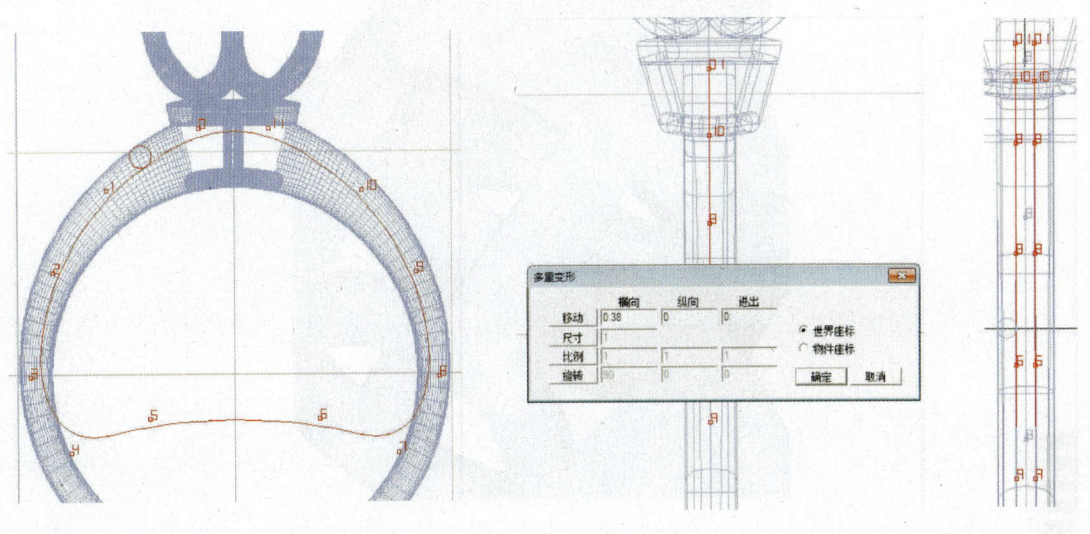

图 3-1-43 掏底曲线　　　图 3-1-44 多重变形　　　图 3-1-45
　　　　　　　　　　　　　　　　　　　　　　　　　左右复制

件】箭头。形成掏空体。最后选中掏空体,点击【布林体—相减】,再点击戒圈,掏底制作完毕（图 3-1-47）。

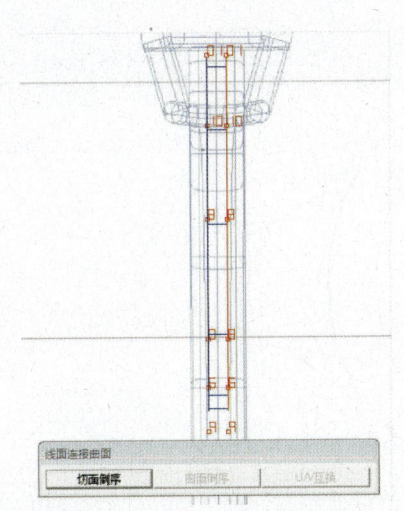

图 3-1-46 线面连接曲面　　　图 3-1-47 掏底后戒指效果

为了保证后期的生产制作实物,这里要将所有的细节做到位,由于镶爪与底托之间相连接的面积比较小,所以接下来要对其连接面积进行增加。首先点击【编辑栏—曲面—球形曲面】,然后使用【尺寸】工具对其大小进行改变,最后利用【移动】工具将其移动到需要连接的物件位置,上视图【环形复制】出"4"个。戒指最终建模完成（图 3-1-48）。

图 3-1-48 建模完成

案例二 翡翠爪镶戒指
——依据线稿图纸,制作出合理的首饰模型

翡翠爪镶戒指线稿图纸如图 3-2-1 所示。

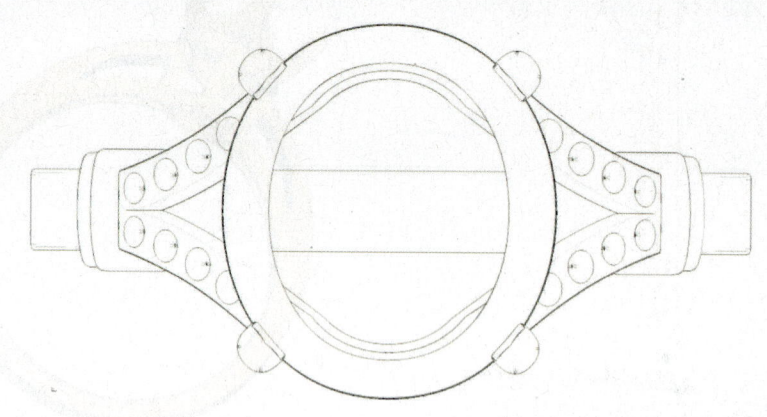

戒指档案：主石9.41mm×8.6mm×3.5mm
配钻直径：0.7mm
指圈：11#,内直径15.80mm

图 3-2-1 翡翠爪镶戒指线稿(上视图)

建模基本思路如下。
(1)绘制宝石。
(2)制作爪镶镶口。

(3)制作戒圈。

(4)制作戒臂。

(5)戒指臂排石。

(6)掏底。

首先,我们可根据设计好的手绘或线图扫描并存下图片格式。再利用平面软件工具(如:photoshop)调整使绘图中的首饰旋转调正,储存 bmp 格式。【检视—背景】浏览选择该 bmp 图片(图 3-2-2),点击确定,图片导入 CAD 绘图区,再次打开【背景】,点击图像中心按钮,在 CAD 绘图区中鼠标左键单击图片中首饰的中心点,此时【背景】对话框弹出,点击确定。(此时如操作完毕,图像中心点未对齐坐标中心,再次导出【背景】对话框重点图像中心,重复操作一遍即可)。使用【曲线工具】对照手绘上视图进行轮廓描线(图 3-2-3),确定戒指各结构的位置。轮廓描线完成可【菜单栏—编辑—隐藏CV】隐藏曲线 CV 点,为后期建模作参考。绘制完毕点击【菜单栏—检视—背景】,将背景图像还原成空白背景。

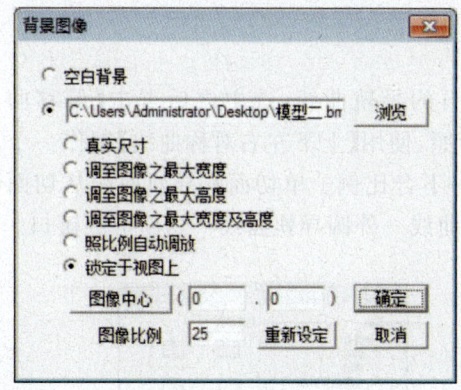

图 3-2-2 背景图像设置

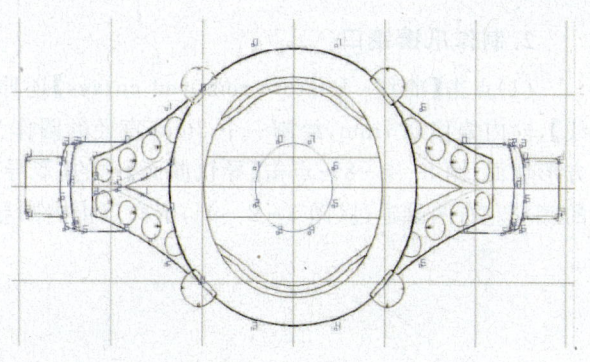

图 3-2-3 轮廓描线

1. 绘制宝石

(1)在上视图中绘制一个 9.41mm×8.6mm 的椭圆(如图 3-2-4 所示,利用【圆形曲线】画一个直径 1mm 的圆,接着使用【菜单—变形—多重变形】工具,在比例栏横向输入 8.6,纵向输入 9.41。点击确定完成椭圆制作)。此时,等比例缩小刚才绘制的戒指轮廓,使得描线宝石位置与椭圆宝石曲线位置及大小一致;修改刚才绘制的椭圆宝石曲线,使得曲线与描线宝石位吻合(图 3-2-5)。

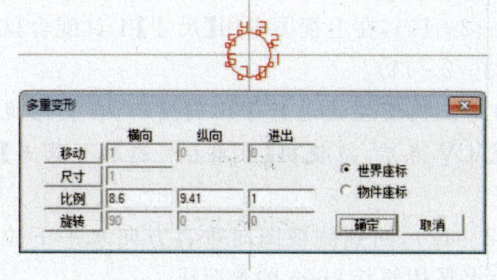

图 3-2-4 多重变形设置

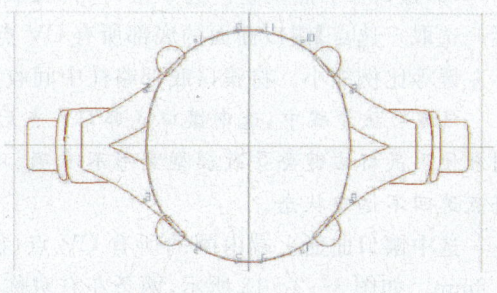

图 3-2-5 宝石导轨线

(2)画出宝石的切面,首先画一个直径为7mm的圆作为辅助线,参照半径画出高为3.5mm的切面(图3-2-6);接下来用【导轨曲面】中的【单导轨—迴圈(迴圈中心)—单切面】,依次点击椭圆曲线导轨和切面,最后【菜单栏—编辑—材料】,选择材料为绿色。绘制完成可【菜单栏—编辑—隐藏】隐藏描线轮廓,为后期建模作参考(图3-2-7)。

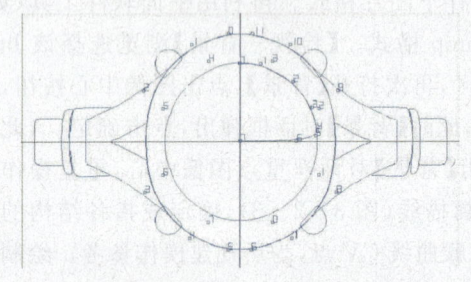
图3-2-6 宝石切面绘制

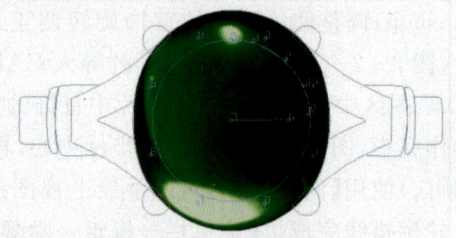
图3-2-7 宝石单导轨成形

2. 制作爪镶镶口

(1)点击【曲线-Restore removed curves】还原宝石的导轨曲线,选中之后点击【偏移曲线】,向内偏移0.7mm,绘制一个3mm直径的圆作为参照,使用【上下左右对称曲线】制作一个方形切面(图3-2-8);点击【导轨曲面】中的【双导轨—不合比例—单切面】,导轨曲线从切面的底部左右两端通过(图3-2-9),依次点击内圆导轨曲线—外圆导轨曲线—切面形成镶口。

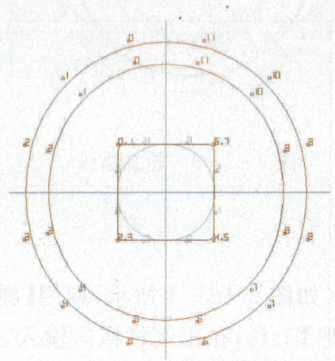
图3-2-8 镶口导轨线与切面

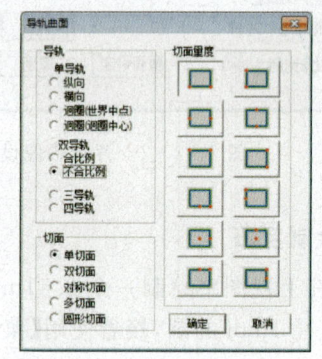
图3-2-9 导轨曲面对话框

(2)镶口CV点调整。选中镶口曲面【展示CV点】,后不选取该物件。在正视图中【菜单栏—选取—选点】镶口曲面的底部所有CV点(图3-2-10),在上视图中用【尺寸】工具配合鼠标左键等比例缩小。将镶口底部略往中间收拢(图3-2-11)。

注意:该步骤中,选中镶口底部CV点后,应回到上视图左键进行等比例缩小,在其他视图或使用鼠标右键会导致模型变形不准确。操作完CV点后,应使用【菜单栏—选取—选点】将点选回不选中状态。

选中镶口曲面上端内圈的所有CV点(图3-2-12),回到侧视图向垂直方向水平下拉0.2mm。如图3-2-13所示,两条左右对称直线为水平相差0.2mm的参照线。

(3)指甲镶爪制作。绘制一个直径为1.2mm的圆用来确定爪的宽度,绘制一个3.4mm

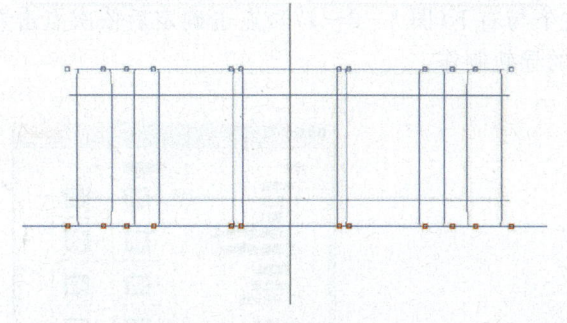

图 3-2-10 选取 CV 点　　　　　图 3-2-11 镶口收底

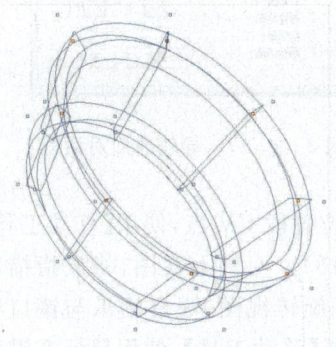
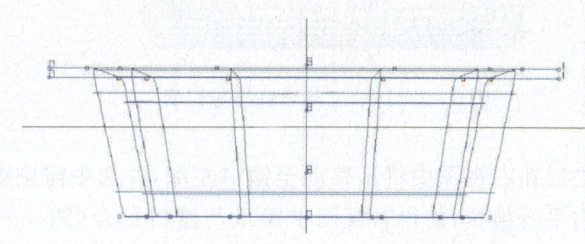

图 3-2-12 选取 CV 点　　　　　图 3-2-13 镶口内斜

的圆用来确定爪高出镶口的高度。用左右对称曲线绘制出爪镶曲线的参考轮廓线，并根据参考线绘制出爪镶的左右两条导轨线（图 3-2-14）。接下来到右视图中绘制一个 0.7mm 直径的圆，用来参照并确定爪的厚度。并绘制出第三条导轨高线（图 3-2-15）。

注意：导轨线 CV 点对应一致。同时为了方便后期镶爪贴合镶口的调整，镶爪导轨线 CV 点数量不宜过多或过少，在 CV 点的放置上也需注意，应在需要调整的位置设置 CV 点。

回到正视图中画出爪的半弧形封口切面（图 3-2-16），然后用导轨曲面中的【三导轨—

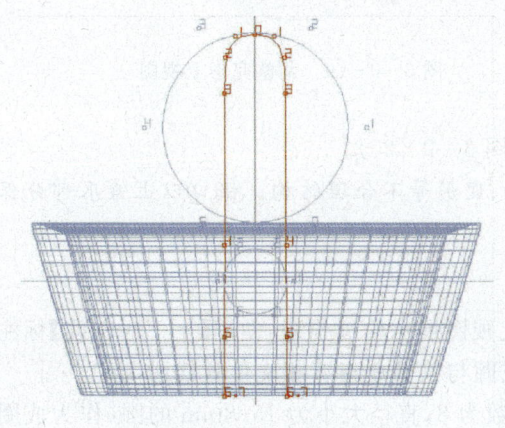
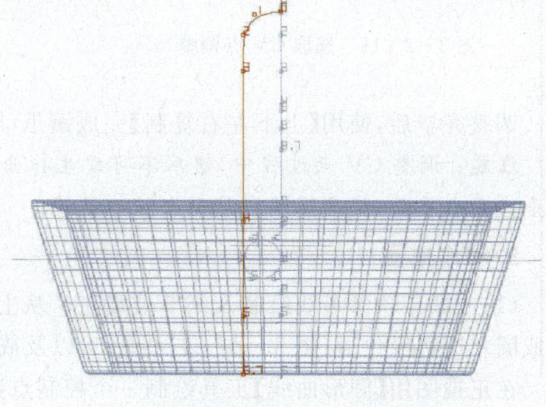

图 3-2-14 参考轮廓线　　　　　图 3-2-15 左边导轨线

单切面】,选择切面量度为导轨于切面左下与右下(图3-2-17),点击确定后依次点击左右导轨线及高度导轨曲线和切面,完成镶爪的导轨制作。

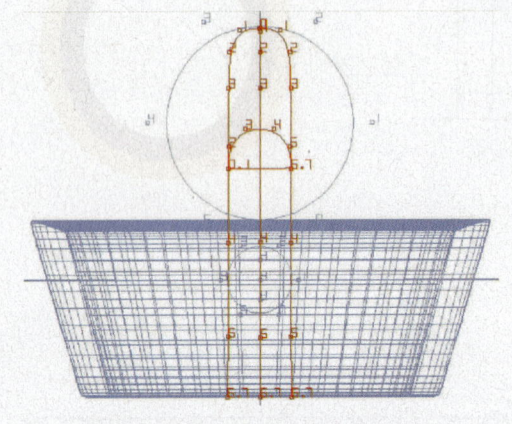

图3-2-16 三条导轨线与切面

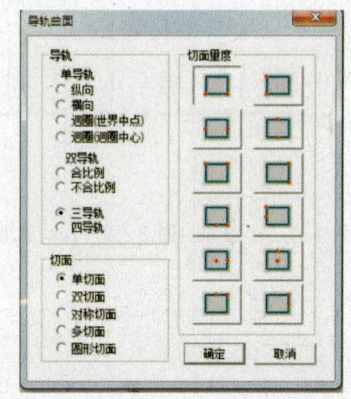

图3-2-17 导轨曲面对话框

之后在右视图中将爪移动至镶口左端,并选中需调整的位置段CV点,使用【移动工具】左键向右平行拖拉,使得右视图中镶爪与镶口贴合(图3-2-18)。回到上视图,将戒指描线轮廓不隐藏作参考,调整爪至对应位置(图3-2-19)。此时可旋转视图,观察镶爪与镶口是否完全贴合,如需调整,则于右视图选择CV点,回到上视图选择【移动工具】,使用鼠标右键移动调整其位置。

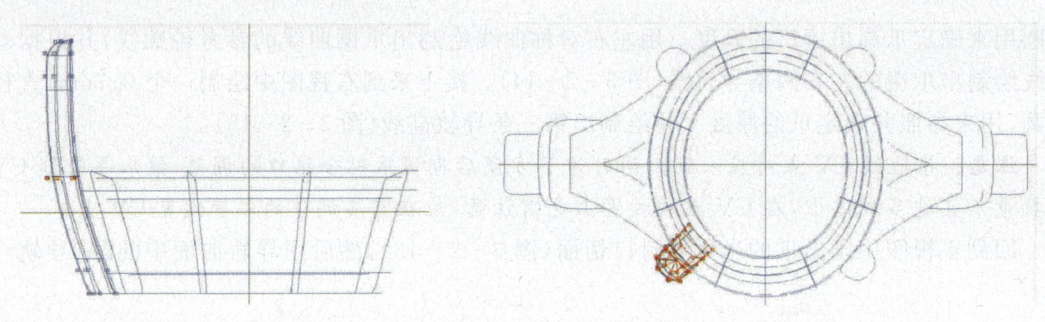

图3-2-18 选取CV点调整　　　　　图3-2-19 调整完毕上视图

调整完毕后,使用【上下左右复制】完成镶爪(图3-2-20)。

注意:调整CV点过程中,镶爪不可发生扭曲、变形等不合理结构。镶口以上镶爪部分保持垂直于水平面,镶爪下端自然贴合镶口边缘。

3.制作戒圈

(1)戒圈导轨参考线绘制及细节位设定。从上视图展示轮廓描线,使用【上下对称线】标注出戒圈左边边缘位置(图3-2-21)线段1,以及戒圈与镶钻戒指臂相交位置线段2。

在正视图用【圆形曲线】工具绘制一个控制点数为8,直径大小为15.8mm的圆(作为戒圈导轨参考曲线),将镶口上移,使镶口底端左右两点与圆相交。画一个大小为1.3mm的圆形曲线将其移动到15.8mm圆的正底部位置,作为戒圈肚底厚度距离参考。利用【左右对称线】

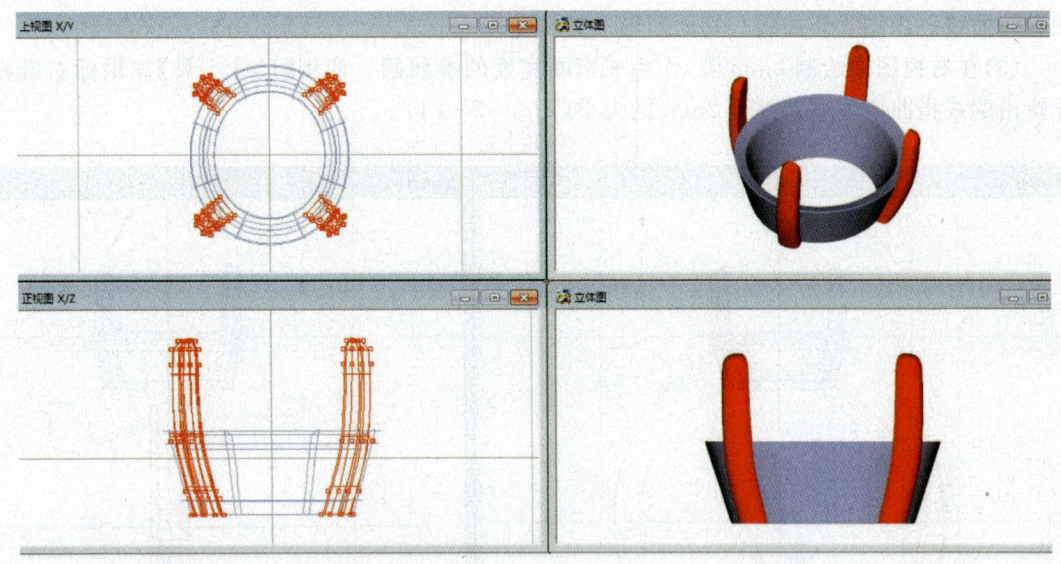

图 3-2-20 镶爪制作完毕

绘制出戒圈外围轮廓曲线。利用【上下对称线】过线段 2 的 0 点位置,与戒圈外围轮廓曲线相交点,即为正视图底部戒圈与戒臂交会位置(图 3-2-22)。

(2)戒圈导轨。根据得到参考线及参考点位置,绘制出如图 3-2-23 所示戒圈两条导轨线,并绘制出切面,使用【双导轨—不合比例—单切面】,切面量度选择导轨于切面上中与下中。确定后依次点击【戒指的外

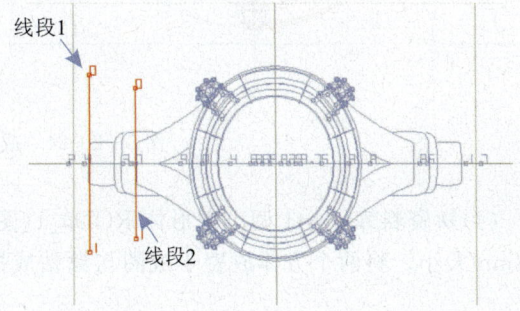

图 3-2-21 标出位置线段

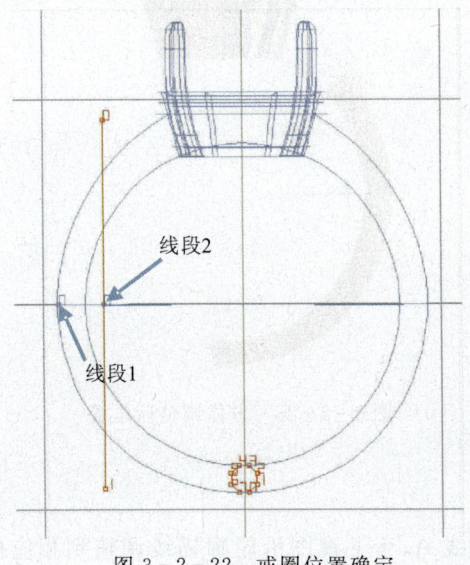

图 3-2-22 戒圈位置确定

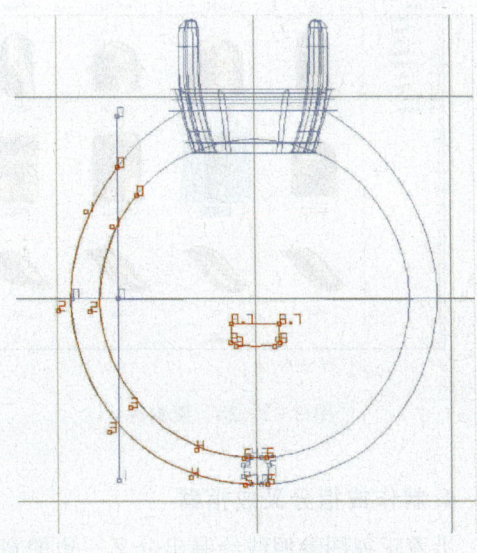

图 3-2-23 戒圈导轨线

· 91 ·

圈导轨曲线—内圈导轨曲线—切面】,形成导轨实体。

(3)在右视图中绘制 2mm 圆,作为戒指圈宽度的参照圆。使用【尺寸工具】加鼠标右键将导轨出的戒指曲面宽度调整到 2mm 的大小(图 3-2-24)。

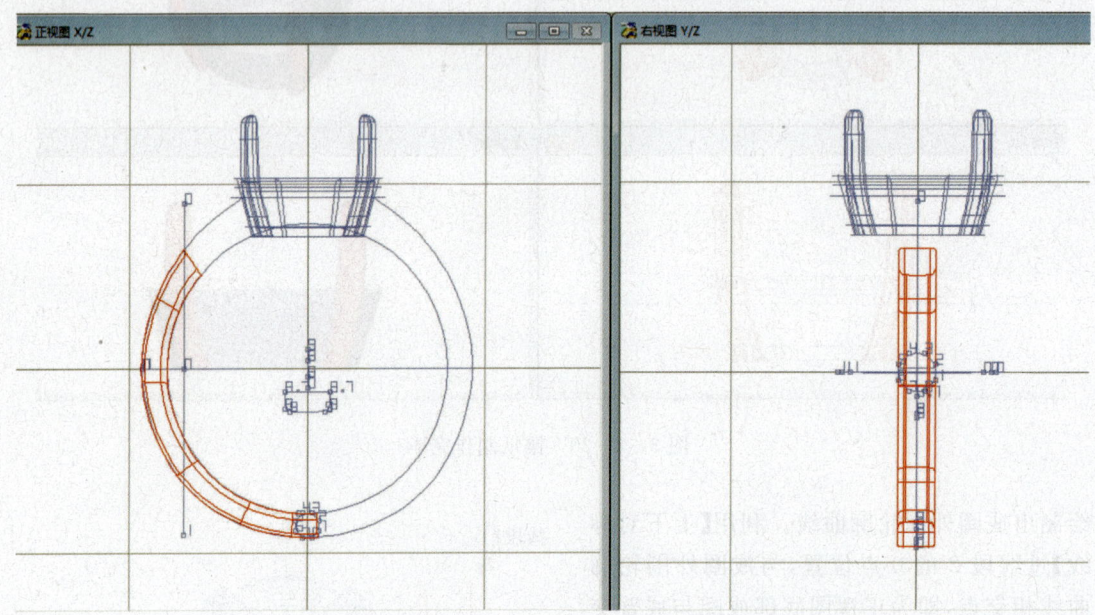

图 3-2-24 戒圈调整后效果

(4)从资料库 Part1 调出方形体 ROD3_1(图 3-2-25),调整至长 3.2mm、宽 0.6mm、高 2.3mm 大小。将两个方体放置于戒圈与镶钻戒指臂交会处(图 3-2-26)。

图 3-2-25 资料库

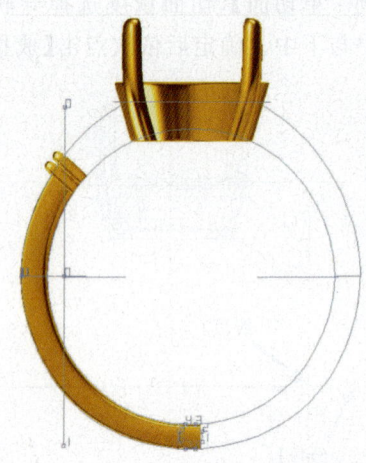

图 3-2-26 方体调整后位置

4. 制作戒指分叉戒指臂

沿着正视图参照线绘制出分叉一边的宽度导轨线 A,于上视图沿轮廓描线调整到相应位置。同样方法绘制另一条宽度导轨线 B，导轨线 B 与 A 于上视图相距 10mm，A、B 两条导轨线于正视图重合（图 3-2-27）。沿参照线于正视图绘制高线 C，图 3-2-28 为上视图观察导轨线位置关系。

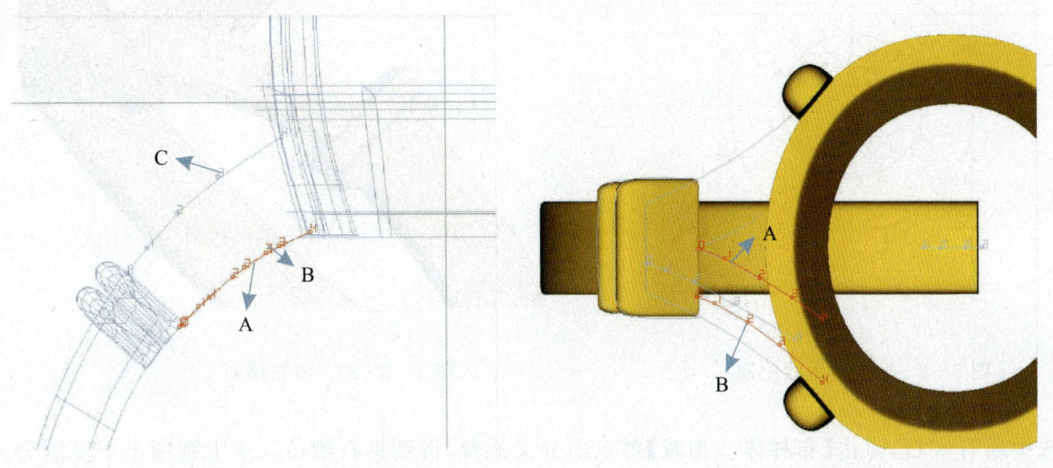

图 3-2-27 正视图导轨线位置关系　　　图 3-2-28 上视图导轨线位置关系

绘制出方形切面，选择【三导轨—单切面】，切面量度选择导轨于切面左下与右下（图 3-2-29）。依次点击 A、B、C 三条导轨线，完成分叉戒指臂导轨（图 3-2-30），后调整 CV 点完善曲面细节。

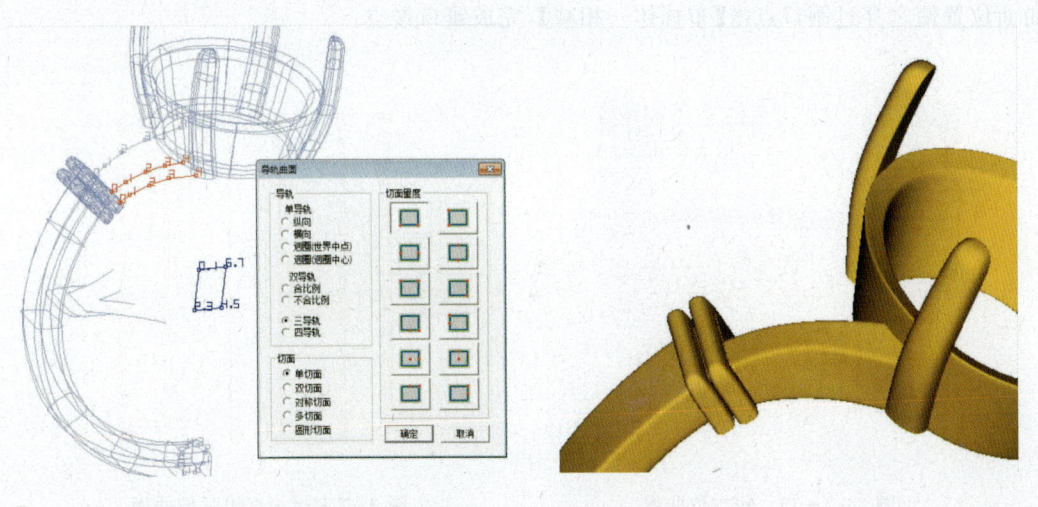

图 3-2-29 设置导轨曲面对话框　　　图 3-2-30 分叉臂成体

5. 戒指臂排石

在上视图点击【杂项—宝石】，宝石选择圆形钻石，宝石尺寸为 0.7mm，再画一个尺寸 0.7mm 的圆，并向外偏移 0.3mm（图 3-2-31）。选中圆钻与圆形曲线，点击【复制—剪贴】，到彩图进行剪贴排列分布在曲面上，使两两钻石间隔 0.3mm（图 3-2-32），后删除圆形辅助线，

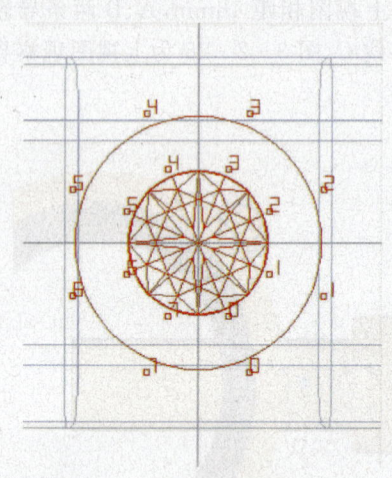
图 3-2-31 石距线绘制

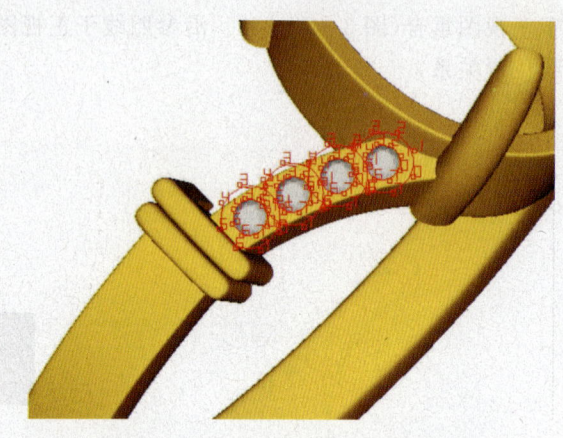
图 3-2-32 剪贴排列

选中所有宝石,点击【布林体—相减】再点击分叉戒臂,得到钻石槽位。于上视图上下复制分叉曲面,完成戒指一边的戒圈以及戒臂制作。

6. 翡翠镶口布林体运算,戒指掏底

(1)翡翠镶口布林体运算。【圆形曲线】绘制出 1mm 圆上端对齐镶口上沿,再绘制一个 0.7mm 圆紧挨 1mm 圆置于其正下方,参照 0.7mm 圆宽度绘制半弧方形镂空位曲线(图 3-2-33)。回到上视图使用【直线延伸曲面】将镂空位曲线拉伸形成曲面(如图 3-2-34),并调整曲面位置使之穿过镶口点击【布林体—相减】,完成镶口镂空。

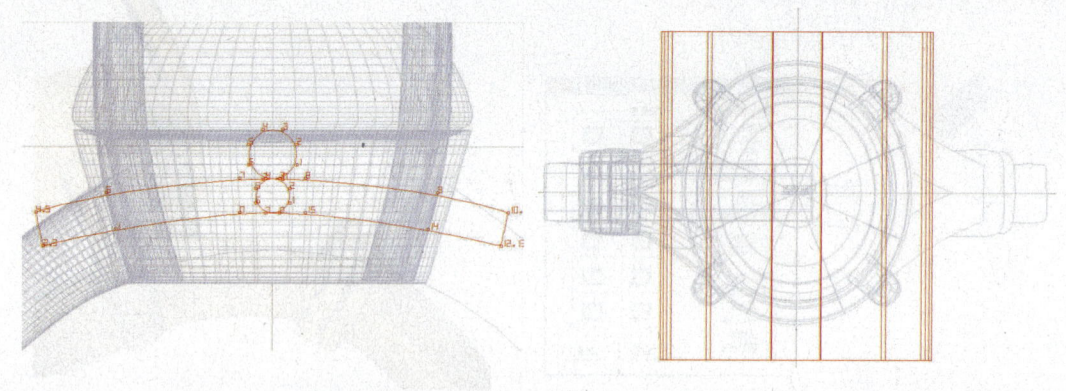

图 3-2-33 镂空位曲线　　　　图 3-2-34 直线延伸曲面

将戒圈内圆曲线同样方法于上视图做【直线延伸曲面】形成(图 3-2-35)圆柱曲面,将镶口与镶爪合并布林体。与圆柱相减得到(图 3-2-36)所需镶口形状。

(2)戒指掏底。正视图,将制作完成的一边戒圈及戒臂左右复制,只选中左侧戒圈部分做【复制—隐藏复制】,后不选中该戒圈,【编辑—不隐藏】调出刚才复制隐藏的戒圈作为掏底曲面,使用【尺寸】工具将其等比例缩小,使之于原位置相隔 0.6mm(图 3-2-37)。由于戒圈底

图3-2-35 圆柱体成形

图3-2-36 相减后效果

部位置不需要做掏底,编辑该曲面CV点使戒圈底部移动抬高。到右视图【尺寸】加鼠标右键横向压缩掏底曲面,使之与原戒指圈左右相差0.7mm(图3-2-38)。在这里,可以利用【杂项—度量距离】,测量绘图空间内两点之间的距离,以控制好掏底范围。

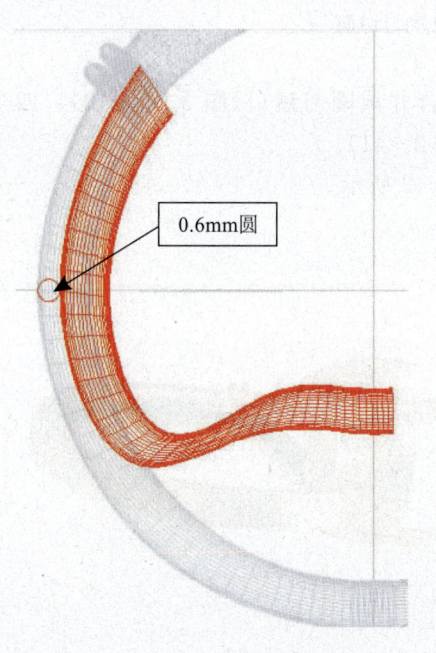
图3-2-37 掏底曲面(正视图)位置

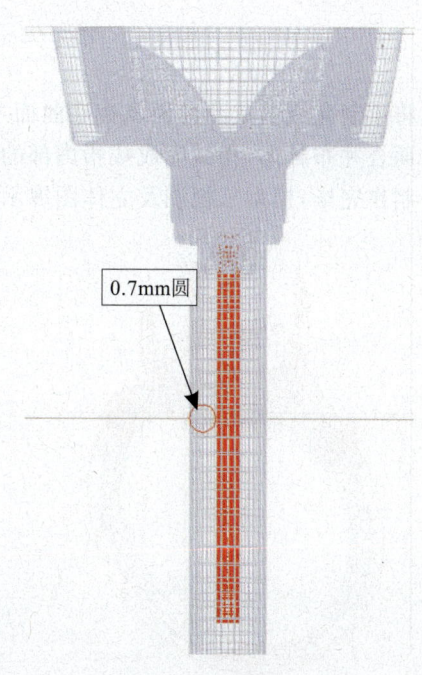
图3-2-38 掏底曲面(右视图)位置

绘制如图3-2-39所示三条导轨线,作为戒圈上部掏底曲面导轨,上视图两根宽度导轨CV0点位距离与下部掏底曲面宽度一致,保持宽度导轨线段与分叉曲面边缘相距0.7mm,高度导轨与分叉曲面高相距1mm。绘制出方形切面(图3-2-39)。选择【三导轨—单切面】,切面量度选择导轨于切面左下与右下依次点击三条导轨线与切面,完成曲面导轨。

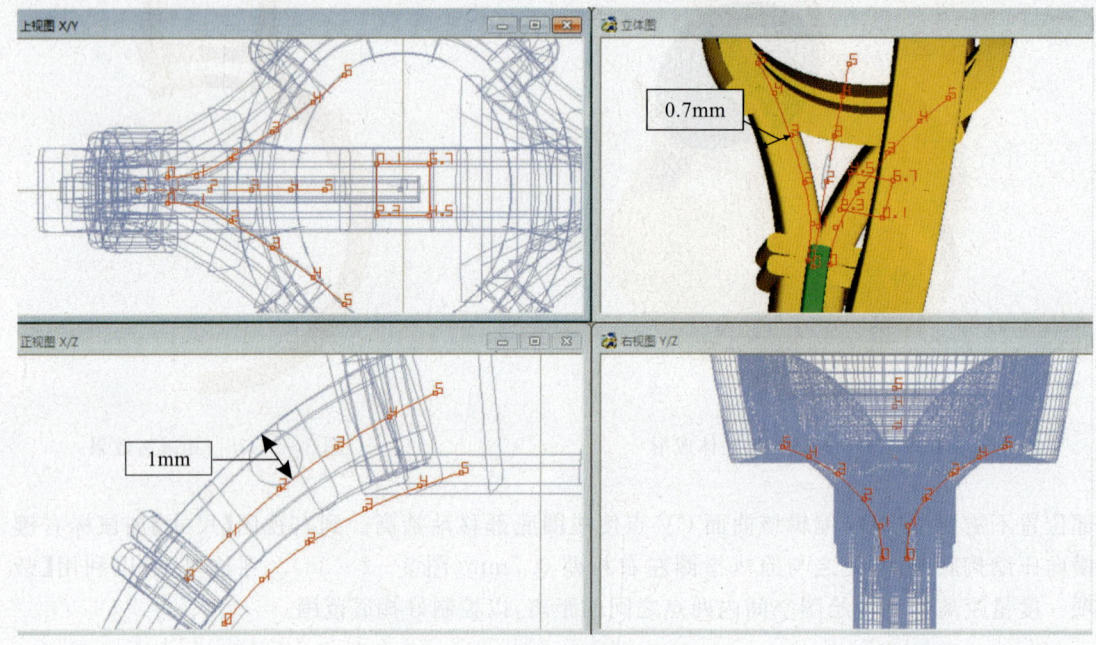

图 3-2-39 掏底导轨线与切面

将绘制完成的戒圈曲面及掏底曲面左右复制。合并戒圈与镶口（图 3-2-40）。四个掏底曲面合并布林体，相减完成戒指内部的掏底（图 3-2-41）。

制作完毕，模型三视图及立体图展示如图 3-2-42 所示。

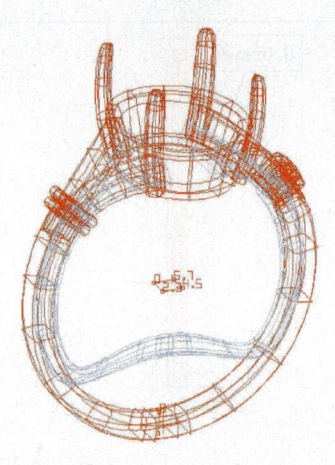 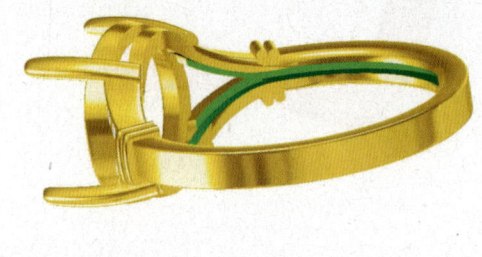

图 3-2-40 掏底曲面与戒指曲面　　　　图 3-2-41 掏底完成后效果

图 3-2-42 模型各视图展示

附:指甲镶爪制作方法 2

上视图绘制理想比例的半弧形封口曲线(图 3-2-43),于正视图,直线复制线段 6 段(图 3-2-44)。

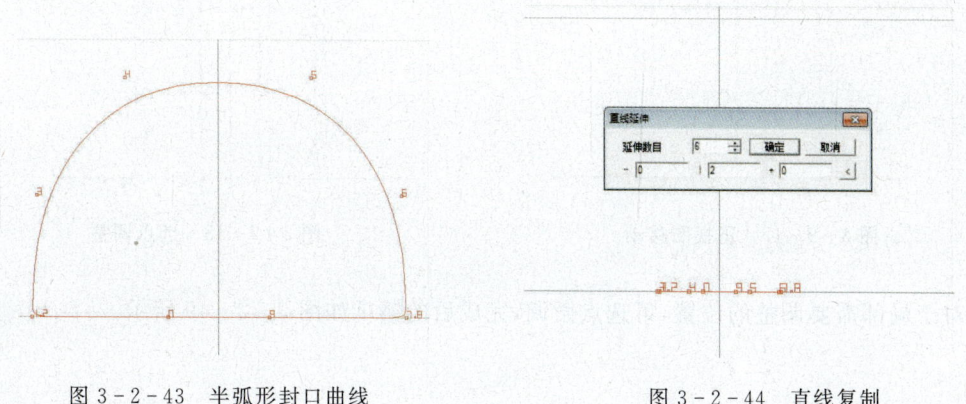

图 3-2-43 半弧形封口曲线　　　　图 3-2-44 直线复制

· 97 ·

使用【线面连接曲面】依次连接6根线段,形成如图3-2-45柱状体,并【选取—选点】最上层所有CV点。去到上视图,使用【尺寸】+左键等比例缩小,使得最上层CV点往中间收拢并重合为一点(图3-2-46)。

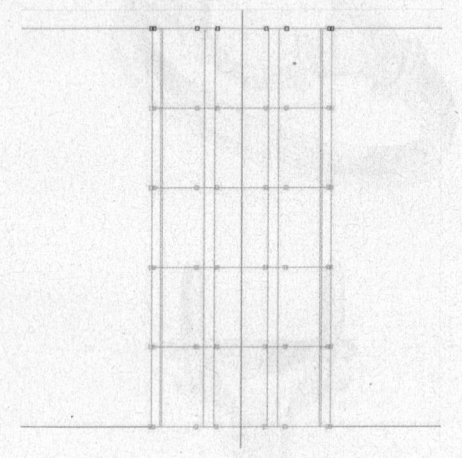

图3-2-45 选取CV点

图3-2-46 上视图尺寸变形

正视图,使用【移动】工具CV点上拉至所需高度(图3-2-47),并选回CV点。接着选中第二排CV点,向上【移动】,调整镶爪形状为半弧形(图3-2-48)。

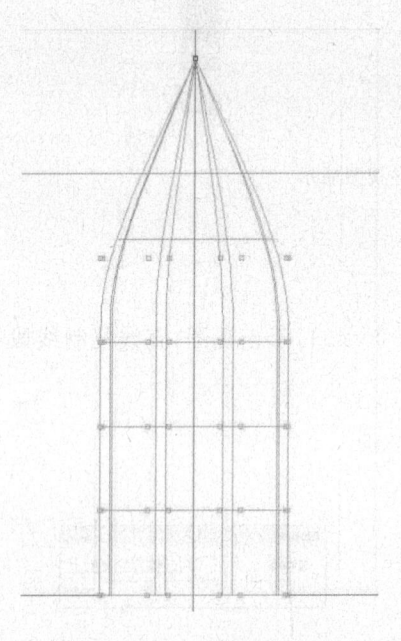

图3-2-47 正视图移动

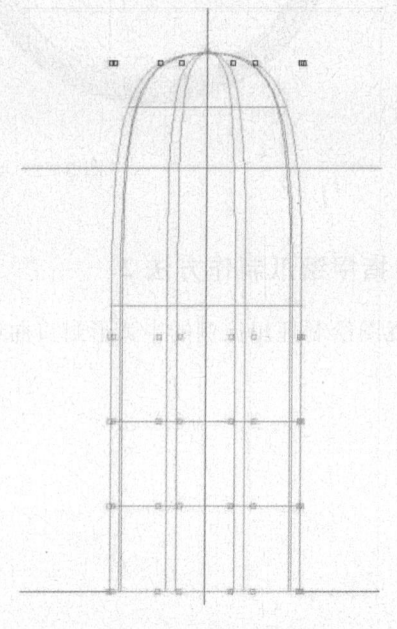

图3-2-48 选点调整

对于局部需要调整的位置,可选点微调,完成后的镶爪如图3-2-49所示。

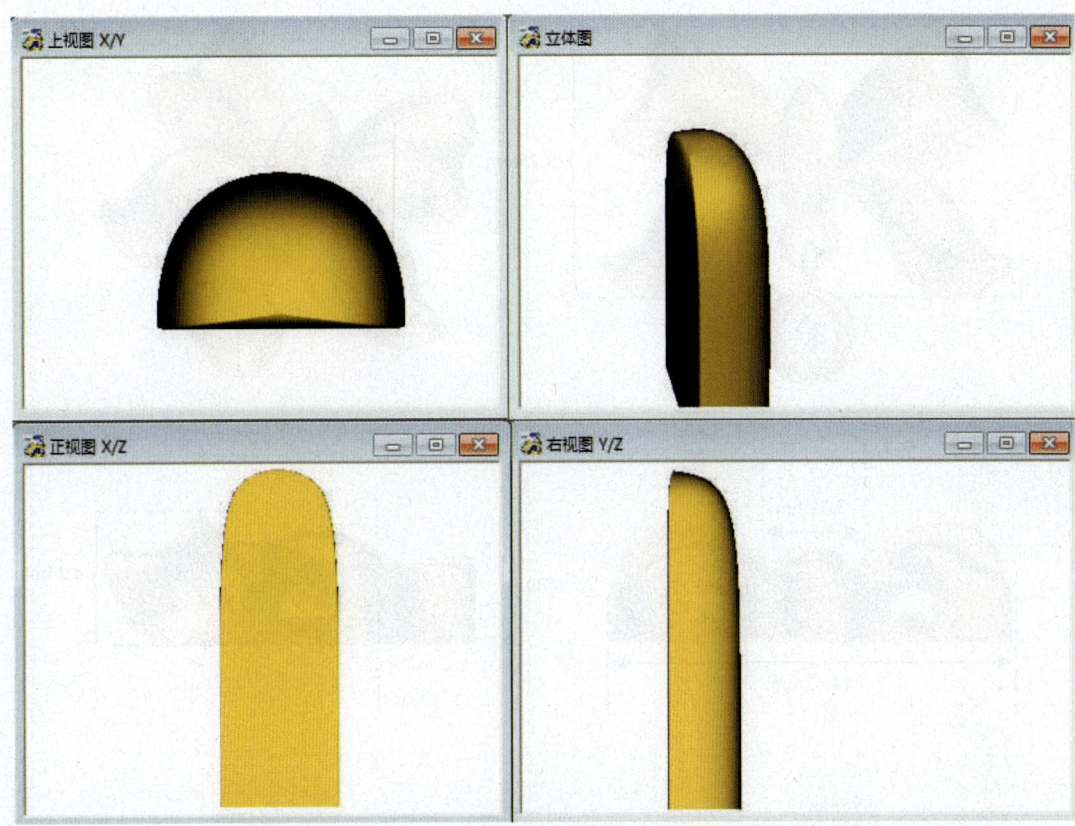

图 3-2-49 完成后镶爪效果

案例三　反带蝴蝶结包镶钻石吊坠
——图形分解练习

反带蝴蝶结包镶钻石吊坠设计线稿如图 3-3-1 所示。

操作步骤：

(1)在上视图中,严格按给出的比例大小,绘制出蝴蝶结的轮廓线(图 3-3-2),接着利用蝴蝶结中间封口马眼形轮廓线作为导轨曲线,再绘制一个 1.84mm 的圆作为参照,以制作同样高度的开口切面(图 3-3-3)。

(2)打开【导轨曲面】,对话框中选择【单导轨—迴圈(迴圈中心)—单切面】。选择第一个导轨切面,点击确定(图 3-3-4)。依次先点击导轨曲线—切面曲线,形成曲面(图 3-3-5)。

(3)制作蝴蝶结反带物件。上视图使用【任意曲线】沿着辅助线,勾画出蝴蝶结的一条导轨线,再切换到正视图,此时导轨线显示是直线形的,没有高低起伏,因此,可使用【曲线—修改—任意曲线】,将 CV 点逐个垂直抬高或拉低,调整好曲线在正视图的位置,按照给出的尺寸调整。选中线段,使用【多重变形】工具,在移动栏输入制定数值调节,可选中线段,在多重变形对话框的移动—纵向栏输入 1,便可得到"CV0"点准确位置,再使用【修改曲线】调整其他点(图 3-3-6)。利用同样方法制作另一条导轨线(图 3-3-7)。

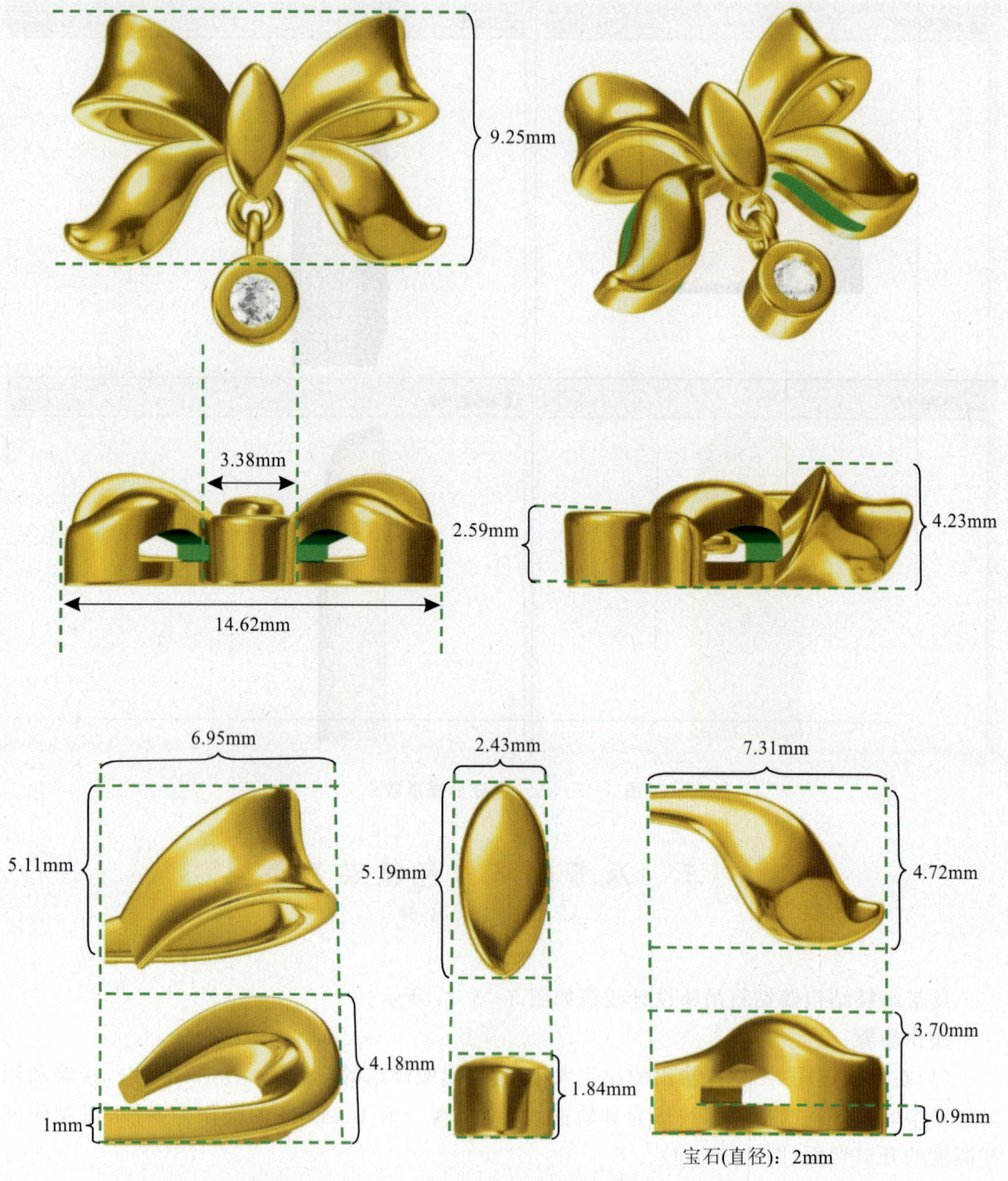

图3-3-1 反带蝴蝶结包镶吊坠分解示意图及相关数据

注意：

（1）凡是在当前视图移动CV点修改曲线时，同时要注意该曲线在其他视图造型是否发生了不合理变形。这就要求修改曲线过程中要随时进行视图的切换，来观察曲线的变化。移动CV点最好是在当前视图水平或垂直移动。如图3-3-6所示，在上视图观察，曲线形状是贴合的，如需保证在正视图线段产生高低变化，同时又不改变上视图点的位置，则需要调整CV点时，上下垂直拖拉CV点调整。

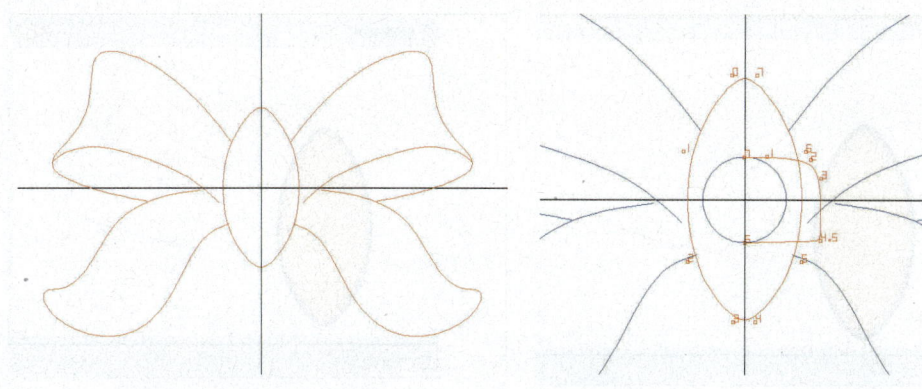

图 3-3-2 蝴蝶结轮廓线　　　　　　图 3-3-3 导轨线与切面

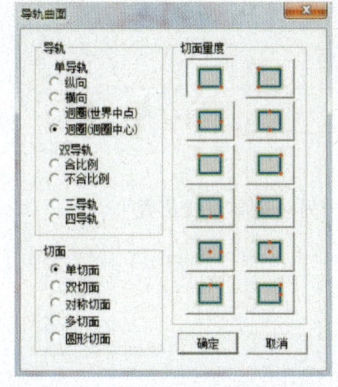

图 3-3-4 导轨曲面对话框　　　　　　图 3-3-5 马眼形物体

(2) 修改曲线的过程中同时要注意CV点的对齐,对齐CV点不仅能保证物件造型完整的同时,又准确地导轨出物件,还能方便后续一些操作的进行。

(3) 在曲线的调整过程中,如移动的数据较准确,可使用参照圆或参照线调整;也可选中曲线,使用【多重变形】工具,在移动栏输入指定数值调节。

(4) 点击【菜单栏—曲线—中间曲线】,依次点击左右两条导轨,得出它们的中间曲线。切换到正视图【曲线—修改—任意曲线】,得到如图3-3-8所示高度导轨。再于正视图中绘出两个切面,注意切面点数目与点数量的对齐(图3-3-9)。

(5) 打开【导轨曲面】,对话框中选择【三导轨—多切面】。选择第一个切面量度,即:导轨位于切面左下与右下,点击确定(图3-3-10)。依次先点击左边导轨线—右边导轨条线—高度导轨线,再点切面1(这里的"切面1"为"CV0"点对应切面线(图3-3-11)。

注意:操作同时观察界面左下方的状态栏,根据状态栏显示出来的提示,进行切面的选择。依次点击完导轨线和"CV0"点位对应的切面后,因为选择的是多切面导轨,完成上一步操作后还有其他CV点以及对应的切面需要选择。

这时状态栏就会显示"在左边导轨上选择1+…"这里显示的"1"表示的是曲线的CV点"1",而"+…"表示的是大于"1"的数字(其中包括"1")。这里再点击左边导轨线上的"CV1"点,点击后状态栏会显示出"选一曲线作为切面1…"这时我们依然点击切面1,完成第二个CV点对应切面的选择(图3-3-12)。

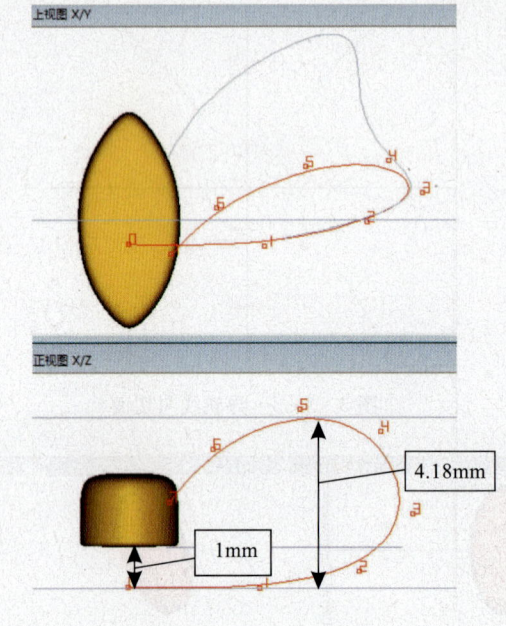
图 3-3-6　一边导轨线位置

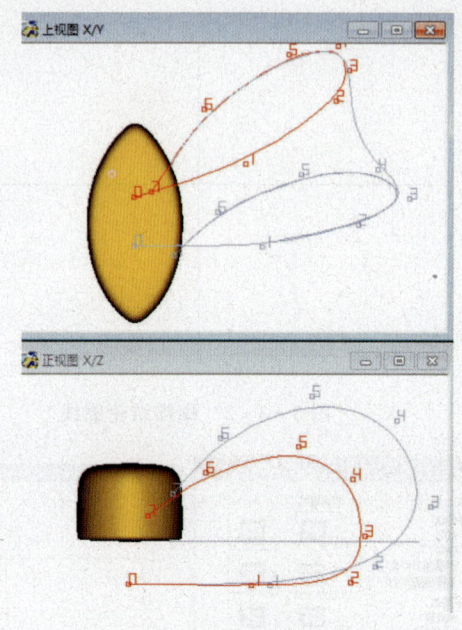
图 3-3-7　另一边导轨线位置

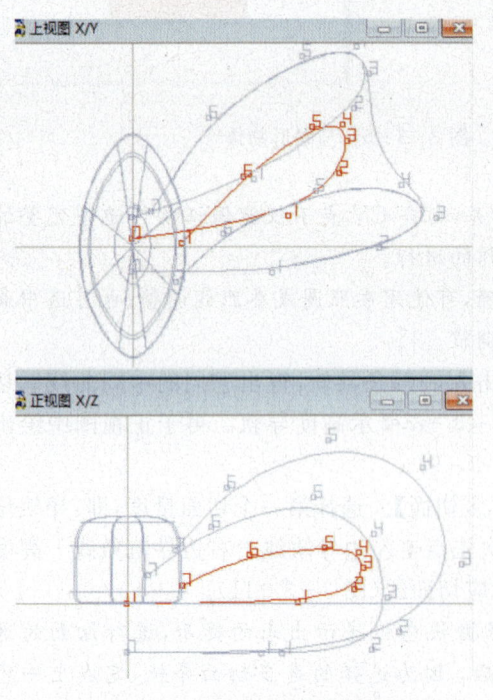
图 3-3-8　高度导轨线位置

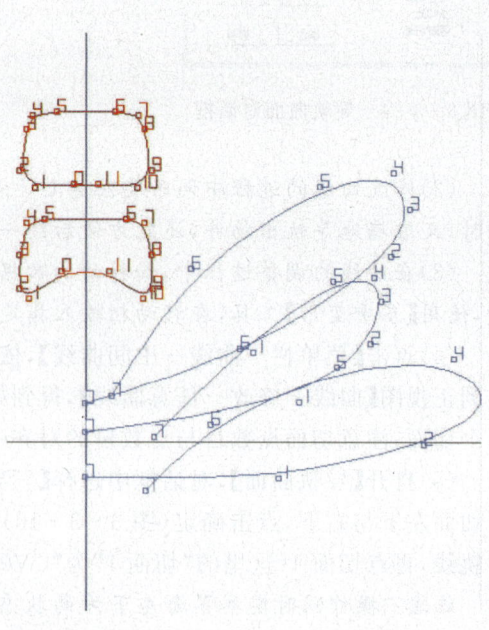
图 3-3-9　切面与导轨线(上视图)

　　接着点击"CV2"点,再点击切面2,由于"CV 2 点"至"CV7 点"对应的切面都是"切面2",这时我们不需要逐个点击。下一步直接点击"CV7"点,再点击"切面2"完成导轨制作(图3-3-13)。

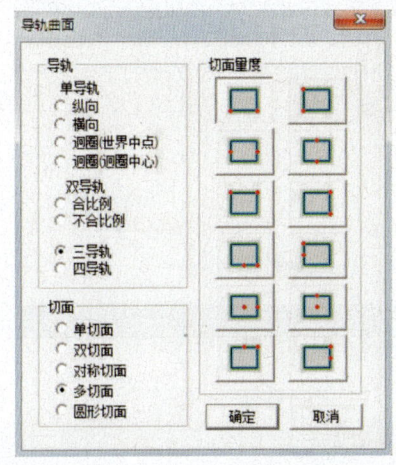

图 3-3-10 导轨曲面对话框

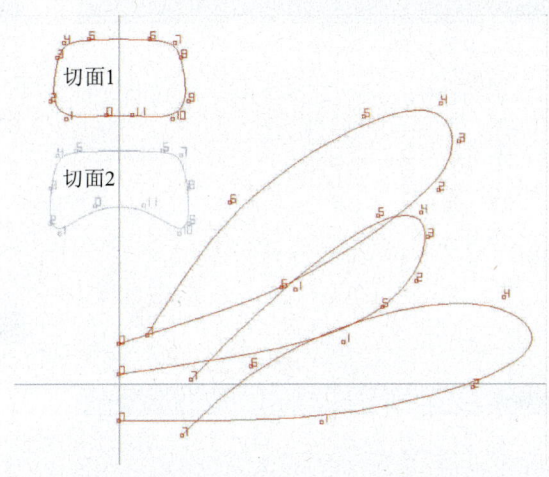

图 3-3-11 切面 1 对应 CV0 点位

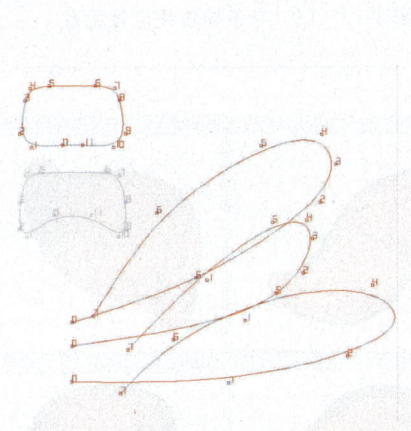

图 3-3-12 切面 1 对应 CV1 点位

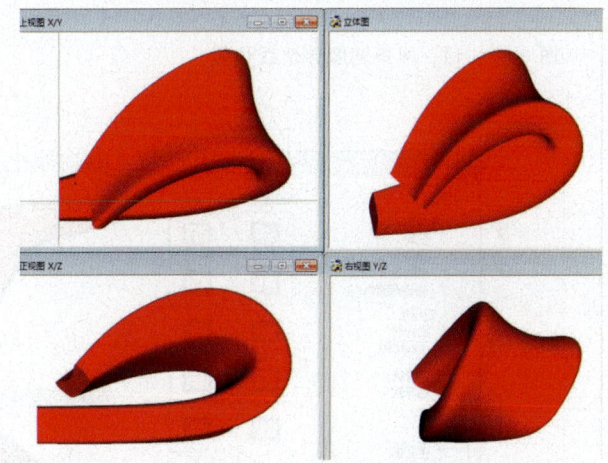

图 3-3-13 导轨成体效果

（6）隐藏制作完的物件，展示马眼形与蝴蝶结剩余部分轮廓线，使用【任意曲线】，描绘出两条导轨曲线，并于正视图向下移动 1mm（图 3-3-14）。点击【菜单栏—曲线—中间曲线】，然后依次点击两条曲线，得出他们的中间曲线作为高度导轨线，并去到正视图调整这条曲线的高度位置（图 3-3-15）。

如图 3-3-16 所示，画出半弧形切面后，打开【导轨曲线】，对话框中选择【三导轨—单切面】。切面量度选择第一个，点击确定。依次点击【左边导轨线—右边导轨条线—高度导轨线—切面】，导出后的形状如图 3-3-17 所示。

（7）接着制作物件镂空部分。在正视图，使用【左右对称线】绘出高度为"1.21"的半弧封口曲线（图 3-3-18）。切换到上视图中进行【上下复制】，最后使用【线面连接曲面】工具，连接两条曲线，生成镂空物件（图 3-3-19）。

使用【旋转】工具，选中【物件坐标】，将其在上视图旋转（图 3-3-20）。接着选中镂空孔

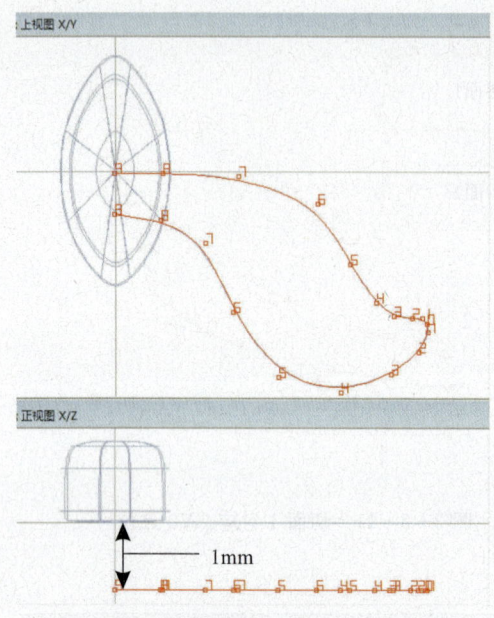
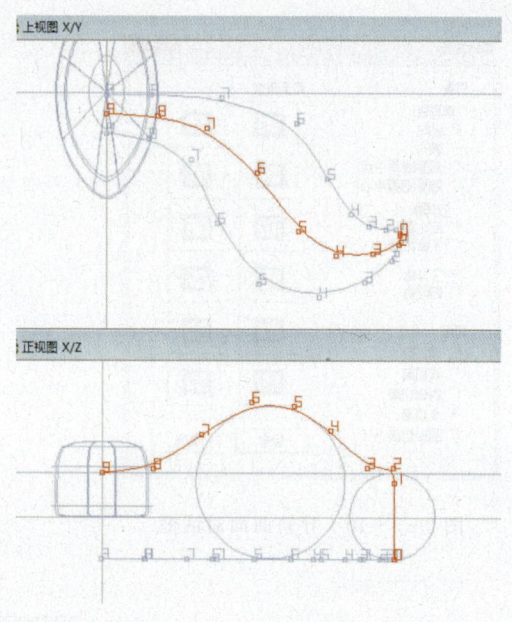

图3-3-14 两条宽度导轨线位置　　　　图3-3-15 三条导轨线位置关系

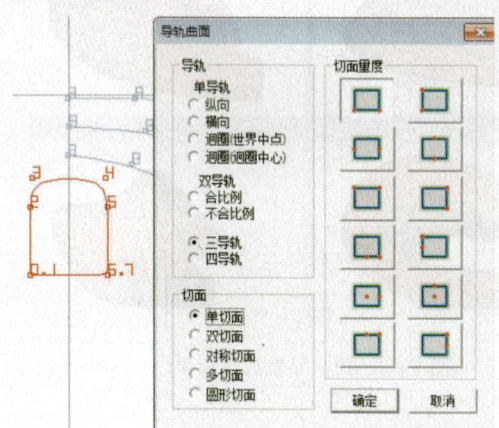
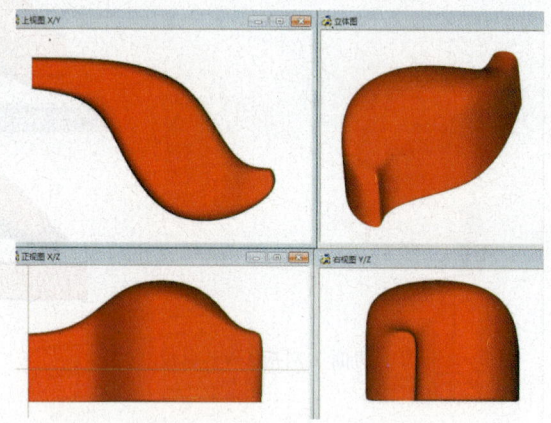

图3-3-16 导轨曲面对话框　　　　图3-3-17 导轨成体效果

物件,点击【布林体—相减】,点击主体物件,点击产生镂空部分(图3-3-21)。

制作完毕后,将刚才制作的蝴蝶结下移0.5mm,使蝴蝶结最底部与马眼形最底部相隔1.5mm,整好位置,在上视图左右复制,完成蝴蝶结造型(图3-3-22)。

(8)钻石包镶的制作:于【杂项—宝石】中选中一颗圆形钻石,设定其大小为"2"。切换到正视图,做出所需要参照的辅助线。根据比例及辅助线,绘制如图3-3-23所示闭合曲线。选中该曲线,使用【纵向环形对称曲面】,形成包镶镶口。镶口总高度2.58mm(图3-3-24)。

注意:绘制包镶时,镶口高度的设置一般以不漏底为准(包金底部离底尖不低于0.8mm),镶口金面与钻石面相隔0.15mm。包金厚度此处为0.68mm。包金内圈略卡主钻石腰棱。

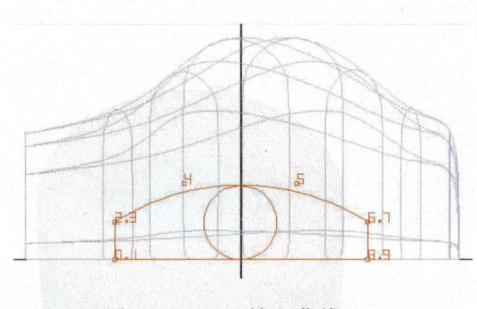

图3-3-18 镂空曲线

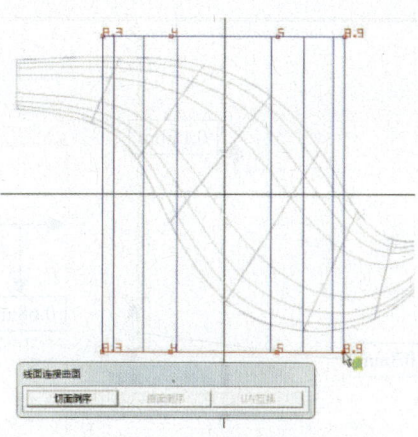

图3-3-19 线面连接曲面

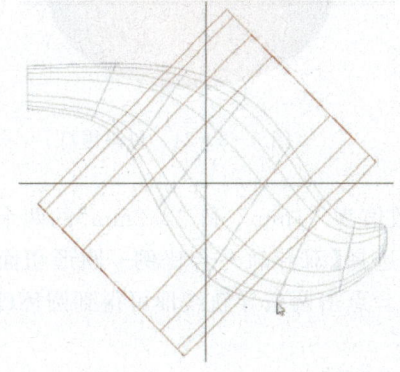

图3-3-20 旋转调整

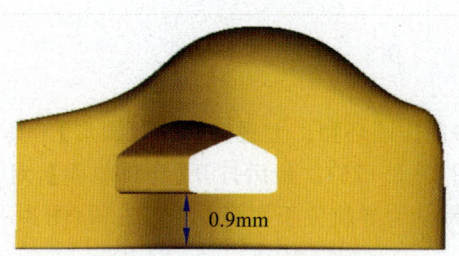

图3-3-21 相减后效果

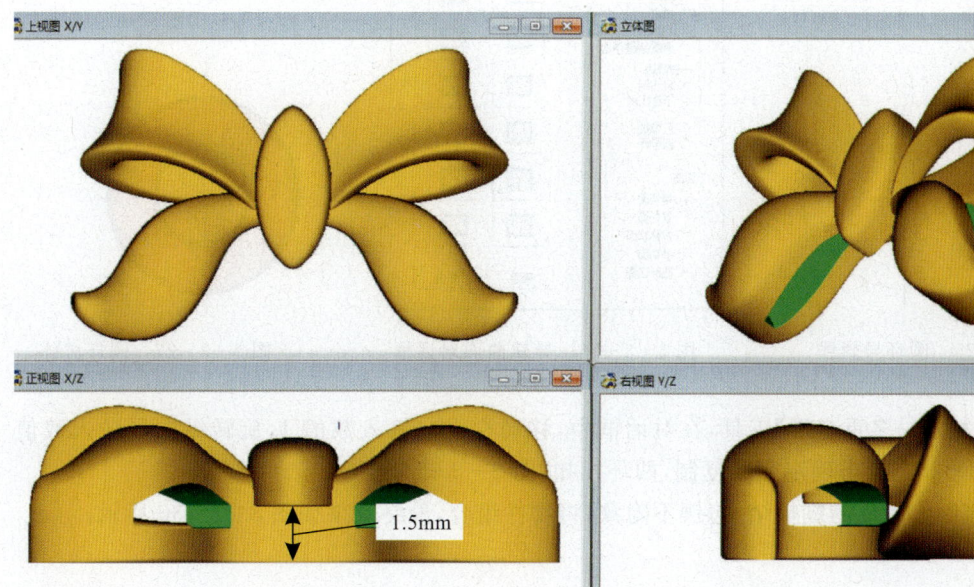

图3-3-22 蝴蝶结四视图效果

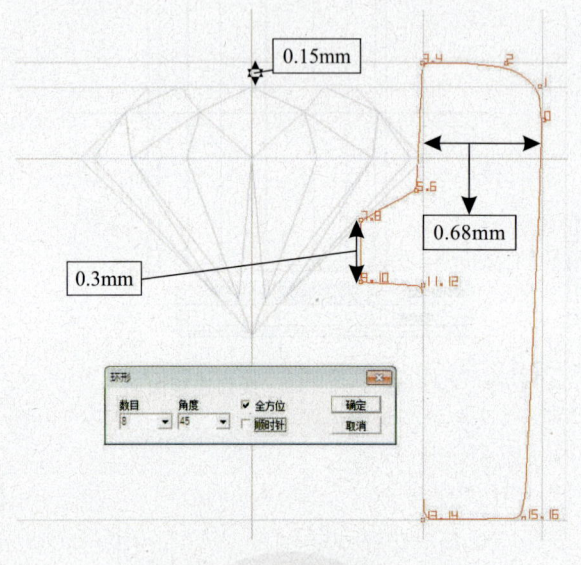

图3-3-23 包镶曲线　　　　　　　图3-3-24 包镶镶口

(9)制作圆环扣。上视图,使用【圆形】工具,绘出数值为"1mm"和"2.2mm"的两个圆形曲线(图3-3-25)。最后打开【导轨曲面】,对话框中选择【双导轨—合比例—圆形切面】,切面量度默认为导轨位于切面左中与右中(图3-3-26)。点击两条导轨线即可得到圆环(图3-3-27)。

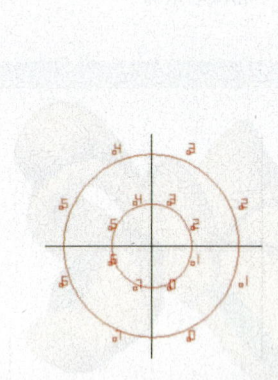
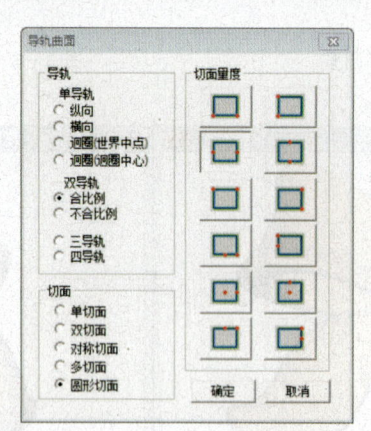
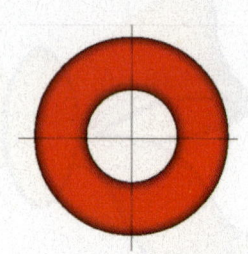

图3-3-25 圆环导轨线　　　图3-3-26 导轨曲面对话框　　　图3-3-27 圆环成体

使用【复制—多重变形】工具,在对话框中,移动栏纵向输入数值1,旋转纵向栏输入数值90(图3-3-28),点击确定完成复制,两环相扣(图3-3-29)。

将之前制作完成的蝴蝶结,包镶不隐藏,将物件组合,最终效果如图3-3-30所示。

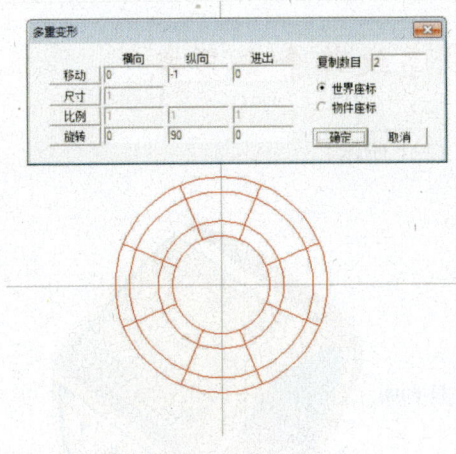
图 3-3-28 重复—多重变形

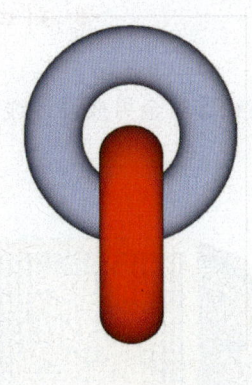
图 3-3-29 两环相扣

图 3-3-30 最终效果

附表 包边大小参考表（单位:mm）

石头大小	1.3~2.0	2.0~3.0	3.0~5.0	5.0~8.0	8.0~10.0
包金厚度	0.6~0.7	0.7	0.7~0.8	0.8~1.0	1.3~1.2

案例四 "福"字纹饰素金男戒

"福"字纹饰素金男戒设计线稿如图3-4-1所示。

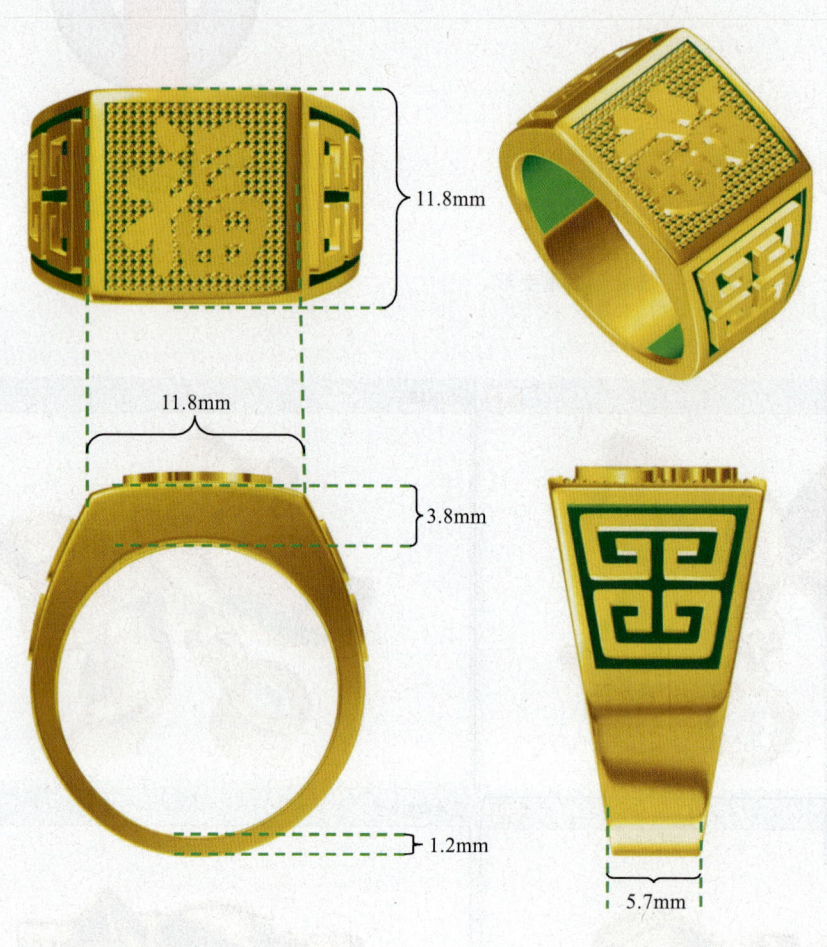

戒圈：6.5美度(直径17mm)

图3-4-1 "福"字纹饰素金男戒各视图及相关数据

建模基本思路如下。
（1）戒指导轨。
（2）戒臂掏空及纹饰制作。
（3）戒面制作。
（4）掏底制作。
操作步骤如下。

1. 戒指导轨

在正视图，先画出直径17mm圆作为戒指内圈参考轮廓线，3.8mm圆与1.2mm圆为戒圈上下厚度参考（方便后期制作可隐藏参考圆 CV 点）。按照三个参照圆，用【左右对称线】绘制出内圆曲线，作为戒圈一根导轨；外形曲线，作为另一条导轨。再绘制一个方形作为切面，注意用上下左右对称线绘制切面时，四个角 CV 点三次连击，形成锋利的直角，之后使用【导轨曲面】工具中的【双导轨—不合比例—单切面】工具，切面量度为导轨曲线从切面上中与下中穿过，依次点击外围导轨线—内圈导轨线—切面，完成男戒戒圈导轨（图 3-4-2）。

去到右视图，分别在戒指最高点绘制一条左右对称线，长度为 11.8mm；最低点位置绘制一条左右对称线，长度为 5.7mm。过两条左右对称线 0 点位置，绘制投影线一条。展示戒圈 CV，选中该视图戒圈左侧所有 CV 点，使用【曲面/线 投影】工具，将点向左投影到线上。投影对话框选项如图 3-4-3 所示，勾选"向左""贴在曲面/曲线上""保持曲面切面不变"这三项，点击确定后再点击投影线。注意完成点的投影后，记得选回所有 CV 点，使之回到不选中状态。

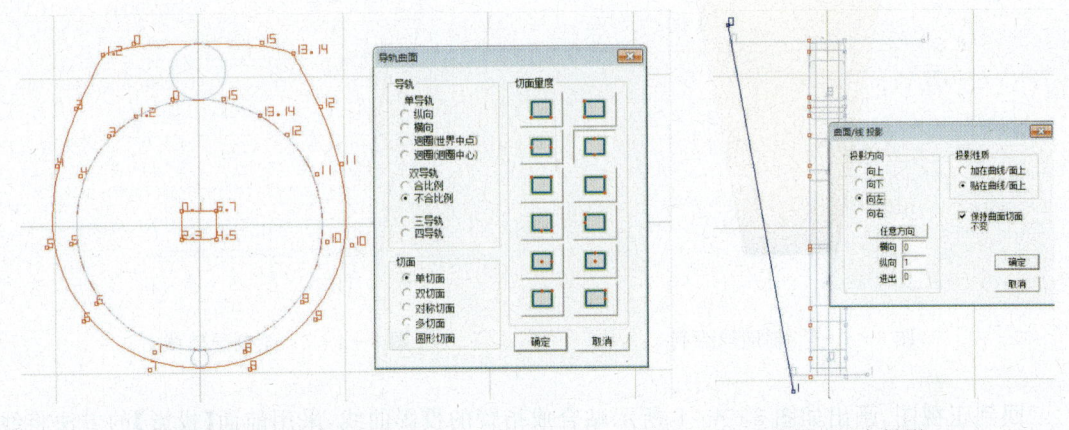

图 3-4-2 戒圈导轨线　　　　　　　图 3-4-3 选取 CV 点投影

将左边的投影线【左右复制】，同样的投影方法，将戒圈右侧 CV 点，【投影】到右侧投影线上（图 3-4-4）。完成后效果如图 3-4-5 所示。此时便于最后掏底，可隐藏复制一个戒圈。

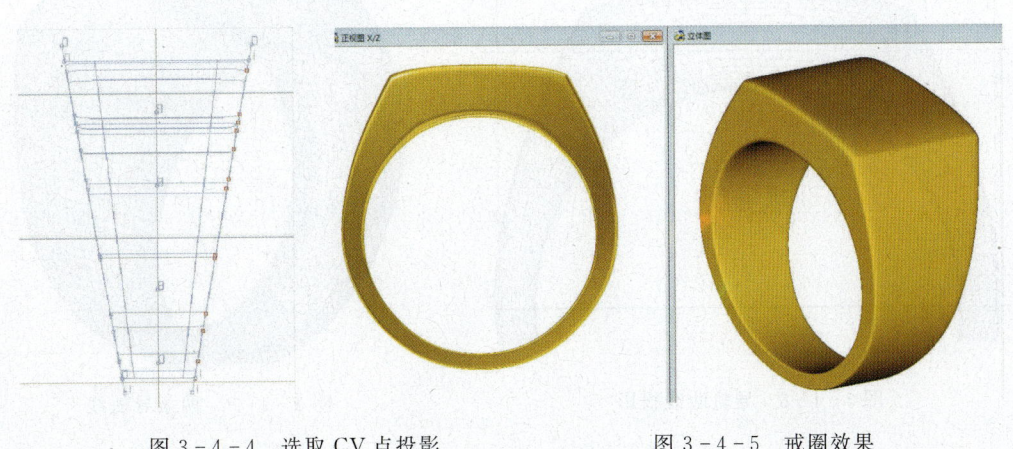

图 3-4-4 选取 CV 点投影　　　　　　图 3-4-5 戒圈效果

· 109 ·

2. 戒臂掏空及纹饰制作

在右视图，戒面与侧臂交会处绘制左右对称线，并向下【直线复制】一条，使两条线纵向距离相隔 0.9mm。将得到的线段再次向下【直线复制】，使两条线纵向距离相隔 9.5mm。贴合戒指左侧边绘制一条线段，再向右【直线复制】一条，横向间距 0.9mm。将得到的线段左右复制，红色辅助线段所围住的范围，是戒臂需掏掉放置纹饰的区域（图 3-4-6）。在一侧贴合范围内线段，绘制一条导轨线（图 3-4-7）。完成制作后可隐藏辅助线。

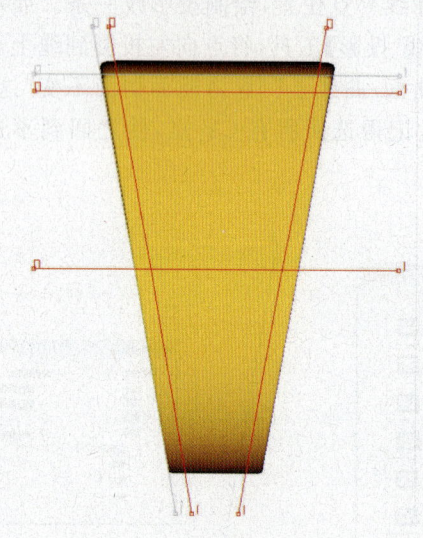

图 3-4-6 辅助线绘制

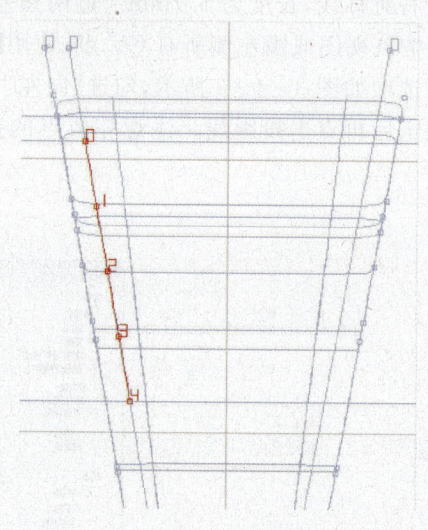

图 3-4-7 绘制导轨线

回到正视图，画出如图 3-4-8 所示贴合戒指臂的投影曲线，采用前面【投影】的方法将线段投影到曲线上，完成后，回到侧视图左右复制没完成两条导轨线的制作（图 3-4-9）。

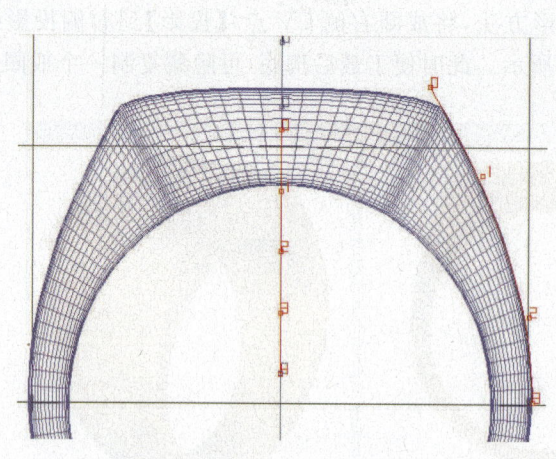

图 3-4-8 导轨曲线投影

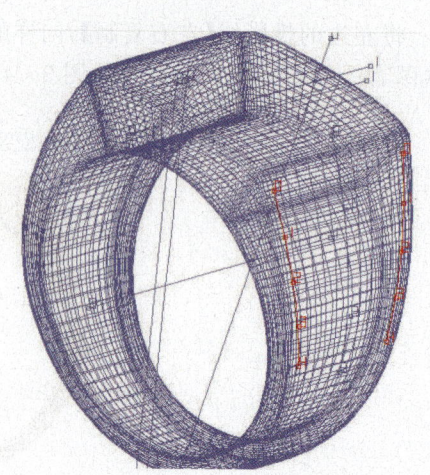

图 3-4-9 两条导轨线

绘制一个高为 0.9mm 的方形切面。之后使用【导轨曲面】工具中的【双导轨—不合比例—单切面】工具，切面量度为导轨曲线从切面上中与下中穿过（图 3-4-10）。依次点击两边导轨线—切面,完成掏空物件的制作后在正视图【左右复制】。如图3-4-11所示,掏空物件吃入戒臂深度范围为0.45mm。

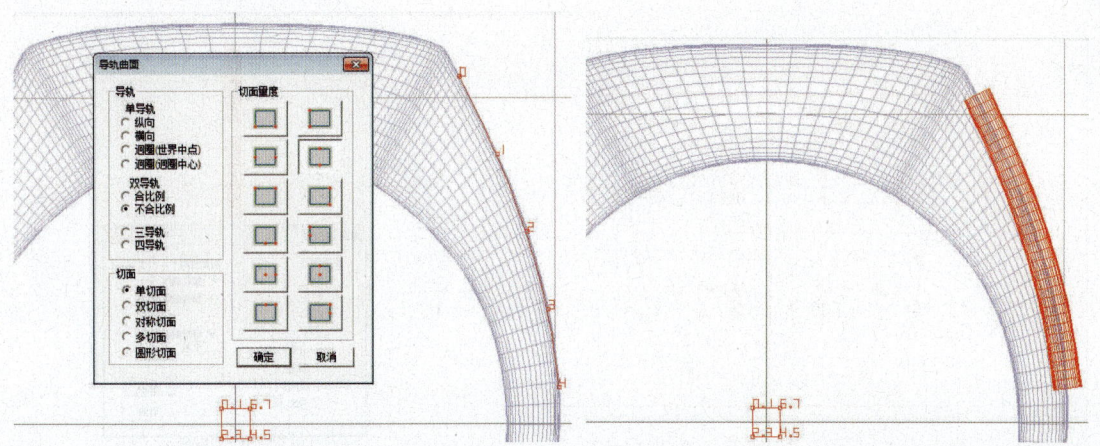

图3-4-10 导轨曲面对话框　　　　图3-4-11 正视图掏空物件位置

选中两块需要减去的物件,点击【布林体—相减】,再点击戒指。形成如图3-4-12所示掏空形状。侧视图不隐藏掏空范围辅助线,并使用【多重变形】工具,将上下两根各往靠近坐标中心方向移动0.65mm。如图3-4-13所示为上边线段使用【多重变形】弹出的对话框,在移动—纵向栏输入数值−0.65后点击确定,完成移动。

注意：下边线段多重变形移动的横向填入数值输为0.65。

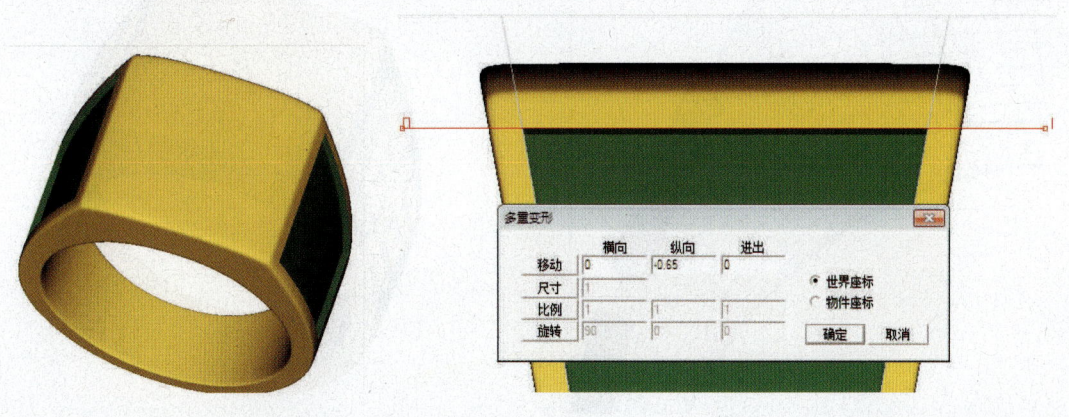

图3-4-12 戒臂掏空效果　　　　图3-4-13 多重变形移动线段

同理,将左右两根分别使用【多重变形】横向移动正负0.6mm,得到纹饰范围大小,在四条线封闭范围内,使用【左右对称曲线】绘制出纹饰轨线。如图3-4-14所示,上下纹饰分开绘制,导轨线之间相距0.8mm。完成后,绘制一个高为0.8mm的切面。

接下来用导轨曲面工具中的【导轨不合比例—单切面】,切面量度为导轨曲线从切面的底部两端穿过,然后依次点击两组导轨曲线和切面。形成纹饰物件。去到正视图,使【投影】工具,使向右贴在戒指臂上。对话框选择中,勾选"向右""贴在曲面/曲线上""保持曲面切面不

· 111 ·

变"这三项,点击确定,再点击戒指,完成投影(图3-4-15)。

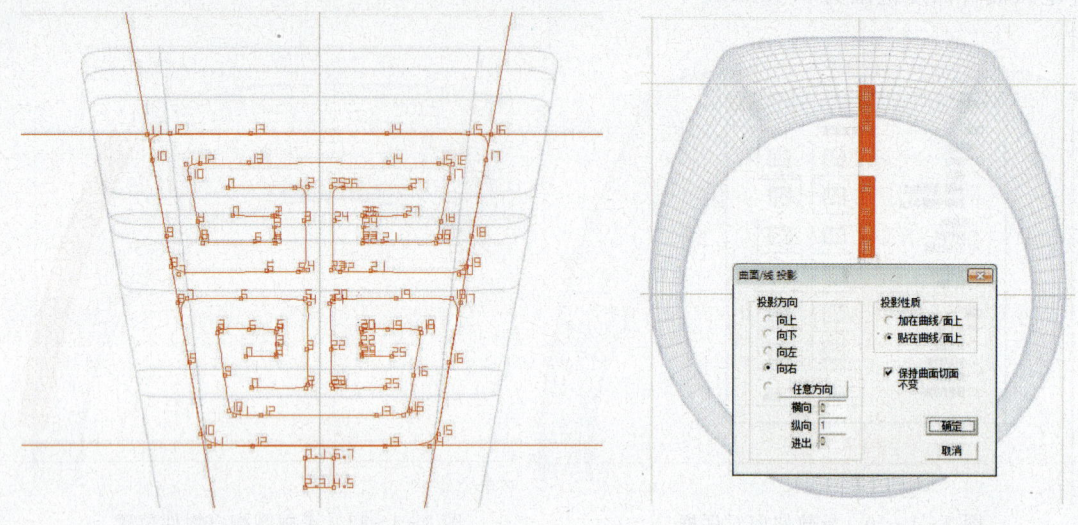

图3-4-14 纹饰导轨线　　　　　　　图3-4-15 纹饰投影到戒臂

在正视图,将投影后的纹饰物件向左略移动,使它的位置在正视图看高出戒指表面0.27mm。可制作一个0.27mm的圆作为参照(图3-4-16)。完成位置调整后,在正视图左右复制纹饰,得到图3-4-17所示的效果。

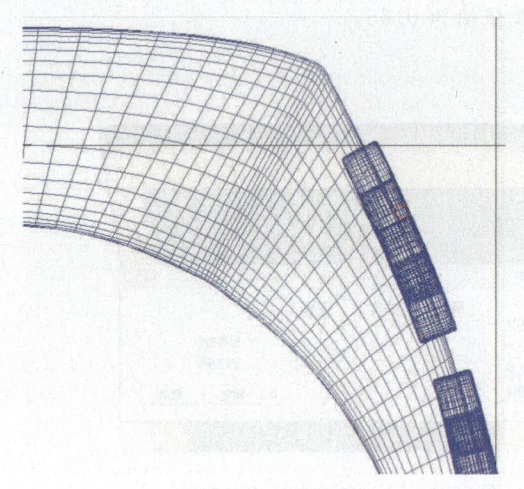

图3-4-16 纹饰与戒臂位置关系　　　　　图3-4-17 纹饰效果

3. 戒面制作

(1)戒面掏空:绘制如图3-4-18所示正视图,左右两边参照圆直径0.9mm,为衡量留边距离。由于掏空要吃进戒指0.45mm,绘制一条贴合戒面的弧线,再使用【直线复制】工具,纵向移动-0.45mm。得到掏空深度的参照线。根据这些参照线绘制如图3-4-19所示闭合曲线。

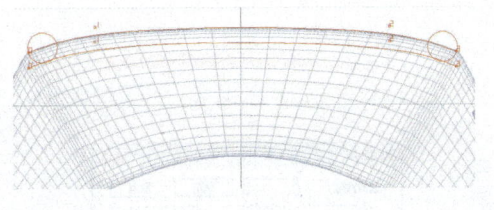
图3-4-18 参考线绘制

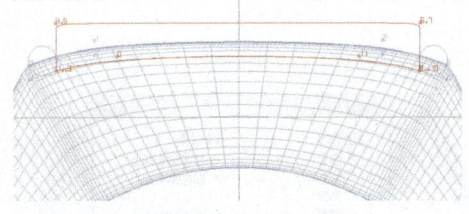
图3-4-19 闭合曲线绘制

在上视图上下两边绘制0.9mm圆作为留边。并移动刚才绘制的闭合曲线至圆形曲线底部，再上下复制（图3-4-20）。如图3-4-21所示，使用【线面连接曲面】工具，连接两条闭合曲线，形成掏空物件。再与戒指【布林体—相减】，形成掏空位。

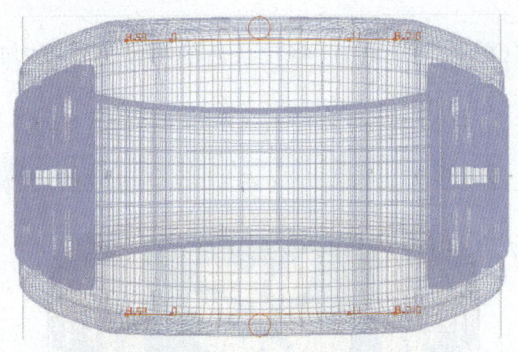
图3-4-20 上下复制曲线

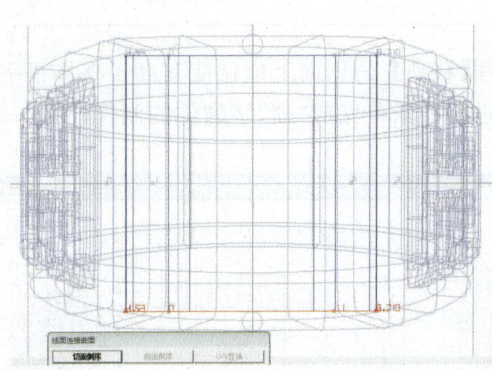
图3-4-21 线面连接制作掏空位

（2）福字绘制：如图3-4-22所示，用闭合的任意曲线，分块绘制出"福"字的轮廓，组合形成所需字形。字体高出戒面为0.5mm，因此在正视图绘制一条贴合戒面的弧线，使用【直线复制】工具，对话框纵向栏输入数值0.5，点击确定后得到福字最高位参考线（图3-4-23）。

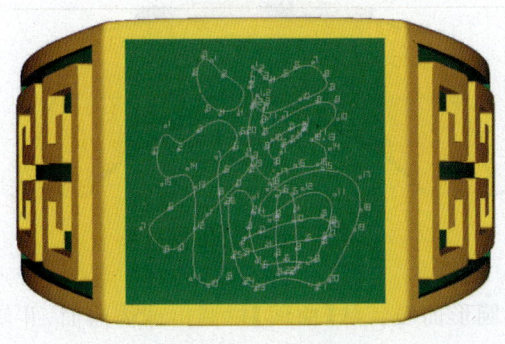
图3-4-22 福字轮廓线

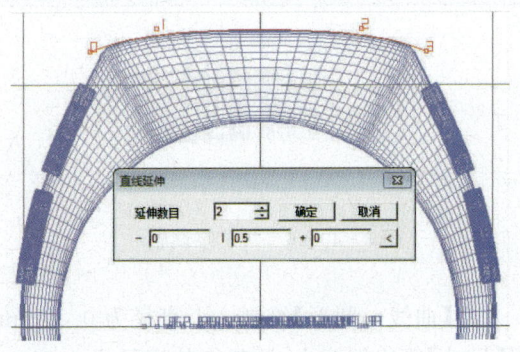
图3-4-23 参考线绘制

在正视图，使用【投影】工具，将组合"福"字曲线向上投影到最高位参考线（图3-4-24）。并在该视图做【直线延伸曲面】，纵向栏输入数字-1.85（图3-4-25）。

选中"福"字中间需要减去的"口"字部分，展示CV点，在正视图选中其上部分的CV点，

113

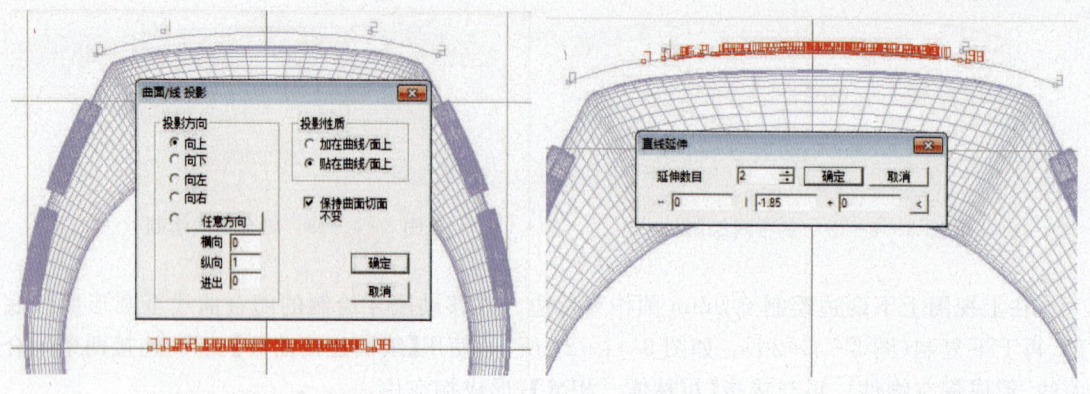

图 3-4-24　曲线投影　　　　　　图 3-4-25　直线延伸曲面

使用【移动】工具,向上拖拉使其高于整体福字位(图3-4-26)。将拉长后的物件与外围"口"字进行相减。完成"福"字物件的制作(图3-4-27)。

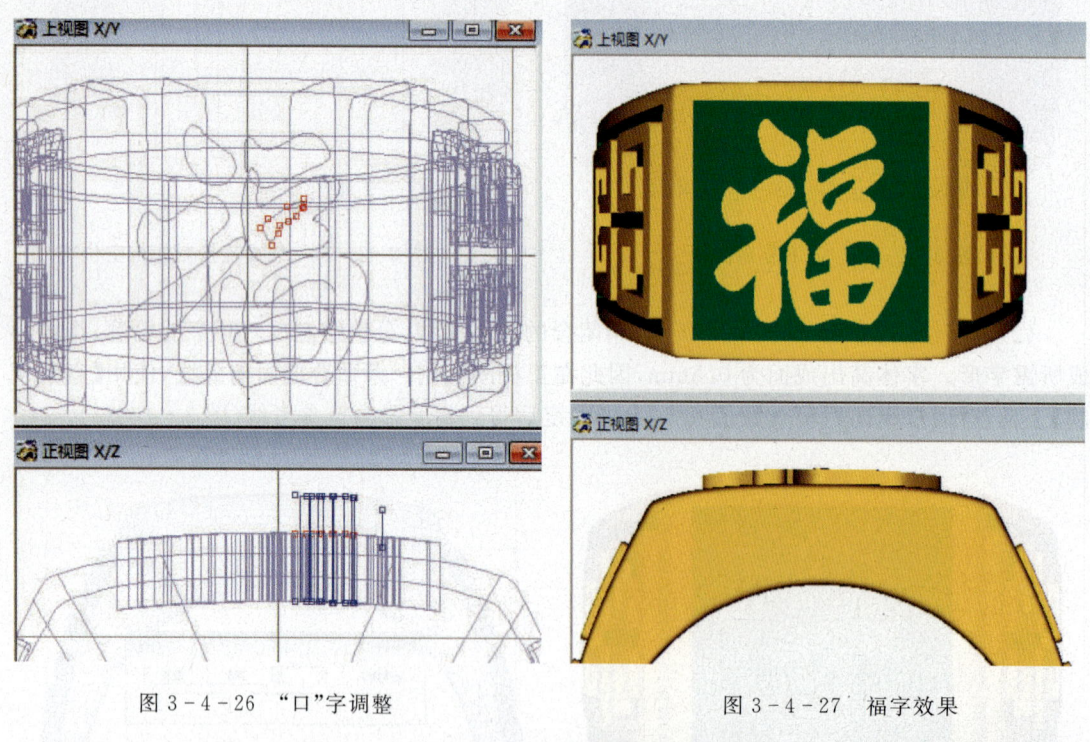

图 3-4-26　"口"字调整　　　　　　图 3-4-27　福字效果

用【曲线—圆形】绘制一个直径为0.59mm的圆形曲线。从【曲面】栏调出球体曲面,并使用【尺寸】等比例缩小,调整使其直径为0.59mm(图3-4-28),转到彩色图,用【上下左右对称线】绘制出掏空范围曲线,然后回到详细曲线,在上视图,将球体放置于右上角,使之与两边直线相切。使用【直线复制】,复制数目为19,纵坐标栏数值填写－0.59(图3-4-29)。

接着在上视图将得到的19个球体,再次使用【直线复制】,复制数目为19,横坐标栏数字填写－0.59(图3-4-30)。最终得到由圆球组合的方形。去到正视图,将所有球体移动到横

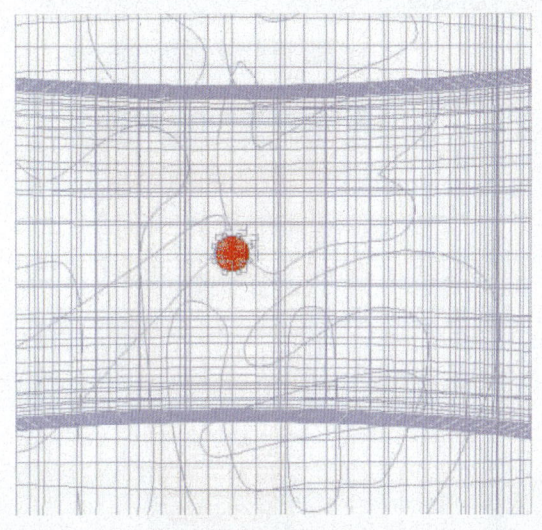

图 3-4-28 球体曲面　　　　　　图 3-4-29 球体直线复制

坐标向下 0.1 位置。再使用【投影】，使其向上加在戒指上（图 3-4-31）。对话框选择中，勾选"向上""加在曲面/曲线上""保持曲面切面不变"这三项，点击确定，再点击戒指，完成投影。

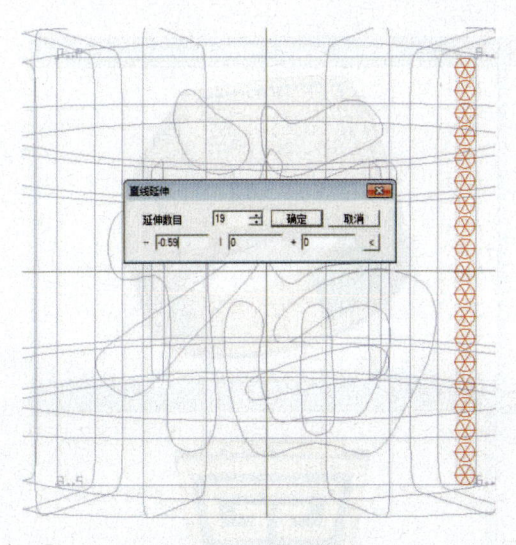
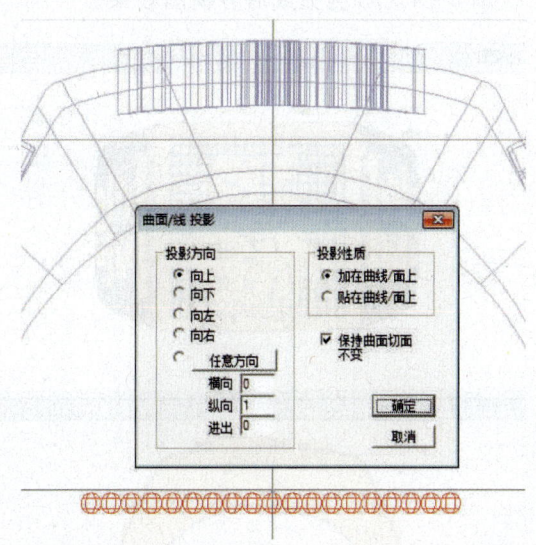

图 3-4-30 直线复制　　　　　　图 3-4-31 球体投影到戒指面

4. 掏底制作

将所有物件为不选中状态后，显示之前隐藏复制过的戒圈，在正视图中用【尺寸】工具等比例缩小，并通过【选取—选点】，调节 CV 点，使其缩小后的顶部和戒指顶部距离为 1.57mm，两边距离 1mm 并且该距离向下逐渐缩短至 0.7mm。在右视图中用【尺寸】工具进行左右缩小，缩小后的戒圈距离原来戒指两边为 0.95mm，之后在正视图中调整戒圈 CV 点，如图 3-4-32 所示，后将调整好的戒圈与戒指进行【布林体—相减】，完成制作。

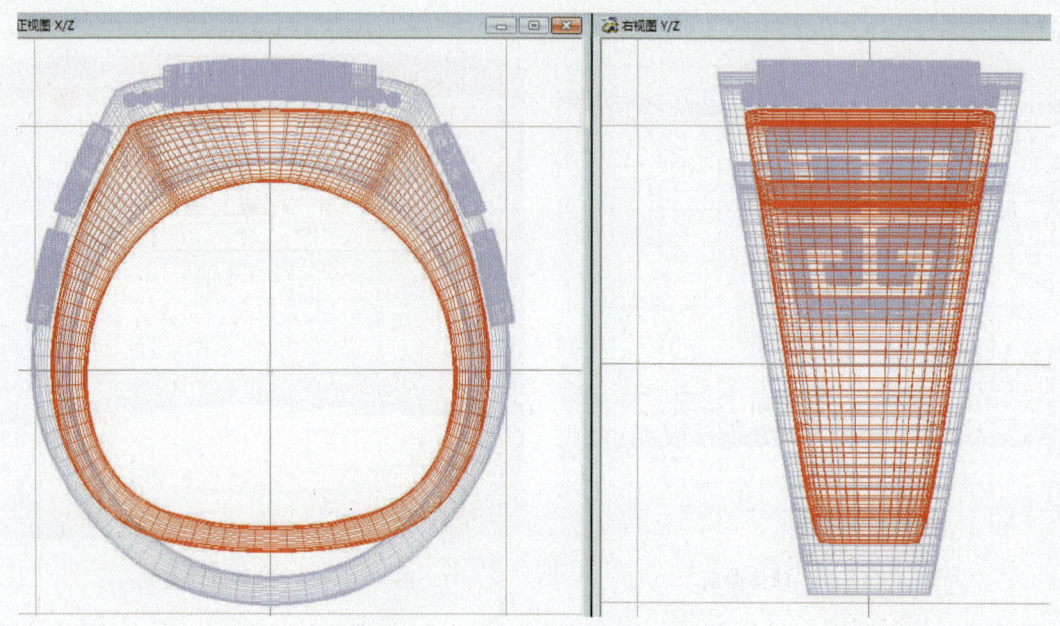

图 3-4-32 掏空体与戒指位置关系

图 3-4-33 为完成后各视图效果。

图 3-4-33 最终效果

案例五 四爪镶钻石耳环

四爪镶钻石耳环设计线稿如图 3-5-1 所示。

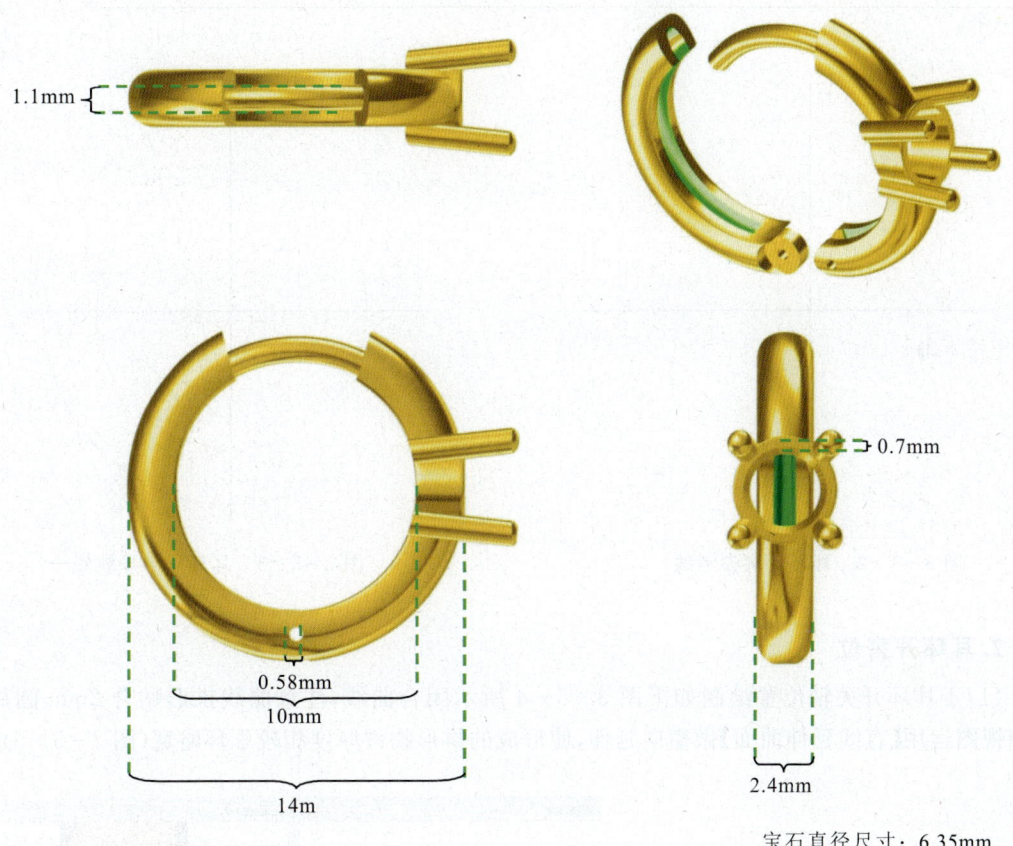

图 3-5-1 四爪镶钻石耳环各视图及相关数据

建模基本思路如下。
(1)绘制耳环导轨。
(2)耳环开窖位。
(3)四爪镶口制作。
(4)耳环镂空及掏底。
(5)耳环针位制作。
操作步骤如下。

1. 绘制耳环导轨

根据给出的数据,于正视图描绘出耳环轮廓及对应结构位置关系(图 3-5-2),其中以两个十字坐标为中心的两个同心圆大小分别为:10mm 与 14mm;底部两个小的同心圆大小分别

· 117 ·

为:0.58mm与2mm。沿着轮廓线绘制出两条导轨线,绘制一个宽度为2.4mm的半弧形切面,用于制作耳环一半(图3-5-3)。

注意:方便后期制作开合轴位置,导轨线末端位置应略超过2mm圆最左端位置。

运用【双导轨—不合比例—单切面】,切面量度选择导轨位于切面上中与下中位置。依次点击上面导轨线—下面导轨线—切面。完成耳环一半物件的制作。完成后将该物件【隐藏复制】一个。

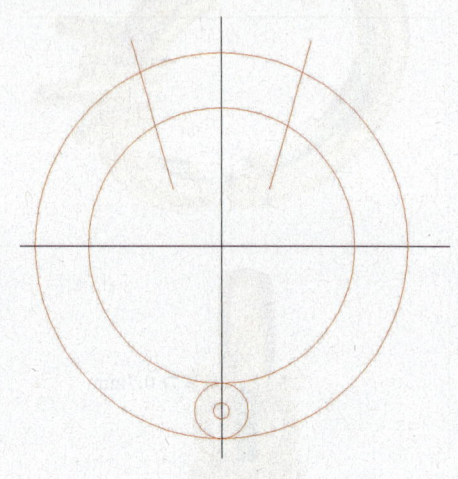 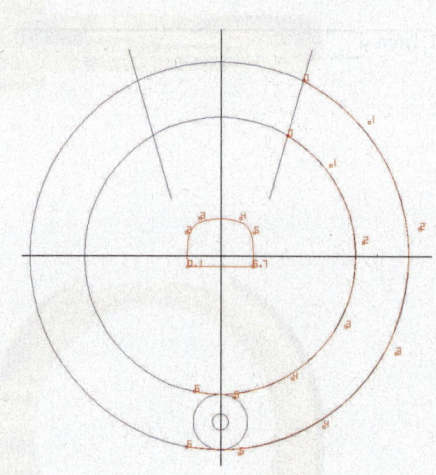

图3-5-2 耳环轮廓参考线　　　　图3-5-3 耳环一半导轨线

2. 耳环开窜位

(1)于耳环开关轴位置绘制如下图3-5-4所示闭合曲线,注意曲线拱形贴合2mm圆周。在侧视图运用【直线延伸曲面】做横向延伸,使形成的拱形物件厚度相较耳环略宽(图3-5-5)。

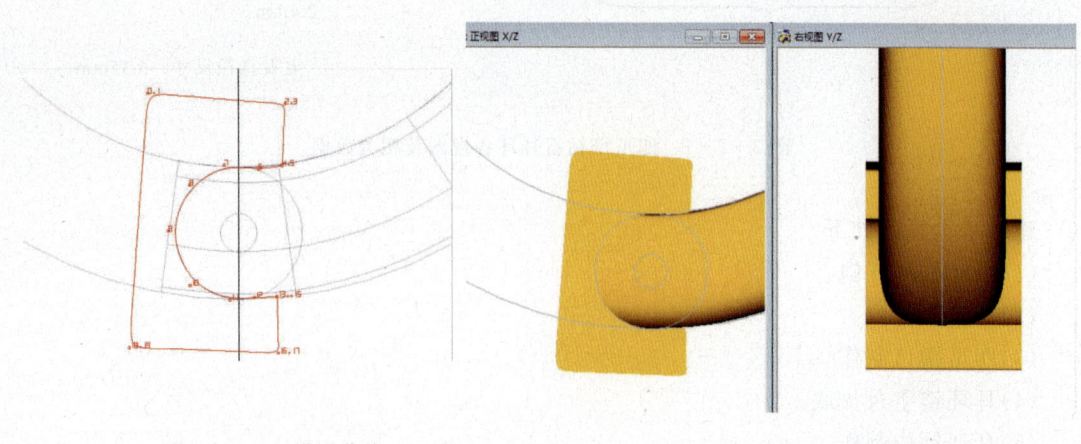

图3-5-4 拱形曲线　　　　　　　图3-5-5 拱形物体

(2)选中拱形物件,点击【布林体—相减】,再点击耳环物件。形成如图3-5-6所示形状。接着绘制如图3-5-7所示封口曲线。注意该曲线右侧弧度应贴合2mm的内接圆。

(3)同样回到右视图利用【直线延伸曲面】,由于延伸的块状体宽度为0.8mm,因此在直线

图 3-5-6 相减后效果

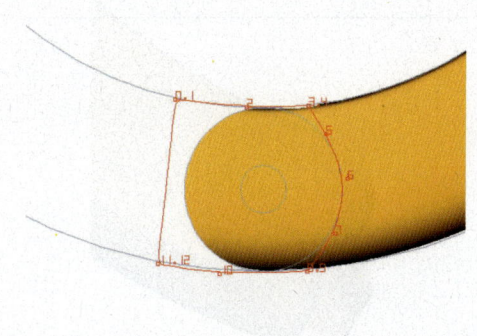
图 3-5-7 封口曲线绘制

延伸工具弹出的对话框中,横向坐标设定数值为 0.8。再点确定完成块状体制作(图 3-5-8)。接着于右视图使用多重变形工具。移动栏横向数值设为 -0.4(图 3-5-9),点击确定。

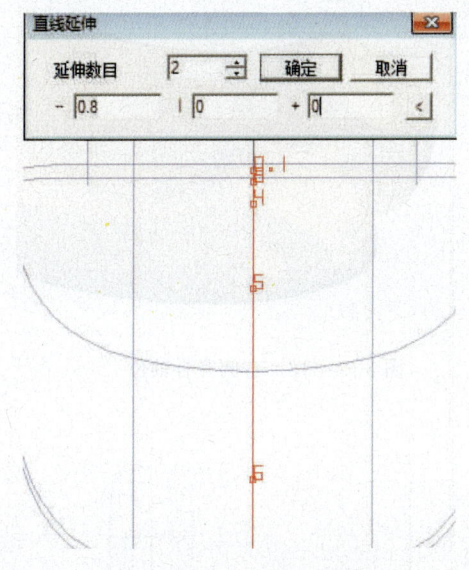
图 3-5-8 直线延伸曲面

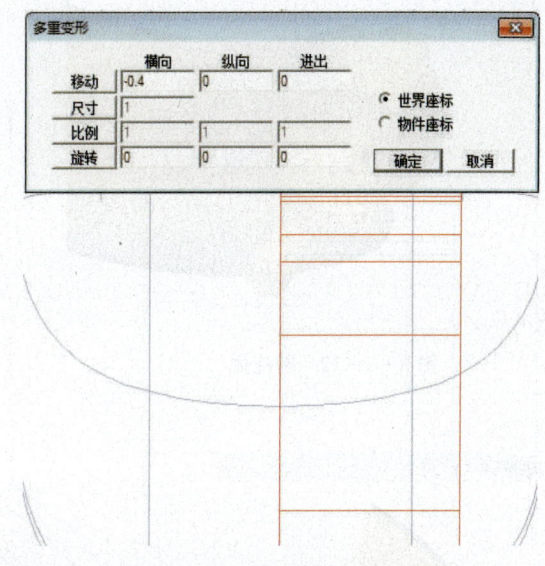
图 3-5-9 多重变形横向移动

(4)块状体现在置于耳环中间,耳环 2.4mm 宽度被分为三等分(图 3-5-10)。选中中间块状体,点击【布林体—相减】,再点击耳环物件,形成如图 3-5-11 所示形状。

(5)将 0.58mm 圆隐藏复制一个,并在侧视图将该圆运用【直线延伸曲面】,横向延伸制作出圆柱体,使形成的圆柱体物件长度相较耳环略宽(图 3-5-12)。选中圆柱,点击【布林体—相减】,再点击耳环物件。形成如图 3-5-13 所示形状。这样耳环右侧的开合轴位就制作好了。

(6)将 2mm 圆隐藏,后选择交替隐藏,将之前隐藏层面的右侧耳环导轨实体、2mm 圆与 0.58mm 圆显示。将右侧耳环导轨实体左右复制,留下左边的耳环实体,再次将右侧耳环隐藏(图 3-5-14)。于正视图耳环开关轴位置绘制如图 3-5-15 所示闭合曲线,注意曲线弧形贴合 2mm 圆左侧。在侧视图【直线延伸曲面】,横向延伸该闭合曲线,使形成的物件厚度相较耳环略宽(图 3-5-16)。

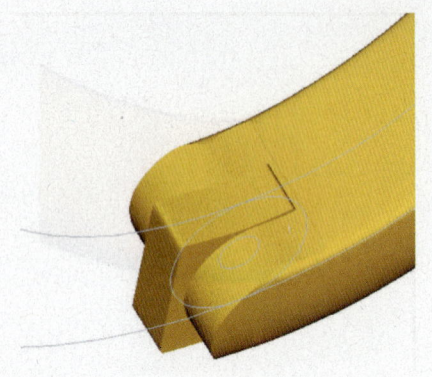

图 3-5-10 块状体与耳环位置关系

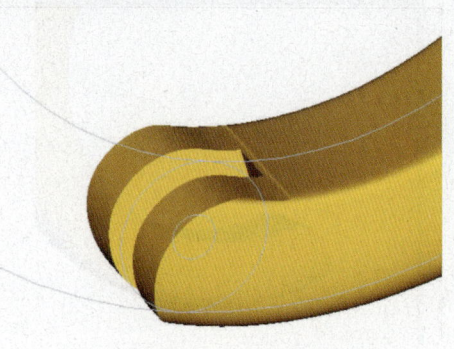

图 3-5-11 相减后效果

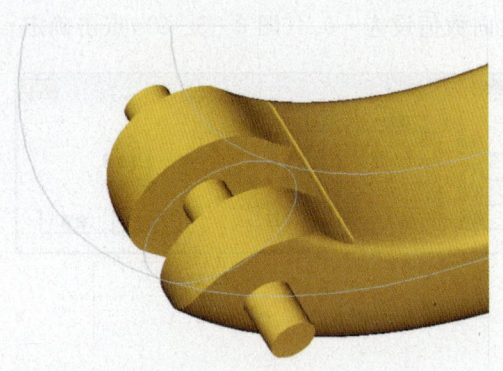

图 3-5-12 圆柱体

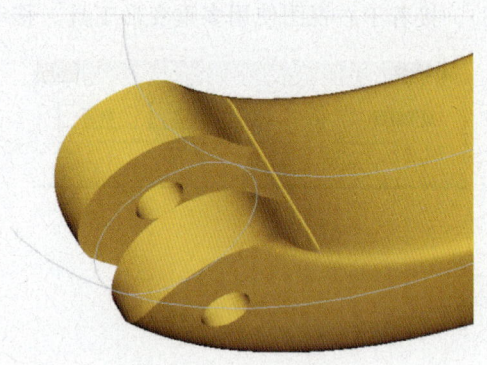

图 3-5-13 右侧开合轴位

图 3-5-14 左侧耳环

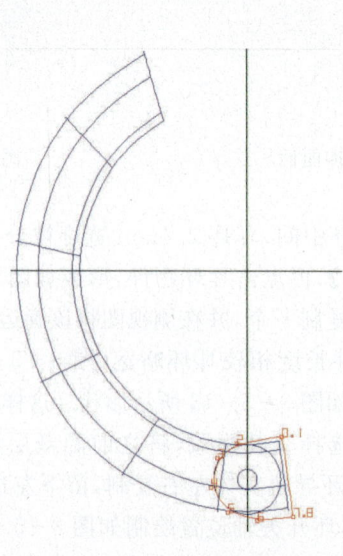

图 3-5-15 闭合曲线

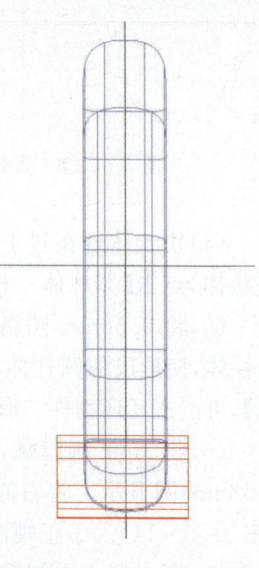

图 3-5-16 直线延伸曲面

· 120 ·

(7)选中直线延伸出的物件,点击【布林体—相减】,再点击耳环物件,形成如图3-5-17所示形状。再于正视图绘制闭合曲线(图3-5-18),注意该曲线右侧弧度应贴合2mm的内接圆。

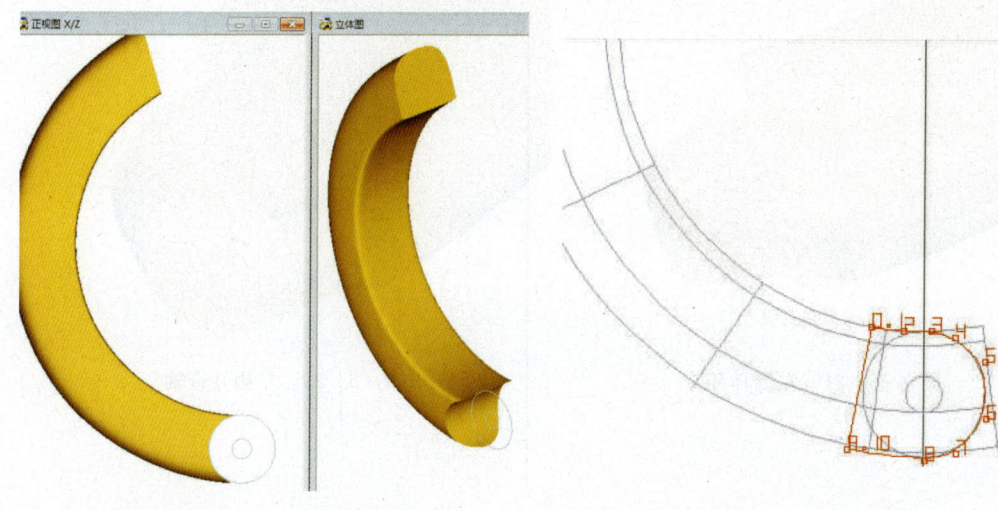

图3-5-17 相减后效果　　　　图3-5-18 闭合曲线绘制

(8)同样回到右视图利用【直线延伸曲面】工具,由于延伸的块状体宽度为0.8mm,因此在直线延伸工具弹出的对话框中,横向坐标设定数值为0.8(图3-5-19),再点确定完成块状实体制作。接着于右视图使用多重变形工具,在移动栏横向数值设为-0.4(图3-5-20),点确定完成。

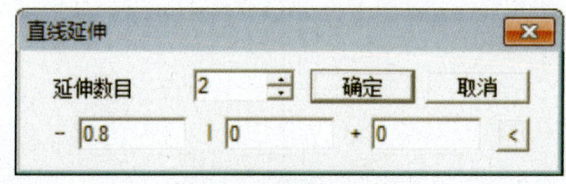 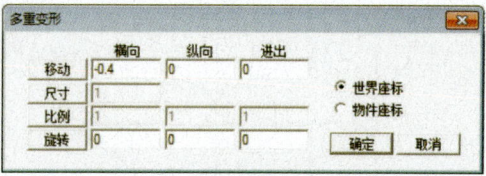

图3-5-19 直线延伸对话框　　　　图3-5-20 多重变形对话框

(9)图3-5-21目前所示左侧耳环开合轴完成的模型形态,将0.58mm圆于右视图运用【直线延伸】,横向延伸制作出圆柱体,使形成的圆柱体物件长度相较耳环略宽。选中圆柱,点击【布林体—相减】,再点击刚才绘制的弧形物件,形成如图3-5-22所示形状。这样耳环左侧的开合轴位就制作好了。

3. 四爪镶口制作

(1)于【杂项—宝石】选择圆刻面宝石,并设定大小为4.5mm。并根据其大小绘制镶口外围圆形曲线,使曲线与宝石腰棱相切(图3-5-23)。使用【偏移曲线】,将此圆向内偏移0.7mm,制作镶口内圆曲线。接着绘制一个高为2.6的方形切面(图3-5-24)。选择【导轨曲面】,双导轨—不合比例—单切面,导轨位于切面左下与右下。依次点击内圆—外圆—切面,形成镶口。

图 3-5-21 左侧耳环

图 3-5-22 左侧开合轴

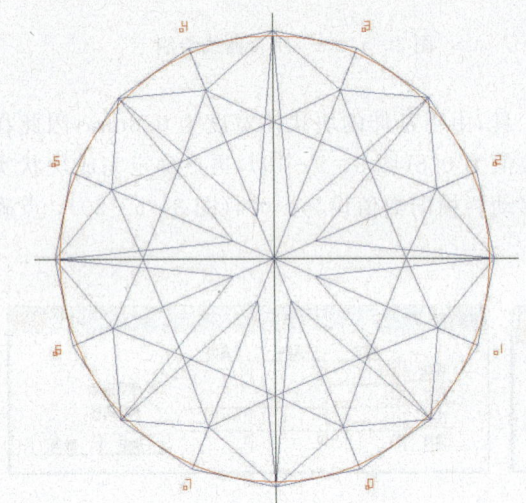

图 3-5-23 镶口外围曲线

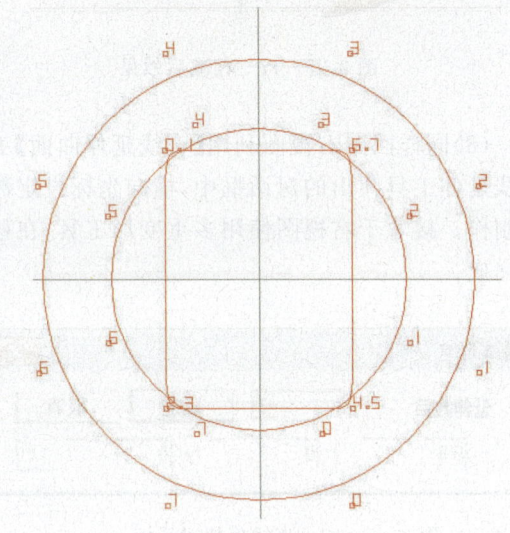

图 3-5-24 镶口导轨线与切面

(2)正视图选中镶口底部 CV 点于上视图【尺寸】+鼠标左键,略收镶口底部。形成图 3-5-25 所示形状。

(3)在正视图分别绘制大小为 0.7mm 与 1mm 的圆,用来衡量镶爪高出石面的距离及爪的直径大小,并依此绘制爪截面一半的曲线,再利用【纵向环形对称曲面】形成镶爪(图 3-5-26),再使用【歪斜化】,将镶爪往一边倾斜(图 3-5-27)。注意镶爪底部应放于坐标横轴位置使其不发生歪斜。

(4)回到上视图,使用【变形—多重变形】,弹出对话框,在旋转—进出栏填写 45,后点击确定(图 3-5-28)。将镶爪使用【移动】调整到合适位置,使爪吃入石头约 0.26mm(图 3-5-29),使用【环形复制】,做出四个镶爪。

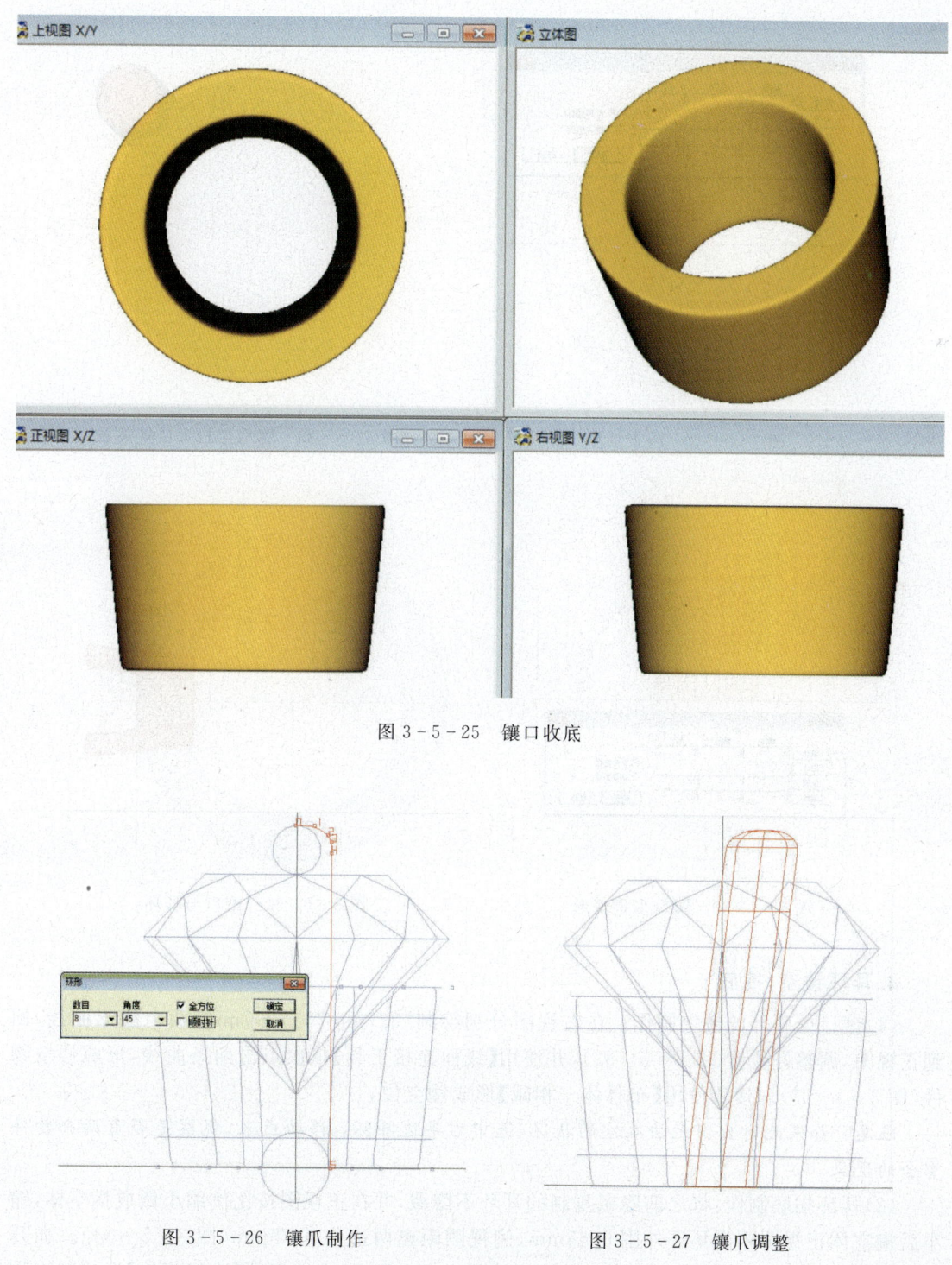

图 3-5-25 镶口收底

图 3-5-26 镶爪制作　　　图 3-5-27 镶爪调整

(5)在正视图使用【变形—多重变形】,将镶口绕进出轴旋转－90°(图 3-5-30)。完成旋转后于当前视图将其平移至耳环位,使镶口面与耳环相切(图 3-5-31)。

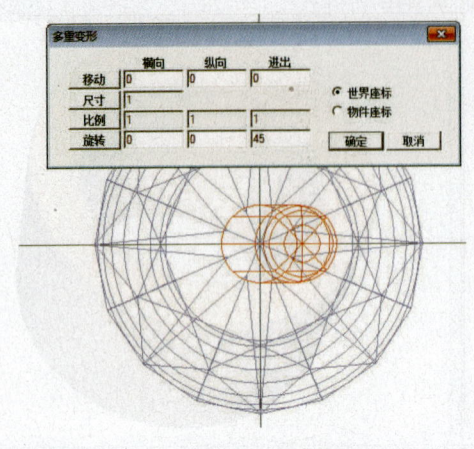
图 3-5-28 多重变形

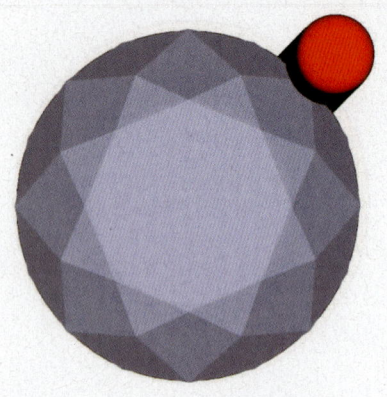
图 3-5-29 镶爪与石头位置关系

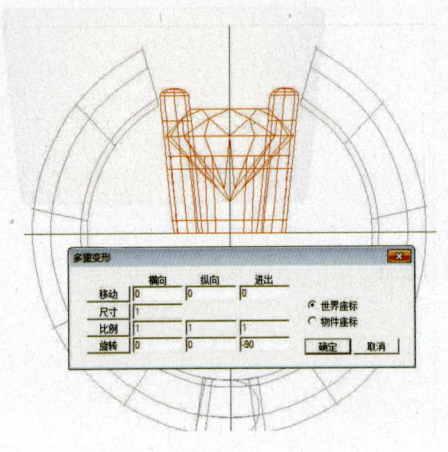
图 3-5-30 镶口多重变形

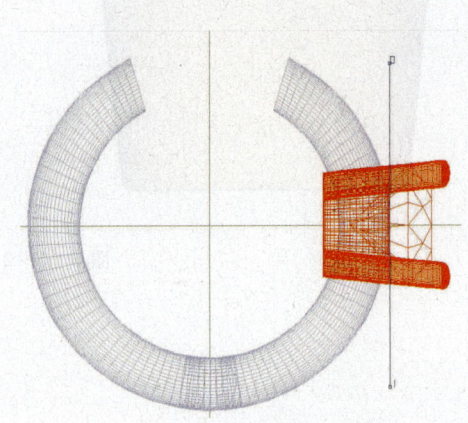
图 3-5-31 镶口与耳环

4. 耳环镂空，掏底

(1) 镶口处耳环的镂空制作。在右视图分别绘制"3.7mm"与"2.7mm"两个圆形曲线，回到正视图，调整好位置（图 3-5-32），并使用【线面连接工具】依次点击两条曲线，形成镂空物件（图 3-5-33）。接着使用【布林体—相减】形成镂空位。

注意：如果此时出现无法减空的状况，选中右半边耳环，移动出来，观察是否有两个物件重合的现象。

(2) 耳环掏底制作：将之前隐藏复制的耳环不隐藏，并在正视图按比例缩小做成掏空体，缩小后掏空体正视图距离耳环外围 0.65mm，侧视图距离两边各 0.75mm（图 3-5-34）。在开关位制作闭合曲线，注意左侧距离中间开关轴圆形一定距离，在上视图【直线延伸】形成减去物件（改变物件颜色为绿色）（图 3-5-35）。

如图 3-5-36 所示，选中直线延伸出的物件（紫色），点击【布林体—相减】再点击左边掏空物件（绿色），完成后，再将绿色掏空物件与耳环相减，形成掏空位（图 3-5-37）。

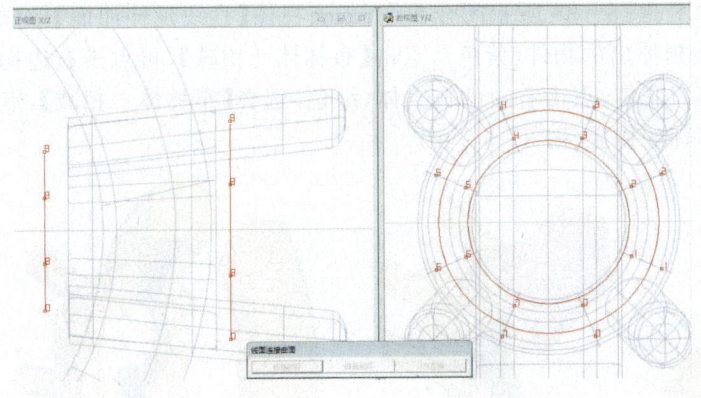
图 3-5-32 线面连接曲面

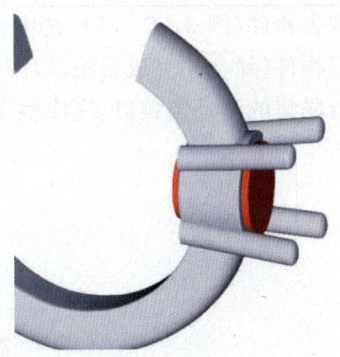
图 3-5-33 耳环镂空

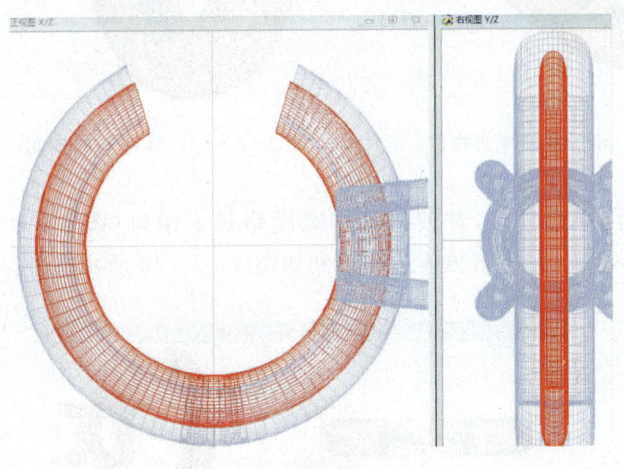
图 3-5-34 掏空体与耳环

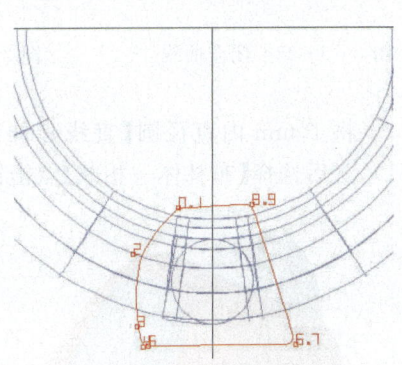
图 3-5-35 闭合曲线

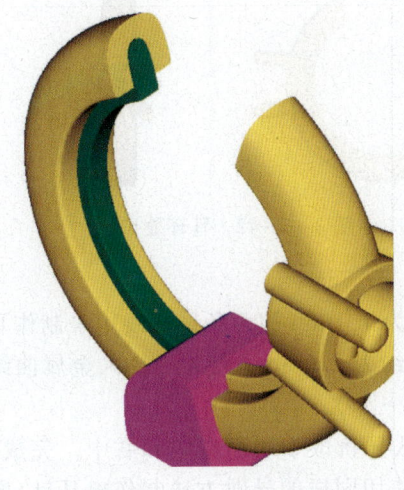
图 3-5-36 紫色减去物件

图 3-5-37 耳环左侧掏底

正视图,在连接耳针位绘制如图3-5-38所示闭合曲线,于上视图【直线延伸曲面】形成减去物件(图3-5-39),选中直线延伸出的物件(紫色),点击【布林体—相减】,再点击右边掏空物件(绿色),完成后将耳环与镶口联集,点击右边的掏空体(绿色)选择【布林体—相减】,点击联集的耳环与镶口,完成整个耳环的掏底(图3-5-40)。

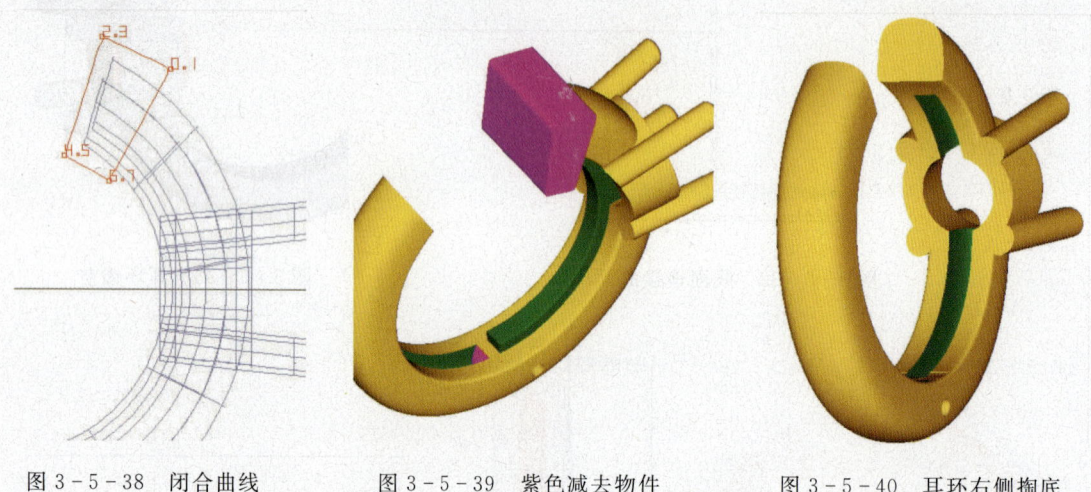

图3-5-38 闭合曲线　　　　图3-5-39 紫色减去物件　　　　图3-5-40 耳环右侧掏底

将10mm内直径圆【直线延伸曲面】穿过耳环,并使得延伸宽度略长于镶口(图3-5-41),之后选择【布林体—相减】点击镶口相减,完成布林体运算得到如图3-5-42所示造型。

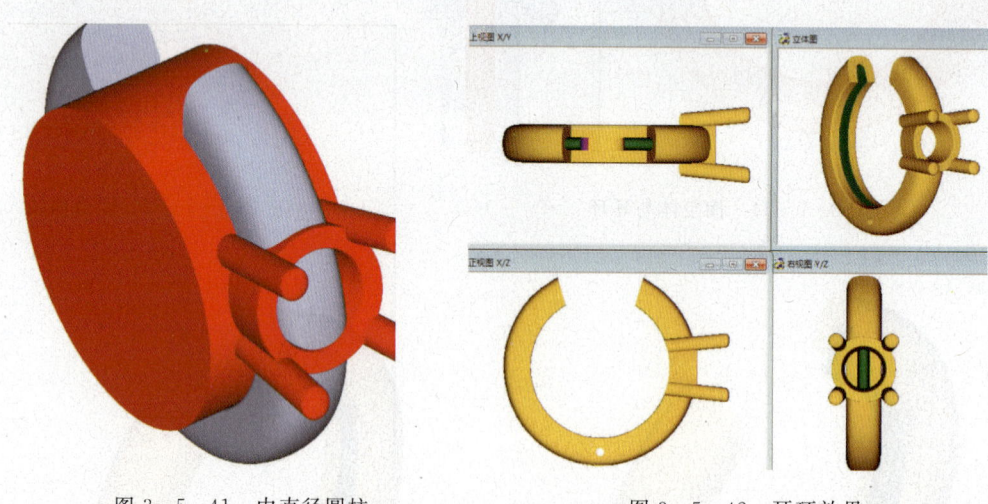

图3-5-41 内直径圆柱　　　　　　图3-5-42 耳环效果

5. 耳针位制作

如图3-5-43所示,在耳环开口位制作宽度间隔为1.1mm的两条导轨线用来制作耳针。注意右边吃入金属位大约为0.5mm;左边插入金属位约为1.9mm。接着沿插入金属曲线,绘制两条导轨线用来打孔,孔略深于插入的耳针(图3-5-44)。

使用【双导轨—合比例—圆形切面】,切面量度默认导轨位于切面左中和右中。完成打孔物件导轨,并与耳环相减形成孔位(图3-5-45)。再使用同样的导轨方法制作出耳针(图3-5-46)。

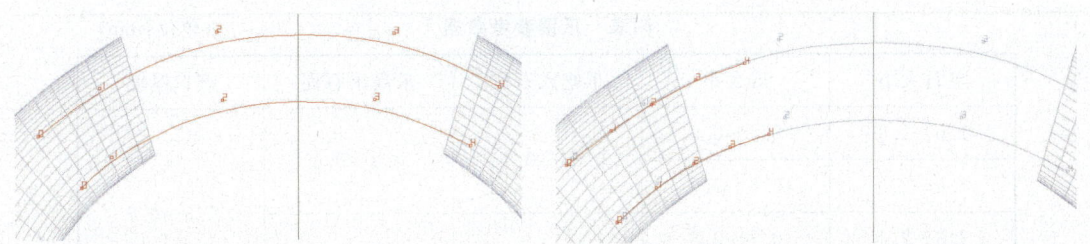

图 3-5-43 耳针导轨线　　　　　　　　图 3-5-44 打孔导轨线

图 3-5-45 孔位形成　　　　　　　　图 3-5-46 耳针成体

得到最终模型如图 3-5-47 所示。

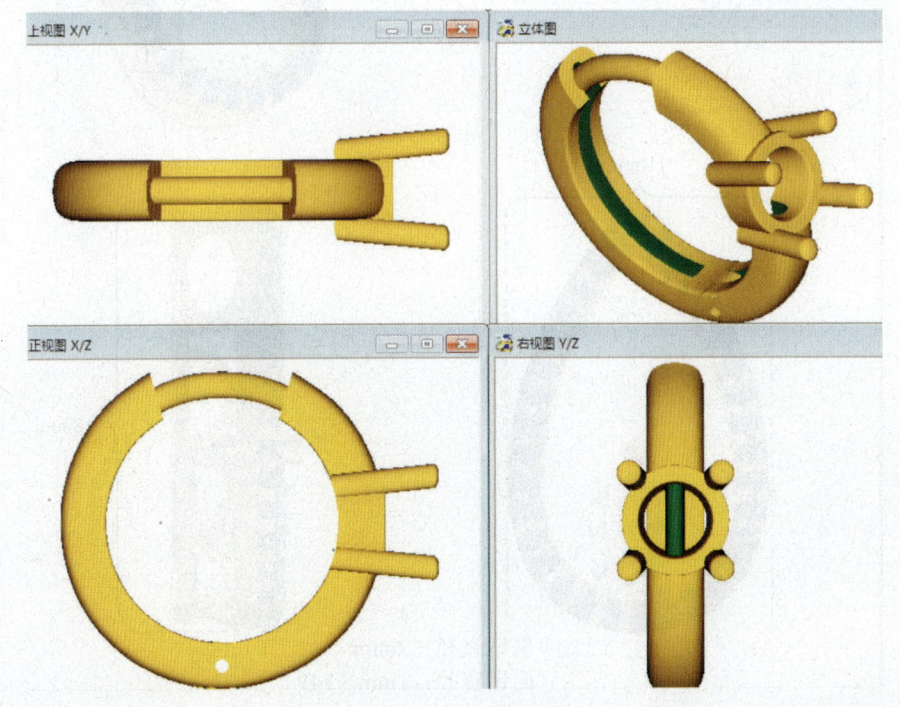

图 3-5-47 最终效果

附表　爪镶参考数据　　　　　　　　（单位：mm）

宝石大小	爪大小	爪吃入石位	爪高出石面	镶口厚度
1.0～1.3	0.4～0.5	0.05～0.15	0.3～0.5	0.5～0.7
1.4～2.0	0.6～0.7			
2.0～2.4	0.7～0.8	0.15～0.25	0.5～0.7	
2.5～4.0	0.8～0.9			
4.0～6.5	0.9～1.2	0.25～0.35	0.7～0.8	0.7～0.8
6.5 以上	1.1～1.4	0.35～1.00		0.8～1.0

案例六　虎爪镶钻石通花吊坠

虎爪镶钻石通花吊坠设计线稿如图 3-6-1 所示。

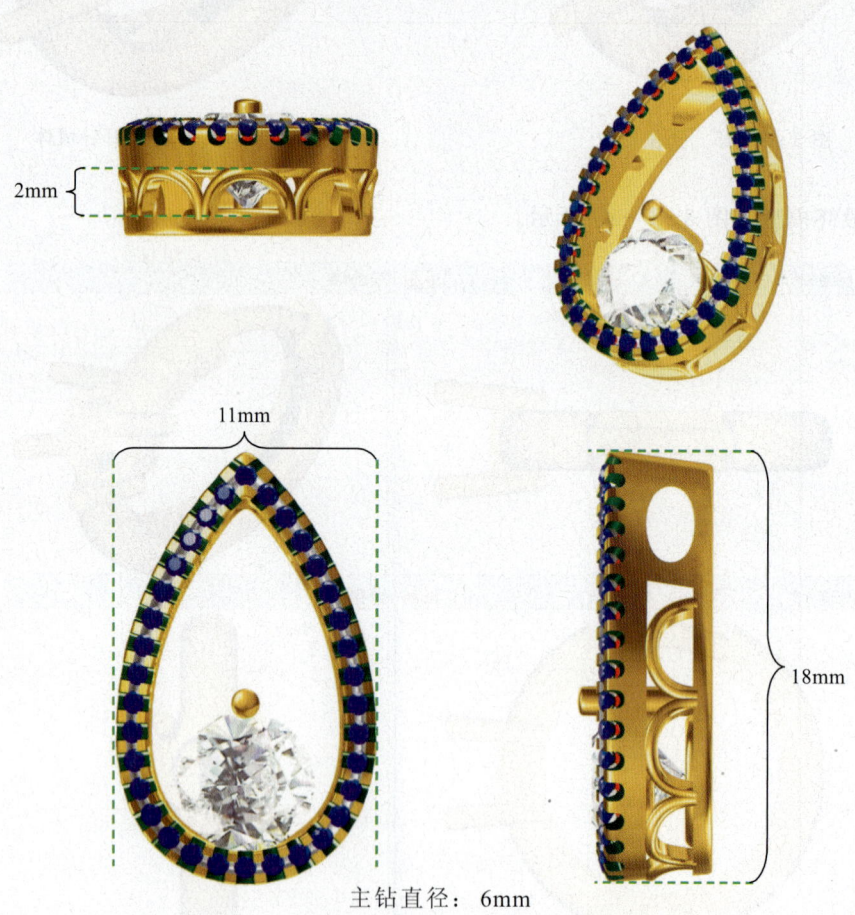

主钻直径：6mm
配钻直径：1mm×34P

图 3-6-1　虎爪镶钻石通花吊坠各视图及相关数据

建模基本思路如下。

(1)水滴形吊坠导轨制作。

(2)制作通花。

(3)制作虎爪镶。

(4)制作钻石镶口。

操作步骤如下。

1. 水滴形吊坠导轨制作

上视绘制好水滴外轮廓后,使用【偏移曲线】,向偏移 1.4mm,得到两条宽度导轨线。再绘制切面(高 4.5mm)(图 3-6-2),【双导轨—不合比例—单切面】切面量度选择导轨于切面左下右下,依次点击导轨曲线—切面,生成水滴物件。并通过选点略收拢水滴物件底部。正视图绘制 0.5mm 置于物件顶部,选择水滴上围内圈 CV 点,在正视图水平抬高 0.5mm。完成主体吊坠的制作(图 3-6-3)。

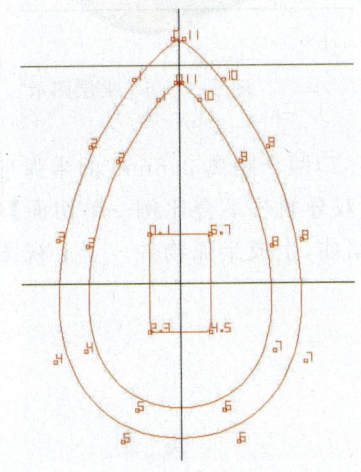

图 3-6-2　镶口双导轨

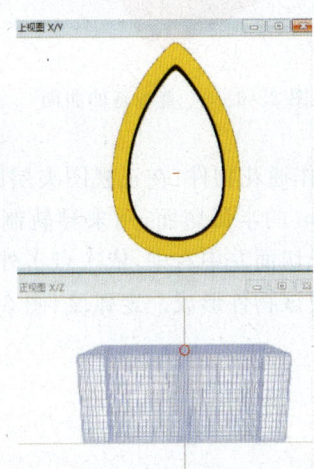

图 3-6-3　镶口外斜及收底

2. 制作通花

(1)开夹层制作:在右视图根据提供的数据,用闭合曲线表示出找到对应的镂空位置。包括高 2mm 的方形夹层位;宽 3mm,高 2mm 的椭圆镂空位(图 3-6-4)。

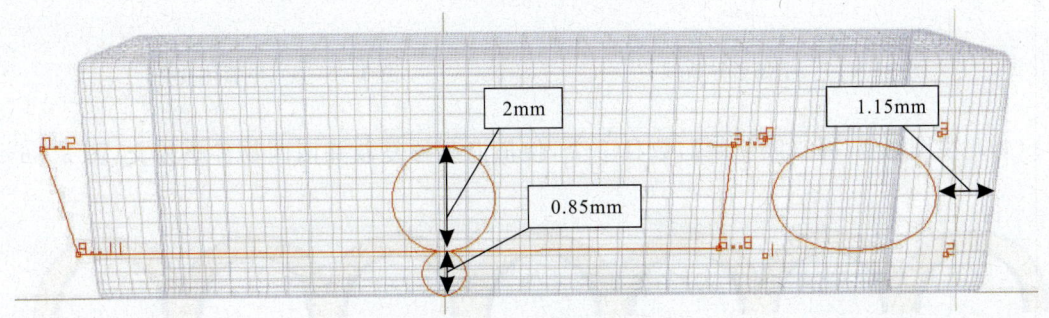

图 3-6-4　夹层参考线

（2）回到上视图，对两条闭合曲线进行直线延伸（图3-6-5）。再点击【布林体—相减】，完成布尔运算得到如图3-6-6所示形状。

图3-6-5　直线延伸曲面　　　　　　　　　图3-6-6　夹层图示

（3）制作通花物件：在正视图夹层区绘制（图3-6-7）两个距离0.6mm的半弧形，及一个高为0.8mm的半弧切面，用来导轨制作通花物件。【双导轨—不合比例—单切面】切面量度选择导轨于切面左中右中，依次点击外围曲线—内围堵曲，生成半弧物件。于上视图使用【弯曲】工具，使该物件形成一定弧度（图3-6-8）。

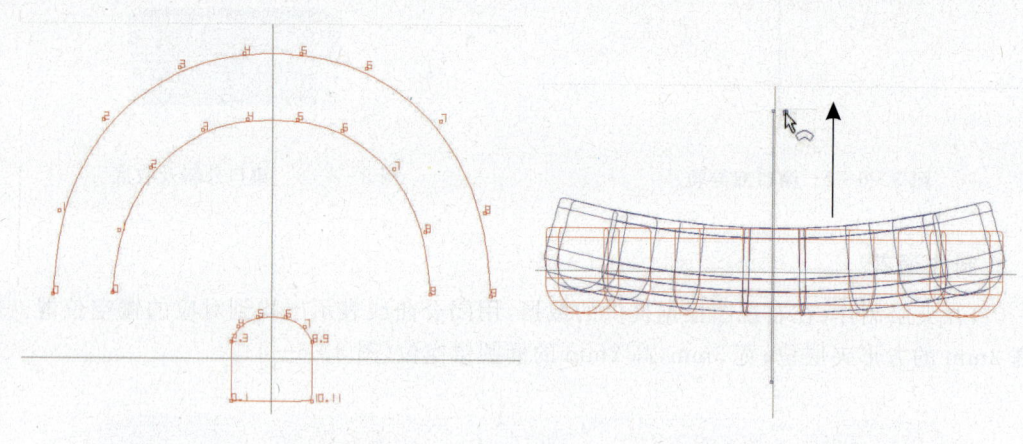

图3-6-7　半弧形导轨线　　　　　　　　　图3-6-8　半弧体变形

（4）正视图对物件【直线复制】，数目7个，使横向延伸复制并两两物件略相交（图3-6-9）。

图3-6-9　直线复制

(5)上视图绘制与7个物件总长度一致的映射线,置于夹层开口下端位置,注意映射物件相对世界坐标摆放位置(图3-6-10)。选中映射物件,点击【映射】工具。勾选自动探测映射方向及范围,平均映射在曲线上。确定后点击映射线段,使物件摆放于夹层中,完成通花制作(图3-6-11)。

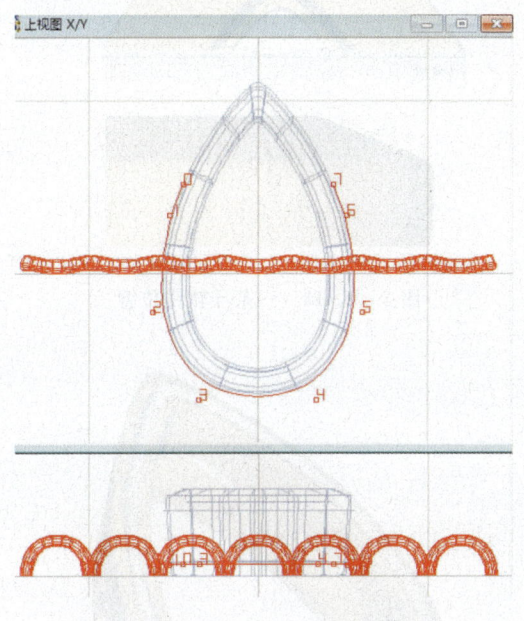

图3-6-10 映射物件位置

图3-6-11 映射完毕

2. 制作虎爪镶

(1)开槽位:由于使用1mm圆钻进行虎爪镶嵌,开槽两边金属位约预留0.45mm。使用【曲线】还原出绘制水滴的两条导轨曲线,并使内圈曲线向外偏移0.45mm,外圈曲线向内偏移0.45mm。得到开槽的宽度导轨线。宽度导轨两根于正视图观察呈略高于金面,使用【中间曲线】得到高线,并下移0.8mm位置。绘制半弧形切面,【三导轨—单切面】切面量度选择导轨于切面左下右下,依次点击三条导轨线及切面,生成开槽的金属物件。再与水滴物件相减,得到开槽位(图3-6-12、图3-6-13)。

注意:还原的水滴导轨线可隐藏用于后期的制作。

(2)【三导轨—单切面】切面量度选择导轨于切面左下右下,依次点击三条导轨线及切面,生成开槽的金属物件(图3-6-14)。再与水滴物件相减,得到开槽位(图3-6-15)。

3. 分爪位

(1)虎爪镶最后成型的爪为方形,前面为金属边留位0.45mm,并且已完成的开槽位两侧的虎爪边在后期手镶时需要进行执摸,因此0.45mm的金属宽度待最终实物镶嵌完毕后会略有损耗,我们可以设定虎爪正方形边长为0.46mm。制作要求两两钻石间隔0.2mm,因此(图3-6-16)正视图中,"U"形闭合曲线的两边各距离钻石(1mm)边缘0.13mm。接着绘制打孔物件正视图截面一半轮廓曲线,打孔直径0.6mm(图3-6-17)。

(2)在上视图用【直线延伸】将"U"形闭合曲线延伸制作成分爪用的实体,延伸的纵向数值

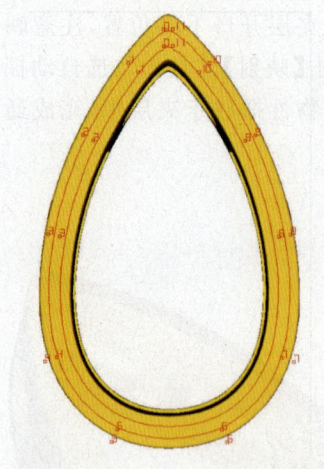

图 3-6-12 上视图开槽位宽度导轨线

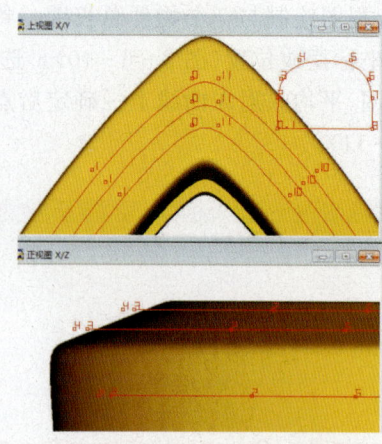

图 3-6-13 三条导轨线位置

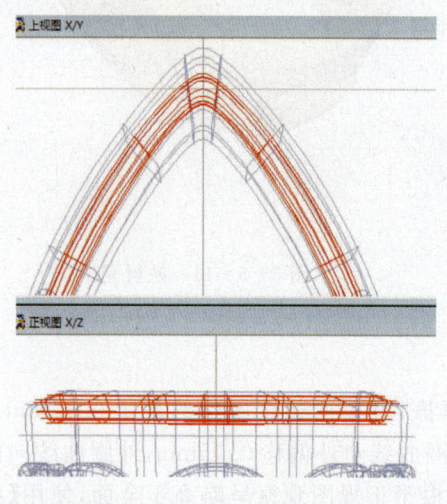

图 3-6-14 开槽体

图 3-6-15 开槽位

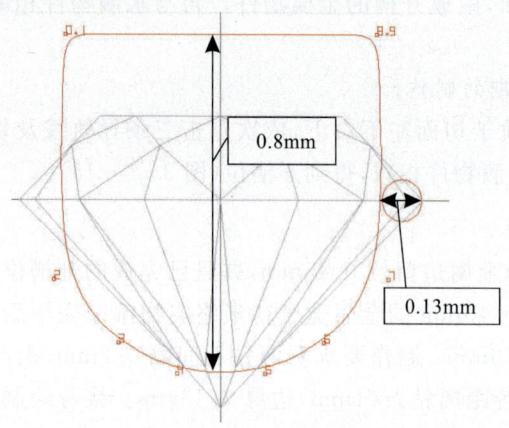

图 3-6-16 "U"形闭合曲线

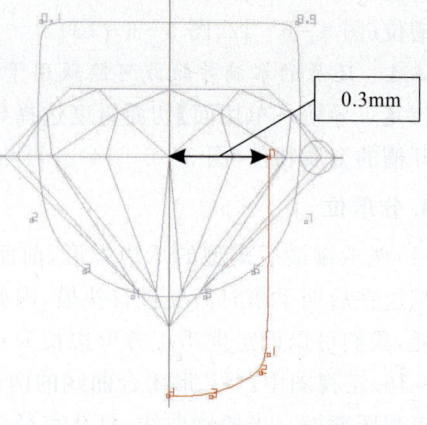

图 3-6-17 打洞曲线

应大于1.4mm(图3-6-18)。于正视图使用【纵向环形复堆成曲面】完成打孔物件制作(图3-6-19)。

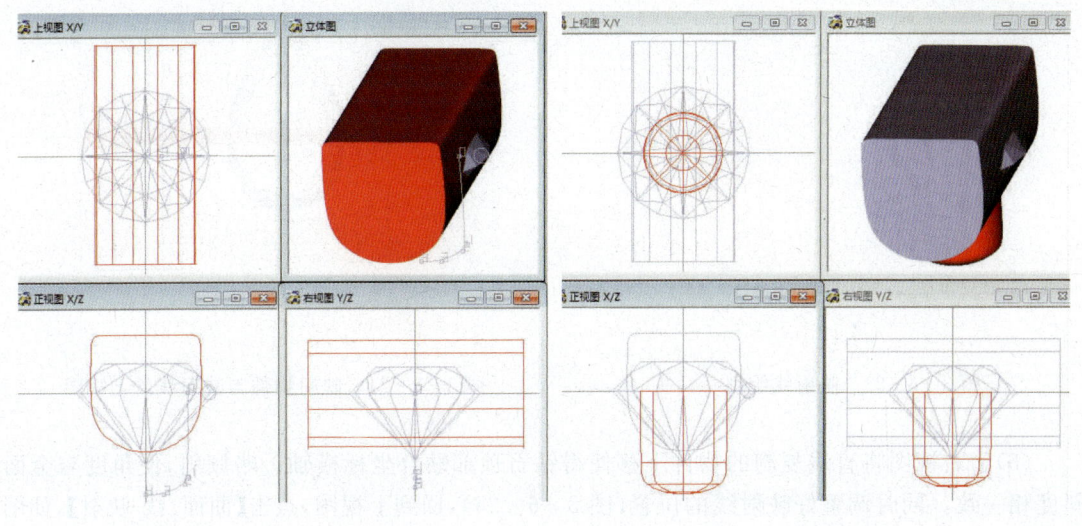

图3-6-18 分爪实体　　　　　　　图3-6-19 打孔实体

(3)将制作完成的分爪用的物体,打孔物体及钻石隐藏组合并复制一个。如图3-6-20将钻石与打洞物件置于水滴物件顶部凹槽位。绘制两条导轨,沿着槽位两边延伸,用来分出顶端钻石的爪位。绘制高0.8mm的半弧切面。【双导轨—不合比例—单切面】,切面量度选择导轨于切面左下右下,依次点击两条导轨线及切面,生成物件改变其颜色为绿色(图3-6-21)。将该物件左右复制,与水滴体相减(图3-6-22)。

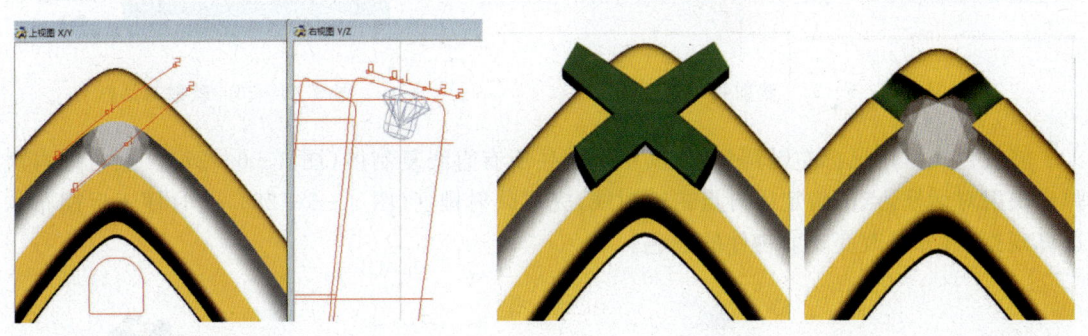

图3-6-20 顶端钻石分爪位导轨　　图3-6-21 分爪位成体　　图3-6-22 相减后效果

(4)不隐藏之前的制作水滴的两条导轨线,使用【中间曲线】得到中线作为映射线。使用【曲线—修改左右对称曲线】调整开口位,使之0点与末点相距顶部钻石0.2mm(图3-6-23)。使用【曲线—测量曲线】得到该映射线长度为40mm。在此,我们利用【圆形曲线】绘制一个直径为40mm的圆作为参照。将隐藏组合的分爪体,打孔物件,钻石调出。【直线复制】该组合物件,由于钻石间隔位为0.2mm,钻石大小为1mm,设定复制对话框中横向坐标数值为1.2,延伸的数目以恰好限定于40mm直径圆内为宜,图3-6-24所示观察物件离圆形两端稍有距离,可适时调整映射线,使之首末段距离顶部钻石位置稍远,以适当缩短长度。

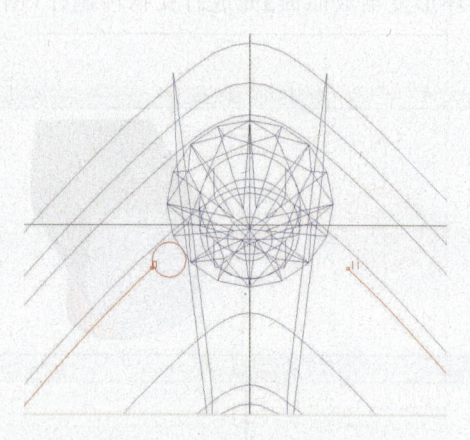 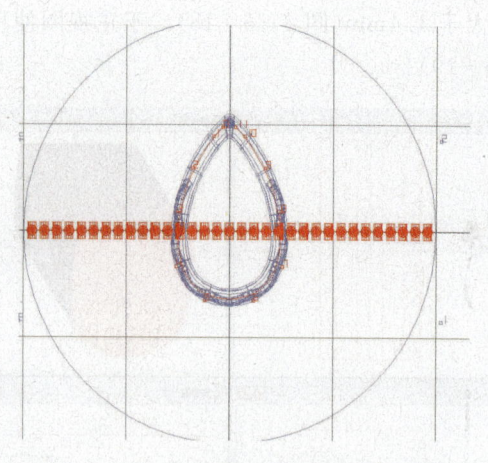

图 3-6-23 映射线绘制　　　　　图 3-6-24 映射物件与映射线段上视图

(5) 于右视图将直线复制的物件下移使得钻石顶部贴合坐标横轴。略倾斜,使角度与金面斜度相一致。同时调整好映射线的位置(图 3-6-25),回到上视图,点击【曲面/线 映射】,如图 3-6-26 所示,不勾选自动探测映射方向及范围,勾选平均映射在曲线上,点击映射方向及范围。

 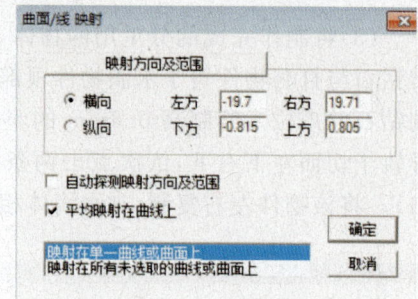

图 3-6-25 映射物件右视图　　　　　图 3-6-26 映射对话框

将蓝色线框用鼠标左键调整,使其正好框住所有直线复制体(图 3-6-27)。点右键再次弹出映射对话框,点击确定后再点击映射线,完成映射排列(图 3-6-28),此时便于后期布尔运算观察,可分类改变映射物件的颜色。

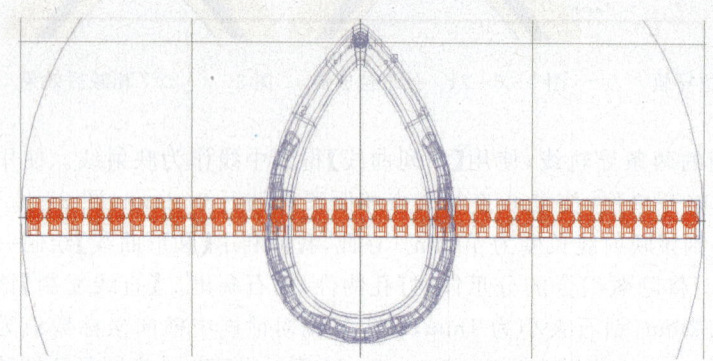 

图 3-6-27 映射方向及范围框选　　　　　图 3-6-28 映射后效果

选中分爪体与打孔物件组合,选择【布林体—相减】再点击水滴物件,得到虎爪镶口(图3-6-29)。图3-6-30所示为隐藏宝石效果。

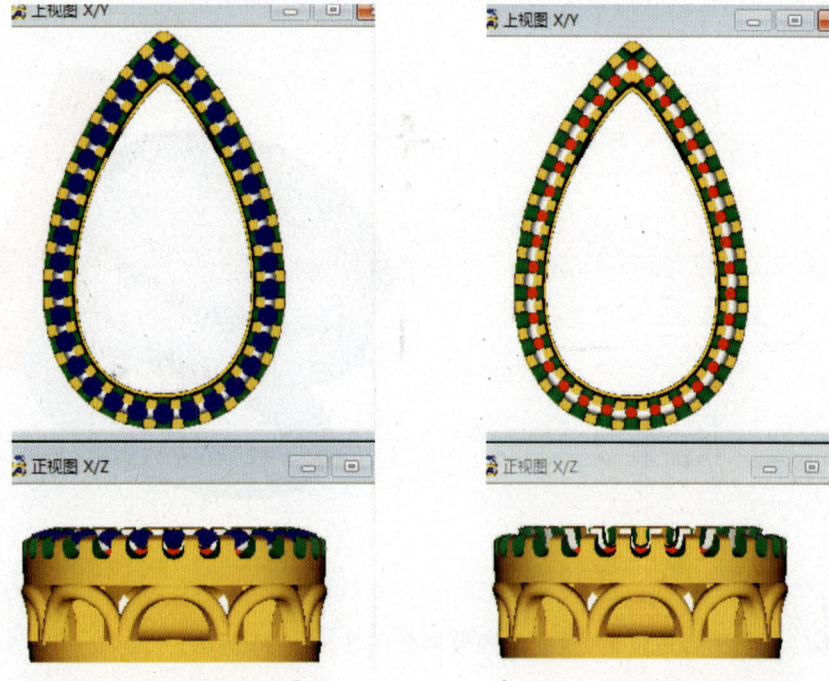

图3-6-29 虎爪镶石效果　　　　图3-6-30 隐藏宝石效果

4. 制作钻石镶口

(1)从【杂项—宝石】栏中调出圆钻设定直径为6mm,同时绘制一个直径6mm圆形曲线。将此圆形曲线向内偏移0.2mm作为镶口外圆导轨曲线,再将外围导轨曲线向内偏移0.85mm作为镶口内圆导轨曲线(图3-6-31)。点击【双导轨—合比例—圆形切面】,切面量度自动默认。依次点击两条导轨线形成圆环镶口。在正视图向下直线复制一个圆环。并调整好位置(图3-6-32)。

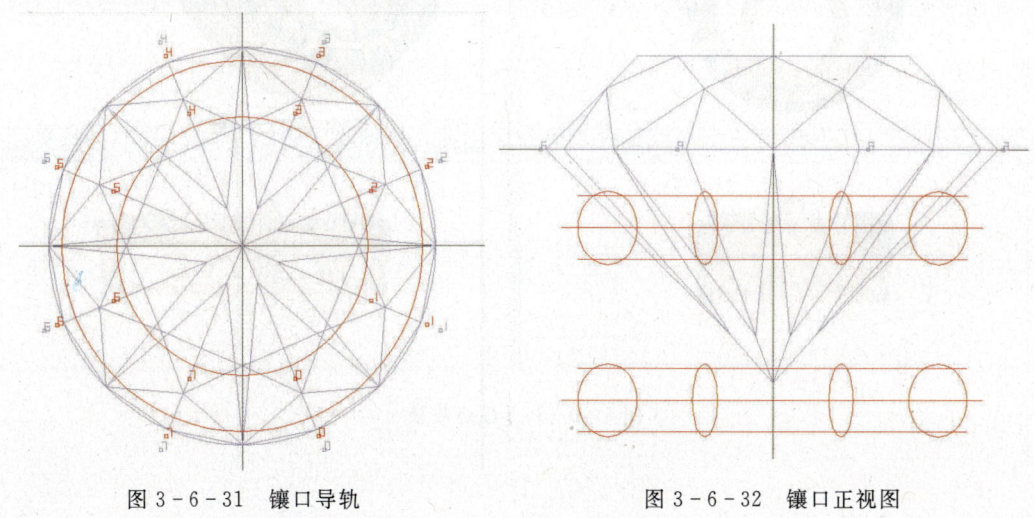

图3-6-31 镶口导轨　　　　图3-6-32 镶口正视图

(2)正视图绘制辅助圆,分别任 0.6mm 及 1.2mm,用来衡量镶爪高于宝石面高度以及爪的直径,依此绘制爪的切面一半曲线(图 3-6-33)。并使用【纵向环形对称曲面】,完成镶爪制作,调整镶爪位置,使其吃如石头 0.2~0.3mm(图 3-6-34)。

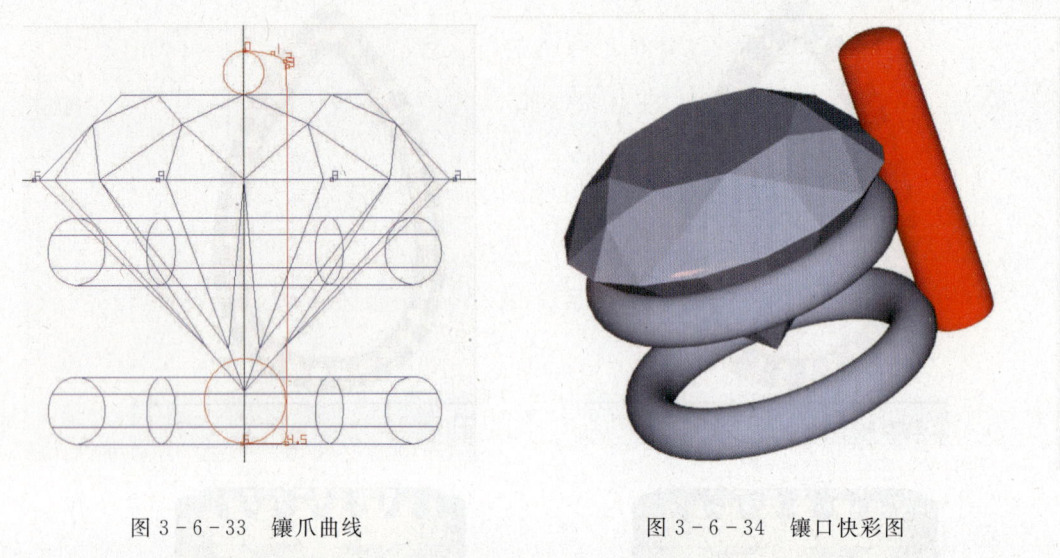

图 3-6-33 镶爪曲线　　　　　　　　图 3-6-34 镶口快彩图

(3)将镶口调整到合适位置,模型最终效果如图 3-6-35 所示。

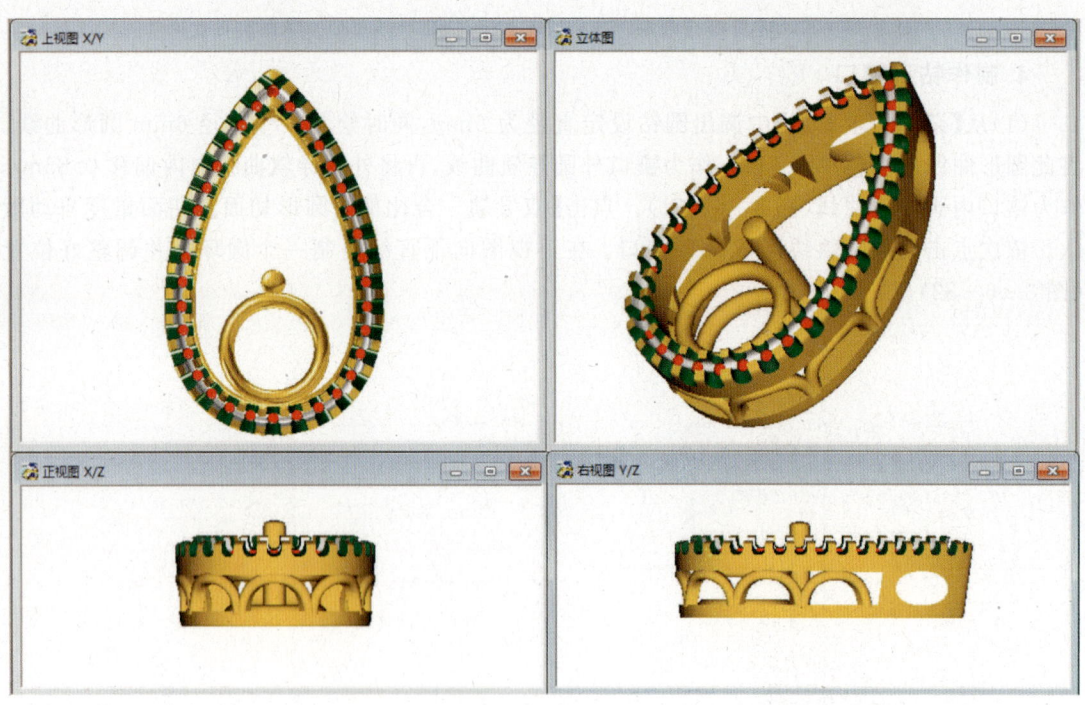

图 3-6-35 最终效果

案例七　翡翠佛公镶嵌
——依据线稿图纸,制作出合理的首饰模型

佛公镶嵌设计线稿如图 3-7-1 所示。

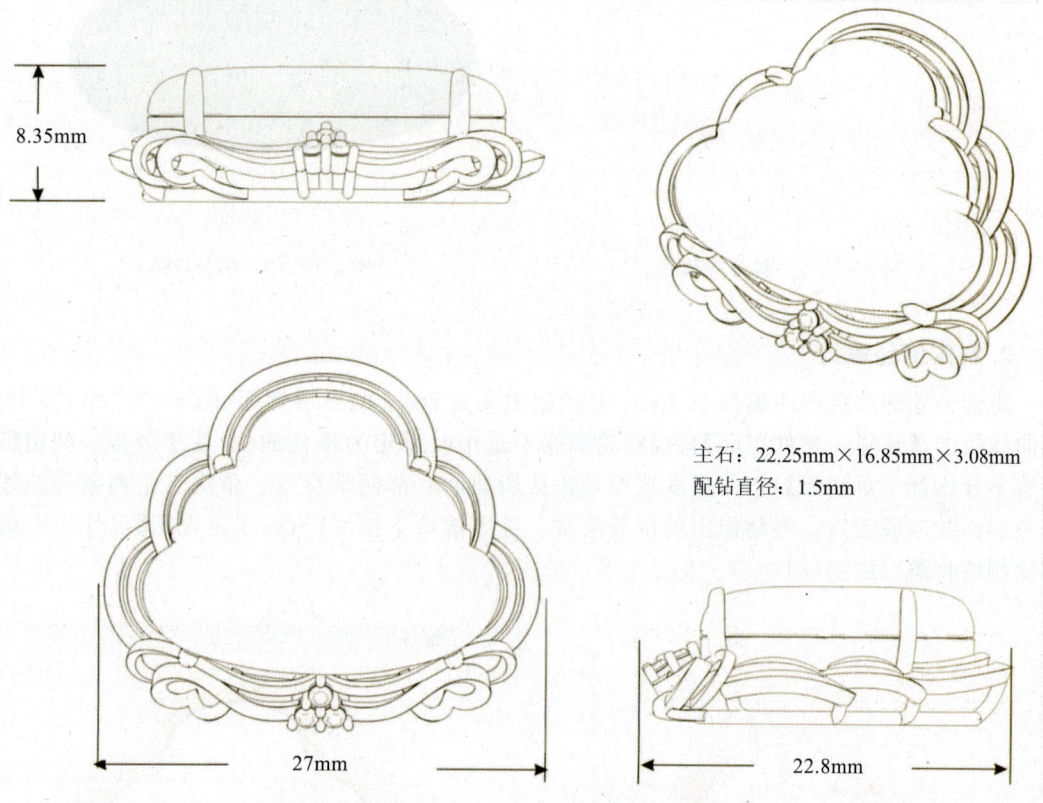

图 3-7-1　翡翠佛公镶嵌各视图及相关数据

建模基本思路如下。
(1)绘制参照轮廓线,佛公。
(2)制作佛公镶口,镶爪。
(3)制作边缘丝带。
(4)制作夹层。
(5)制作钻石镶口及镶爪。

操作步骤如下。

1. 绘制参照轮廓线,佛公

对照佛公吊坠的线稿于上视图进行轮廓描线,确定各结构的位置。轮廓描线完成隐藏曲线 CV 点,为后期建模作参考。将佛公轮廓隐藏复制,展示佛公轮廓 CV 点,绘制高 3.08mm 的切面(图 3-7-2),【单导轨世界中心—单切面】,切面量度选择导轨从切面的底部两端穿过。形成大小为 22.25mm×16.85mm×3.08mm 的佛公(图 3-7-3)。

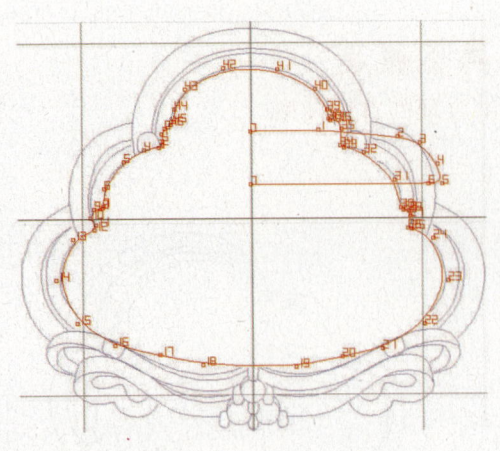 

图 3-7-2 佛公导轨线　　　　　　图 3-7-3 佛公成体

2. 制作佛公镶口

将佛公轮廓曲线向内偏移 0.7mm，并绘制出高为 2mm 的方形切面（图 3-7-4），鉴于视图曲线较多，【编辑—物件层面】将描绘轮廓线不选中时设定为黑色曲线，便于分辨。利用【双导轨不合比例—单切面】，切面量度选择导轨从切面的底部两端穿过。依次点击两条导轨线，一条切面线形成镶口。将制作出的佛公隐藏。选中镶口下排 CV 点，于正视图【尺寸＋左键】等比例略收镶口底部（图 3-7-5）。

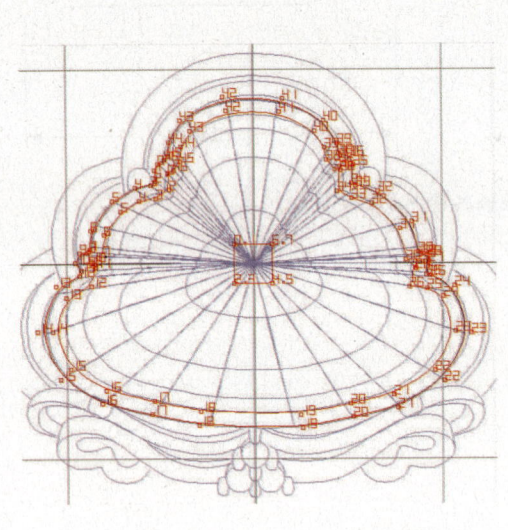 

图 3-7-4 佛公镶口导轨线　　　　　图 3-7-5 镶口收底

3. 制作佛公镶爪

三导轨单切面制作出镶爪（具体操作方法可参照本章案例二：翡翠爪镶戒指），调整好上下两个爪的对应位置（图 3-7-6），爪尖高于镶口 2.7mm。一并选中调整好的上下两个镶爪，左

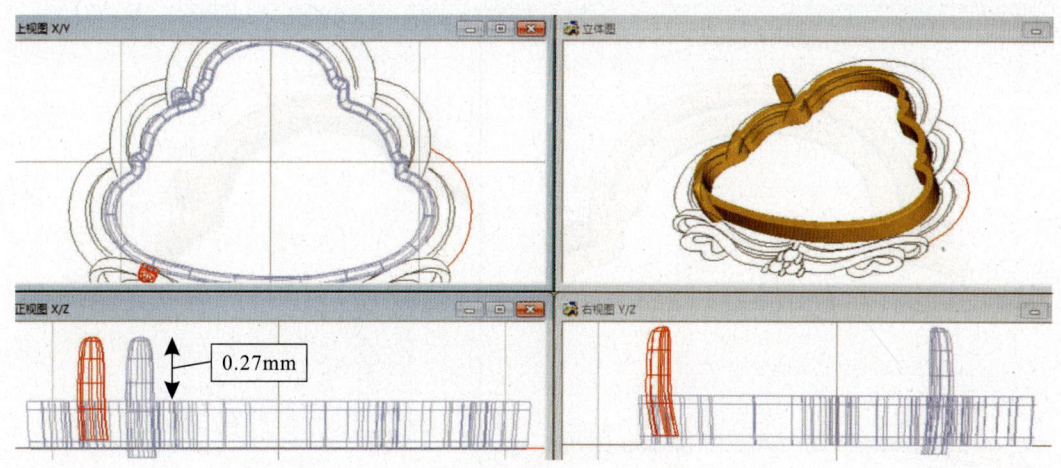

图 3-7-6 镶爪制作

右复制完成四个镶爪的制作。

4. 制作边缘丝带

沿着最靠近佛公头部的轮廓线,绘制出头部位置里层金属丝带的第一条宽度导轨,接着将此根曲线向外偏移 0.55mm,得到另一条宽度导轨,于各视图调整好位置关系。再绘制一个高 0.75mm 的切面(图 3-7-7)。用【双导轨不合比例—单切面】,切面量度选择导轨从切面的底部两端穿过。依次点击靠下导轨线—靠上导轨线—切面。生成一条金属丝带。

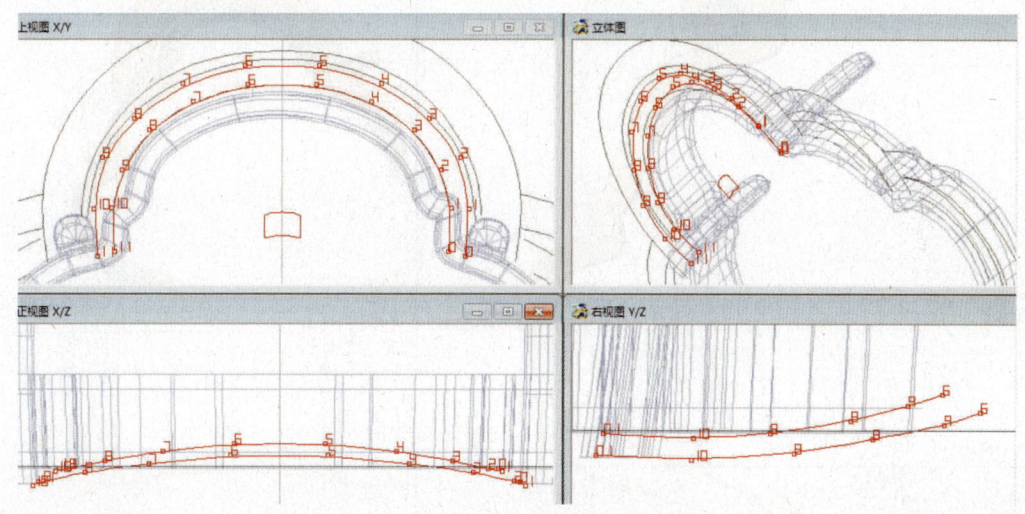

图 3-7-7 头部里层佛光丝带绘制

沿着佛公头部的最外层轮廓线,绘制出头部位置外层金属丝带的第一条宽度导轨,接着将此根曲线向内偏移 1mm,得到另一条宽度导轨,于各视图调整好位置关系。绘制一个高 1.1mm 的切面(图 3-7-8)。用【双导轨不合比例—单切面】,切面量度选择导轨从切面的底部两端穿过。依次点击靠上导轨线—靠下导轨线—切面。生成金属丝带。

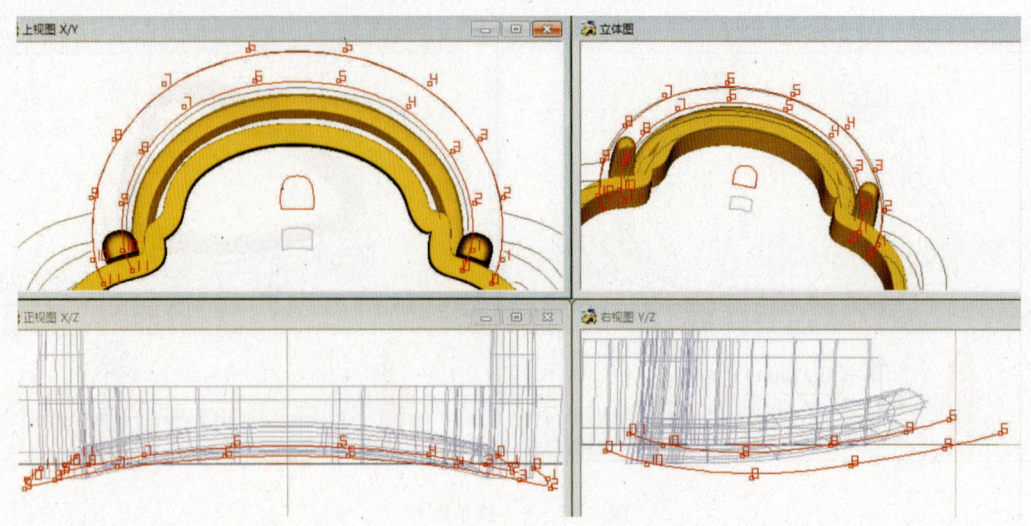

图 3-7-8 头部外层佛光丝带绘制

往下继续绘制连接的两根丝带(图 3-7-9)。绿色两条导轨线(相距 0.55mm)对应绿色切面(高 0.65mm)。红色导轨线(相距 1mm)对应红色切面(高 1.1mm)。同样运用【双导轨—单切面】完成两条肩部佛光金属丝带的制作。

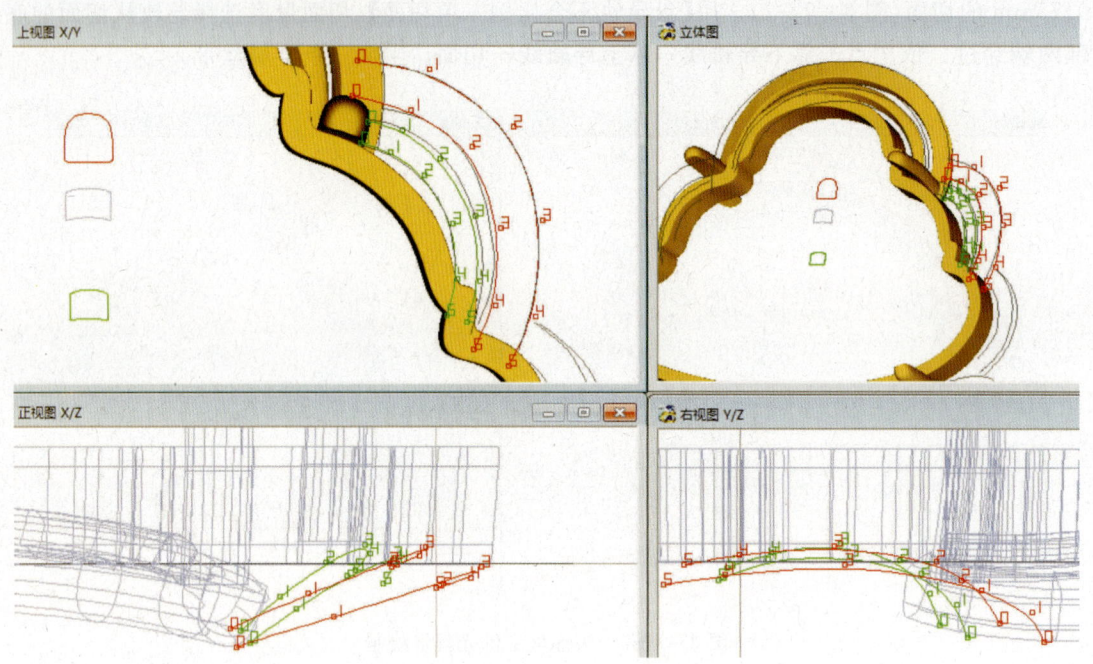

图 3-7-9 肩部佛光丝带绘制

往下继续绘制连接的两根丝带(图 3-7-10)。绿色两条导轨线(相距 0.55mm)对应绿色切面(高 0.65mm)。红色导轨线(相距 1mm)对应红色切面(高 1.1mm)。同样运用【双导轨—单切面】完成两条下层佛光金属丝带的制作。

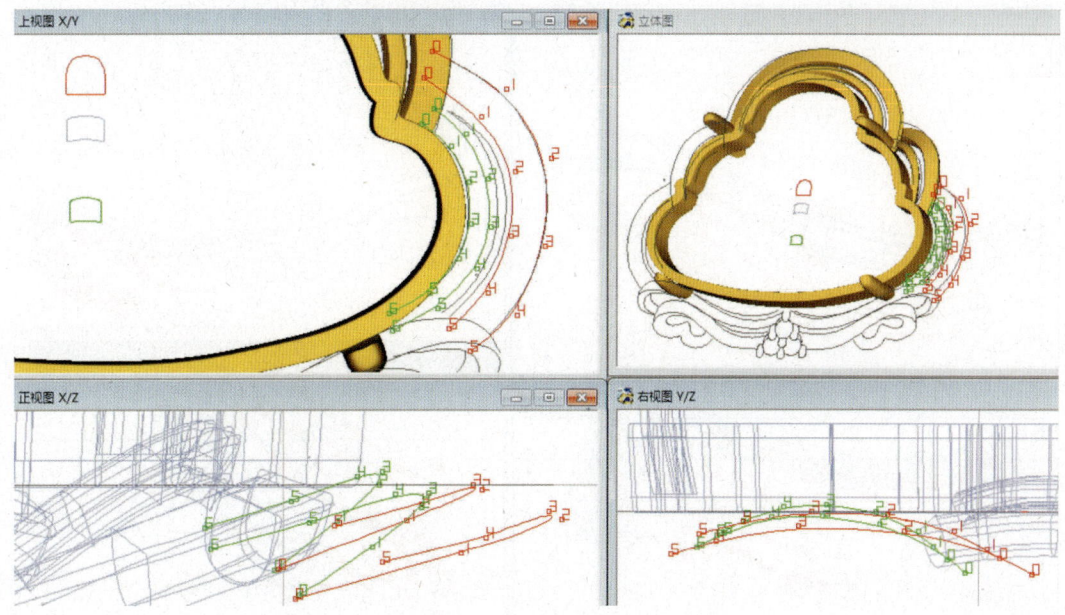

图 3-7-10 下层佛光丝带绘制

隐藏前面绘制好的丝带及镶口,绘制底部丝带,蓝色两条导轨线(相距 0.8mm)对应蓝色切面(高 0.75mm)(图 3-7-11)。同样运用【双导轨—单切面】完成两条金属丝带的制作。

绘制底部外围反带丝带,由于此条丝带有粗细及宽窄变化,所以用到的【三导轨—单切面】。绘制导轨参照图 3-7-11,浅红色两条宽度导轨线(相距 1~0.7mm),深红高线(距离宽度导轨 1~0.5mm)对应红色切面。点击三导轨—单切面,切面量度选择导轨从切面的底部两端穿过,依次点击两条宽度导轨—高度导轨—切面。完成底部金属丝带的制作如图 3-7-12 所示。

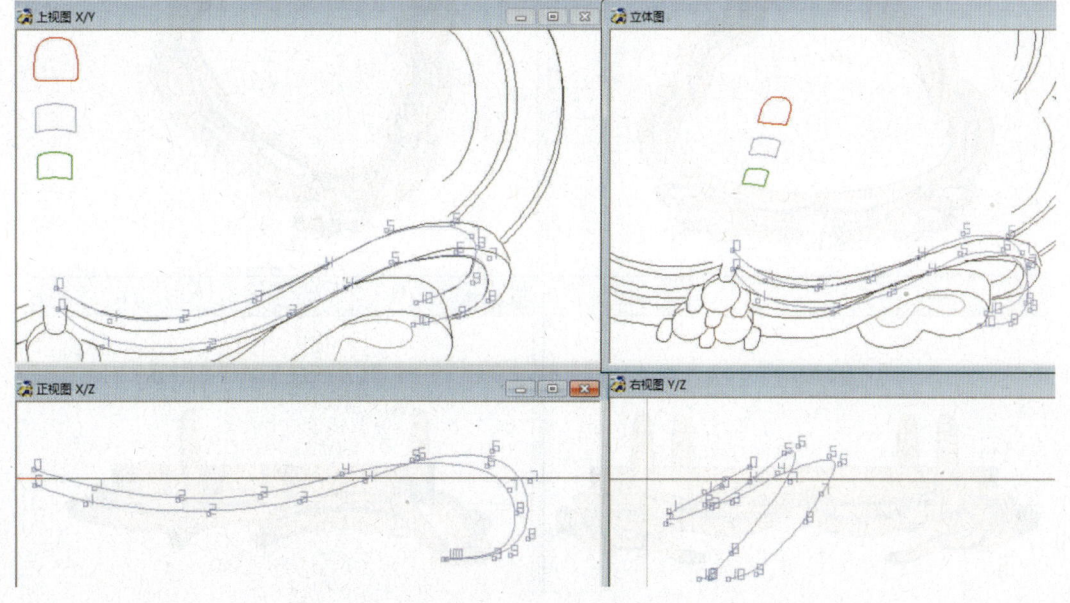

图 3-7-11 底部丝带绘制

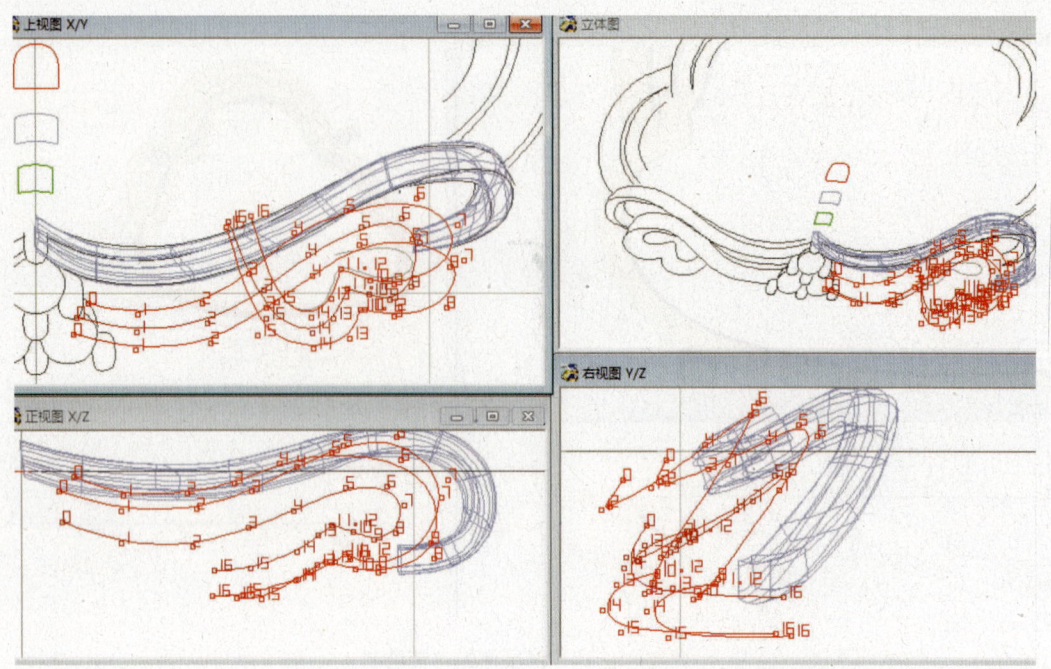

图 3-7-12 反带丝带绘制

选中之前绘制的所有右侧丝带,左右复制,完成佛公边缘所有丝带的制作。如图 3-7-13 所示。

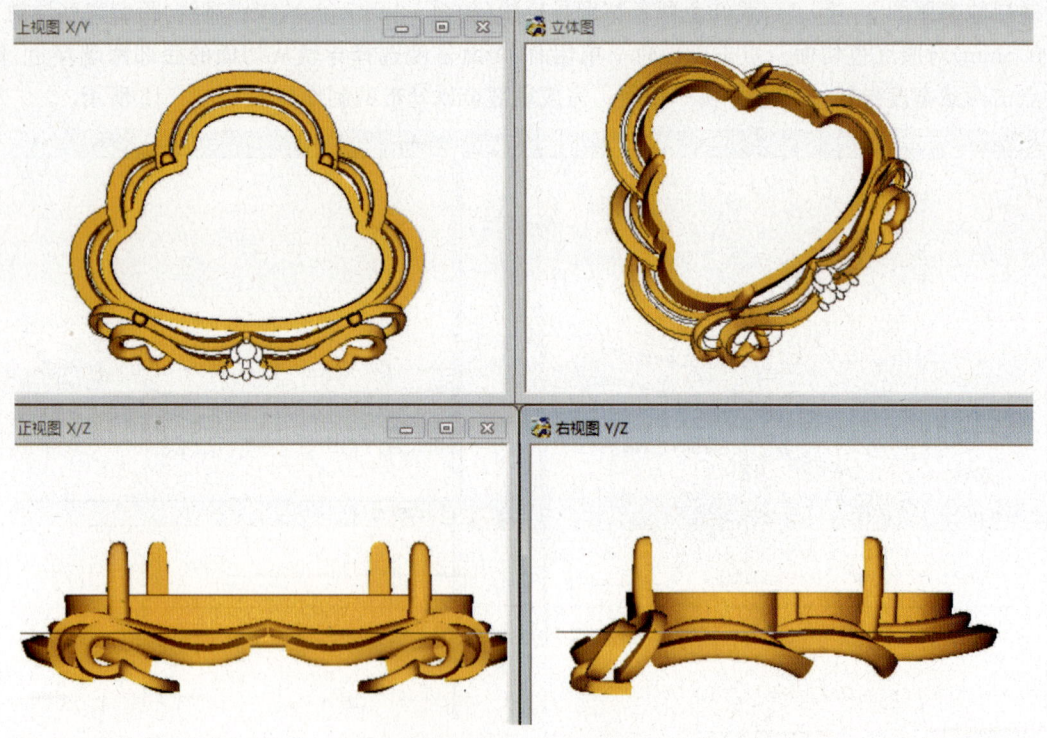

图 3-7-13 丝带效果

5. 制作夹层——绘制夹层底层金属框架

在上视图沿着佛公大致轮廓绘制(图 3-7-14)两条导轨线,导轨线相距 0.8mm。导轨线于正视图放置的位置,正好可供支撑反带金属丝带。绘制直径为 0.8mm 的圆作为切面。【双导轨不合比例—单切面】,切面量度选择导轨从切面的左中右中穿过(图 3-7-15)。依次点击两条导轨线—圆形切面,成底层金属框架。

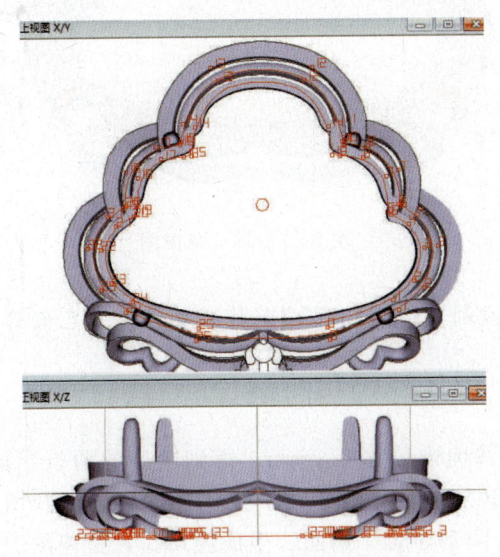
图 3-7-14 夹层曲线绘制

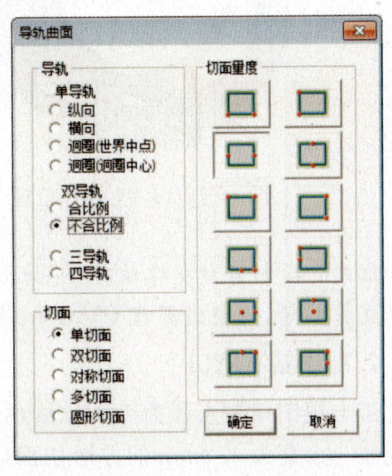
图 3-7-15 导轨曲面对话框

6. 制作夹层——绘制夹层金属支撑柱

由于需要连接丝带与底层金属框架,形成夹层。在两者之间需要制作一些小的金属支撑。右视图需要建立支撑的位置绘制连接曲线(图 3-7-16),选中曲线,利用【管状曲面】,设定直径为 0.6,选中横向管状,点击圆形切面。生成截面为圆形的金属支撑(图 3-7-17)。

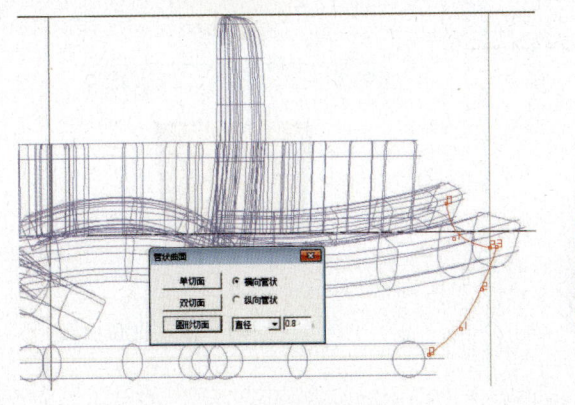
图 3-7-16 支撑曲线

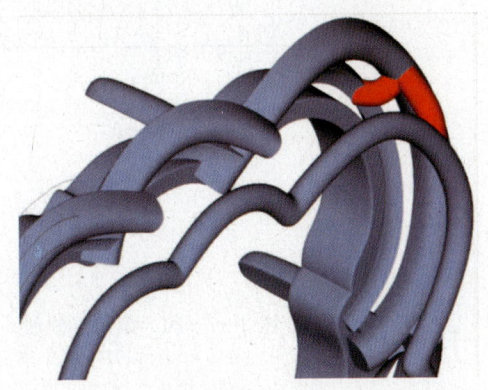
图 3-7-17 支撑成体

于图 3-7-18 所示一侧对应位置增加四根金属支撑柱。左右复制,完成夹层的制作如图 3-7-19 所示。

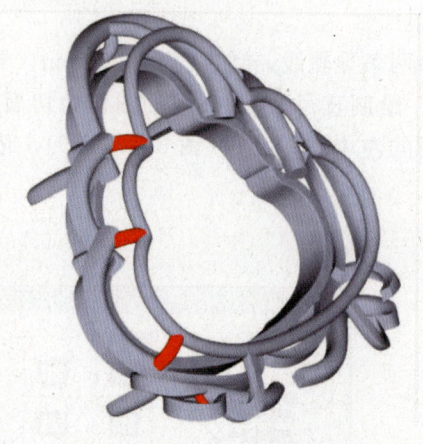
图3-7-18 支撑柱位置

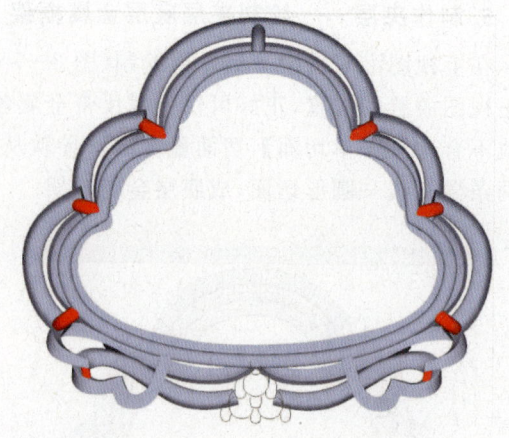
图3-7-19 背视图

注意：绘制其余支撑柱时，可如上述绘制曲线利用【管状曲面】制作。亦可复制已做好的一根支撑柱子，调整位置及CV点制作。

7. 制作钻石镶口

于上视图绘制直径为1.48mm的圆形曲线，并向内偏移0.4mm。得到镶口的两条导轨。再绘制一个高为1.3mm的方形切面（图3-7-20）。使用【双导轨不合比例—单切面】，切面量度选择导轨从切面的底部两端穿过。依次点击两条导轨—切面。生成镶口。在正视图选中镶口下层CV点，回到上视图选择尺寸＋鼠标左键，往中心略收镶口下位（图3-7-21）。

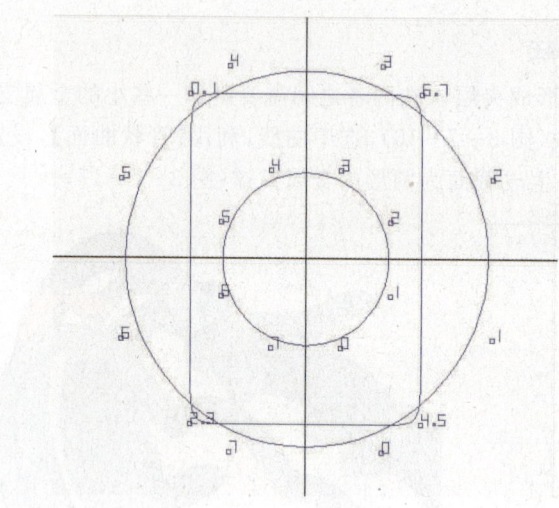
图3-7-20 镶口导轨线

图3-7-21 镶口收底

8. 制作钻石镶爪

于正视图画出0.6mm及0.2mm的参照圆。0.6mm为镶爪直径，0.2mm为镶爪高出钻石距离（图3-7-22）。参照两个数据绘制出镶爪的一半轮廓曲线，用【纵向环形对称曲面】形成镶爪实体。使用【歪斜化】变形工具，调整镶爪位置，使其贴紧镶口（图3-7-23）。

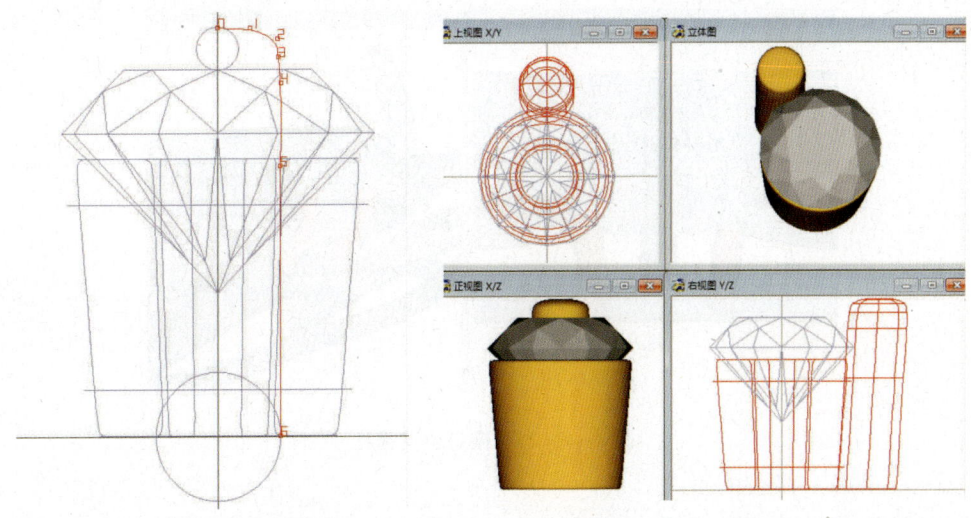

图3-7-22 镶爪制作　　　　　　图3-7-23 镶爪位置

由于三颗钻石大小一致，因此可以复制利用制作好的镶口与镶爪，于上视图调整好三个镶口位置，并配以镶爪，可参照之前绘制的辅助轮廓线摆放。注意制作好的镶口位置需与佛公下方丝带相连，于右视图观察稍向左倾斜（图3-7-24）。

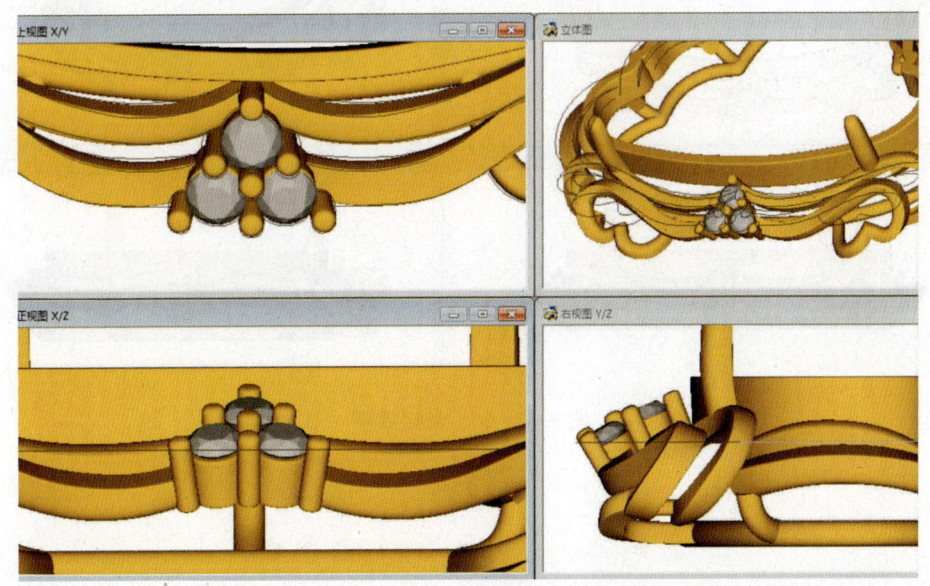

图3-7-24 三个镶口各视图位置

加上镶口位的支撑柱，使之与两端镶爪相接，与底部金属框架相连（图3-7-25）。最后将钻石与镶口做布尔运算相减，得到最终需要的模型。

完成模型后各视图效果展示如图3-7-26所示。

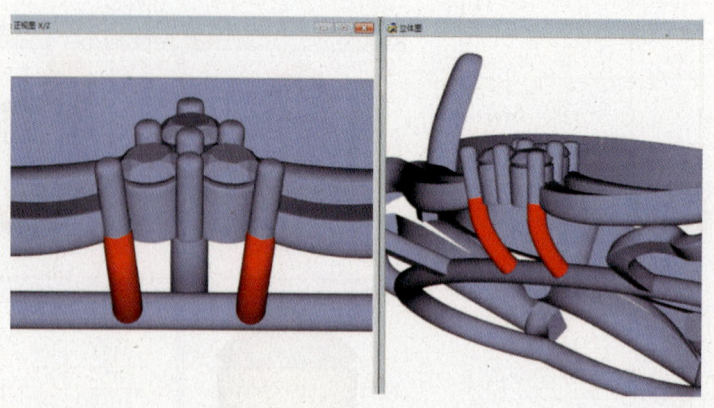

图 3-7-25 镶口位支撑柱

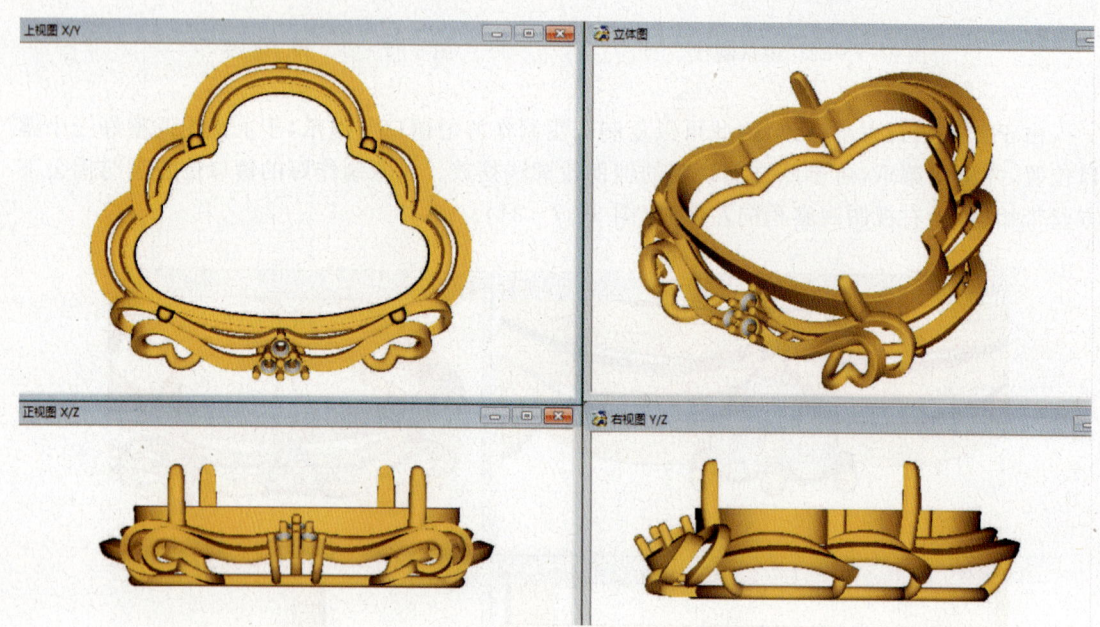

图 3-7-26 最后效果

案例八 弧面形彩宝手链

弧面形彩宝手链设计线稿如图 3-8-1 所示。
建模基本思路如下。
(1) 爪镶镶口制作。
(2) 连接位制作。
操作步骤如下。

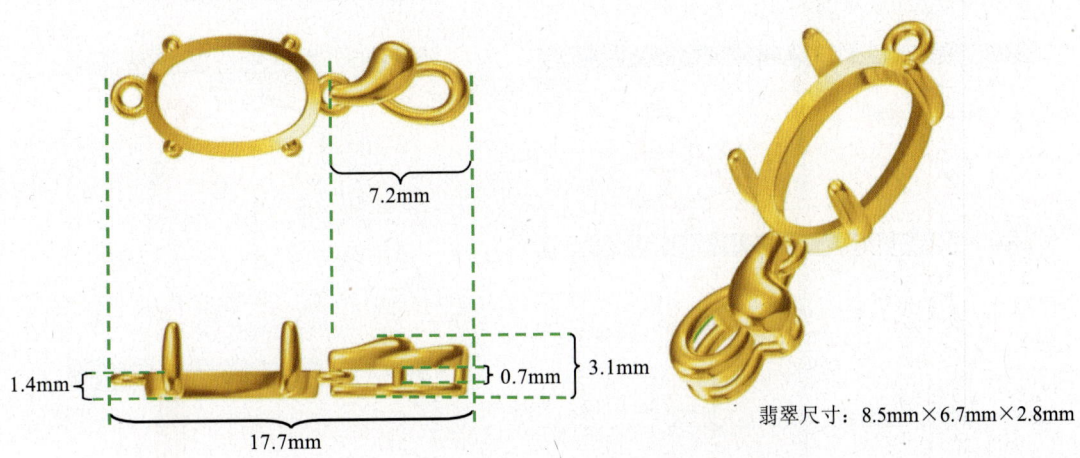

图 3-8-1 弧面形彩宝手链各视图及相关数据

1. 爪镶镶口制作

（1）镶口制作。用【圆形曲线】绘制一个 1mm 圆,接着使用【多重变形】工具,在比例栏,横向输入 6.7,纵向输入 8.5。点击确定完成椭圆制作,适当调整形成一条导轨线。接着将椭圆向内【偏移曲线】0.7 形成另一条导轨线。绘制切面（图 3-8-2）,点击【导轨曲面】中的【双导轨—不合比例—单切面】,导轨曲线从切面的底部两端通过,依次点击内圆导轨曲线—外圆导轨曲线—切面形成镶口（图 3-8-3）。

注意：当我们绘制翡翠镶口时,由于打磨的翡翠界面并不一定是正椭圆,而且其对称性也不一定标准。所以使用多重变形得到的椭圆曲线并不一定能符合翡翠形态,因此当我们制作镶口时,不仅要知道它的长、宽、高。精确的绘制还需要扫描下宝石,并显示在背景图上,描绘它的轮廓线,按比例制作好镶口外围曲线。

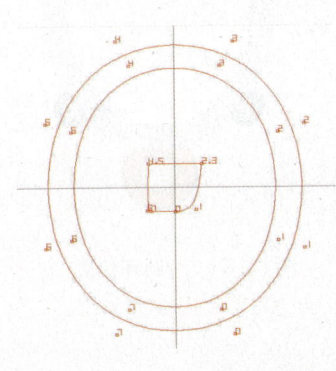

图 3-8-2 镶口导轨线

图 3-8-3 镶口成体

(2)镶爪制作。绘制如图3-8-4所示三条导轨线,再绘制一个半弧形切面,使用【三导轨—单切面】,导轨曲线从切面的底部两端通过,依次点击左边导轨—右边导轨—上边导轨—切面,形成镶口。在侧视图选点并使用【旋转】结合不同视图【移动】调整。使得镶爪下端呈弧形扣进镶口(图3-8-5)。完成一个爪的制作后,【上下左右复制】得到四个镶爪。

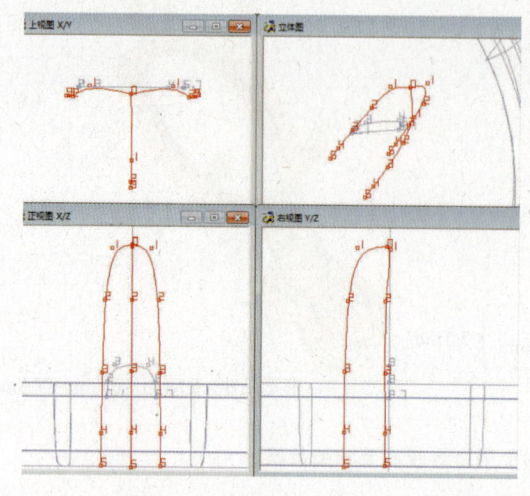

图3-8-4 镶爪导轨线

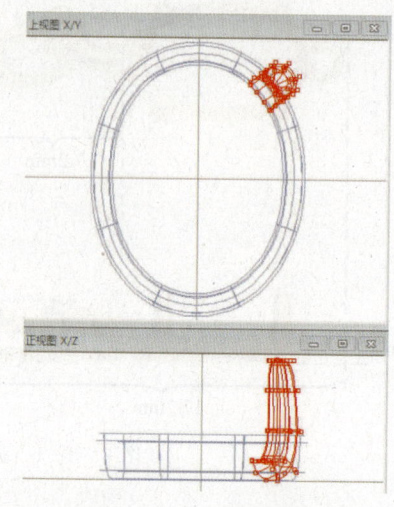

图3-8-5 镶爪调整

(3)连接圆环制作。绘制大小分别为1mm、2.2mm两个圆,使用【双导轨—合比例—圆形切面】,切面量度自动选择(图3-8-6)。依次点击导轨线形成圆环。将圆环放于镶口上下两端(图3-8-7)。

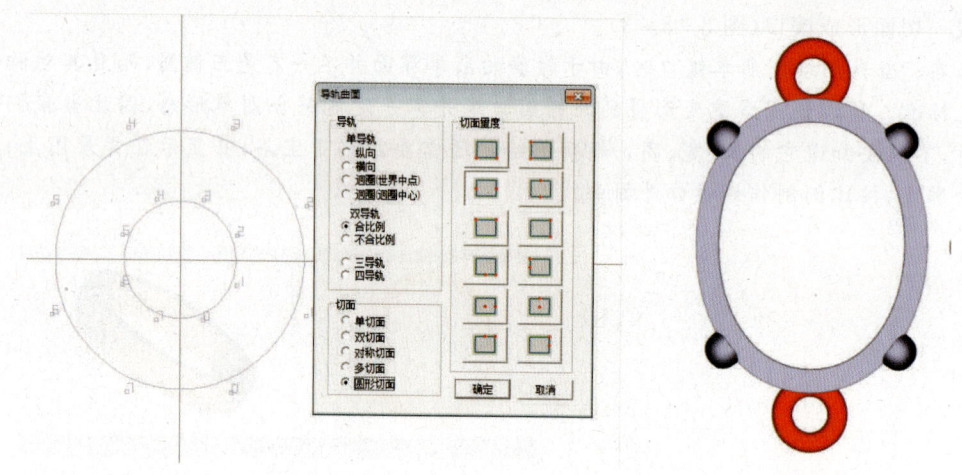

图3-8-6 圆环导轨　　　　　　图3-8-7 圆环位置

2. 连接链扣制作

(1)导轨。在上视图,按比例绘制连接扣轮廓线(图3-8-8)。考虑分左右两部分制作,将右边隐藏,沿着左边轮廓线绘制两条宽度导轨,接着使用【中间曲线】,得到高度导轨,去到正视图调整高线(高度导轨最高点距离宽度导轨 1.7mm),最终得到的三条导轨线如图 3-8-9 所示,接着绘制一个半弧形作为切面。

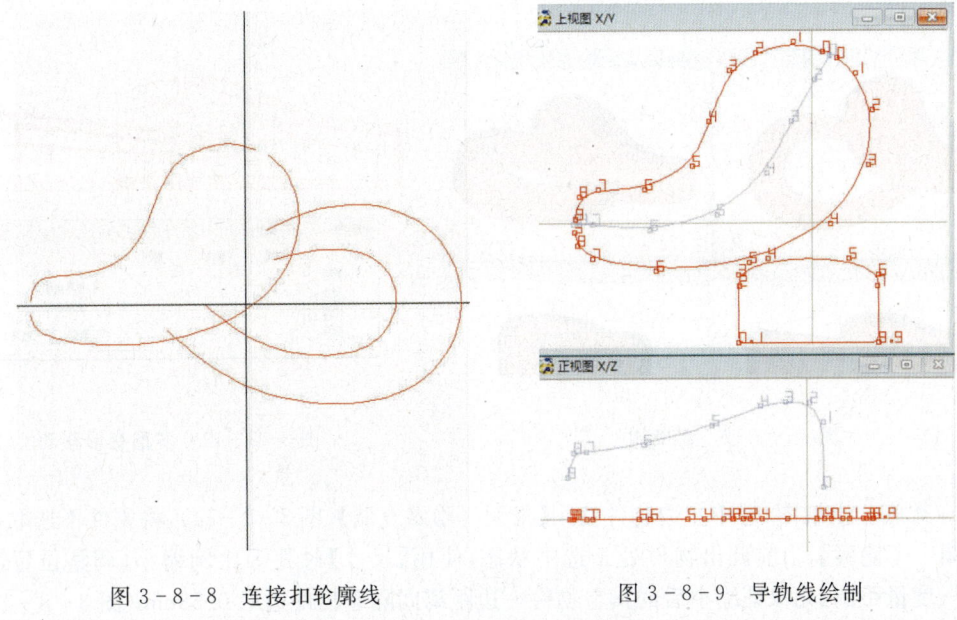

图 3-8-8　连接扣轮廓线　　　　　　　图 3-8-9　导轨线绘制

使用【三导轨—单切面】,导轨曲线从切面的底部两端通过,依次点击左边导轨—右边导轨—上边导轨—切面,形成物件(图 3-8-10)。将之前隐藏的右半边轮廓线【不隐藏】,同样于上视图绘制出两条宽度导轨,并生成【中间曲线】,在正视图调整好高度位置作为上边高度导轨(高度导轨最高点距离两条宽度导轨线 1.2mm,最低点距离两条宽度导轨 0.7mm)。可与左边物件公用一个半弧形切面(图 3-8-11)。

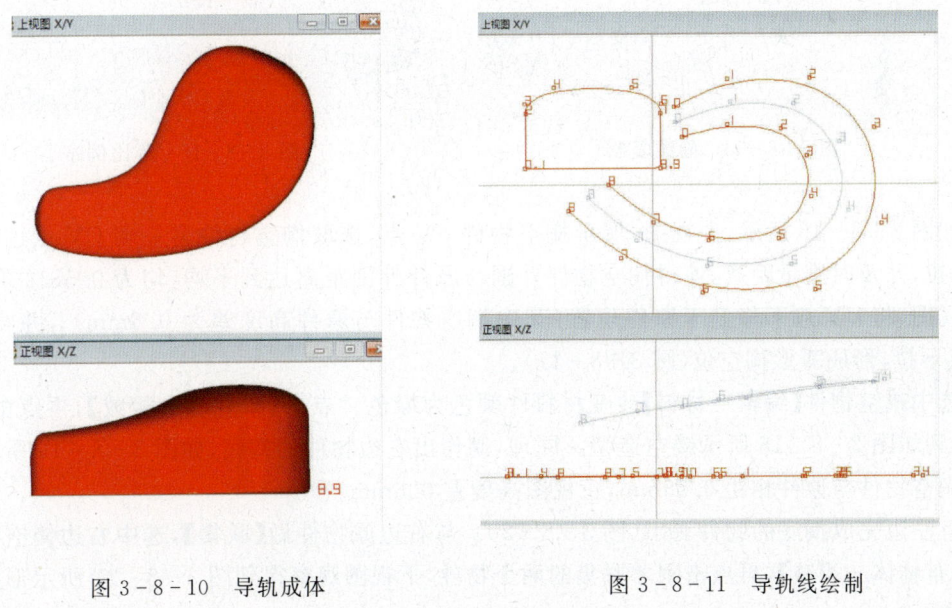

图 3-8-10　导轨成体　　　　　　　　图 3-8-11　导轨线绘制

同样采用【三导轨】完成连接扣右半边物件制作,组合后位置关系如图3-8-12所示。如图3-8-13所示,完成后在正视图使用【多重变形】,将其上移1.4mm(下层金属0.7mm+夹层高度0.7mm)。

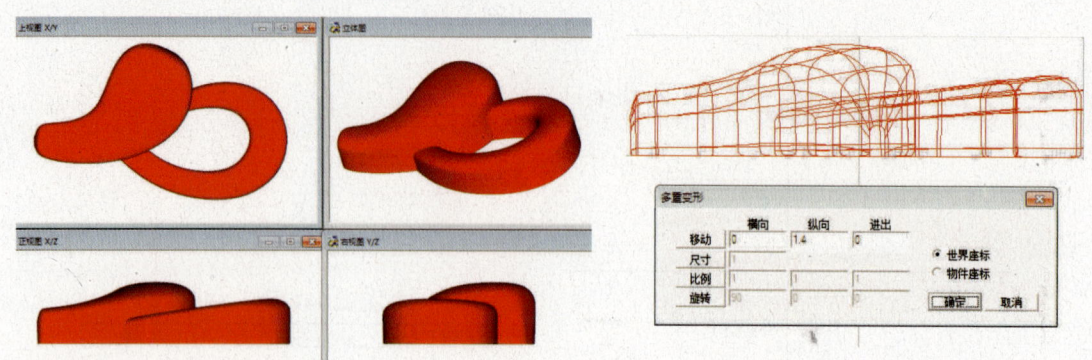

图3-8-12 连接扣　　　　　　　　　图3-8-13 多重变形移动

(2)掏底。上视图,选中左边物件使用【复制—隐藏复制】(图3-8-14),将原件不选取,再选择【编辑—不隐藏】,当前调出物件处于选中状态,使用【尺寸】对其等比例缩小,调整位置,使用【杂项—度量距离】先保证缩小后的掏空物件一边距离间隔原物件边缘0.58mm(图3-8-15)。

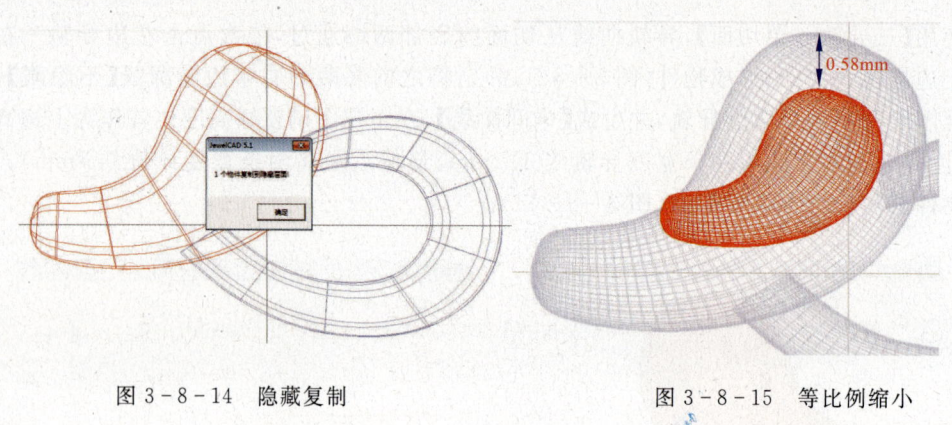

图3-8-14 隐藏复制　　　　　　　　图3-8-15 等比例缩小

如图3-8-16所示,上视图,展示掏空物件CV点,选取掏空物件另一端CV点进行【移动】拖拉,并及时度量距离,使得掏空物件外围与原件外围距离达到平均,均为0.58左右。去到正视图,将CV点下移低于原件位置(其中掏空物件与原件高度差为0.6mm),并将左角CV点下拉,形成弧形掏空位(图3-8-17)。

选中减空物件【编辑—材料】改变材料件颜色为绿色。点击【布林体—相减】,再点击原物件,得到如图3-8-18所示镂空造型。同理,制作出右边物件的掏底,如图3-8-19所示,上视图掏空物件与原件相距0.58mm,正视图高度差0.6mm。

将左边完成掏底的物件调出(图3-8-20),与右边原物件做【联集】,选中右边镂空物件,点击【布林体—相减】,再点击刚才联集的两个物件,下视图观察得到图3-8-21所示形态,掏空完成。

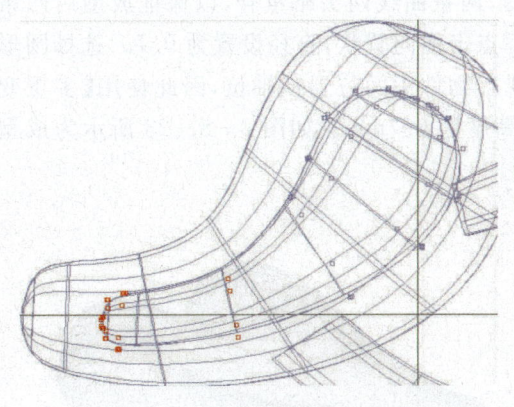

图 3-8-16 调整"CV"点

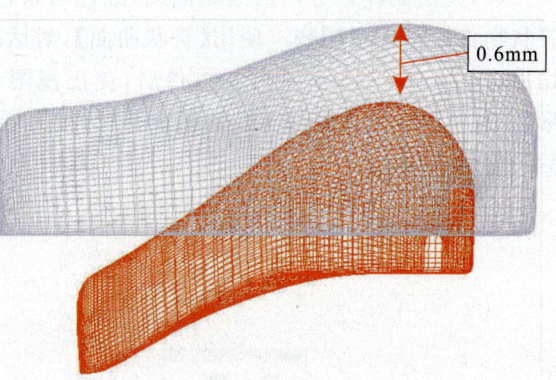

图 3-8-17 掏空物件位置

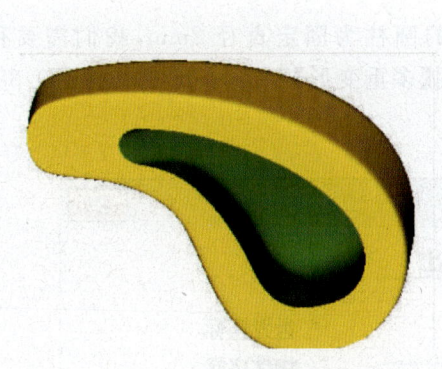

图 3-8-18 相减后效果

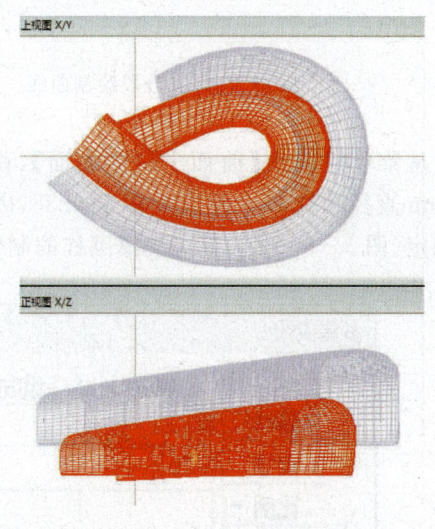

图 3-8-19 上视图与正视图

图 3-8-20 物件联集

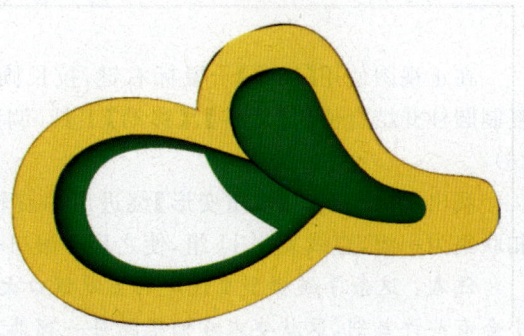

图 3-8-21 相减后效果

(3)夹层制作。分两段绘制曲线(红色与紫色),两条曲线两头略重合,以保证成型后两条管状物件链接连贯顺畅。使用【管状曲面】,对话框点击横向管状,直径设置为0.7。选择圆形切面(图3-8-22),完成管状物件后,在正视图观察物件中间位置横轴位,因此使用【多重变形】上移0.35,使其底部与横轴相重合,这时夹层高度为0.7mm。如图3-8-23所示为成型后的管状底层。

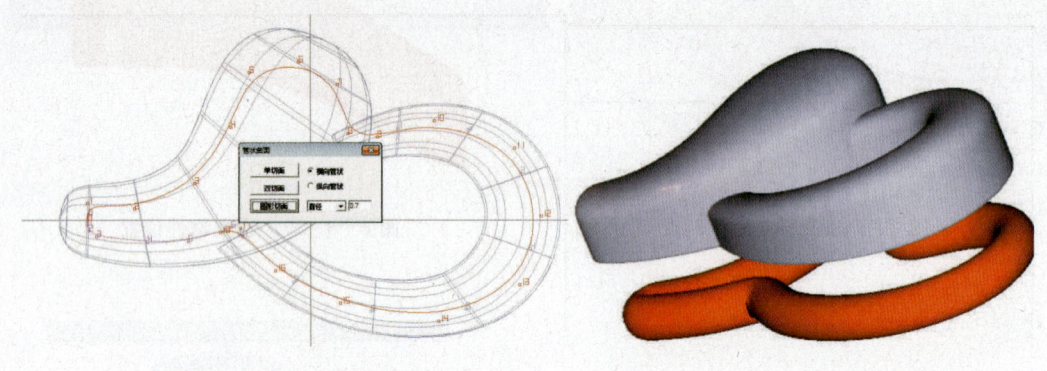

图3-8-22 分段绘制曲线　　　　　图3-8-23 底线成体

从菜单栏调出【曲面—圆柱曲面】,由于调出的圆柱为固定直径2mm,我们需要得到0.7mm直径圆柱,0.7除以2等于0.35,因此可使用【多重变形】工具,在尺寸栏填写0.35,点击确定(图3-8-24),完成支撑圆柱的制作。

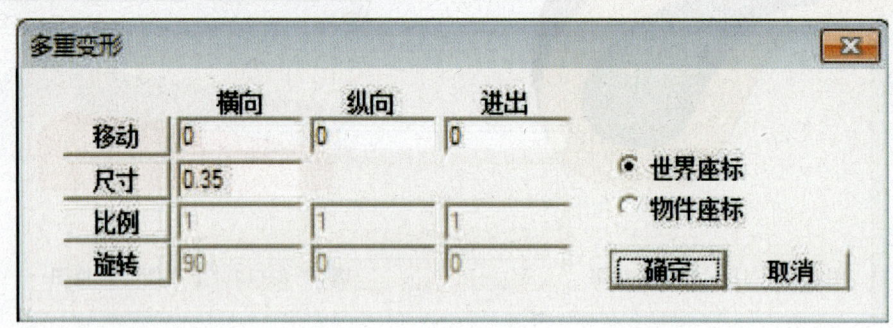

图3-8-24 多重变形

在正视图使用【尺寸】+鼠标右键,拉长圆柱高度,使其与上下层略重合(图3-8-25)。复制圆柱并结合使用【旋转】、【移动】工具,调整好四个连接位圆柱夹层制作完毕(图3-8-26)。

调出之前的镶口【多重变形】绕进出轴旋转90°,与连接链体相扣。一个镶口与一个连接扣联集为一组,直线复制11组,使之环环镶口,得到如图3-8-27手链模型最终效果。

注意:这条手链模型里设定的翡翠镶口大小一致,而在实际生产中,同一手翡翠界面的大小会有些许差别,这就要求我们根据每一颗翡翠制作出符合尺寸的镶口,因此在一条手链中,每一个镶口的大小或许都会有微小差别,应根据实际情况制作。标准的手链尺寸长180mm,还有一些是175mm、190mm、195mm。

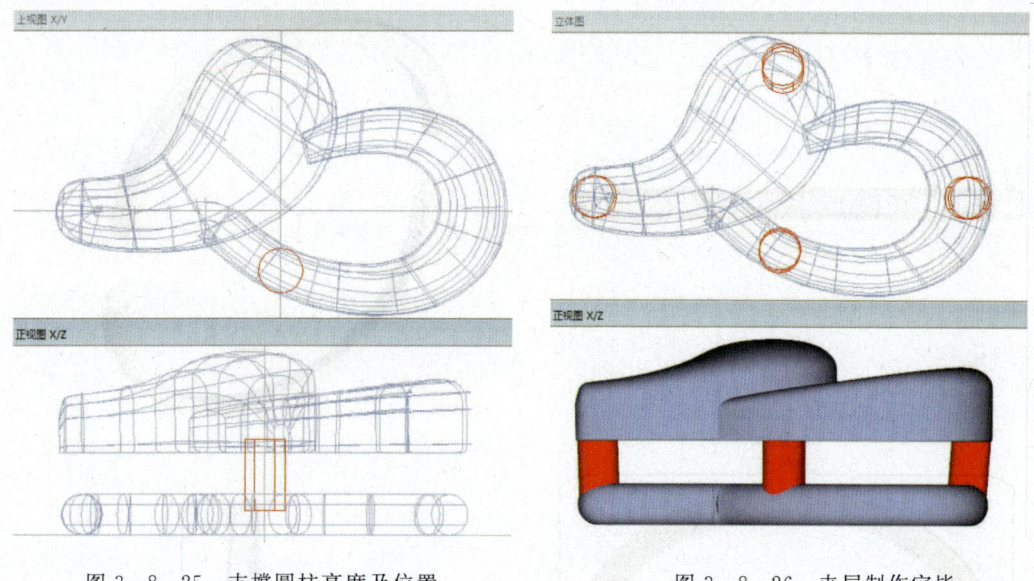

图3-8-25 支撑圆柱高度及位置　　　　图3-8-26 夹层制作完毕

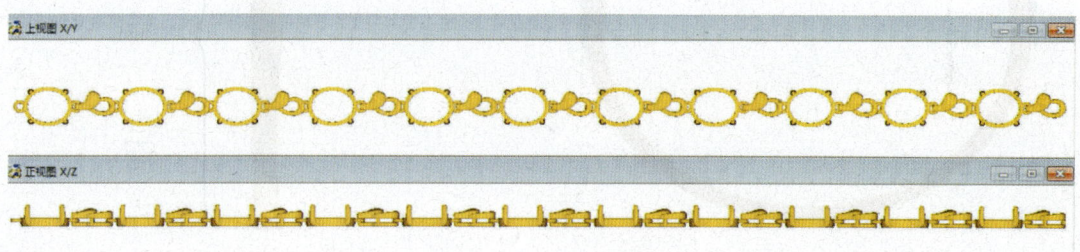

图3-8-27 最终效果

案例九　逼镶方石手镯

逼镶方石手镯设计线稿如图3-9-1所示。
建模基本思路如下。
(1)手镯导轨。
(2)逼镶制作。
(3)开窖位制作：三筒窖位制作；弧边形窖位制作。
(4)卡合压力箱制作。
(5)掏底制作。
操作步骤如下。

1. 手镯导轨

(1)导轨线绘制。正视图，用【曲线—圆形】对话框选择14个CV点，绘制一个直径1mm的圆，接着使用【变形—多重变形】将比例横向输入60，纵向输入50，完成手镯内尺寸60mm×

· 153 ·

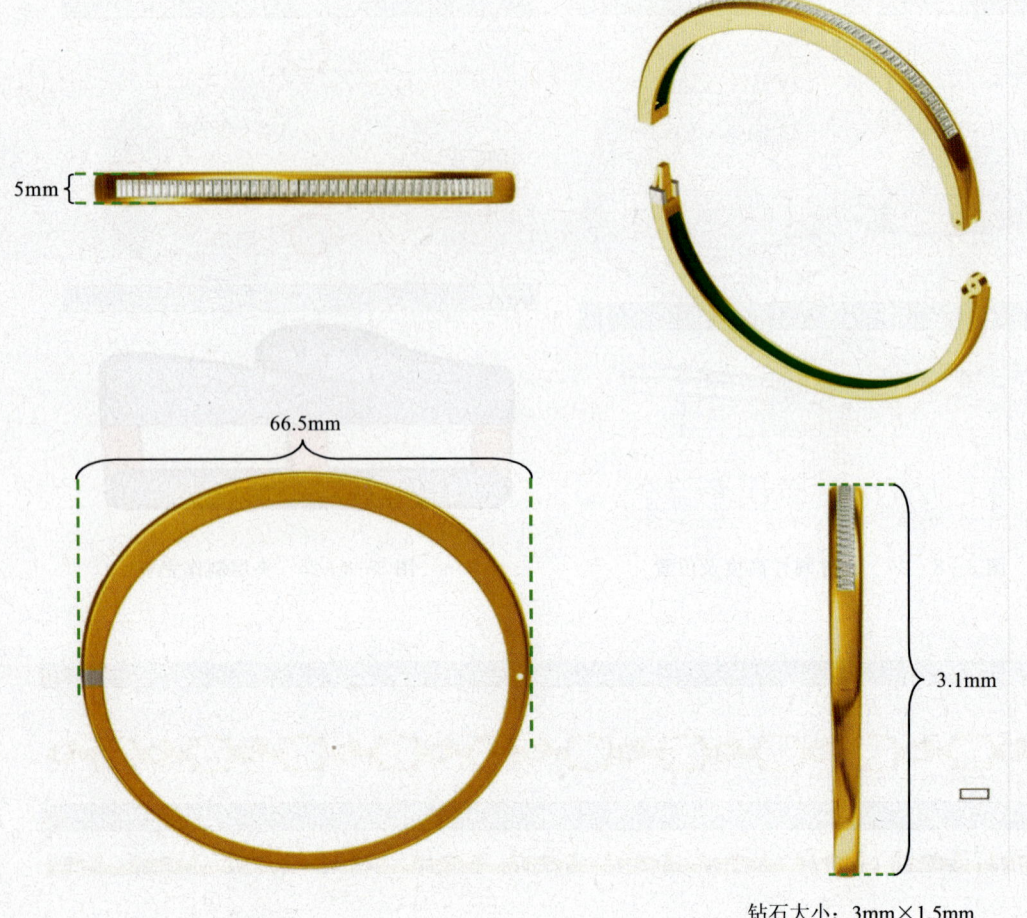

钻石大小：3mm×1.5mm

图 3-9-1 逼镶方石手镯各视图及相关数据

50mm 椭圆导轨线制作。绘制 2.3mm 与 4.5mm 的圆形曲线，分别放置于椭圆导轨下端与上端用来参照手镯厚度。将椭圆导轨曲线【隐藏复制】，接着将椭圆原件点击为不选中状态，【编辑－不隐藏】调出复制线作为另一条导轨线，并使用【尺寸】等比例放大到与 2.3mm 圆底部相切，再使用【选点】椭圆上端左右对称的 CV 点，使用【尺寸】等比例放大，调整，直到曲线上端与 4.5mm 圆相切，调整后使得整条曲线弧度平滑自然（图 3-9-2）。接着使用【中间曲线】，依次点击之前绘制的两条导轨线，得到第三条导轨线，将其在右视图使用【多重变形】横轴移动 2.5mm（如多重变形对话框之前操作使得其他栏激活并设置了有效数值，请调整回原默认数值）。由于手镯右侧图下端略窄，因此可以绘制一条符合侧边宽窄变化的投影线，选中导轨线下端 CV 点，向左【投影】，贴在投影线上（图 3-9-3）。

注意：手镯尺寸可按照不同尺寸定制，标准尺寸为 47mm×58mm，常见尺寸还有 52mm×64mm，52mm×64mm，52mm×59mm，48mm×59mm，45mm×55mm，55mm×65mm，50mm×60mm。

（2）切面绘制并导轨成形。绘制一个下边方形，上边带些许弧度的闭合曲线作为导轨切

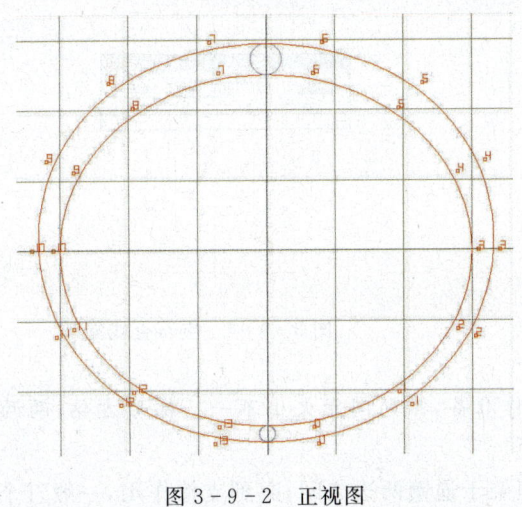

图 3-9-2 正视图　　　　　图 3-8-3 右视图投影

面。并选择【三导轨—单切面】,切面量度选择导轨位于切面上中与下中(图 3-9-4)。正视图,依次点击上边导轨—下边导轨—右边导轨(中间导轨),再点击切面,手镯成形(图 3-9-5)。

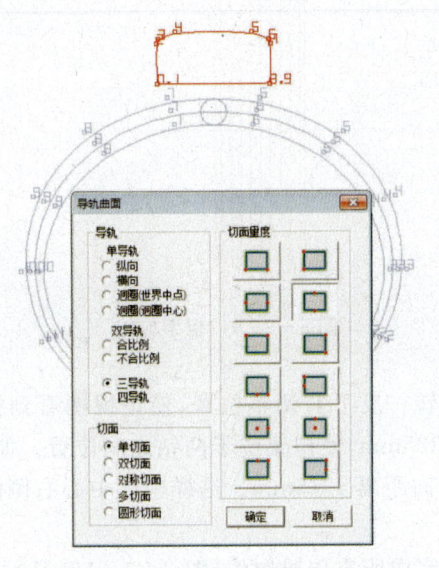

图 3-9-4 导轨曲面对话框　　　　　图 3-9-5 手镯导轨成形

2. 逼镶制作

(1)如图 3-9-6 所示,从【杂项—宝石】调出方形钻石,并绘制 3mm 及 1.5mm 圆作为参照,【尺寸】将宝石等比放大到 3mm×1.5mm。如图 3-9-7 所示,对宝石进行【直线复制】,对话框延伸数目为 23 个,横向距离填写 1.55(1.5mm 加上逼镶嵌石头间距 0.05mm)。完成后,将坐标中心宝石不选中,其余的【左右复制】,完成整个石头的制作。

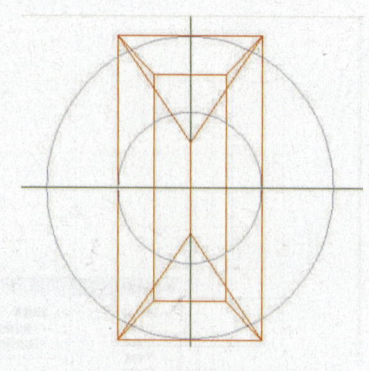 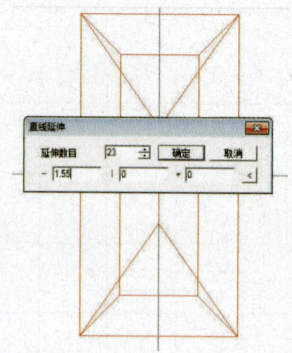

图3-9-6 宝石大小调整　　　　　图3-9-7 宝石直线复制

注意：逼镶根据不同石头，为后期镶石作准备，排列间距大小不一。梯形方钻，两两间距略小；圆钻，两两间距略大。

(2)担架制作。在逼镶中，槽位底下的担架于逼镶两边之间，起到支撑作用，一般三个石头一条担。在正视图绘制两条间距0.8mm的直线，在中间绘制如图3-9-8所示切面，使用【双导轨—不合比例—单切面】，切面量度选择导轨位于切面左下与右下。依次点击左右两边导轨及中间切面，完成担架的制作(图3-9-9)。

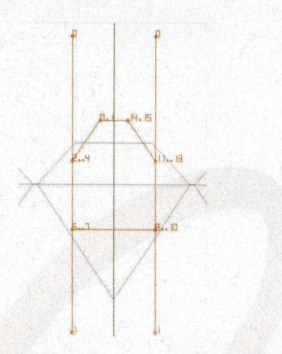 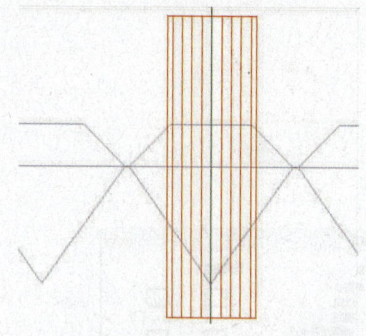

图3-9-8 担架导轨线　　　　　图3-9-9 担架成体

如图3-9-10所示，正视图，使用【变形—反转—反下】，调整位置，使正视图看到担架切面(图3-9-9)。接着使用多重变形横向移动2.325mm，使担架位于两钻之间位置。如图3-9-11所示，再使用【直线复制】，延伸数目7个，横向距离4.65mm。这样坐标中心右侧的担架直线复制完成。

最后再将右边的担架物件进行【左右复制】。完成所有担架制作(图3-9-12)。

(3)绘制映射曲线。还原导轨曲线，并沿着外围导轨绘制一条贴合手镯面的半弧形左右对称曲线，其余还原的曲线可做【隐藏】。【偏移曲线】向外偏移0.4(图3-9-13)。偏移后得到的曲线位置即为映射线位置，调整映射线(曲线A)长度使之与映射宝石总长(曲线B)相等(图3-9-14)，这里通过测量及调整，曲线A=曲线B=69.7mm。

(4)绘制开槽位。调整刚才绘制贴合手镯面的曲线长度，使之与映射线对应得到曲线C(图3-9-15)。接着使用【偏移曲线】，将曲线C向外偏移3mm，向内偏移0.2mm，得到如图3-9-16所示的两条曲线作为开槽导轨线。

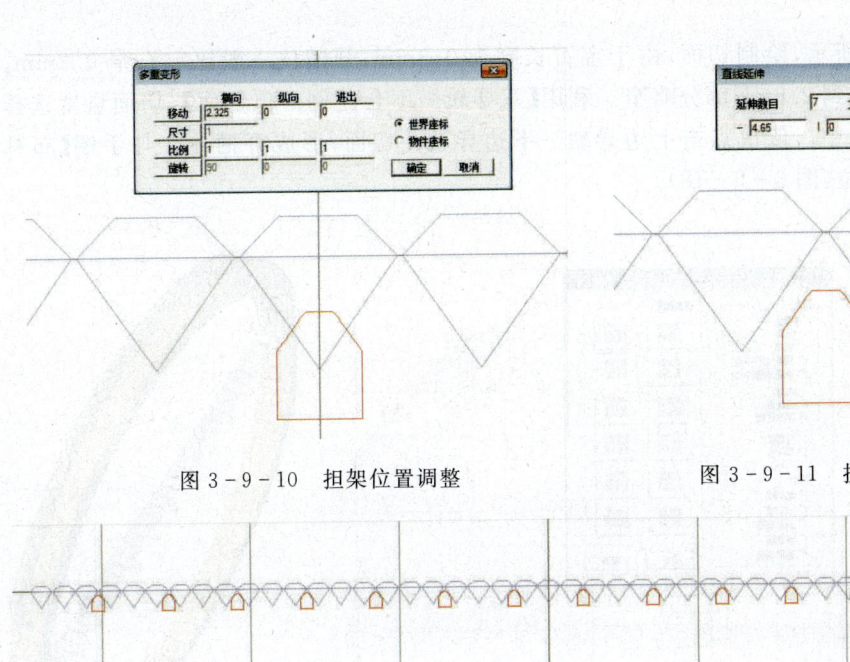

图 3-9-10 担架位置调整　　　　图 3-9-11 担架直线复制

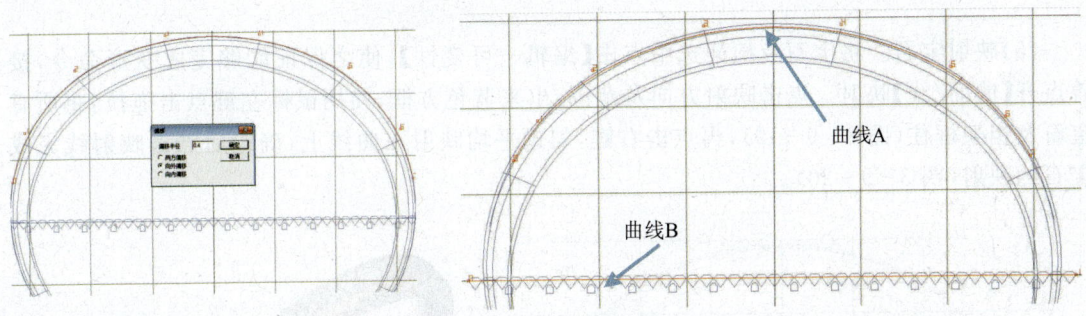

图 3-9-12 担架与宝石（正视图）

图 3-9-13 曲线偏移　　　　　　图 3-9-14 曲线 A 长度等于曲线 B

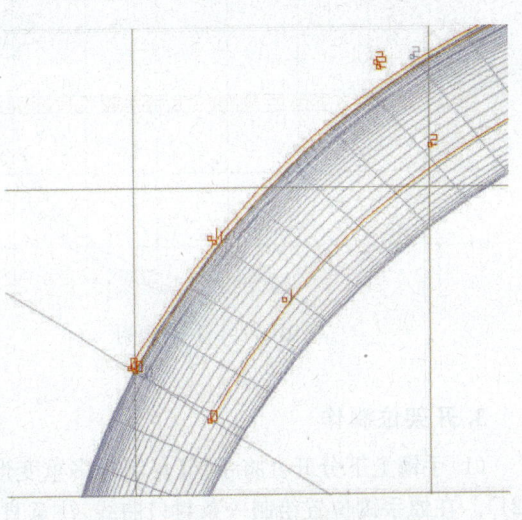

图 3-9-15 曲线 C 绘制　　　　　图 3-9-16 开槽导轨线

如图3-9-17所示,绘制切面,由于宝石长度为0.3mm,开槽位一般比宝石窄0.2mm。因此切面上部分宽做到2.8,下部分略窄。利用【双导轨—不合比例—单切面】,切面量度选择导轨在切面上中与下中。依次点击上边导轨—下边导轨—切面,形成开槽体。与手镯【布林体—相减】得到开槽位(图3-9-18)。

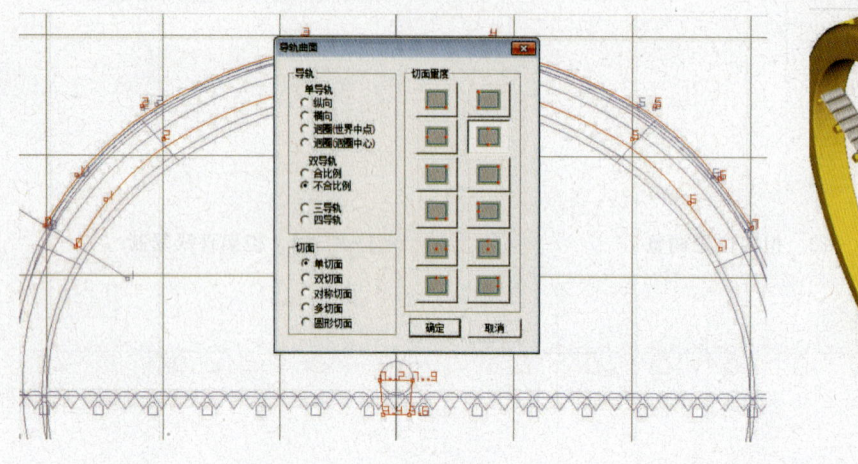

图3-9-17 开槽导轨　　　　　　　　　　图3-9-18 开槽位

(5)映射宝石。将宝石及担架选中点击【编辑—可变性】,使之保证能够完成变形命令,接着点开【曲面/线】映射。点击映射方向及范围,出来蓝色方框,使用鼠标左键点击拖拉,将所有宝石及担架框住(图3-9-19),再点击右键,勾选平均映射在曲线上,确定后点击映射线完成宝石的映射(图3-9-20)。

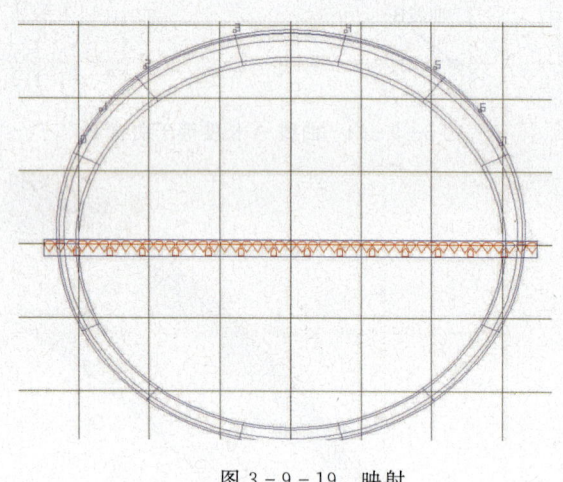 

图3-9-19 映射　　　　　　　　　　图3-9-20 映射完成

3. 开架位制作

(1)手镯上下分开。将手镯【复制—多重变形】,衡向移动90。得到另一个手镯模型(图3-9-21)。在原手镯位置绘制一条封口曲线,注意直线部分应与横坐标重合。在上视图横向直线延伸,延伸长度长大于手镯宽,得到半弧体,将上视图移动调整使之穿过手镯体(图3-9-22)。

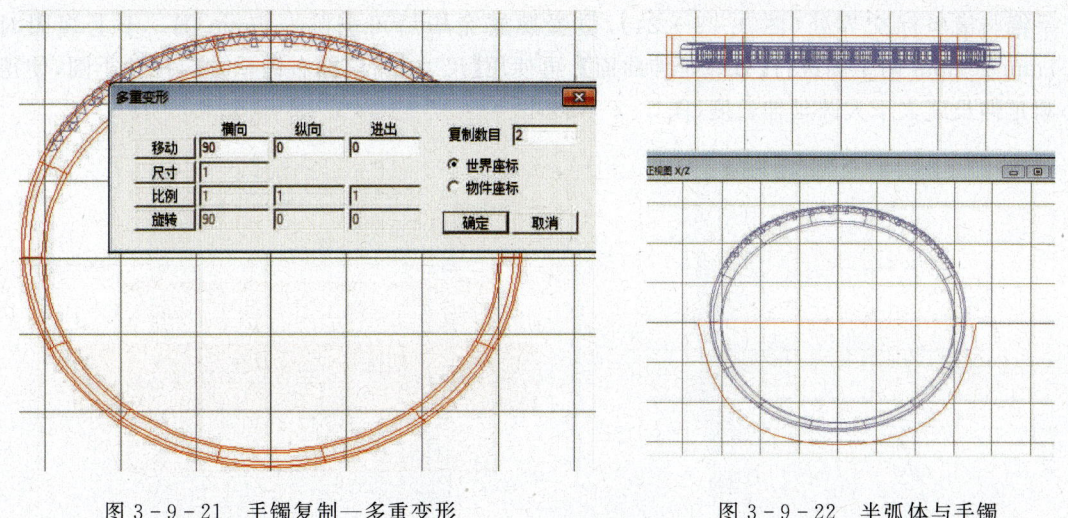

图 3-9-21 手镯复制—多重变形　　　　图 3-9-22 半弧体与手镯

半弧体上下复制,下部分与坐标中心位手镯相减,得到手镯上半部分。复制的上半弧体【变形—多重变形】横向移动 90。再与之前复制出的手镯相减,得到手镯下半部分(图 3-9-23)。

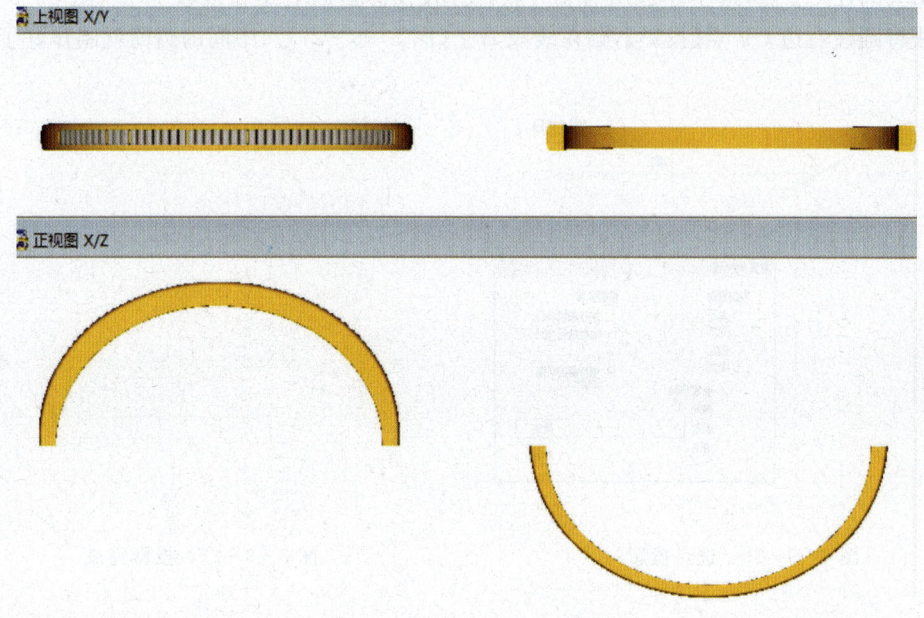

图 3-9-23 手镯上下分开

4. 开窖位

方法 1:三筒窖位

正视图测量,在横轴线上手镯厚度为 3.14mm,在手镯三筒开窖位的设计中,圆形轴筒直径一般比手镯厚度略小,且不与手镯内圈齐平,可往外凸出少许。绘制一个 0.5mm 的圆作为距离内圈的参考线,再绘制一个 2.7mm 圆作轴筒及一个 1mm 圆作打孔轴。横向【移动】放置于手镯与横坐标交界处(图3-9-24),位置摆放完毕后可删除0.5mm圆。于上视图对2.7mm及1mm两个圆进行【直线延伸曲面】,再使用【尺寸】加鼠标右键单方向拉长小圆,使得小圆延伸长度大于大圆延伸长度(图3-9-25)。

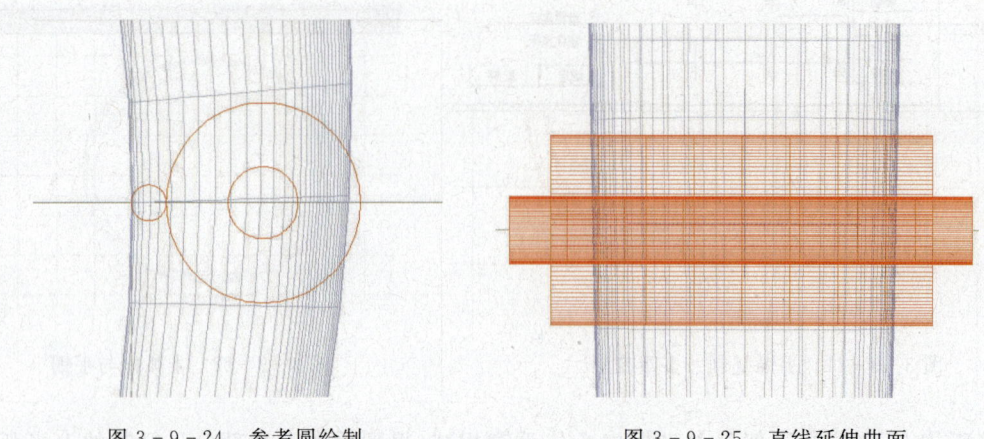

图3-9-24 参考圆绘制　　　　图3-9-25 直线延伸曲面

于右视图绘制两条直线,将手镯宽度分为三段,调整使两条直线中间手镯宽度略宽于左右两边。展示大圆柱CV点,选中左边所有CV点,使用【投影】,向右贴在线段A上(图3-9-26)。同样方法将圆柱右边CV点【投影】,贴在线段B上(图3-9-27)。中间的圆筒就制作好了。

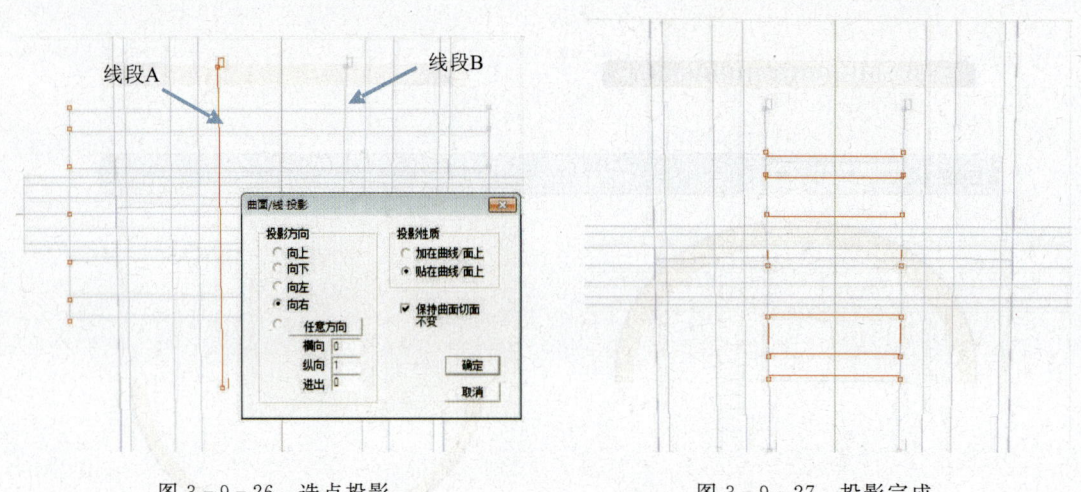

图3-9-26 选点投影　　　　图3-9-27 投影完成

右视图,将制作好的圆筒向右【直线复制】一个。再将复制出的圆筒左边CV点投影线段B。绘制一条线段C,使之与手镯侧面边缘贴合,再将复制圆筒右边CV点选中投影到线段C上(图3-9-28)。完成后将圆筒左右复制(图3-9-29)。将制作好的三个筒以及小圆柱选中【隐藏复制】,以供后期制作。

选中中间的圆筒,点击【布林体—相减】,再点击手镯,形成如图3-9-30所示形状,将左右两个筒与手镯做【联集】;选中穿插的小圆柱,点击【布林体—相减】,再点击手镯与圆筒的联集体。形成如图3-9-31所示形状,完成上边筒位的制作。

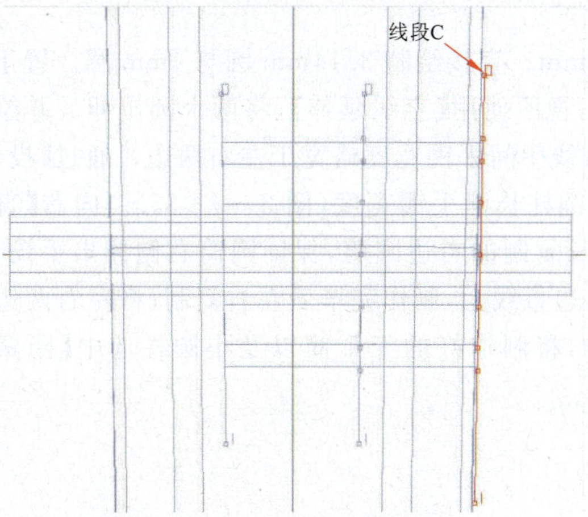

图 3-9-28 选点投影 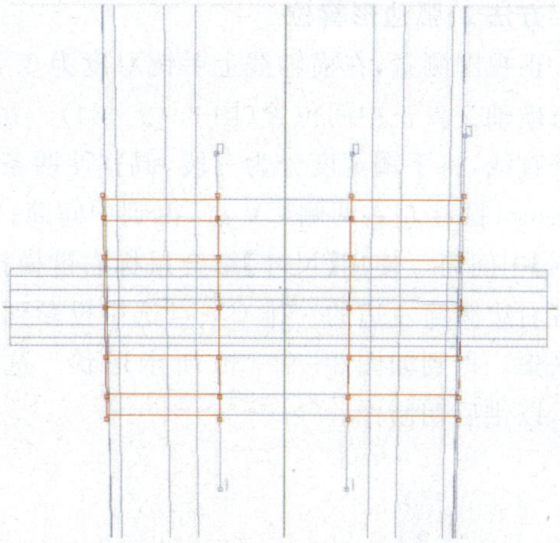　　　　　图 3-9-29 三个圆筒位置

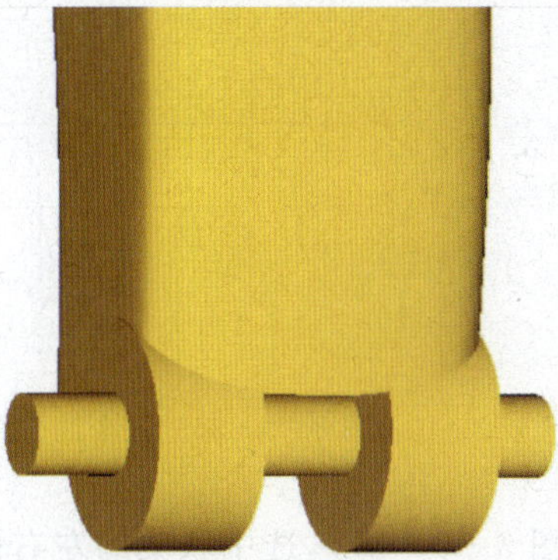

图 3-9-30 中间圆筒减去 　　　图 3-9-31 上边筒位制作完成

点击【编辑—交替隐藏】,将隐藏复制的圆筒与下半边手镯显示出来,选中三个圆筒及小圆柱,使用【变形—多重变形】,横向移动90。使之位于手镯下半边的筒位。选中左右两边圆筒,与手镯相减得到如图3-9-32所示形状,再将中间圆筒与手镯【联集】,选中小圆柱,同中间圆筒与手镯联集体相减,得到如图3-9-33所示形状。这样就完成了手镯下边筒位的制作。

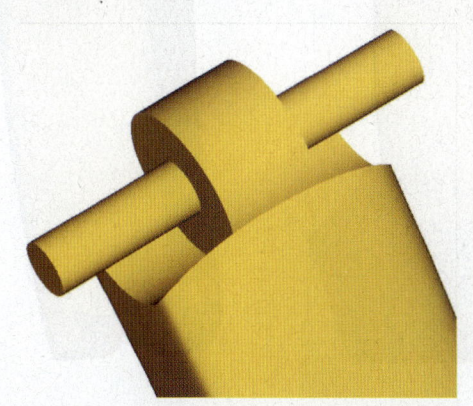

图 3-9-32 左右圆筒减去　　　图 3-9-33 下边筒位制作完成

方法 2:弧边形窘位

正视图测量,在横轴线上手镯厚度为 3.14mm。直接绘制 3.14mm 圆与 1mm 圆。置于手镯与横轴交界正中间位置(图 3-9-34)。在右视图使用【直线延伸】,将两个圆拉伸。并绘制两条直线,将手镯宽度分为三段,调整使两条直线中间手镯宽度略宽于左右两边。通过【投影】3.14mm 圆柱左右两侧 CV 点,得到中间筒;小圆柱长于手镯宽度(图 3-9-35)。向右【直线复制】中间筒。使用【尺寸】结合鼠标右键横拉长复制的右边圆筒,保证圆筒右侧伸出手镯外,再将右边圆筒左边的一排 CV 点选中投影到右边直线上,制作完毕后左右复制,将左右两边圆筒联集。得到如图 3-9-36 所示形状。这时,将制作好的三个筒以及小圆柱选中【隐藏复制】,以供后期制作。

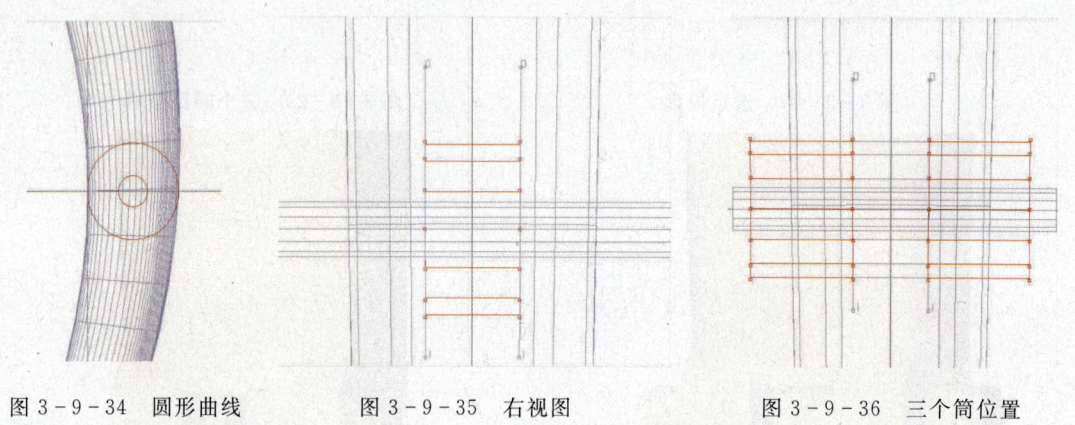

图 3-9-34 圆形曲线　　图 3-9-35 右视图　　图 3-9-36 三个筒位置

将剪掉手镯下半部分的半弧体【还原布林体】显示(图 3-9-37),选中联集的左右两边圆筒,点击【布林体—相减】,再点击半弧体,形成如图 3-9-38 所示形状。再选中半弧体以及小圆柱,点击【布林体—相减】,后点击手镯,形成如图 3-9-39 所示形状。完成上边弧形筒位的制作。

点击【编辑—交替隐藏】,将隐藏复制的圆筒与下半边手镯显示出来,选中三个圆筒及小圆柱,使用【变形—多重变形】,横向移动 90,使之位于手镯下半边的筒位。选中两边圆筒,与手

 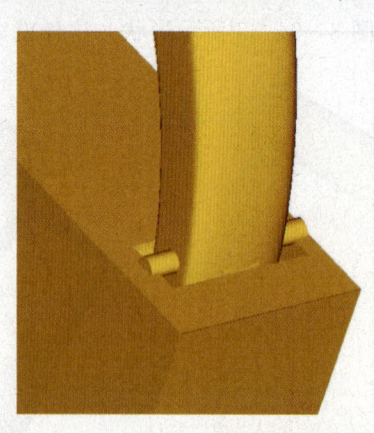 

图 3-9-37 半弧体　　图 3-9-38 两边筒与半弧体相减　　图 3-9-39 上边筒位

镯相减得到如图3-9-40所示形状,再将中间圆筒与手镯【联集】,选中小圆柱,同中间圆筒与手镯联集体相减,得到如图3-9-41所示形状。这样就完成了手镯下边筒位的制作。

图3-9-40 两边筒与手镯相减　　　图3-9-41 下边筒位

5. 卡合压力箱制作

(1) 分件位制作。正视图,上半部分手镯与横坐标交界处即为开关制作位置,绘制一条直线,与横坐标重合,使用【偏移曲线】向两方偏移1.2。得到两条导轨线,再绘制一个高度大于5mm的切面(图3-9-42)。点击【双导轨—不合比例—单切面】,切面量度选择导轨位于切面左中与右中。依次点击两条导轨线—切面。形成长方形物体(图3-9-43)。

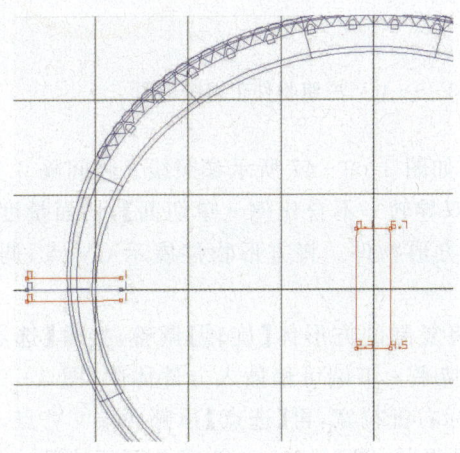 

图3-9-42 分件位导轨线　　　图3-9-43 手镯与长方体

正视图,选中长方体,使用【复制—多重变形】,横向移动90,使复制体位于下半边手镯的开关位。接着将坐标中间的手镯加上长方体,使用【复制—多重变形】,横向移动-90,得到复制的手镯与长方体(图3-9-44)。

将左右两个长方体与手镯相减,空出分件位。中间的手镯,还原布林体,并把宝石与多余相减布林体删除,仅留下手镯导轨体,并将手镯【隐藏复制】一个。接着在正视图,视图中仅选中中间手镯导轨和长方体,点击【布林体—相交】,得到如图3-9-45所示分件体。为便于区

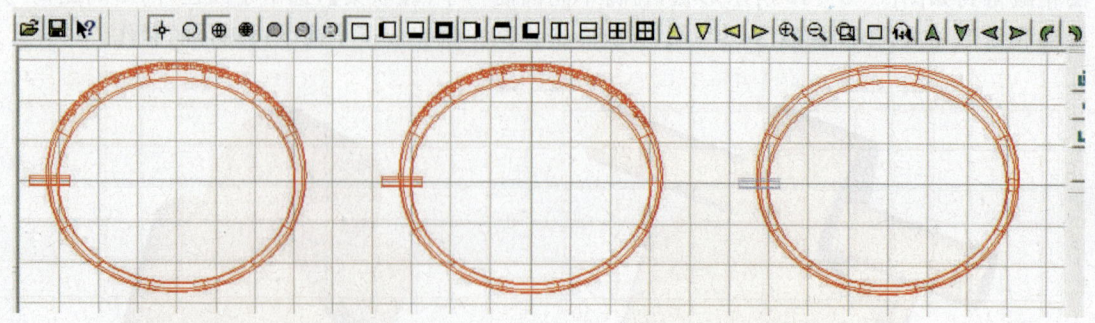

图3-9-44 三个手镯物件正视图位置

分,这里改变其材料颜色为灰色。物件层面为灰色。三组物件位置关系如图3-9-46所示,从左至右分别为:上半边手镯,分件体,下半边手镯。

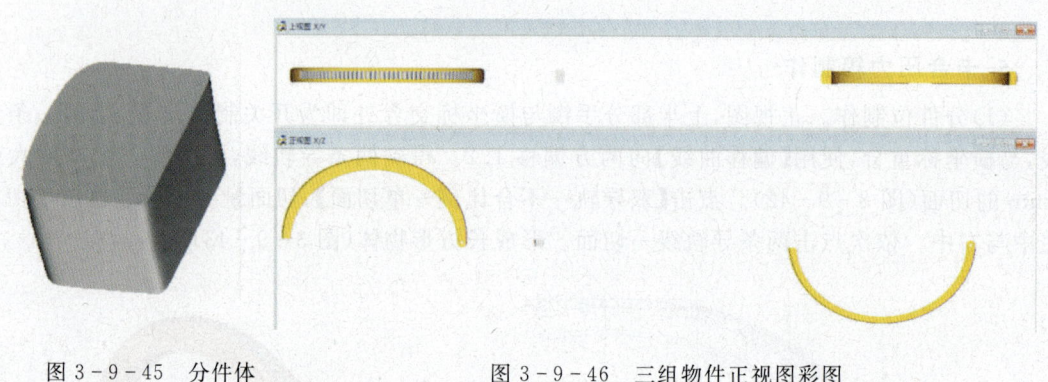

图3-9-45 分件体　　　　　图3-9-46 三组物件正视图彩图

(2)开合卡片制作。正视图,在分件位绘制如图3-9-47所示参照线。将间隔0.7mm两条直线作为导轨,再绘制一个方形切面,使用【双导轨—不合比例—单切面】,切面量度选择导轨位于切面左中与右中,点击导轨于切面形成方形物件。将方形物件展示CV点,调整好位置。再向下【直线复制】一个(图3-9-48)。

再将方形体选中,向左再直线复制一个,将复制的方形体【旋转】调整,接着【选点】调整CV点,使得上端与后边方形体略相交,且顶部持平。下端可稍插入分件体中(图3-9-49)。将三个方形体选中,去到右视图。【尺寸】加鼠标右键拉宽,再【选点】顶部两端CV点,【尺寸】加鼠标右键往里收拢。得到如图3-9-49线图形状,图3-9-50为彩色图下效果。

正视图,将下边方形体选中,【复制—多重变形】横向移动90(图3-9-51),使复制体位于手镯下半边的开关位(图3-9-52)。

将上边两个方体组合形成开合夹片。【复制—多重变形】或【直线复制】横向移动-90(图3-9-53),使之复制到手镯上半边的开关位。以此作为参照,隐藏手镯便于观察。如图3-9-54所示,上半边手镯,从上视图沿夹片宽度绘制出手镯上边的开孔位置。圆形为1.4mm参照圆,以保证两个厚0.7mm的夹片插入能容纳其最大宽度。开孔曲线呈"凸"字形封口曲线。

去到正视图,将"凸"字形曲线往上【直线延伸】(图3-9-55)。将开合夹片删除,选择凸字形物体,点击【布林体—相减】,再点击手镯,形成孔洞(图3-9-56)。

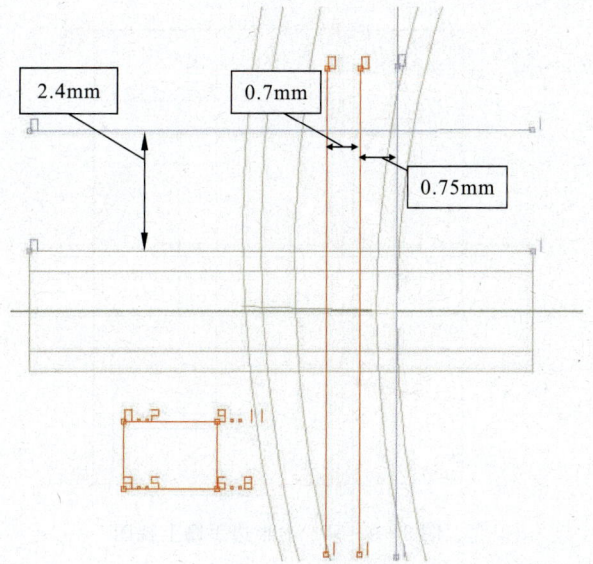
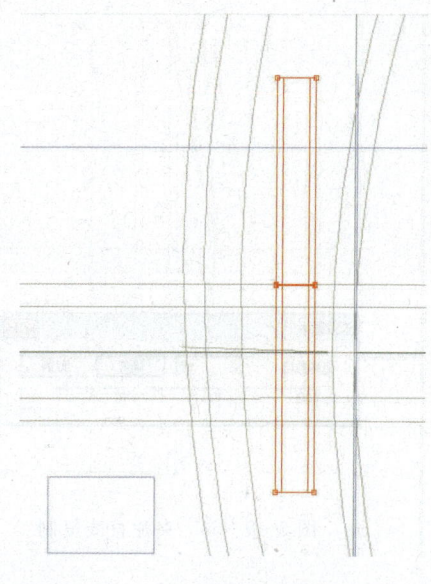

图 3-9-47 参照线绘制　　　　　图 3-9-48 方形物件复制调整

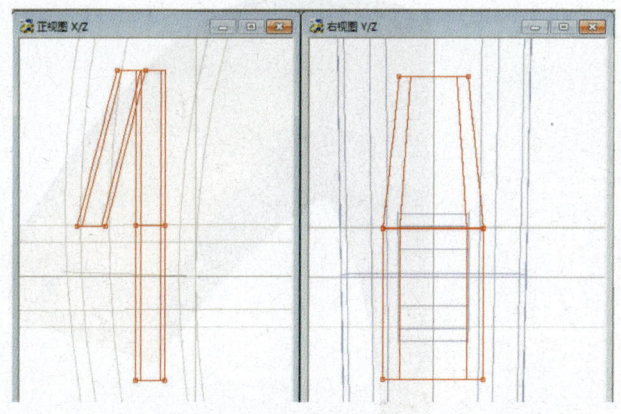
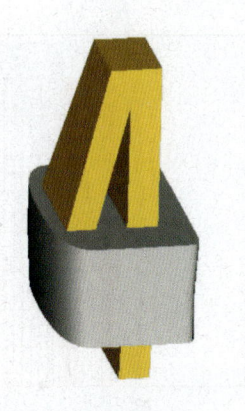

图 3-9-49 线图形状　　　　　　图 3-9-50 彩图效果

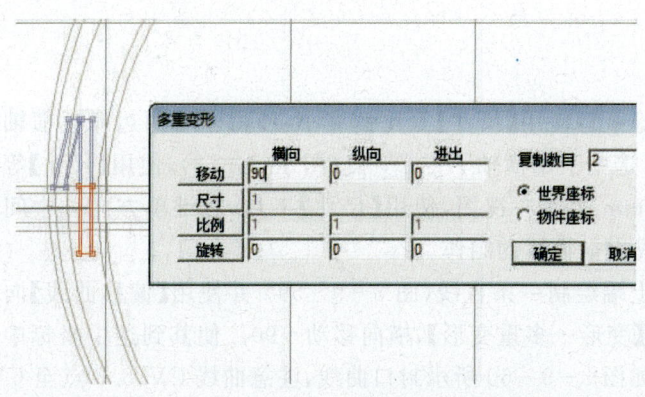

图 3-9-51 复制—多重变形　　　图 3-9-52 下半边手镯

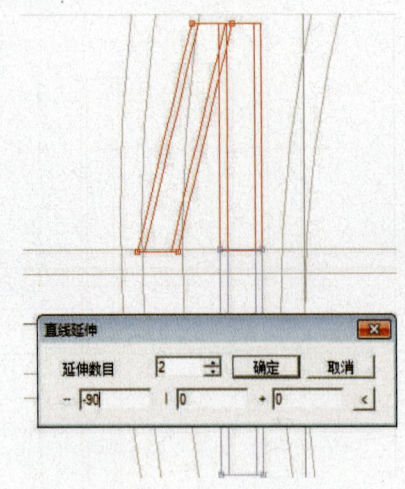
图 3-9-53 夹片直线复制

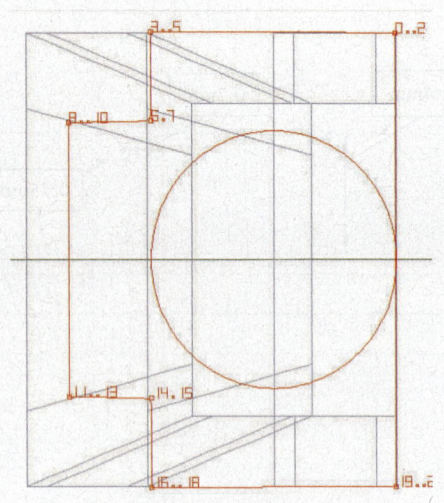
图 3-9-54 上半边手镯上视图

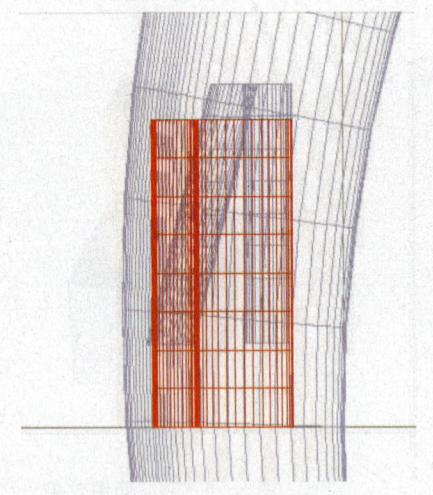
图 3-9-55 正视图

图 3-9-56 相减后效果

6. 掏底制作

正视图,将之前隐藏的手镯【不隐藏】,使用【尺寸】等比例缩小,使得左右两边靠近横轴位留出0.6mm边(图3-9-57)。接着选中手镯横轴下方CV点(图3-9-58),使用【尺寸】等比例缩小,调整使得下边均匀留出0.6mm边。右视图,使用【尺寸】工具,右键单方向往中间收拢,使得左右两边留边0.8mm。完成掏空物体的制作。

在下半边手镯位的开窖位圆筒上端绘制一条直线(图3-9-59)并使用【偏移曲线】向外偏移0.8mm。再将得到的偏移线段【变形—多重变形】,横向移动-90。使其到达中坐标中间的掏空体位置,以此为参照线,绘制如图3-9-60所示封口曲线,注意曲线CV.5.6点至CV.7.8点为距离分件体2.4mm的直线。完成后,在上视图使用【直线延伸】,纵向拉伸成体,成体物件宽度要大于手镯宽度。

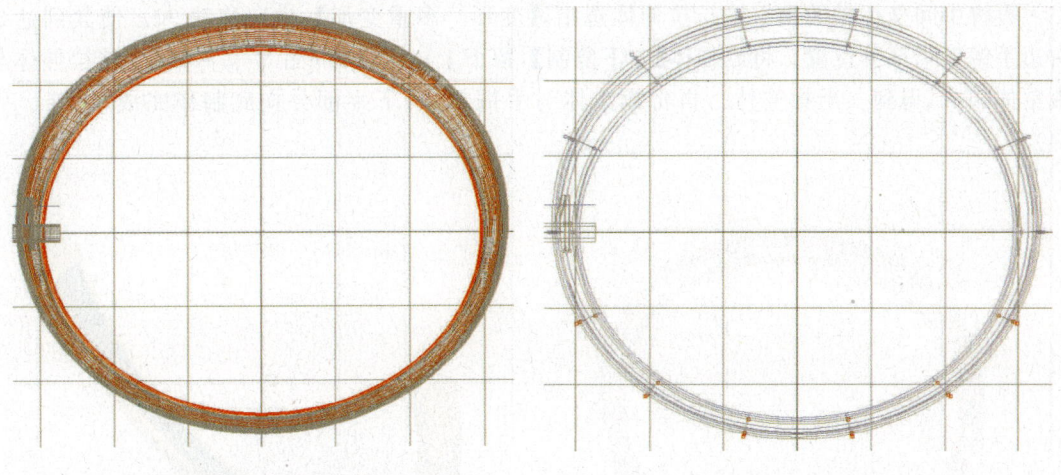

图 3-9-57 掏底手镯缩小　　　　　　　图 3-9-58 选中 CV 点

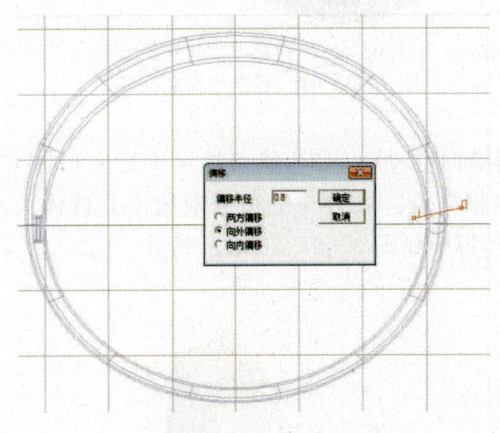
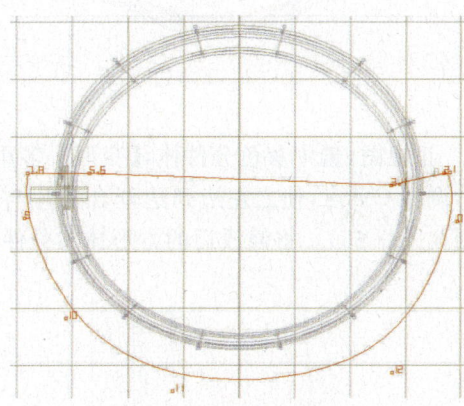

图 3-9-59 偏移曲线　　　　　　　图 3-9-60 封口曲线

选中掏空体与拉伸体,【直线复制】,横向移动-90,使之到达手镯的上半边位置(图 3-9-61)。将拉伸体与掏空体相减,得到一半掏空体。再将掏空体与手镯相减,上半部分掏底制作完成(图 3-9-62)。

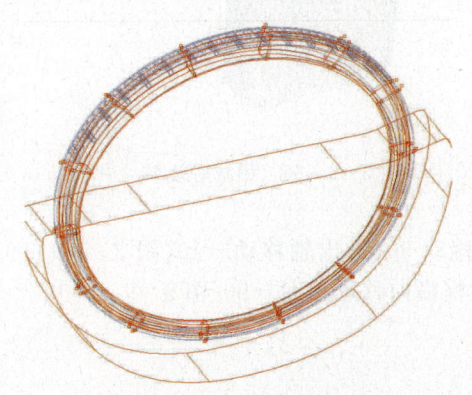
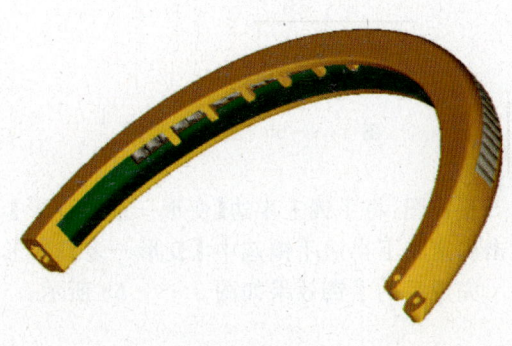

图 3-9-61 上半边手镯　　　　　　　图 3-9-62 上半边掏底完成

再将中间坐标轴的掏空体与拉伸体选中,【变形—多重变形】,横向移动90。使其到达到右边手镯下半部分位置。将延伸体【上下复制】,留下上边延伸体(图3-9-63)。将拉伸体与掏空体相减,得到一半掏空体。再将掏空体与手镯相减,下半部分掏底制作完成(图3-9-64)。

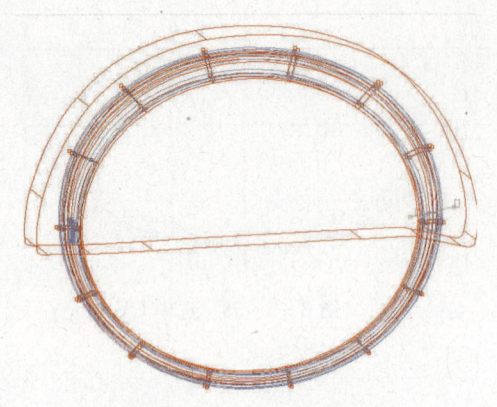
图3-9-63 下半边手镯

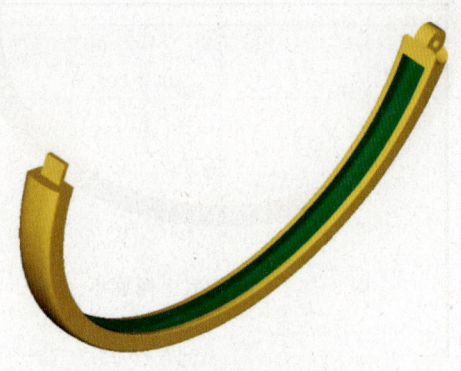
图3-9-64 下半边掏底完成

正视图,选中灰色分件体,【变形—多重变形】横向移动-0.8。接着展示下边方形体CV点,调整CV点,使之左边到达开合夹片与分件体相交位。右边与上边分别超出分件体大小(图3-9-65)。将修改后的方形体与分件体相减,得到如图3-9-66所示效果。

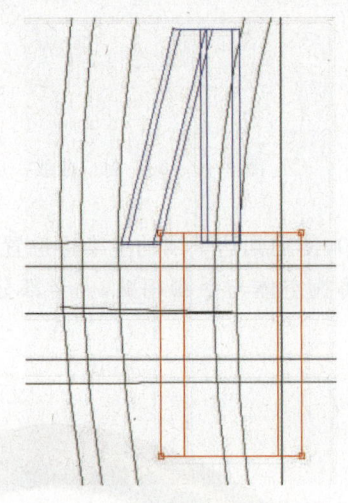
图3-9-65 分位位调整

图3-9-66 相减后效果

正视图:将手镯上半边【变形—多重变形】,横向移动90,进出轴移动-10(图3-9-67),点击确定将下半边手镯选中【变形—多重变形】对话框横向移动填写-90(图3-9-68)。

完成后的手镯效果如图3-9-69所示。

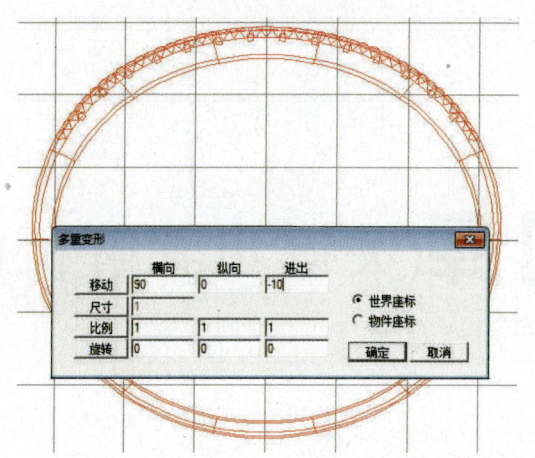 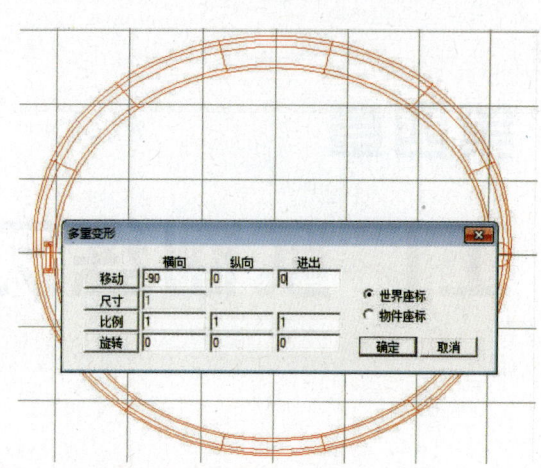

图 3-9-67　上半边手镯移动至坐标位　　　　图 3-9-68　下半边手镯移动至坐标中心

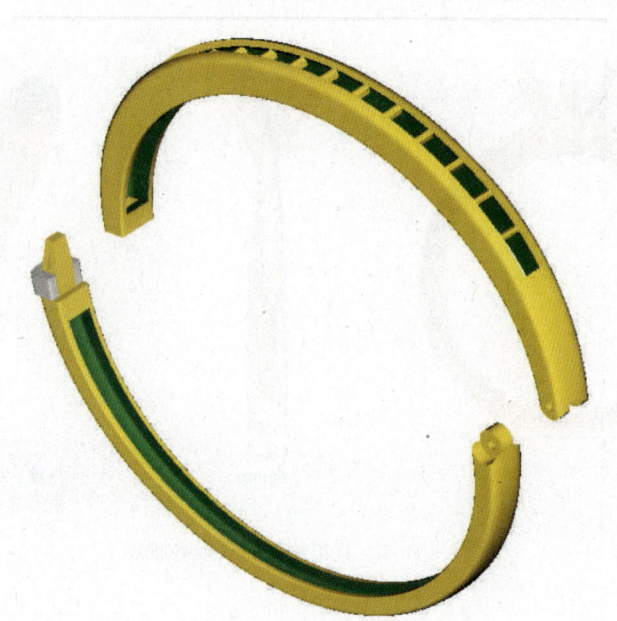

图 3-9-69　完成后手镯效果图

第四章
工厂实例练习库(关键步骤解析)

实例练习一　直齿镶钻石女戒

直齿镶钻石女戒设计线稿如图 4-1-1 所示。

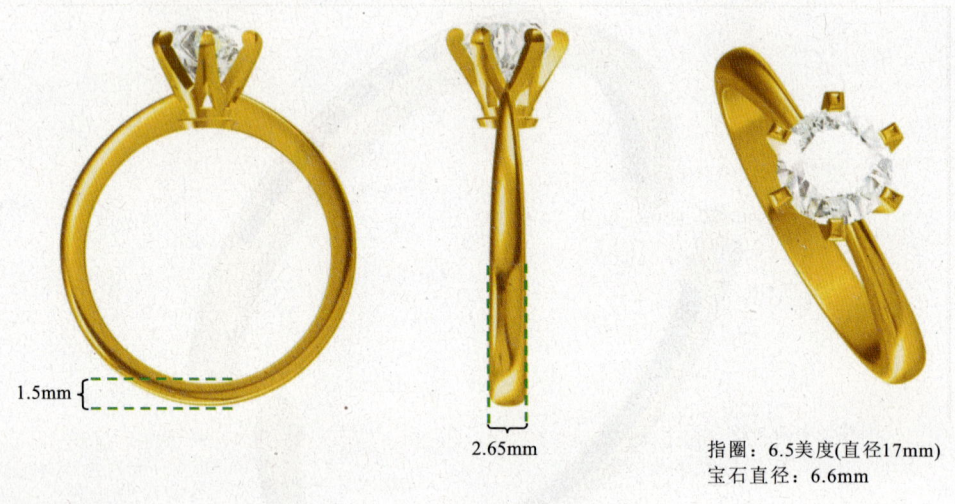

指圈：6.5美度(直径17mm)
宝石直径：6.6mm

图 4-1-1　直齿镶钻石女戒各视图

操作简析如下。

1. 绘制戒圈

正视图，绘制出戒指左半边的导轨线及切面。戒圈内直径 17mm，肚底厚度 1.5mm，两条导轨线顶部相距 2.6mm。在右视图将内圈导轨【投影】到曲线，并左右复制形成左右两条宽度导轨。右视图两条导轨线底端为最宽距离 2.65mm。并绘制半弧形切面(图 4-1-2)。使用【三导轨一单切面】，切面量度选择导轨位于切面左下与右下。依次点击左右导轨与上边导轨切面生成戒圈。完成后的一半戒圈在正视图左右复制，完成后效果如图 4-1-3 所示。

2. 直齿镶制作

(1)镶口位成体。

宝石库调出 6.6mm 直径圆钻。在右视图，绘制镶爪截面轮廓线，镶爪厚度 1mm(图 4-1-4)。使用【纵向环形对称曲面】形成如图 4-1-5 所示形状物件。

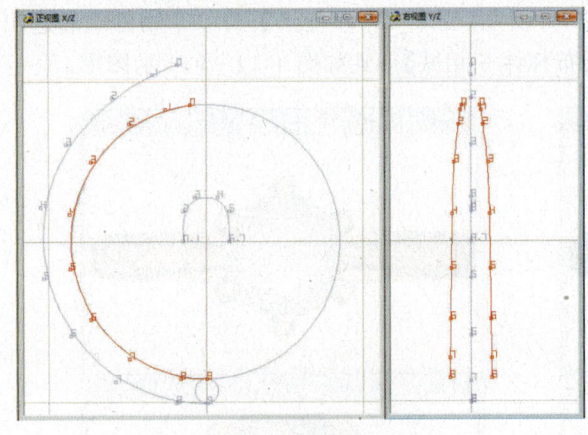

图4-1-2 戒圈导轨线　　　　　　　　图4-1-3 戒圈效果

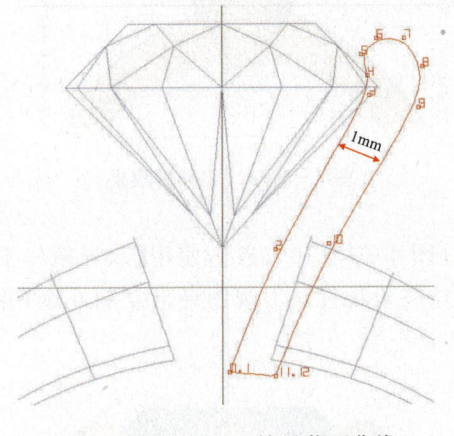

图4-1-4 镶爪截面曲线　　　　　　　图4-1-5 镶口位成体

(2)布林体运算。

绘制如图4-1-6所示的两条封口曲线,注意两条曲线点点对应一致。点击【线面连接曲面】点击两条线段成体。上视图快彩图如图4-1-7所示。

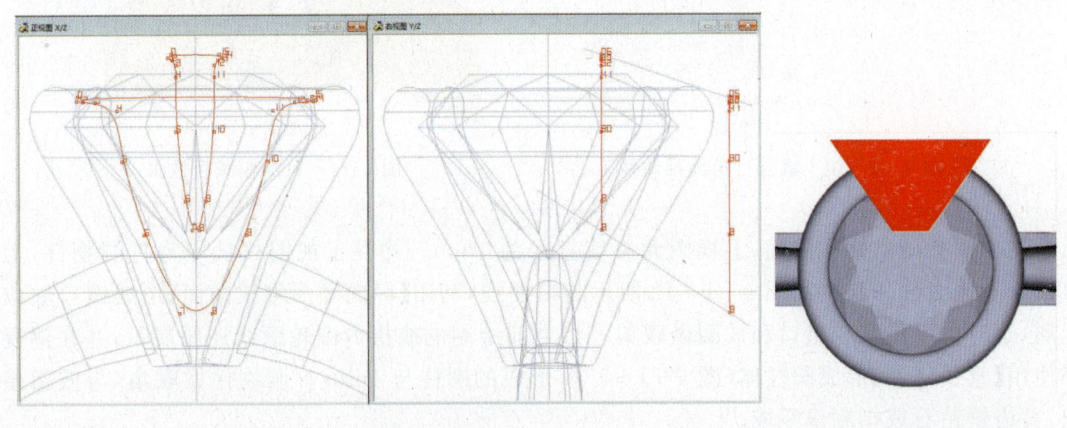

图4-1-6 封口曲线绘制　　　　　　　图4-1-7 放样成体

将上视图观察的梯形体环形复制6个,并使用【变形—多重变形】,将6个物件绕着进出轴旋转30°(图4-1-8)。将梯形体与镶口【布林体—相减】得到如图4-1-9所示图形。

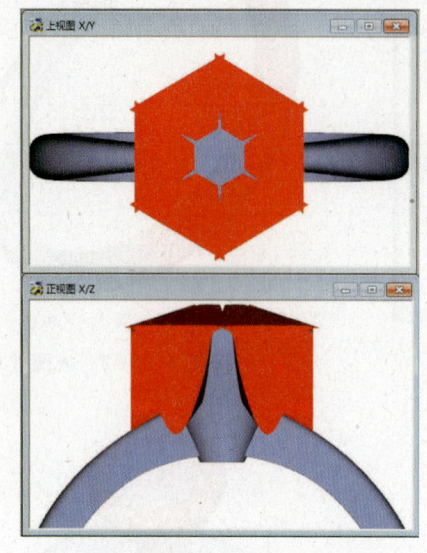

图4-1-8 梯形体复制调整

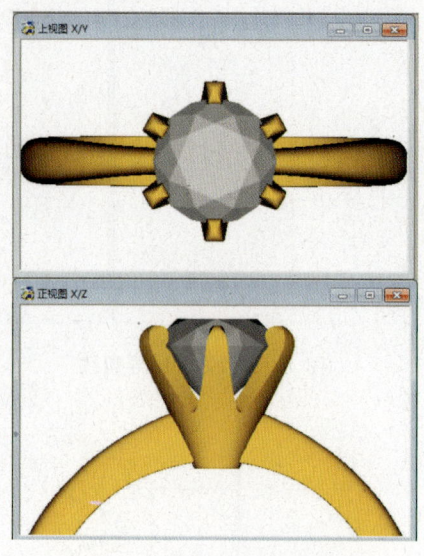

图4-1-9 相减后效果

在右视图绘制两条导轨线及一个三角形切面(图4-1-10),点击使用【双导轨—不合比例—单切面】,导轨位于切面上中与下中。形成镂空三角物件。上视图环形复制6个,并与镶口相减(图4-1-11)。

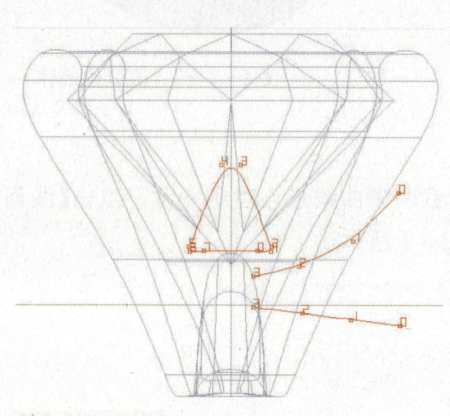

图4-1-10 镂空三角体导轨线

图4-1-11 相减后效果

从曲面栏调出圆柱曲面,上视图调整其直径为1mm。并在正视图拉长作为打洞物件,上移置于石头底部。绘制如图4-1-12所示封口曲线,利用【纵向环形堆成曲面】形成镶口底位金属,这时可以将其与镶口和戒圈做联集。将之前绘制的戒指内圈轮廓线还原展示,并在侧视图使用【直线延伸】形成圆柱体(图4-1-13),形成的圆柱与1mm打洞物件做联集,与戒指相减,直齿镶钻石戒指制作完成。

模型各视图效果如图4-1-14所示。

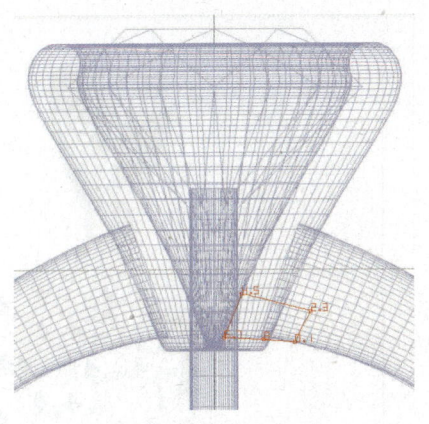

图 4-1-12 封口曲线

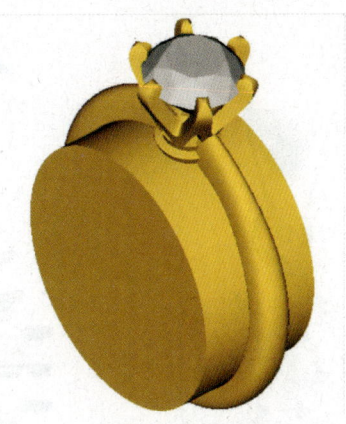

图 4-1-13 内圈圆柱体

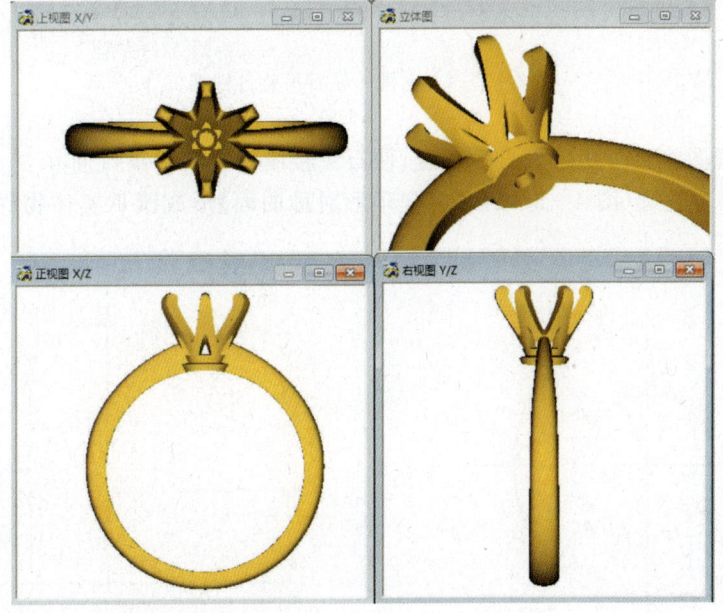

图 4-1-14 最终效果

实例练习二　六围一钻石吊坠

六围一钻石吊坠如图 4-2-1 所示。
操作简析如下。

1. 钻石镶口的制作

【镶口】：杂项里面调出 2mm 直径的圆钻，接着用【圆形曲线】绘制一个直径 2mm 的圆作为镶口外圆导轨。外圆导轨向内偏移 0.5mm 得镶口内圆导轨，绘制切面（图 4-2-2）。【双导轨—不合比例—单切面】切面量度选择导轨于切面左中右中，生成镶口。

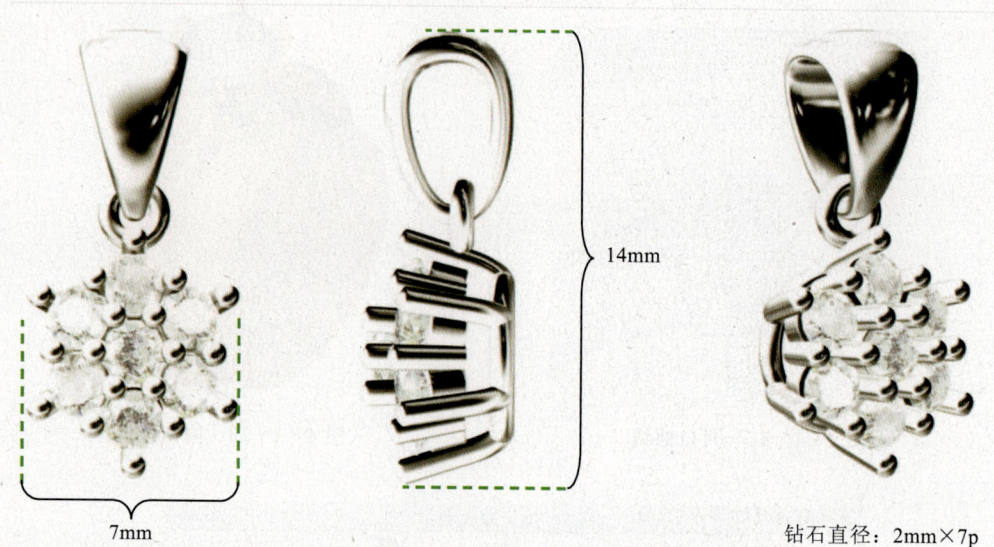

图 4-2-1　六围一钻石吊坠各视图

【镶爪】：右视图将石头摆放到合适位置，使石头腰棱位置高于镶口面 0.35mm。根据参照 0.8mm 圆绘制镶爪轮廓（图 4-2-3），【纵向环形对称曲面】形成镶爪实体物件镶爪高于石面 0.5mm。

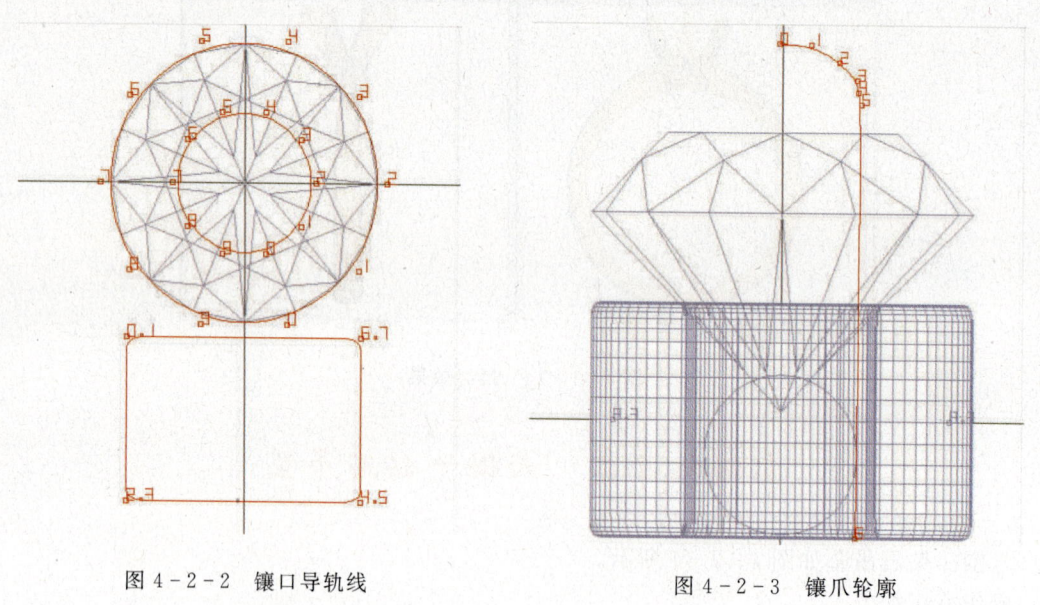

图 4-2-2　镶口导轨线　　　　　图 4-2-3　镶爪轮廓

注意：我们在使用镶爪时，难免会遇到不同大小的石头配置不同大小的镶爪，我们可以将制作好的不同镶爪存进资料库，以后需要绘制相同类型镶爪，可以从资料库调出，操作更快捷。具体操作方法：可进入 JewelCAD 文件夹-Database，在里面建立一个文件夹，例如"镶爪"，将希望存档并可以快速调出使用的镶爪 CAD 原文件拷贝进去。再次从 CAD 打开资料库便可以看到"镶爪"一栏,点开便可点击使用存放进去的不同模型(如果希望在资料库显示图片,则需要保存与CAD原文件相同名字的BMP图片一起放进"镶爪"文件夹。这里绘制完毕镶爪,并命名0.8mm,再从光影图存一个100×100的bmp格式图,同样命名0.8mm。一起放进文件夹。再次从软件点开资料库,便可以通过图片观察到0.8mm镶爪,点击图片,便可以调出模型使用)。

2. 镶爪及镶口复制调整

【镶爪复制调整】:还原绘制镶口的导轨线,保留外圆导轨,并向内偏移0.1mm,作为爪吃入石头的参考线,将镶爪直线复制,在右视图向右稍倾斜,上视图观察保证镶爪吃入钻石的位置(图4-2-4)。

【镶口复制调整】:右视图,选中调整好的镶爪、镶口及钻石做联集,点击【复制—反右】,形成复制镶口,并于使用【旋转】及【移动】命令调节,如图4-2-5所示,注意石头与石头之间要有一定距离,两两镶口之间的层次关系分明。如制版考虑后期实际生产缩水,从上视图观察两两镶口应相距0.2mm。

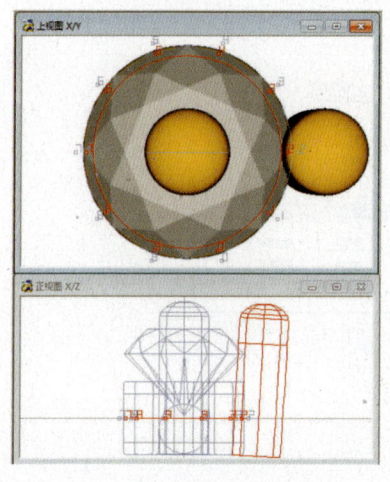

图4-2-4 镶爪复制调整

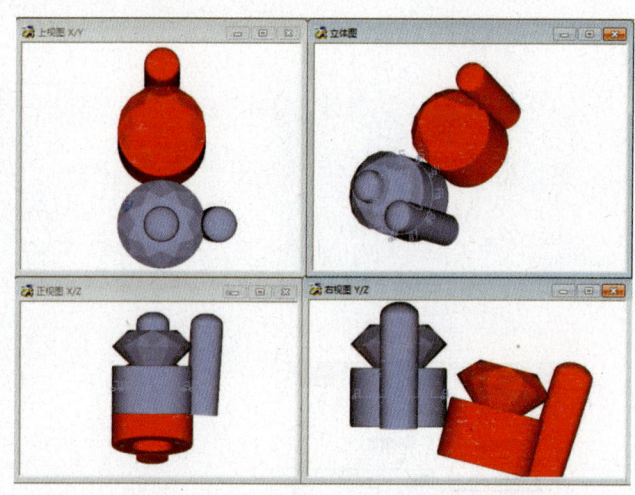

图4-2-5 镶口复制调整

在上视图将调整好的镶口【环形复制】6个。再复制一个镶爪,于上视图及正视图调整好位置,同时注意观察镶爪底部应与镶口底部齐平(图4-2-6)。调整好后连同左边的镶爪【环形复制】6个得到图形如图4-2-7所示。制作完毕后可将坐标中间的爪消除。

3. 夹层及瓜子扣制作

绘制合适大小圆形,并利用【管状曲面】,点击圆形切面完成制作,直径设定0.8mm(图4-2-8)。成型后的圆环大小合适,于上视图观察以不能露边为宜。去到正视图,调整好与花头之间的距离。并绘制爪与圆环之间的支撑曲线,同样使用【管状曲面】完成(图4-2-9)。

成型后的连接支撑于上视图【环形复制】6个(图4-2-10),绘制瓜子扣及连接圆环导轨及切面(图4-2-11),【双导轨—合比例—圆形切面】导轨出绘制圆环;【三导轨—单切面】,切面量度选择导轨于切面上中与下中,导轨出瓜子扣。

组合成型后的模型如图4-2-12所示。

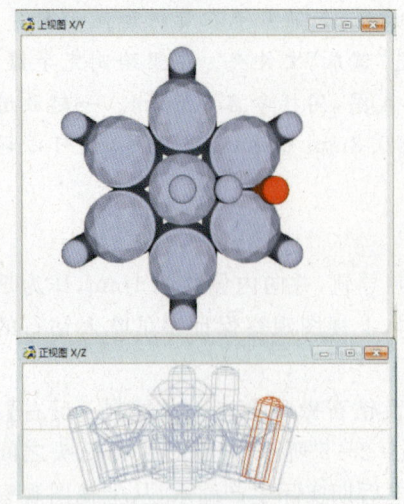
图 4-2-6 镶口环形复制

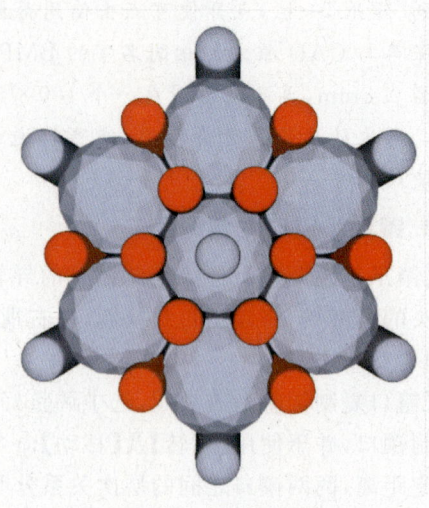
图 4-2-7 镶爪环形复制

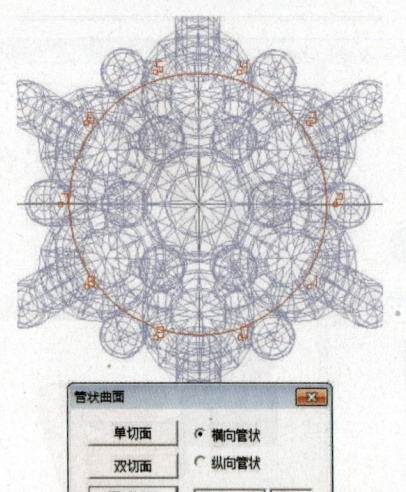
图 4-2-8 底线圆环制作

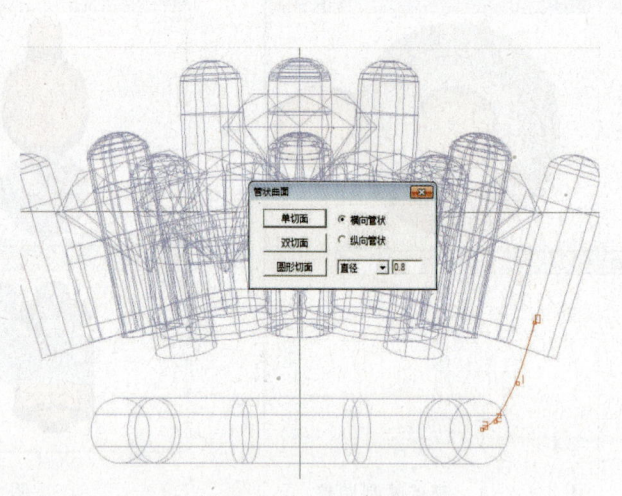
图 4-2-9 支撑制作

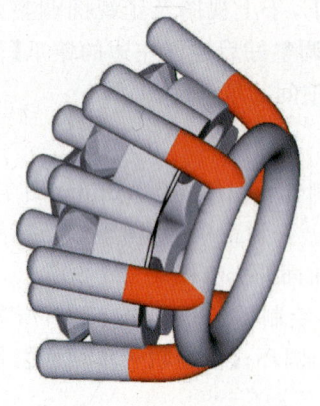
图 4-2-10 夹层效果

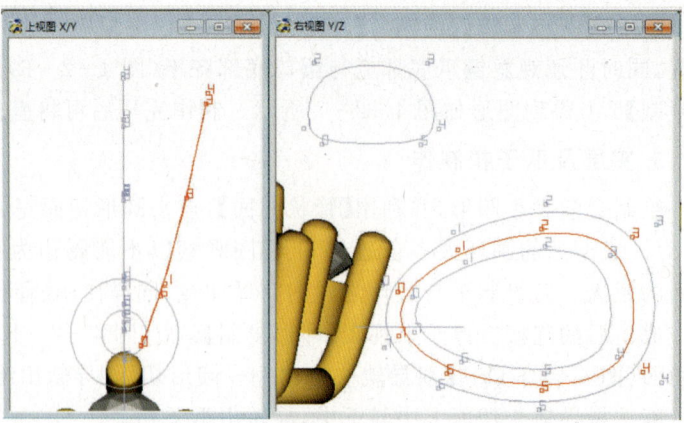
图 4-2-11 瓜子扣三导轨

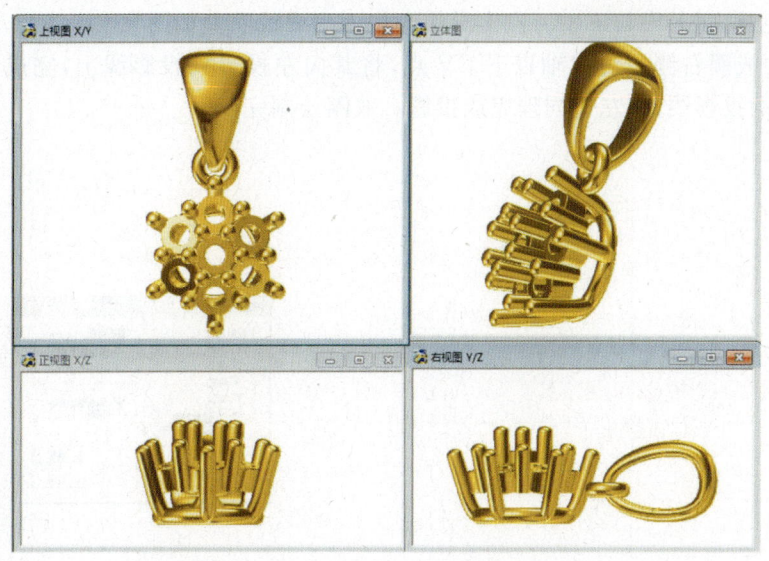

图 4-2-12 最终效果

实例练习三 铲边钉镶钻石戒指

铲边钉镶钻石戒指如图 4-3-1 所示。

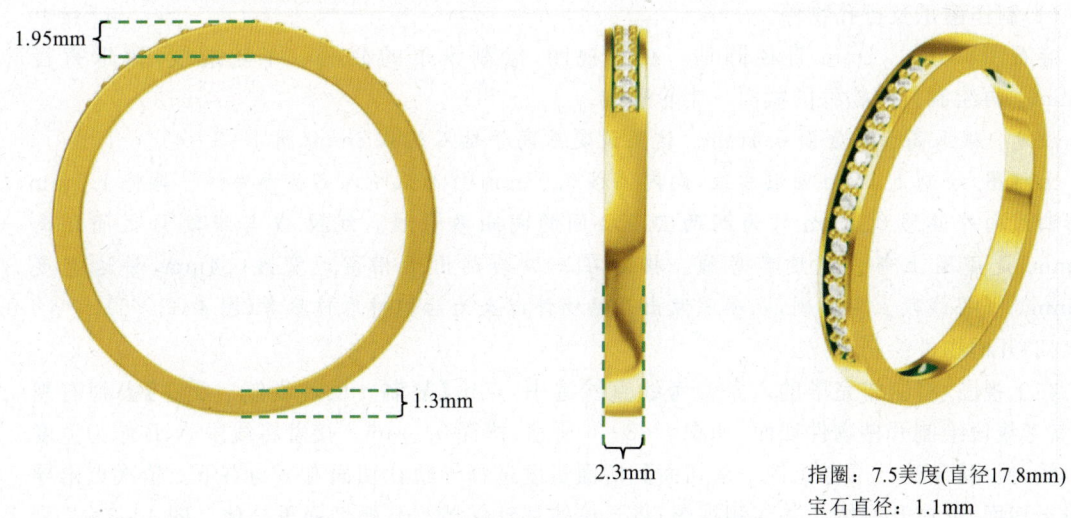

图 4-3-1 铲边钉镶钻石戒指各视图

操作简析如下。

1. 绘制戒圈

正视图,绘制出戒指的导轨线及切面。戒圈内直径 17.8mm,肚底厚度 1.3mm,顶部高度 1.95mm。由于钻石大小为 1.1mm,考虑钉镶两边光金要各留 0.6mm 位置。因此戒面宽度设定为 2.3mm。绘制的切面宽度 2.3mm(图 4-3-2)。【双导轨—不合比例—单切面】,切面量度选择导轨位于切面上中与下中。点击导轨与切面生成戒圈。如图4-3-3所示,右视图,绘制投影线,选中戒圈右侧最边横轴以下CV点,将其向左投影到投影线上,完成右侧的收底。左右复制绘制的投影线,将左边同理完成投影。戒圈绘制完成。

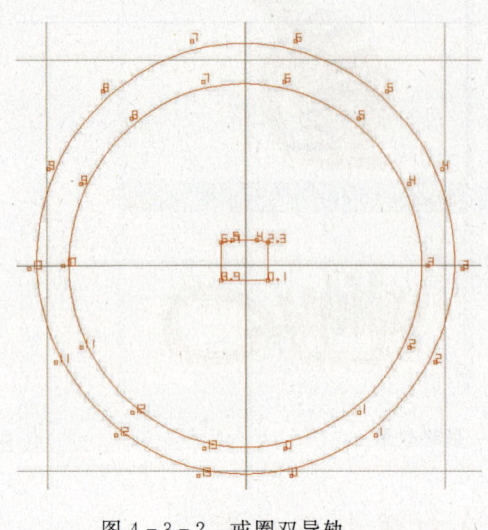
图4-3-2 戒圈双导轨

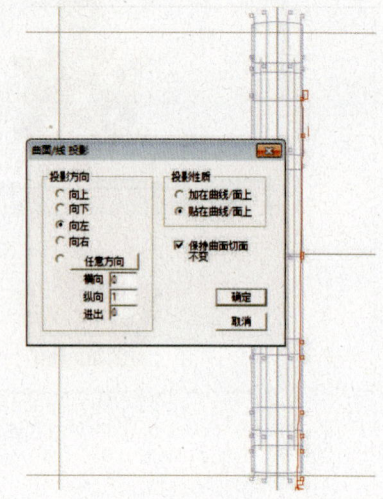
图4-3-3 戒圈投影调整

2. 铲边钉钻石及镶爪排列

(1)制作镶爪及打孔物件。

宝石库调出1.1mm直径圆钻。在右视图,绘制镶爪的截面一半轮廓线,镶爪直径0.5mm。再绘制打洞物件的截面一半轮廓线。

注意: 镶爪高于光金面0.1mm。这里设定爪高于钻石约0.2mm(图4-3-4)。

上视图,绘制1.1mm圆形曲线,向内偏移0.05mm作为爪吃入石头参考线。再将1.1mm圆形曲线向外偏移0.2mm作为两两宝石之间的间距参考线。线段A与线段B之间距离2.3mm,是戒圈上部分宽度参考线。接着在一边绘制出卡槽留边宽度0.4mm,斜边宽度0.1mm。并将线段上下复制,以参照做出开槽物件以及为后边排爪作参考(图4-3-5)。

(2)开槽物件绘制。

在上视图,将制作完毕的六条参考线直线选中,点击【复制—反转复制—反左】去到右视图,参考线段绘制开槽物件切面,如图4-3-6所示,槽深0.6mm。接着将线段A,B作为宽度导轨线,使用【导轨—不合比例—单切面】,切面量度选择导轨在切面左下与右下。依次点击导轨线于切面,形成开槽体。并在侧视图,将开槽体移动保持与开槽切面重合位。图4-3-7为渲染后右视图看到的开槽体与打洞体。

(3)铲边钉镶钻石排列。

上视图,将钻石连同参考圆形曲线【直线复制】并保持钻石间距0.2mm,将镶爪同时复制并放于合理位置,注意此时镶爪吃如石头位置要对齐之前偏移的0.05mm曲线(图4-3-8)。调整好位置关系后,将镶爪上下复制,删掉右侧宝石及曲线(图4-3-9)。

【直线复制】图4-3-9中选中的宝石,打洞物件及两个镶爪。复制数目为8,距离为1.3。选中中轴宝石及打洞物件之外的复制体,再进行左右复制(图4-3-10)。

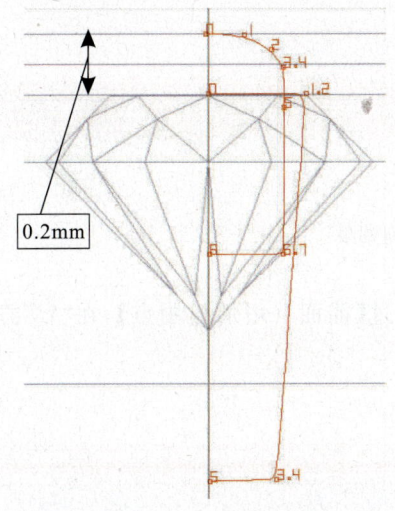

图4-3-4 镶爪及打孔物曲线

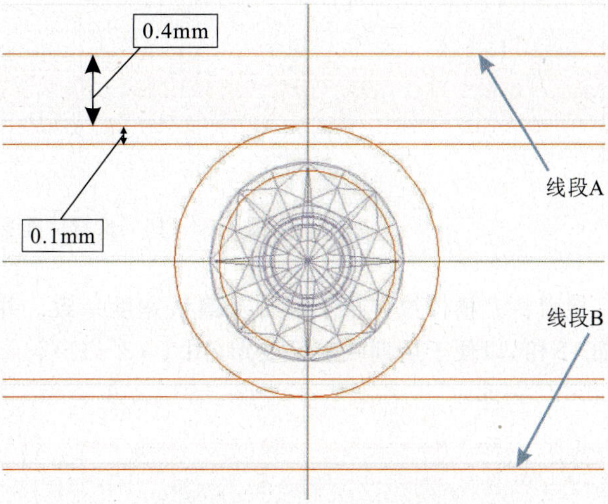

图4-3-5 开槽参考线

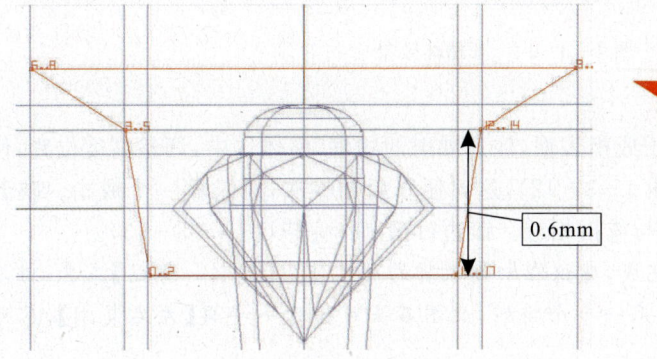

图4-3-6 开槽切面

图4-3-7 开槽体与打洞体

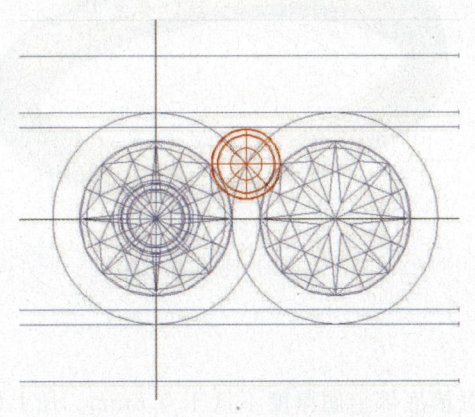

图4-3-8 爪位置调整

图4-3-9 钻与钉的位置

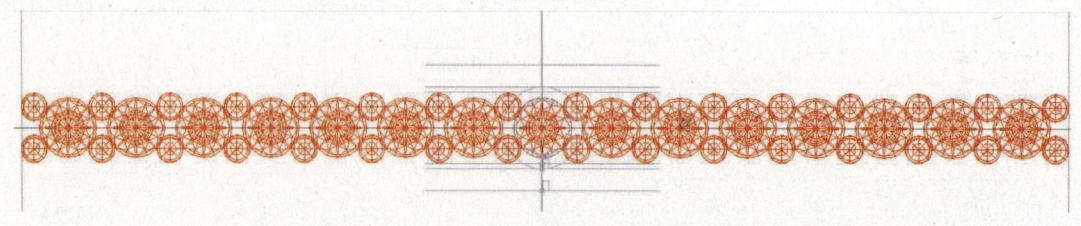

图4-3-10 爪与钻直线排列效果

接着将开槽体拉伸至于宝石及镶爪宽度一致。并通过【曲面—增加控制点】,在"U"方向增加12倍,以便于后期映射不变形(图4-3-11)。

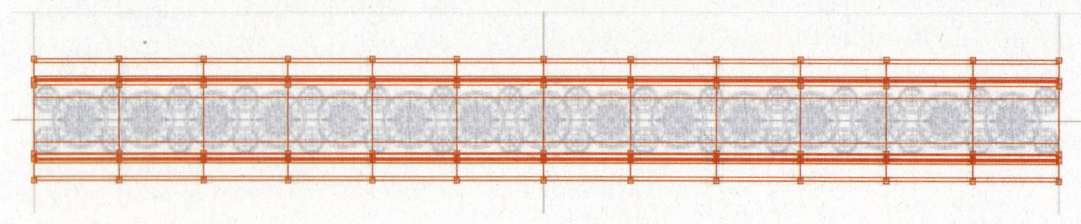

图4-3-11 开槽体效果

3. 映射及开槽

绘制与槽位同样长度的曲线于戒指表面,注意映射的物件,整体选中,调整高度位置,使得调整后的镶爪高于横轴0.1mm(图4-3-12),这时便于后期掏底,可隐藏一个戒指。映射完毕后。将开槽体与打洞物件选中,与戒指相减。铲边钉镶制作完毕(图4-3-13)。

注意:这里的排石使用映射完成,建议在初期做货的同学使用【复制—剪贴】工具,将石头连同打洞体一个个排列上去,再将爪一个个排列,此图石头可排列一半再【左右复制】,爪可排列1/4再【上下左右复制】。

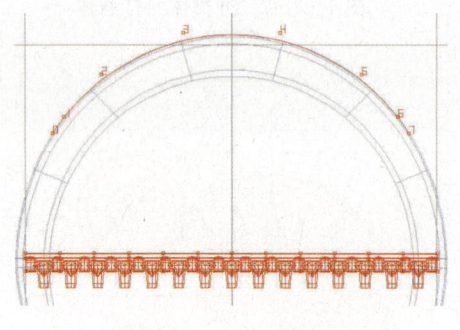

图4-3-12 映射物体位置

图4-3-13 铲边镶效果

4. 掏底

由于戒指上部分有镶嵌及开槽,一般钉镶嵌开槽底部金属厚度不低于0.6mm。加上槽深0.6mm,因此上部分掏空体距离光金面约1.2mm。左右两边距离光金面约0.58mm,右视图距离左右两边0.58mm(图4-3-14),减空完毕从底部观察可看到宝石孔位(图4-3-15)。制作完毕。

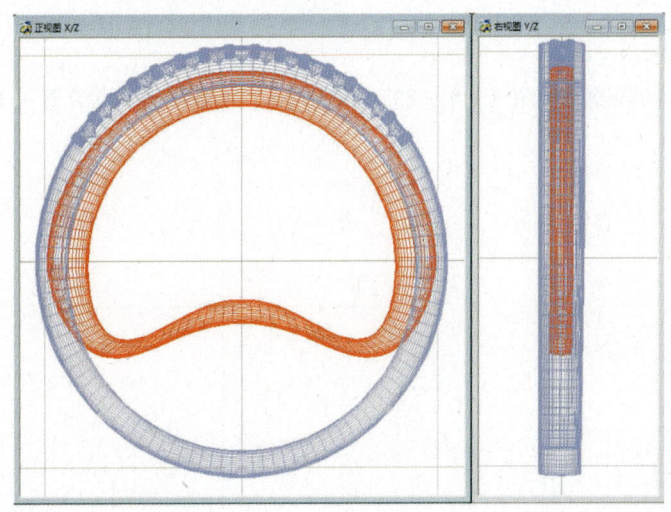

图 4-3-14 掏底物体

图 4-3-15 掏底效果

附表 不同大小宝石钉镶相关数据

(单位:mm)

石头大小	钉大小	槽位深度	开槽位底部金厚度	钉高出光金面	钉与光金边斜边距
0.8~1.0	0.45~0.50	0.5~0.6	0.5~0.6	0.05~0.10	0.1
1.0~1.5	0.5~0.6	0.7~0.9	0.6~0.7		0.15~0.20
1.5~1.7	0.6~0.7	0.7	0.7~0.8		

实例练习四 心形假反带多切面吊坠

心形假反带多切面吊坠如图 4-4-1 所示。

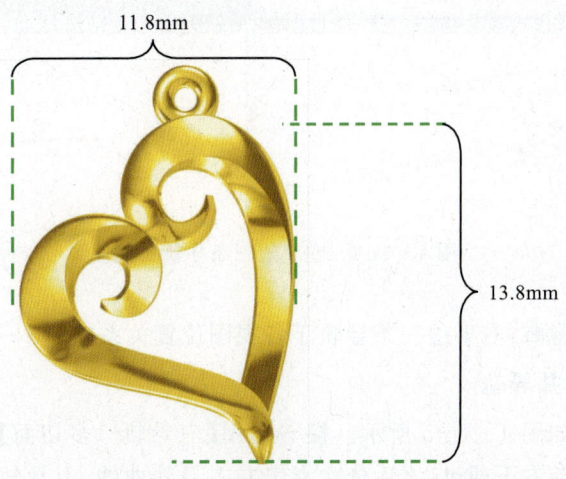

图 4-4-1 心形假反带多切面吊坠上视图

操作简析如下。

1. 导轨线绘制

在上视图按比例描出心形吊坠的轮廓线(图4-4-2)。将右半边轮廓隐藏,并沿着一边绘制导轨(图4-4-3)。

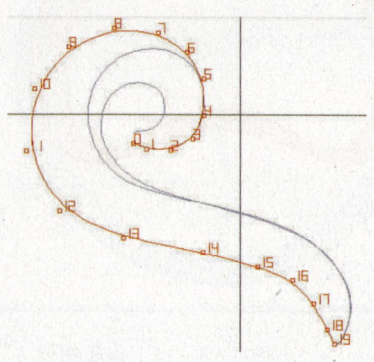

图4-4-2　轮廓描线　　　　　图4-4-3　一边导轨线

调整CV点,使得左半边三条导轨于各视图位置关系如图4-4-4所示。

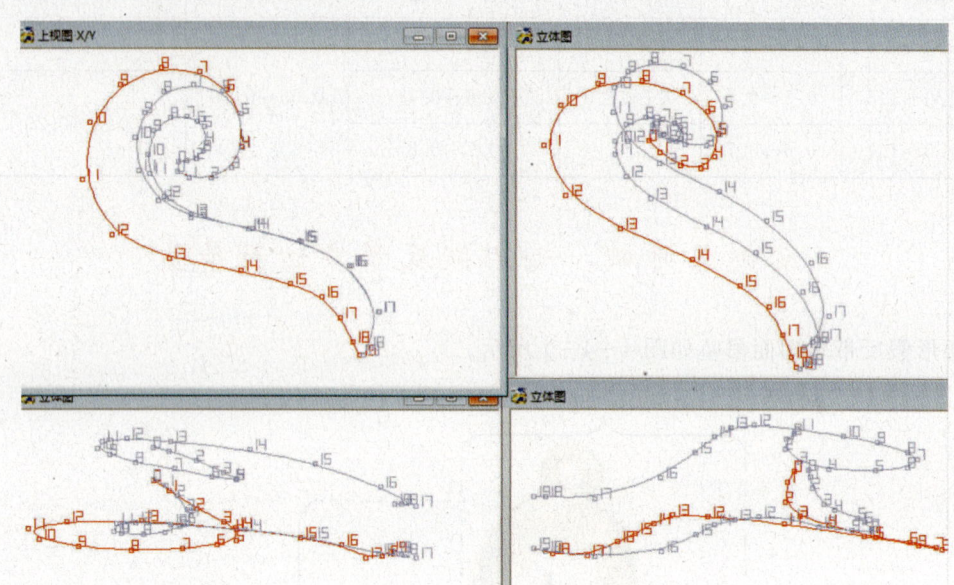

图4-4-4　左半边三条导轨线位置

完成后将左半边隐藏,右半边三条导轨于各视图位置关系如图4-4-5所示。

2. 多切面线绘制并导轨

左半边四个切面如图4-4-5所示。接着使用【三导轨—多切面】,切面量度选择导轨曲线从切面的底部左下与右下通过,之后依次点击左右导轨曲线,上导轨曲线,然后点击第1个切面。当软件左下角显示导轨曲线1+的时候点击左边导轨曲线的CV6点,然后点击最后切

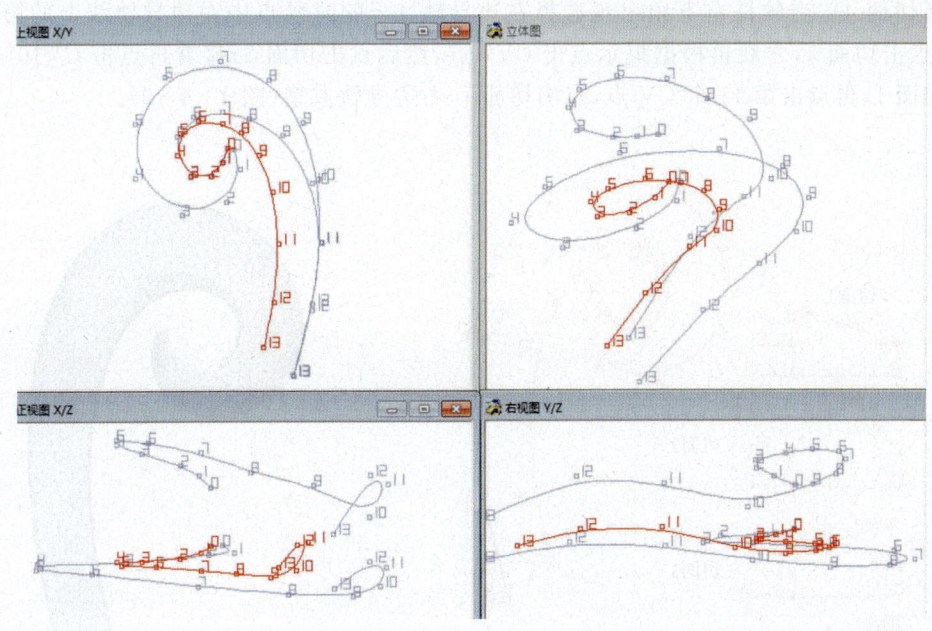

图 4-4-5 各半边三条导轨线位置

面 1,接着按照提示点击 CV8 点,选择切面 2,接着点击第 CV11 点,选择切面 3,然后点击最后的 CV 点,选择切面 4(图 4-4-6),终效果如图 4-4-7 所示。

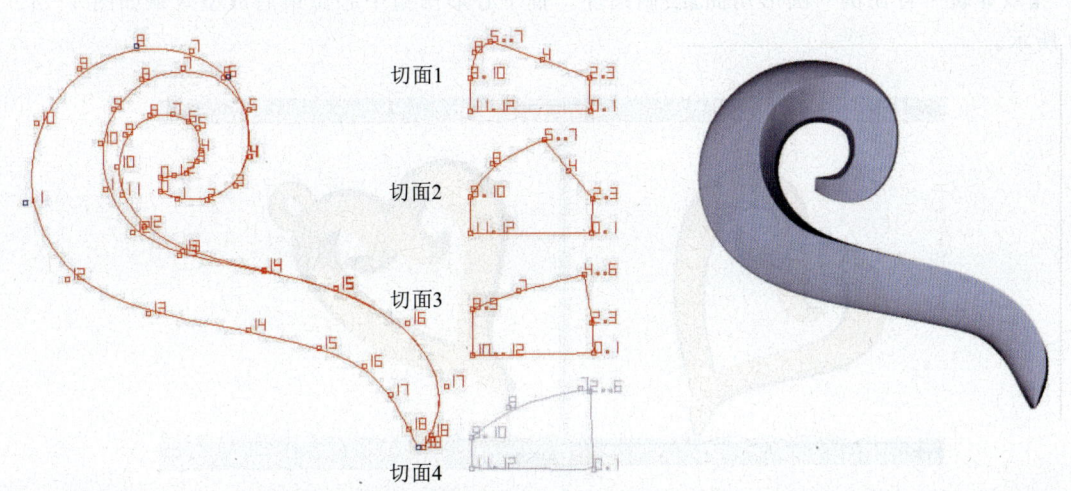

图 4-4-6 四个切面及左边丝带导轨   图 4-4-7 导轨成体效果

将之前绘制的四个切面镜像左右复制,形成如图 4-4-8 所示的四个切面,我们选用同样选择【三导轨—多切面工具】,切面量度选择导轨曲线从切面的底部左下与右下通过,然后依次点击左右导轨曲线和上导轨曲线,当软件左下角显示选择切面 0 的时候就点击切面 4,再出现在左边导轨选择 1+的提示时,就点选左边导轨曲线的 CV4 点,然后出现选择切面的提示时继续选择切面4。当软件左下角出现选择左边导轨4+的时候点中左边导轨线上的第CV7点,然后点击切面3,之后再根据提示点击CV9点,然后点击切面2;接着再点击CV10点,然后点击切面1,再点击第11个CV点,点中切面1,右边导轨成型(图4-4-9)。

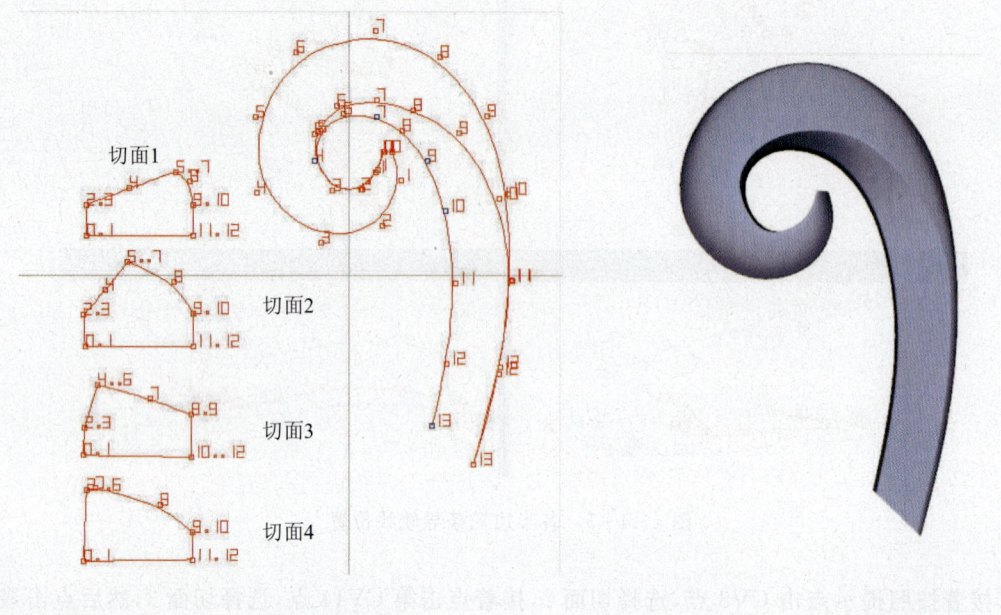

图4-4-8 右边丝带导轨　　　　　　　图4-4-9 导轨成体效果

【双导轨—合比例—圆形切面】绘制圆环。置于心形吊坠中心位最后成型效果如图4-4-10所示。

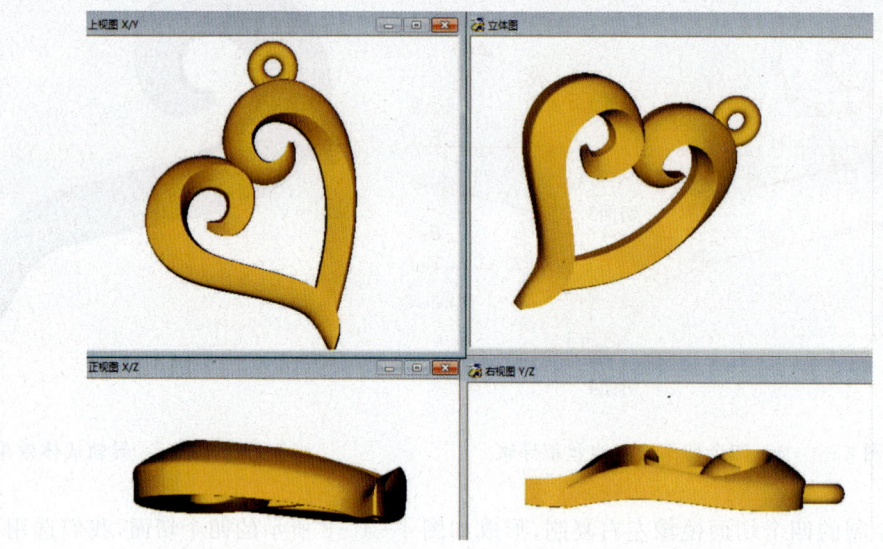

图4-4-10 最终效果

实例练习五 真反带梅花钉镶钻石项链

真反带梅花钉镶钻石项链如图4-5-1所示。

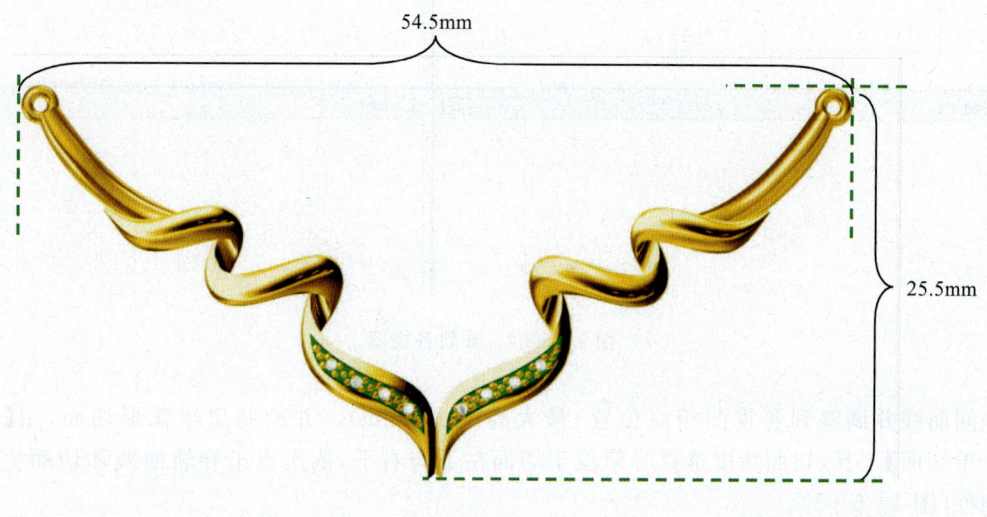

钻石直径：0.80mm
镶爪直径：0.45mm

图4-5-1 真反带梅花钉镶钻石项链上视图

操作简析如下。

1. 反带导轨

于上视图用任意曲线遵从模型比例大小，勾勒出轮廓线并隐藏CV点，以供导轨线绘制参考（图4-5-2）。沿着一边绘制出宽度导轨线（图4-5-3）。

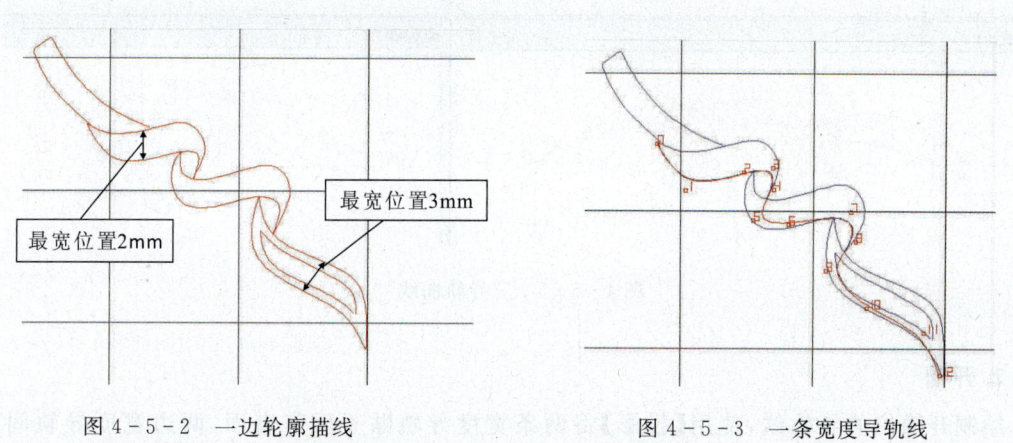

图4-5-2 一边轮廓描线　　　　　图4-5-3 一条宽度导轨线

于正视图与右视图整好此条宽度导轨线的空间位置（图4-5-4）。
依此方法于上视图绘制另一条宽度导轨，调整好各视图空间位置。后生成两条宽度导轨

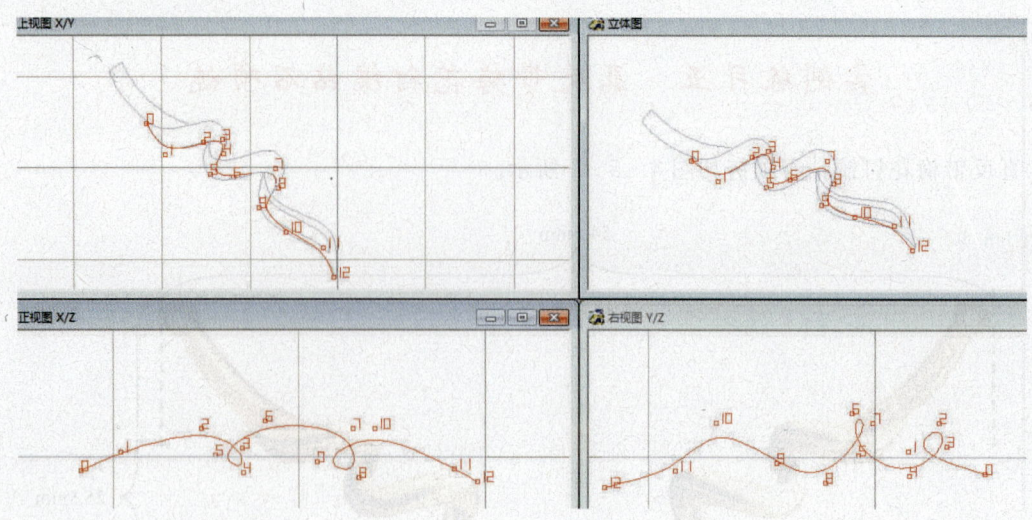

图 4-5-4 导轨各视图

的中间曲线并调整到各视图相应位置(最大高度 1.5mm)。并绘制出半弧形切面,用【三导轨—单切面】工具,切面量度选择导轨位于切面左下与右下,依次点击导轨曲线和切面生成反带物件(图 4-5-5)。

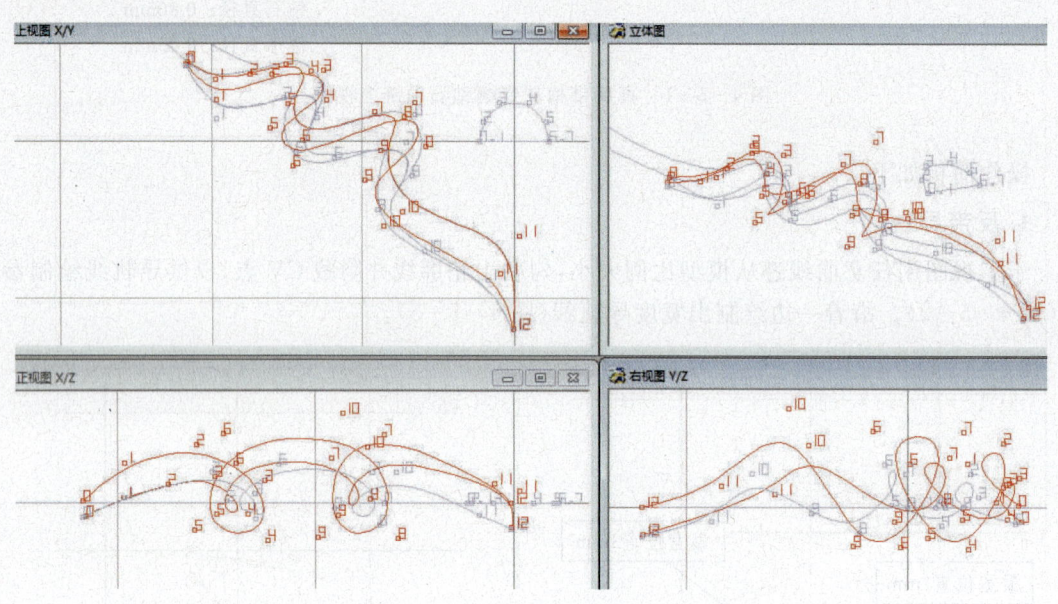

图 4-5-5 三导轨曲线

2. 开槽

绘制开槽位的导轨线,使用【投影】将两条宽度导轨贴于反带表面,两边宽度导轨间距 1.3mm,并随弧度向两端均匀变窄,生成中间曲线后使用【偏移曲线工具】往上方偏移0.45mm 生成高度导轨。于各视图调整好导轨线位置。绘制好切面(图 4-5-6),切面各圆形等大,切面左右两边转折位上下等距。

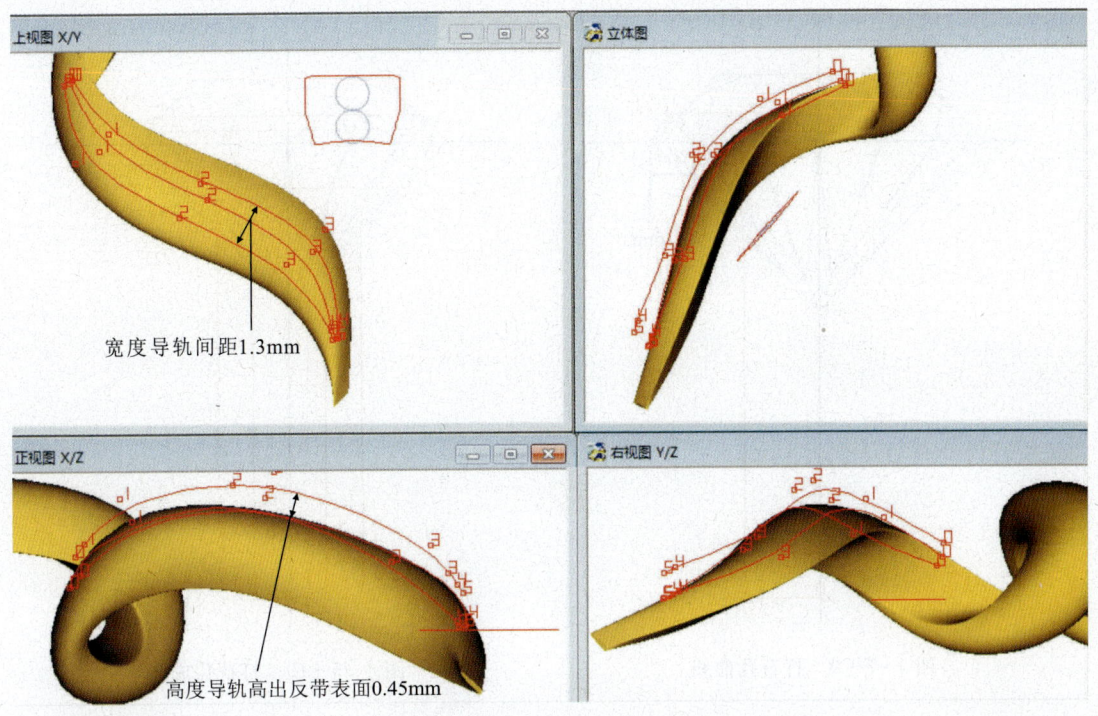

图 4-5-6 开槽导轨线

用【三导轨—单切面】,切面量度选择导轨位于切面左中与右中(图 4-5-7),依次点击两条宽导轨和一条高度导轨再点击切面,生成开槽位实体,改变材质颜色为绿色。然后用开槽位与反带物件进行【布林体—相减】得到槽位。此时槽位深度为 0.45mm(图 4-5-8)。

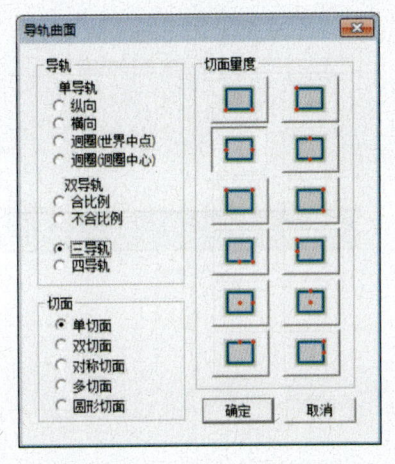

图 4-5-7 导轨曲面对话框

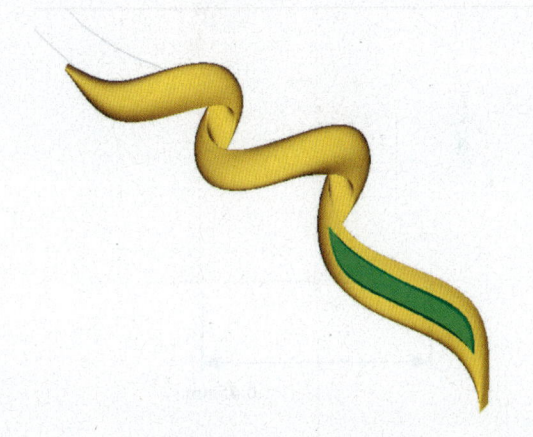

图 4-5-8 开槽效果

3. 石位及镶爪制作

(1)制作打石孔,调出 0.8mm 直径圆钻,于正视图绘制曲线用来制作打石孔的物体。注意图 4-5-9 所示距离。后利用【纵向环形对称曲面】形成所需打石孔的物件(图 4-5-10)。

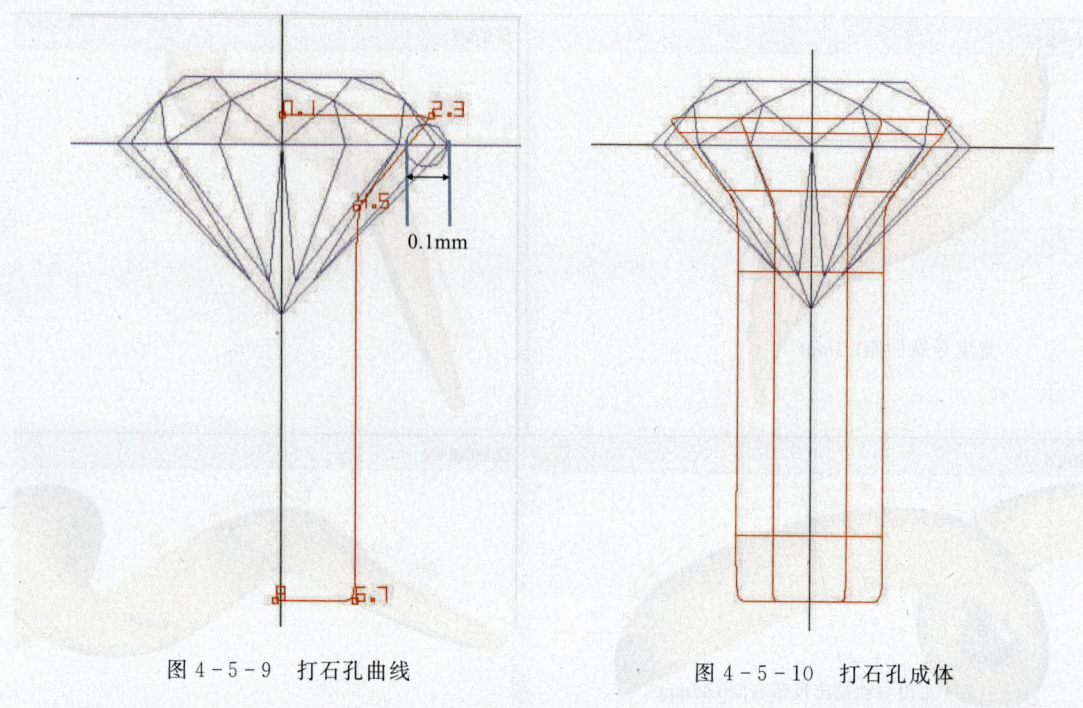

图 4-5-9 打石孔曲线　　　　　图 4-5-10 打石孔成体

在正视图绘制出一个直径 0.45mm 圆,一个直径 0.65mm 圆,依次做参考绘制出如图 4-5-11 所示曲线,使用【纵向环形对称曲面】制作出直径 0.45mm、高 0.65mm 的圆柱镶爪。并【隐藏复制】一个,如图 4-5-12 所示。

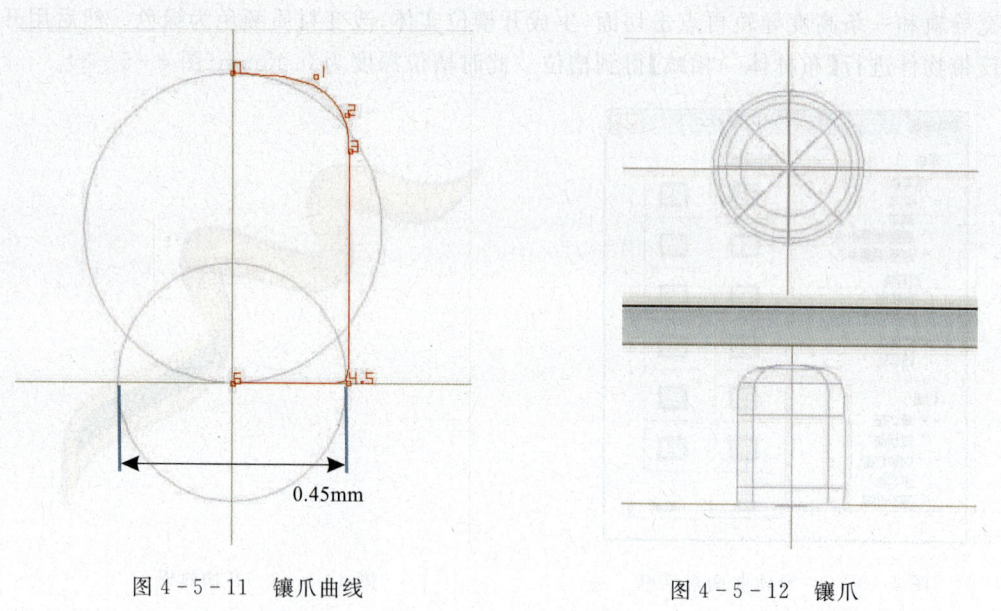

图 4-5-11 镶爪曲线　　　　　图 4-5-12 镶爪

于上视图调整镶爪与宝石相对位置,绘制出四个爪镶嵌两个石头的效果,即铲边钉(一管二)。注意两两石头之间相距 0.15mm(图 4-5-13)。

调整好镶爪与石头位置后,保留两个爪,一个石位及 0.15mm 的参照圆(图 4-5-14),正

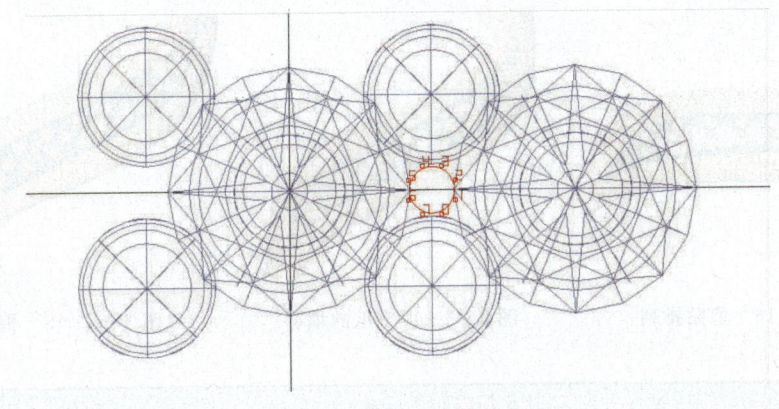

图 4-5-13 石距调整

视图中调整好其相对于坐标轴位置,注意石头腰棱与坐标横轴重合,镶爪较横轴下移 0.1mm(图 4-5-15)。

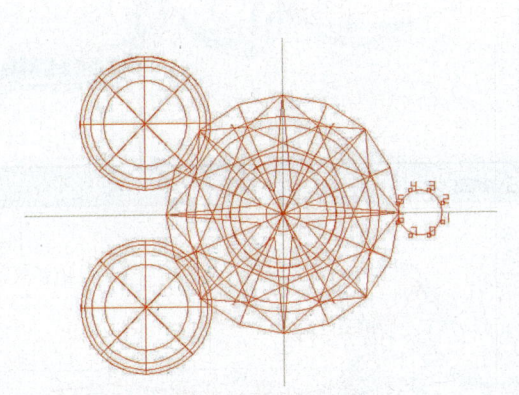 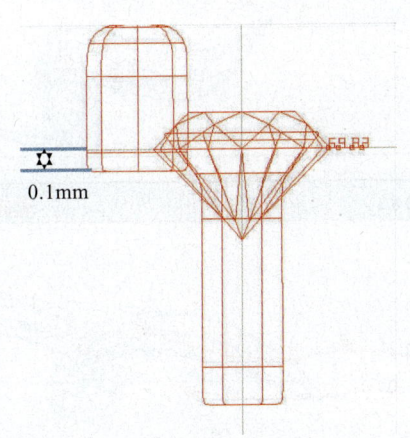

图 4-5-14 上视图位置关系　　　　图 4-5-15 正视图位置关系

  选中并点击【复制剪贴】,于反带曲面槽位依次排列,如图 4-5-16 所示。间隔删去三个石头及对应打石孔物件。并将隐藏复制的圆爪显示,于正视图下移 0.1mm。再次剪切填补于空位。如图 4-5-17 所示。选中所有打石孔物件,与反带物件相减形成石孔,隐藏宝石(图 4-5-18)得到梅花钉效果。

  绘制三条导轨曲线以制作衔接反带的金属,分别上上视图、正视图、侧视图中进行修改,效果如图 4-5-19 所示。画出切面,用三导轨单切面,切面量度为导轨从切面的底部两端穿过,依次点击两条宽度导轨,一条高度导轨及切面,形成衔接金属。

  绘制衔接圆环,圆环中空直径 0.9mm,厚 0.8mm。放置于图 4-5-20 所示相应位置,将绘制完成的所有物件联集,【左右复制】完成项链的制作(图 4-5-21)。

  最终模型效果如图 4-5-22 所示。

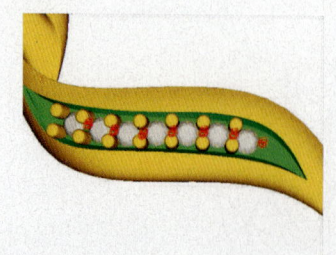
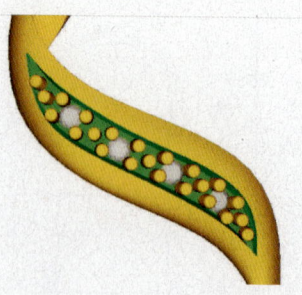
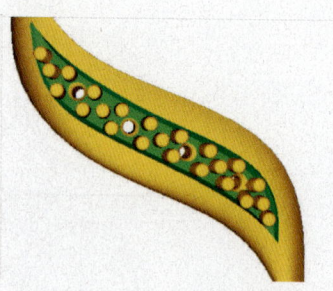

图 4-5-16 剪贴排列　　　图 4-5-17 爪的填补　　　图 4-5-18 梅花钉效果

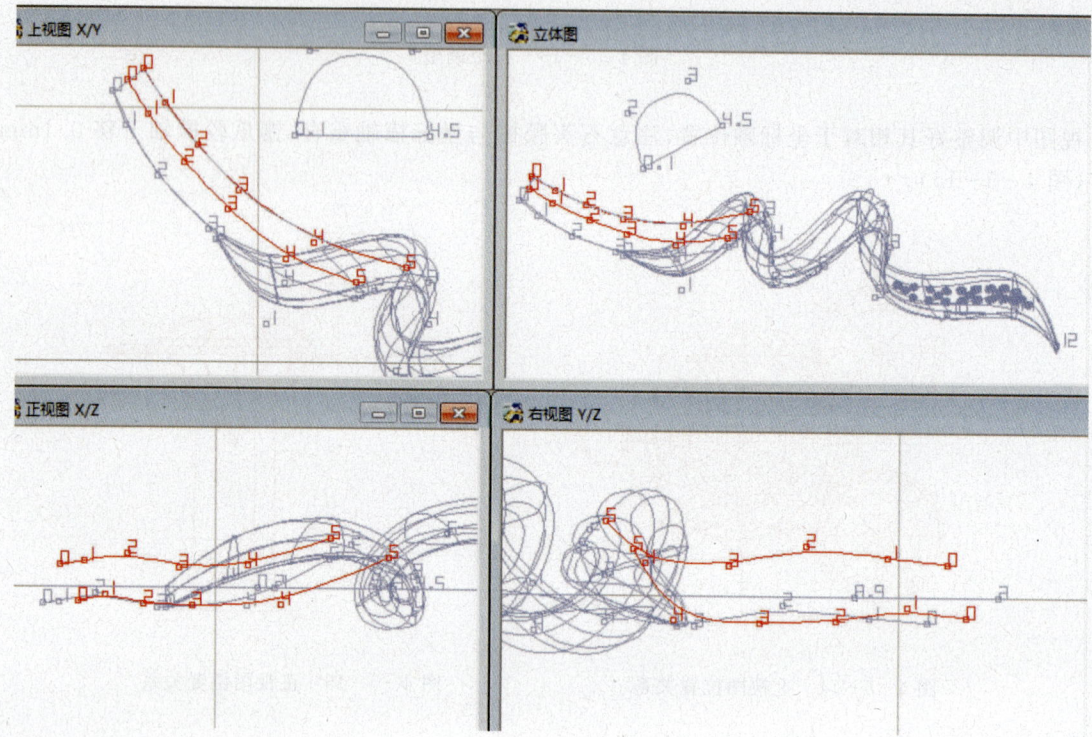

图 4-5-19 衔接金属导轨

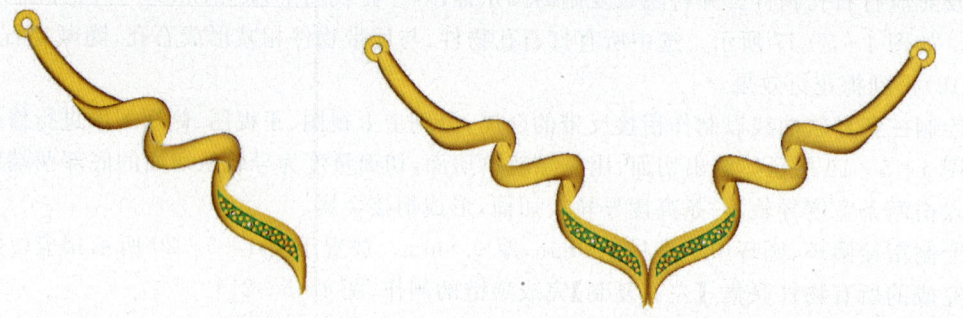

图 4-5-20 左边完成效果　　　图 4-5-21 左右复制

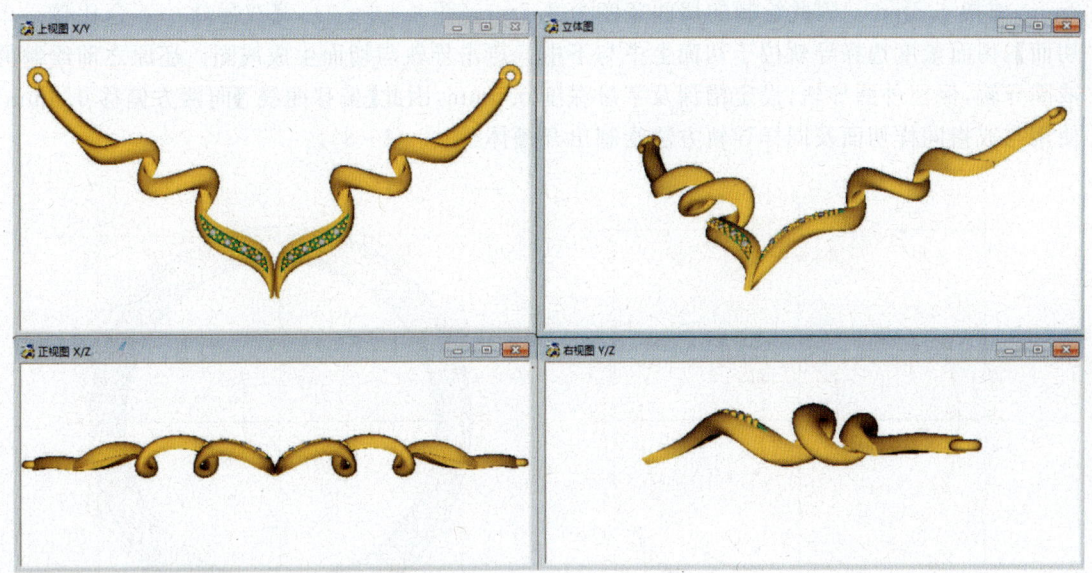

图 4-5-22 最终效果

实例练习六　抹镶钻石字母戒指

抹镶钻石字母戒指如图 4-6-1 所示。

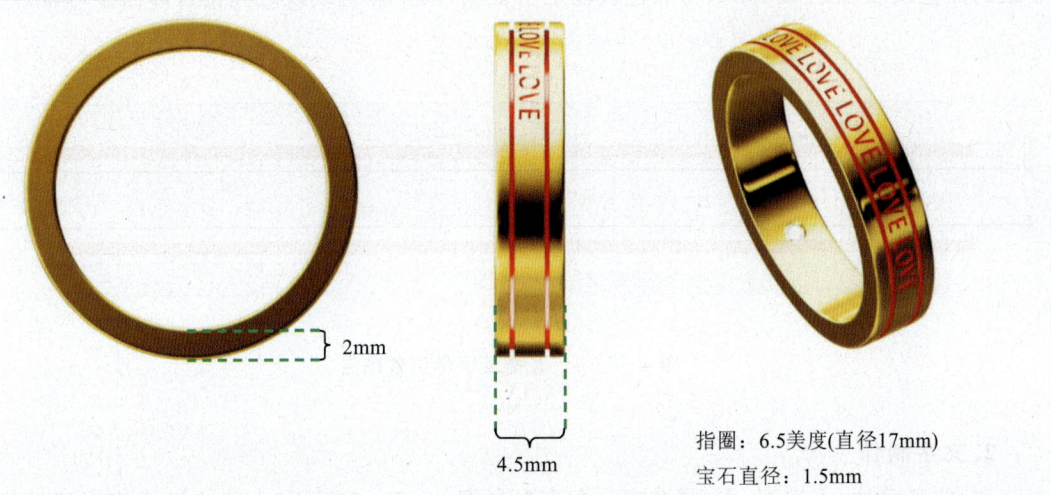

指圈：6.5美度(直径17mm)
宝石直径：1.5mm

图 4-6-1　抹镶钻石字母戒指各视图

操作简析如下。

1. 戒圈与开槽位制作

(1)戒圈及开槽位导轨：正视图，绘制出戒指的导轨线及切面。戒圈内直径 17mm，厚度

· 191 ·

2mm,戒指4.5mm。因此绘制的切面宽度为4.5mm(图4-6-2)。【双导轨—不合比例—单切面】,切面量度选择导轨位于切面上中与下中。点击导轨与切面生成戒圈。还原之前绘制的戒圈导轨,保留外圈导轨,设定槽深及字母深度0.5mm,因此【偏移曲线】向两方偏移0.5mm,使用与戒指同样切面及同样导轨方法绘制出开槽体(图4-6-3)。

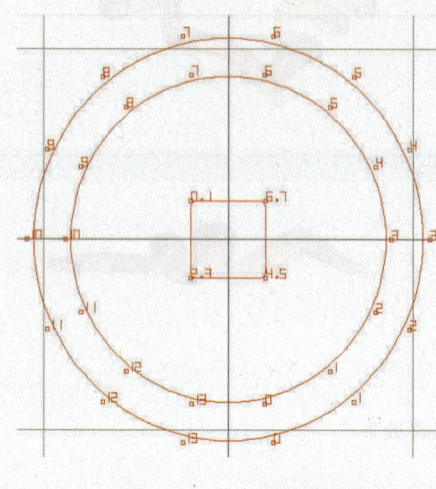 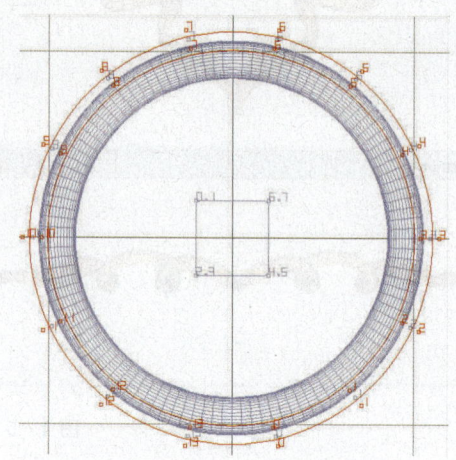

图4-6-2 戒圈双导轨　　　　　　　图4-6-3 开槽体双导轨

(2)确定开槽位及字母位:上视图,绘制0.3mm参照圆,将开槽体【尺寸】+右键,压缩开槽体至0.3mm宽。如图4-6-4所示,蓝色线段为沿戒指上边绘制的左右对称线,将其纵向【直线复制】-1,得到如图红色线段,两条红色线段中间间隔0.3mm。开槽位下沿红色线段离紧跟的黑色线段相距0.3mm,将黑色线段上下复制,两条黑色线段之间位置即为字母位。

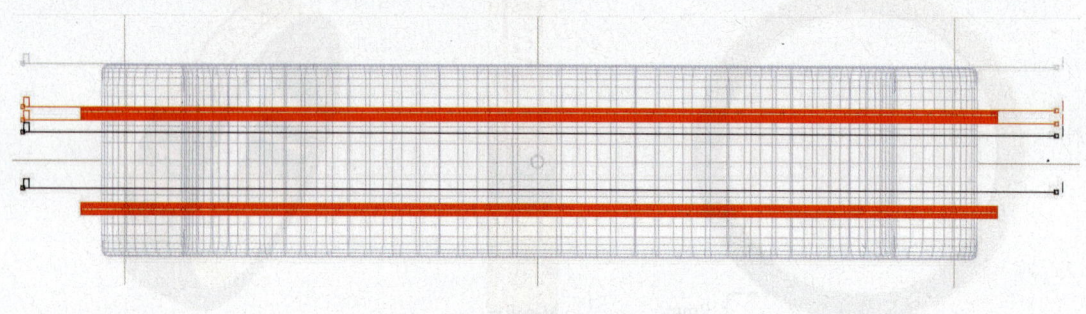

图4-6-4 开槽及字母位置确定

2. 文字制作

(1)字母成体:上视图,点击【杂项—文字】,如图4-6-5所示,在弹出的文字对话框输五个"LOVE"。并保持每两个单词中间一个空格。再点击对话框上的"设定字型",弹出字体对话框,这里字体选择"Adobe 黑体 Std",字形选择"粗体",大小选择"小一"。接着点击字体对话框"确定"键,再点击文字对话框"确定"键,弹出制作块状体对话框(图4-6-6),由于减去后得到空间为尖角,因此设定前端后端均为尖角,块体厚度设定为1。完成后点击"确定"键。

画面中出1mm厚的立体文字。将其调整大小并正好卡在黑线中间(图4-6-7)。

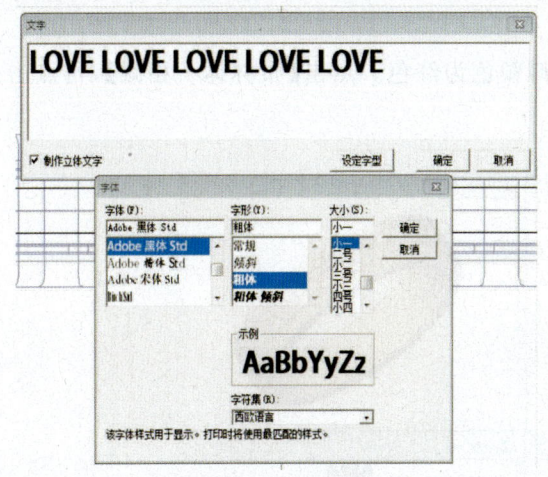
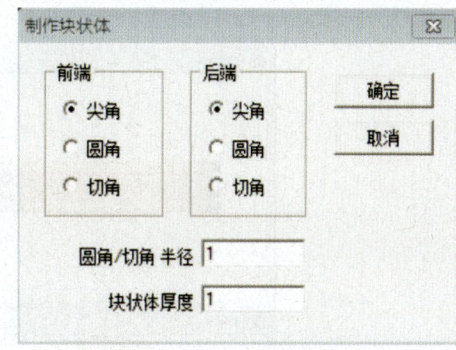

图 4-6-5 文字对话框　　　　　　　　图 4-6-6 制作块状体对话框

图 4-6-7 文字调整摆放

(2)字母映射：测量字母长度为 22.3mm。在正视图，沿槽位底部位置绘制 22.3mm 映射线。点击【曲面/线映射】，如图 4-6-8 所示确定好映射方向及范围，再点击右键，默认对话框点击【确定】。再点击【映射线】，完成字母的映射(图 4-6-9)。

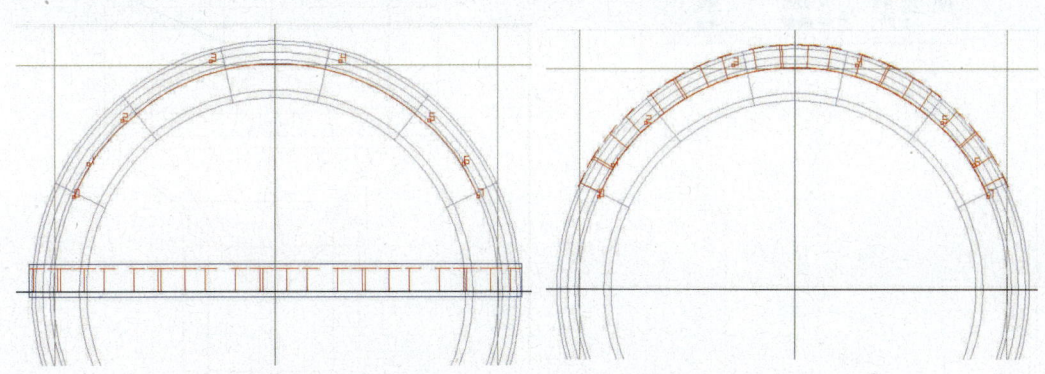

图 4-6-8 映射方向及范围　　　　　　图 4-6-9 字母映射完成

3. 布林体制作

选中映射完毕的字母及开槽体,改变材料颜色为红色。点击【布林体—相减】,再点击戒指。完成后的戒指效果如图4-6-10所示。

图4-6-10 戒指效果

4. 抹镶制作

调出1.5mm直径的钻石,在正视图绘制如图4-6-11所示曲线,接着使用【纵向环形对称曲面】将其成体。由于抹镶的钻石面比光金面略低0.2mm,因此再将钻石与成体的打洞物件向下移动,使钻石表面距离坐标横轴0.2mm(图4-6-12)。

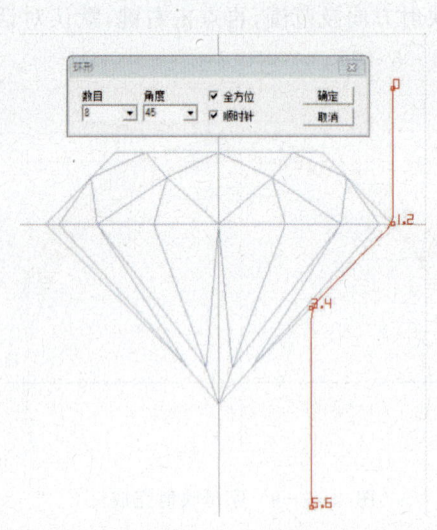

图4-6-11 曲线绘制

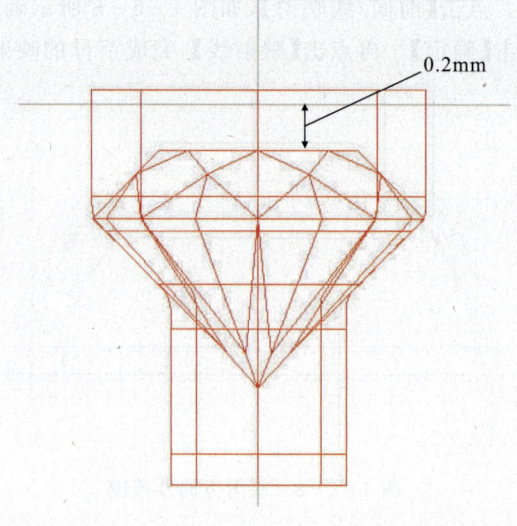

图4-6-12 打洞体及钻石位置关系

选中钻石与打洞物件,点击【复制—剪贴】,将其粘贴到戒圈里层(图4-6-13)。选择打洞物件,点击【布林体—相减】,再点击戒圈,完成整个模型制作(图4-6-14)。

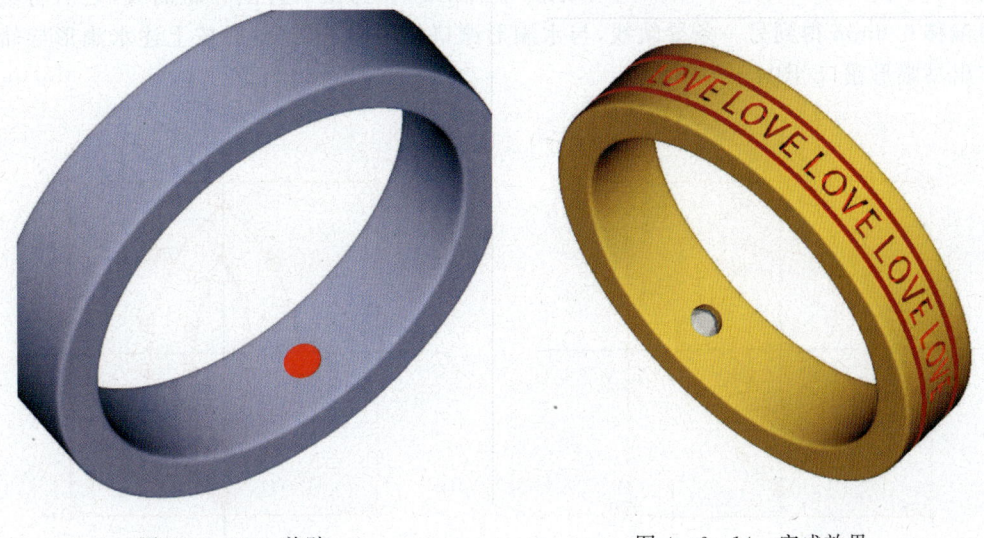

图4-6-13 剪贴　　　　　　　　　图4-6-14 完成效果

实例练习七　瓜子扣(一)——水滴形、马眼形钻石瓜子扣

水滴形、马眼形钻石瓜子扣如图4-7-1所示。

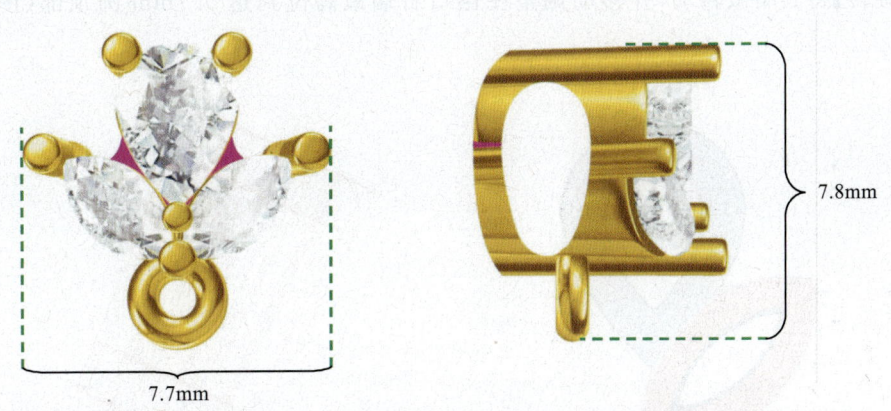

图4-7-1 水滴形、马眼形钻石瓜子扣各视图

操作简析如下。

1. 水滴形、马眼形镶口制作

首先画一个高为4mm、宽为3mm的水滴形闭合曲线,作为镶口外围导轨曲线,之后将该曲线向内偏移0.7mm得到另一条导轨线,注意偏移后的曲线需要稍作调整。接下来绘制出它的方形切面(高度4.5mm)(图4-7-2),之后点击导轨曲面中的【双导轨—不合比例—单切

面】,切面量度选择导轨曲线从切面的底部左右两端穿过,依次点击内圈导轨—外圈导轨—切面,绘制出水滴镶口。

绘制一个高3.8mm、宽2.1mm的马眼形闭合曲线,作为镶口外围导轨曲线,之后将该曲线向内偏移0.6mm得到另一条导轨线,与水滴形镶口使用同一切面,并按上述水滴形导轨方法制作出马眼形镶口(图4-7-3)。

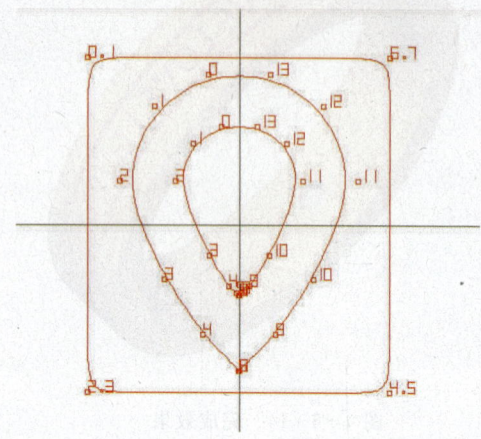
图4-7-2 水滴形镶口双导轨

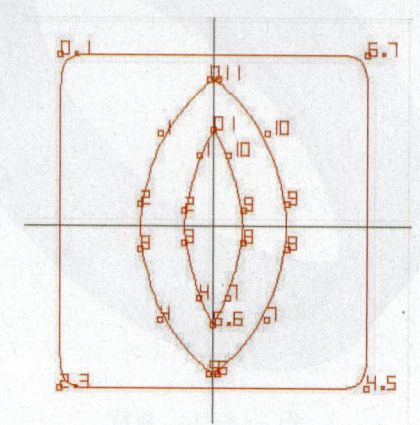
图4-7-3 马眼形镶口双导轨

在绘制出马眼形曲面之后,显示出其CV点,回到正视图中选中其底部的CV点,回到上视图选中【尺寸】工具,利用鼠标左键进行底部的等比例缩小,于上视图调整并摆好两个镶口的位置关系(图4-7-4)。于正视图绘制一个0.7mm圆置于镶口顶部,选中马眼形镶口,使用【变形—旋转】将其略微转动,并移动调整使镶口右端最高位到达0.7mm圆顶部(图4-7-5)。

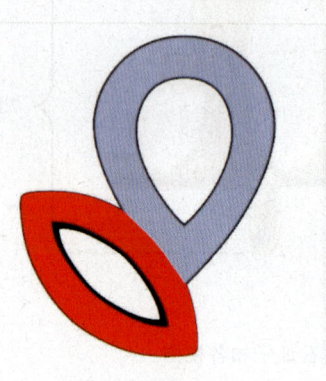
图4-7-4 上视图

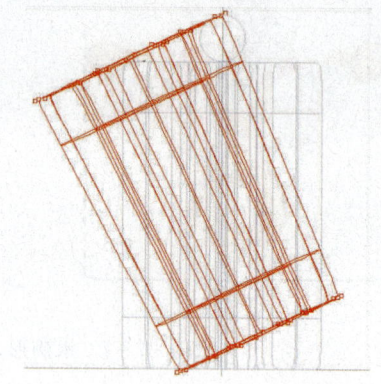
图4-7-5 正视图

正视图绘制一条与横轴重合的线段,选中马眼形镶口下端所有CV点,点击【投影】,对话框内容如图4-7-6所示,确定后再点击投影线。使镶口底部位于坐标横轴上(图4-7-6)。回到上视图,选中【移动】,鼠标右键调整缩小底端到合适位置,完成后左右复制(图4-7-7)。

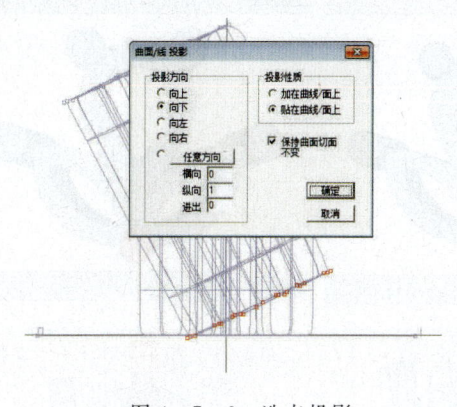
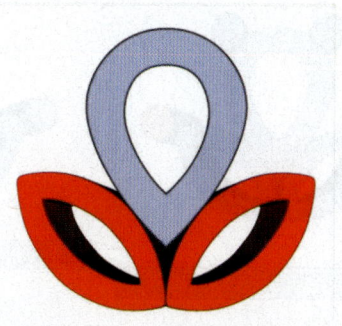

图 4-7-6 选点投影　　　　　　　图 4-7-7 调整后效果

2. 镶爪的绘制与摆放

正视图分别绘制 2mm 及 0.9mm 的圆形曲线,分别用来参照爪的高度及爪的直径。选择任意曲线绘制出镶爪截面的一半曲线(图 4-7-8),之后删除辅助线和辅助圆形,选中最后绘制出的截面曲线进行【纵向环形对称曲面】完成镶爪制作,此时可隐藏复制一个镶爪便于后期制作。将其在右视图移动到镶口边缘,使用【变形-歪斜化】往镶口外略歪斜,爪吃入镶口 0.2~0.3mm。后于上视图调整好并放置于合适位置。接着左右复制(图 4-7-9)。

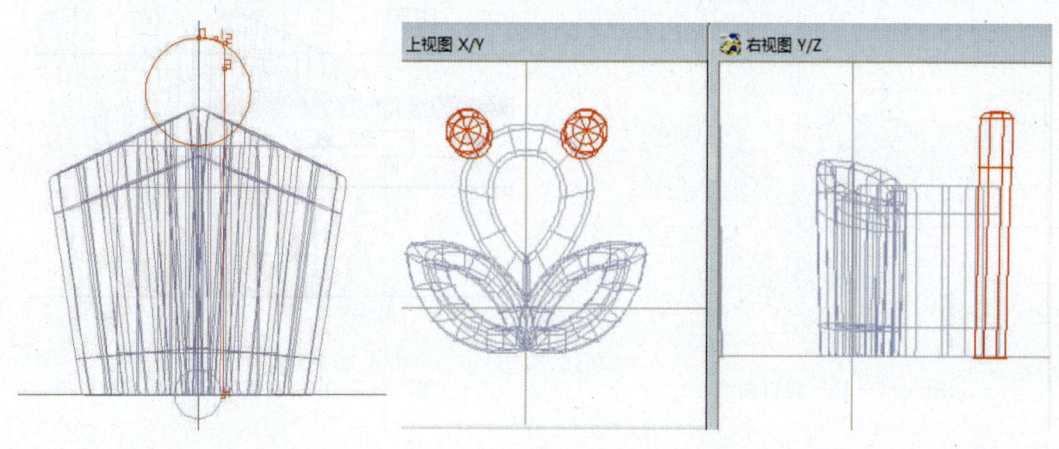

图 4-7-8 镶爪曲线　　　　　　　图 4-7-9 爪的位置

复制同样大小的圆爪,做马眼形镶爪。在正视图略倾斜并调整使镶口爪高于镶口位 1.3~1.4mm。在上视图微调,完成后左右复制(图 4-7-10)。调出隐藏复制的镶爪调整大小直径为约 0.75mm 置于三个镶口交会处,镶爪高于镶口 1.3~1.4mm(图 4-7-11)。再将该爪直线复制一个调整大小为 0.95mm。置于两个马眼形镶口交会处,镶爪高于镶口 1.3~1.4mm (图 4-7-12)。

在三个镶口组合位置,绘制封口曲线(图 4-7-13),并在正视图使用【直线延伸曲面】纵向延伸到水滴镶口高位,形成块状体物体以填补相互之间组合的空缺(图 4-7-14)。

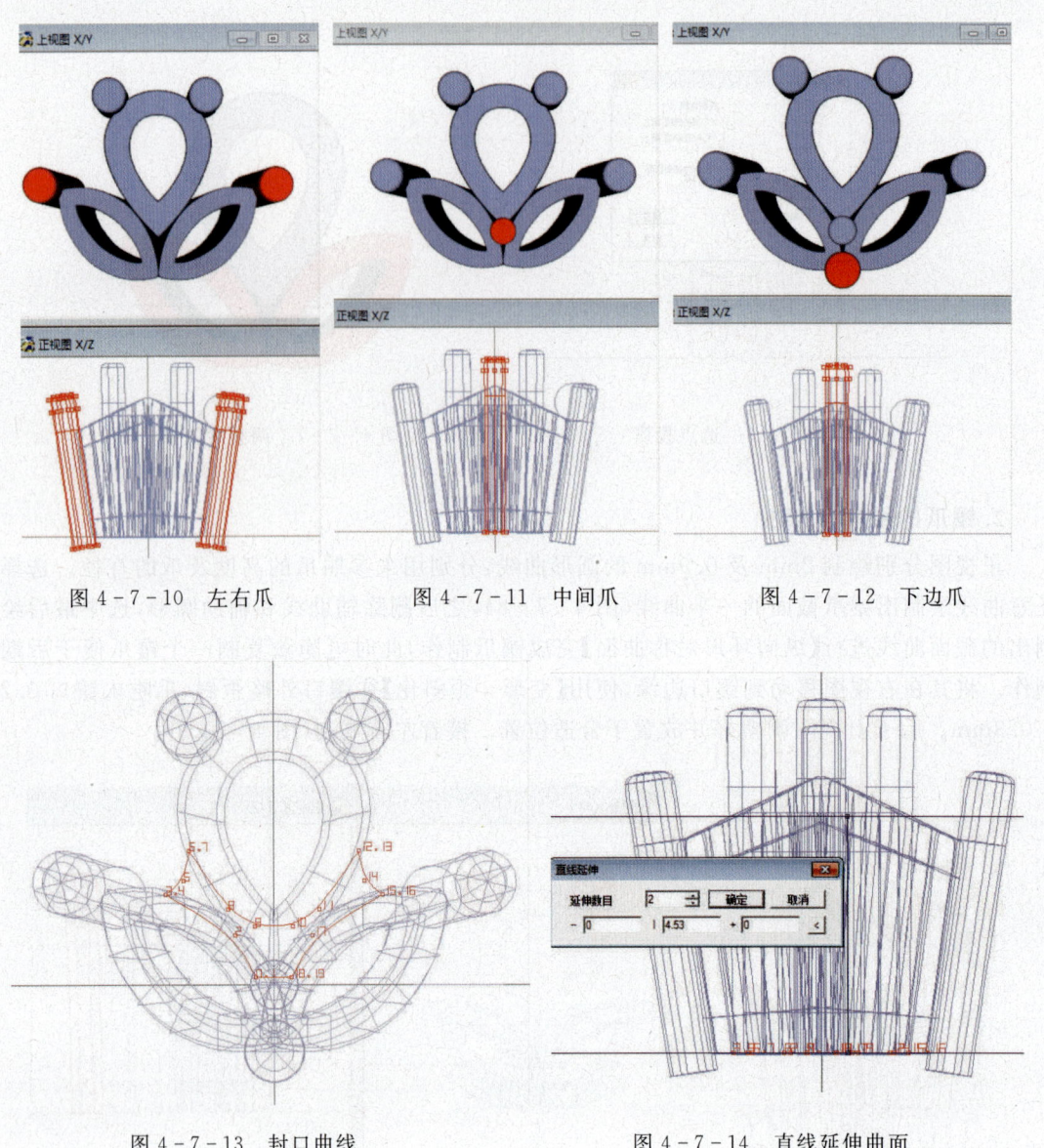

图 4-7-10 左右爪　　　图 4-7-11 中间爪　　　图 4-7-12 下边爪

图 4-7-13 封口曲线　　　图 4-7-14 直线延伸曲面

3. 瓜子扣穿链开孔位制作

右视图绘制如图 4-7-15 所示两条封口曲线,其中蛋形曲线为瓜子扣穿链孔位置,大小为 4.5mm×3.2mm,该曲线底部与凹字形曲线垂直相距 0.7mm。回到正视图中将两个不规则曲线进行【直线延伸曲面】,如图 4-7-16 所示。将之前绘制的镶口与镶爪联集,将直线延伸块状物体与联集物件相减,得到孔位与弧形底边。

绘制一个直径为 0.9mm 的圆形曲线,向外偏移 0.8 得到另一条(图 4-7-17)。选择【双导轨—合比例—圆形切面】,切面量度默认,依次点击两条导轨曲线,绘制出圆环。在右视图调整位置(图 4-7-18)。完成建模。

花式瓜子扣模型各视图展示如图 4-7-19 所示。

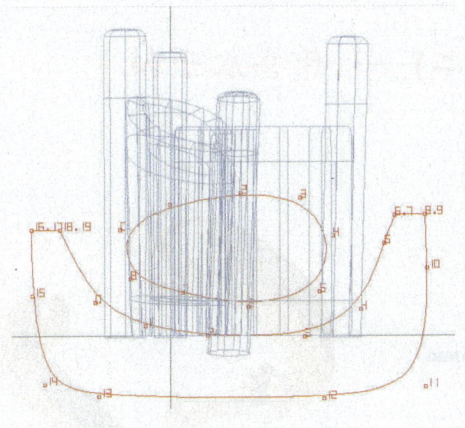

图 4-7-15 两条封口曲线

图 4-7-16 直线延伸曲面

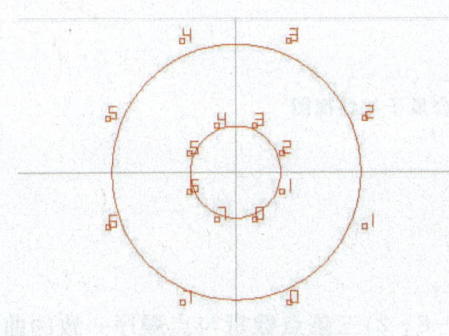

图 4-7-17 圆环导轨线

图 4-7-18 右视图

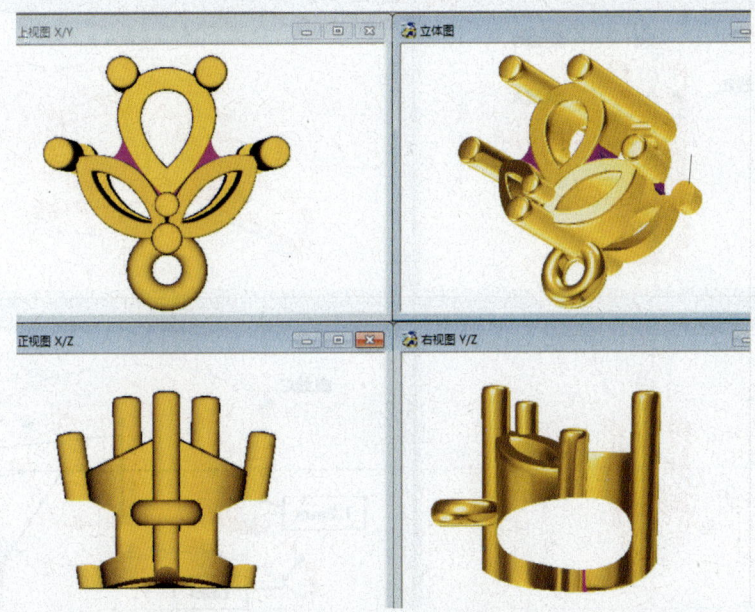

图 4-7-19 最终效果

· 199 ·

实例练习八　瓜子扣(二)——开合瓜子扣

开合瓜子扣设计如图4-8-1所示。

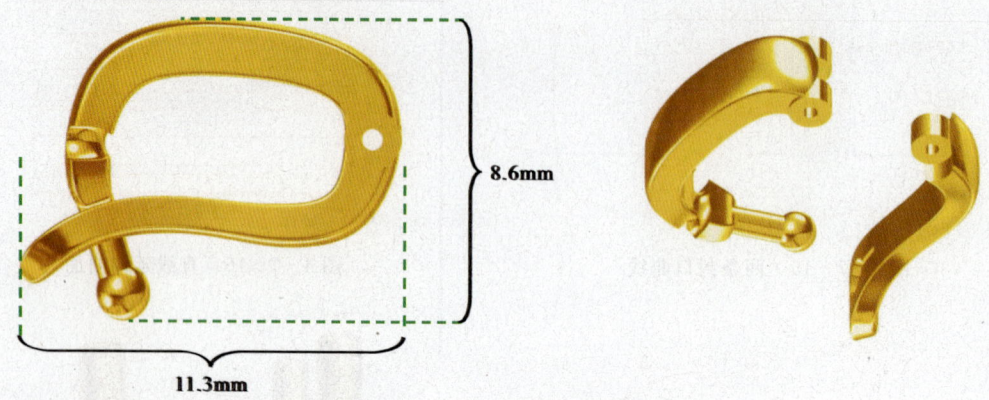

图4-8-1　开合瓜子扣各视图

操作简析如下。

1. 开合扣导轨曲面制作

(1)曲线绘制。

仔细观察吊坠开合扣的造型,绘制出(图4-8-2)三条点数量与点顺序一致的曲线,以备后期绘制曲面的导轨线。

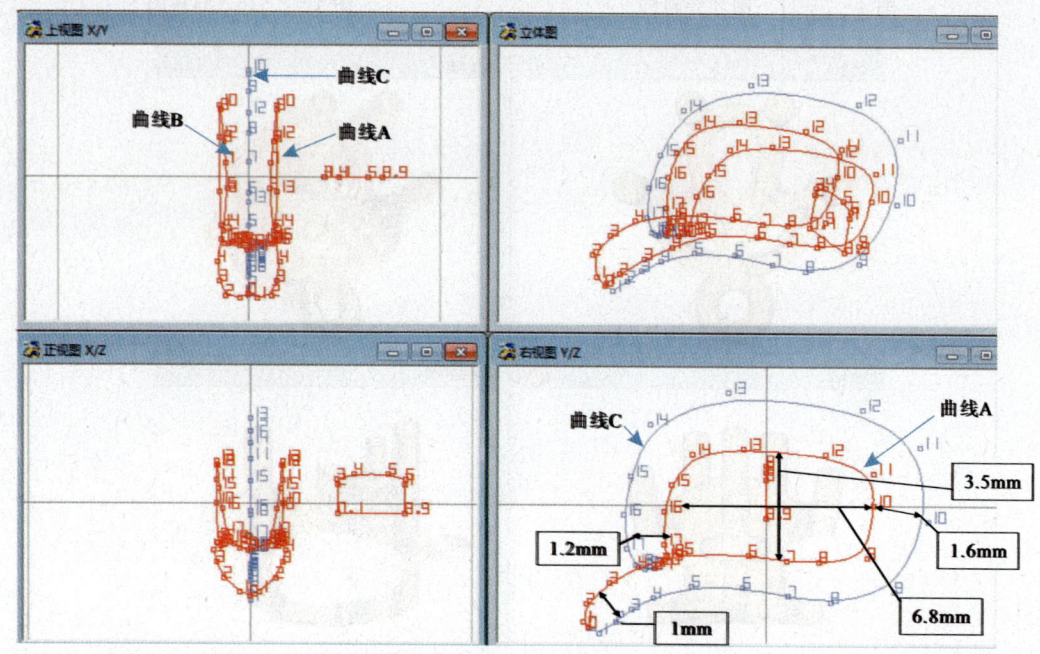

图4-8-2　曲线绘制

注意：首先可先从右视图绘制出曲线 A 以及曲线 C，于坐标轴位置及距离如图 4-8-2 所示（右视图）。于上视图调整曲线，在调整时注意 CV 6 点，7 点位置应略往世界坐标平移收拢。左右复制得到曲线 A，A 与 B 最宽处相距 3mm。调整三条曲线的 0 点位置及末点位置重合。绘制半弧形封闭曲线作为切面。

（2）分段导轨。

于三条曲线与横轴相交位置 CV 点做【切开曲线】，此时应保持上下曲线 CV 点点数量与点顺序一致。调整横轴上下切开的两两曲线，使其切开位部分相交并保持重合（图 4-8-3）。

利用【三导轨—单切面】，切面量度选择导轨于切面左下与右下方，依次点击两组【三导轨—单切面】，制作出吊坠开合扣上下两个曲面（图 4-8-4）。

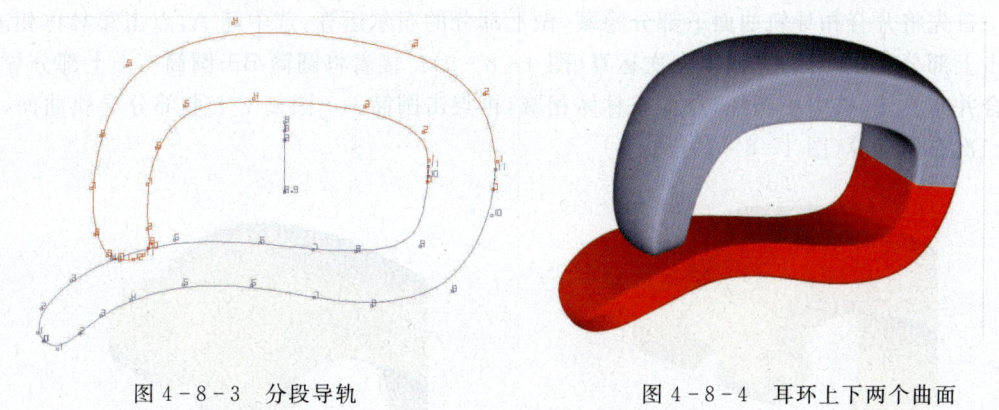

图 4-8-3　分段导轨　　　　　　　　图 4-8-4　耳环上下两个曲面

2. 开窗位制作

左视图，用【圆形曲线】分别绘制直径为 0.6mm 和 1.7mm 的两个圆。将其放于开合位置（图 4-8-5），于上视图对两个圆进行直线延伸，使得小圆延伸长度大于大圆延伸长度（图 4-8-6）。

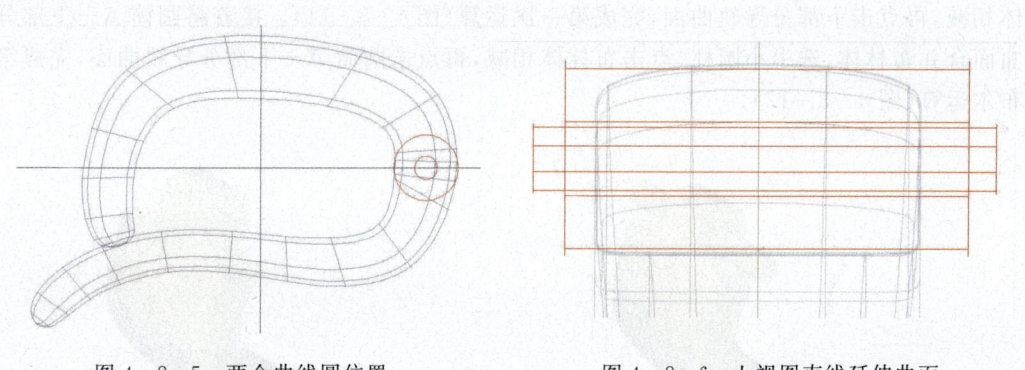

图 4-8-5　两个曲线圆位置　　　　　　图 4-8-6　上视图直线延伸曲面

于正视图绘制两个圆形曲线，直径分别为 1.15mm、1.1mm，以此圆为参照，将刚才直线延伸的大圆筒宽度调整至 1.15mm，完成中间筒 A 的制作（图 4-8-7）。然后【直线复制】做出右边的圆筒，调整至 1.1mm，并左右复制合并布林体，完成两边筒 B+C 的制作（图 4-8-8）。将制作出来的 A、B、C 圆筒与中间穿插的小圆柱隐藏复制。

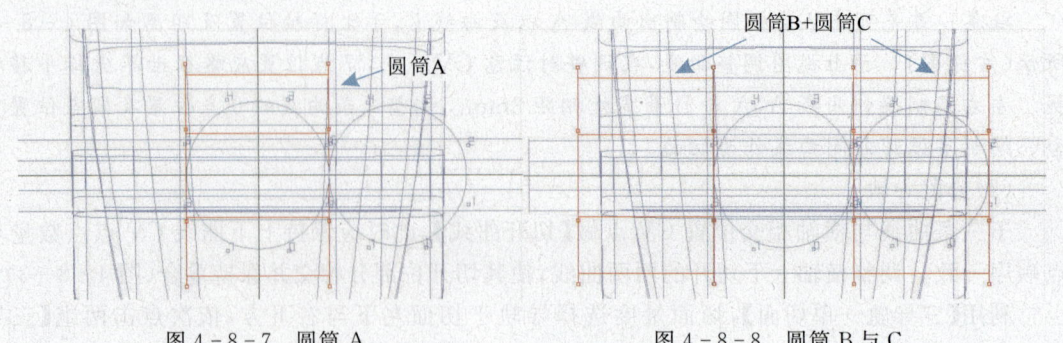

图 4-8-7 圆筒 A　　　　　　　　　图 4-8-8 圆筒 B 与 C

首先将开合扣导轨曲面下部分隐藏,做上部分的布尔运算:选中筒 A,点击布林体相减,再点击上部分导轨曲面,完成第一次运算(图 4-8-9)。接着将圆筒 B+圆筒 C+上部分导轨曲面合并布林体,选中小圆柱,点击布林体相减,再点击圆筒 B+圆筒 C+上部分导轨曲面,完成第二次布尔运算(图 4-8-10)。

 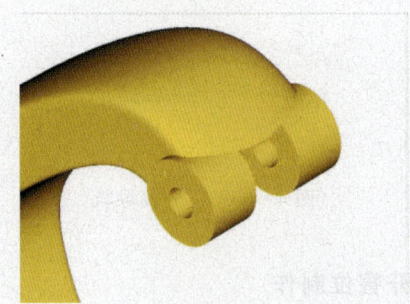

图 4-8-9 圆筒 A 减去　　　　　　　图 4-8-10 上边筒位

点击交替隐藏,将隐藏复制的圆筒与下部分导轨曲面显示,选中圆筒 B+圆筒 C,点击布林体相减,再点击下部分导轨曲面,完成第一次运算(图 4-8-11)。接着将圆筒 A+下部分导轨曲面合并布林体,选中小圆柱,点击布林体相减,再点击圆筒 A+下部分导轨曲面,完成第二次布尔运算(图 4-8-12)。

 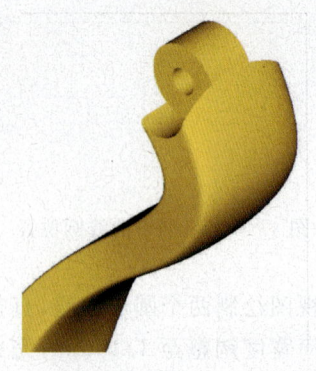

图 4-8-11 圆筒 B+C 减去　　　　　图 4-8-12 下边筒位

从【曲面栏】调出一个球体曲面直径为1.6mm,一个圆柱曲面直径约为1.5mm,另调出一个圆柱曲面,调整并使其直径为1.1mm。三个曲面置于如图4-8-13所示位置,于正视图绘制一个宽为0.3mm、长为3mm的矩形,回到侧视图,将其【直线延伸曲面】至3mm。调整CV点使其侧视图变形为一梯形曲面。与下部分导轨曲面相交较短位置约为2.7mm,较宽位置约为3.3mm,如图4-8-14所示。

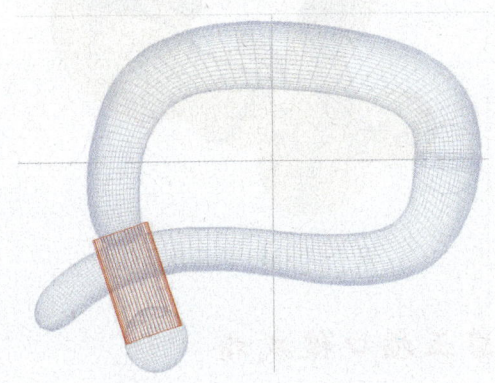 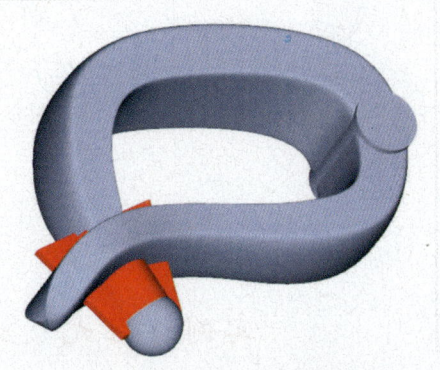

图4-8-13 右视图三个曲面　　　　　　　图4-8-14 快彩图

将梯形曲面与1.5mm圆柱曲面合并布林体,点击布林体相减后,点击下部分导轨曲面,如图4-8-15所示。

于右视图,利用【圆形曲线】分别绘制直径0.6mm与1.5mm的圆及一个方形切面。利用【双导轨—不合比例—单切面】切面量度选择导轨于切面左下与右下方生成圆筒曲面,【尺寸+右键】调整使圆筒高度达到1.5mm。置于开合扣一侧(图4-8-16)。

 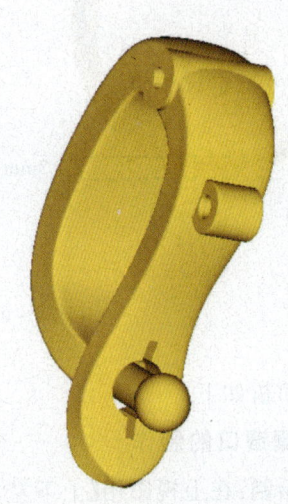

图4-8-15 相减后效果　　　　　　　图4-8-16 圆筒曲面位置

于上视图,【双导轨—圆形切面】绘制出内圆1.5mm、外圆3.3mm的圆环,放置于侧视图与开关口水平位置(图4-8-17)。选中圆环,点击【布林体—相减】,后点击上部分导轨曲面,得到挂环位(图4-8-18)。

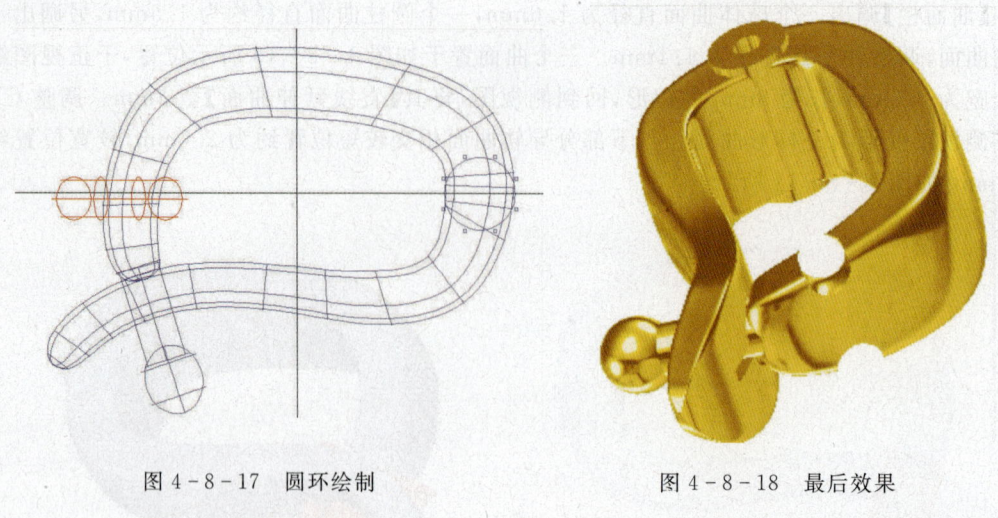

图4-8-17 圆环绘制　　　　　　　图4-8-18 最后效果

实例练习九　方形碧玉插口镶戒指

方形碧玉插口镶戒指如图4-9-1所示。

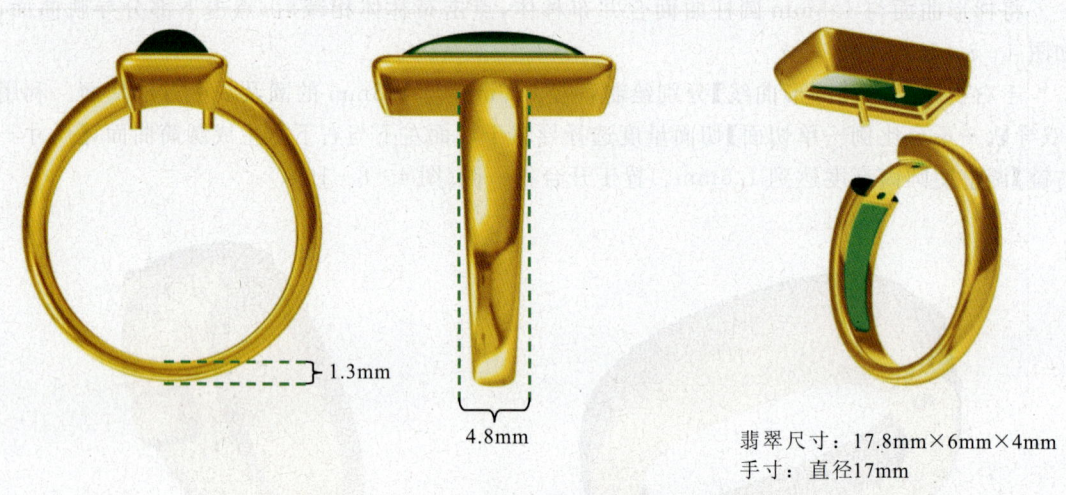

翡翠尺寸：17.8mm×6mm×4mm
手寸：直径17mm

图4-9-1 方形碧玉插口镶戒指各视图

操作简析如下。

1. 包镶镶口的制作

石头绘制：在上视图用【上下左右对称线】绘制17.8mm×6mm的长方形，根据石头形状绘制，长方形四个角略圆。再绘制一个高4mm的开口切面，使用【单导轨—单切面】，将石头形状做出以供制图参考。并根据实际情况调整石头细节位置，使之与真实形状接近。

包镶绘制：上视图，将绘制石头的导轨线还原，向两方偏移0.85mm，得到镶口的导轨线，在正视图绘制切面线，切面略吃入石头，上部分略宽，约为0.9mm，下部分为0.7mm（图4-9-2）。使用【双导轨】依次点击内、外导轨再点击切面形成包镶口（图4-9-3）。

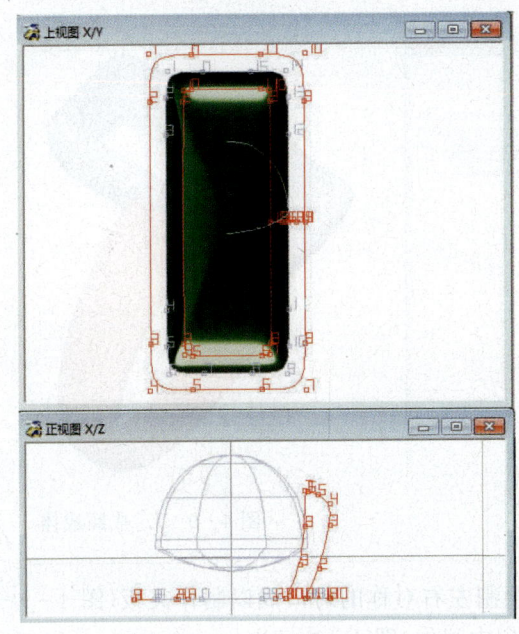
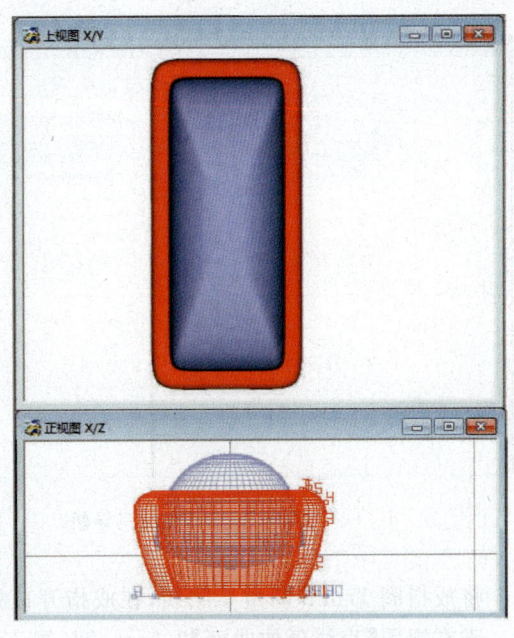

图4-9-2 包镶双导轨　　　　　图4-9-3 包镶口成体

底担制作：将绘制石头的导轨线还原调出，向外偏移0.05mm，适当增加控制点作为底担的一条导轨线，接着将其向内偏移0.9mm，并将上下两边略往中间调整，使得间隔稍宽，约为1mm，绘制一个高0.6mm的方形切面（图4-9-4），点击【双导轨】制作成型，注意宝石与底担相对镶口的位置关系（图4-9-5）。

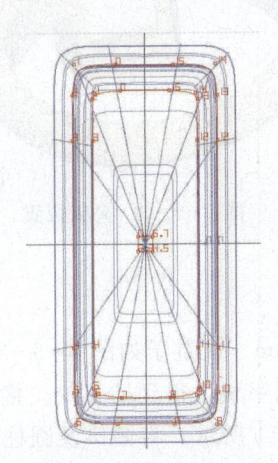
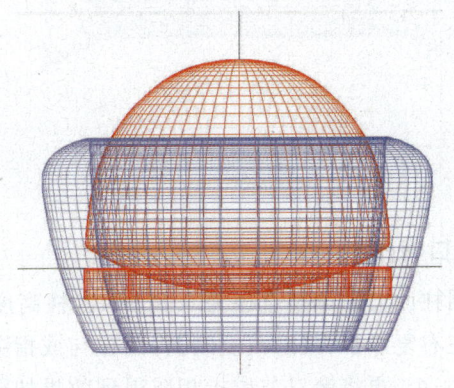

图4-9-4 底担双导轨　　　　　图4-9-5 正视图

2. 戒圈制作

戒指导轨：绘制如图4-9-6所示三条导轨线，戒指肱底厚1.3mm。使用【三导轨—单切面】，切面量度选择导轨于切面上中与下中。依次点击正视图的上边导轨—下边导轨，再点击中间导轨，形成戒圈（图4-9-7）。完成后的戒圈隐藏复制供后期掏底。

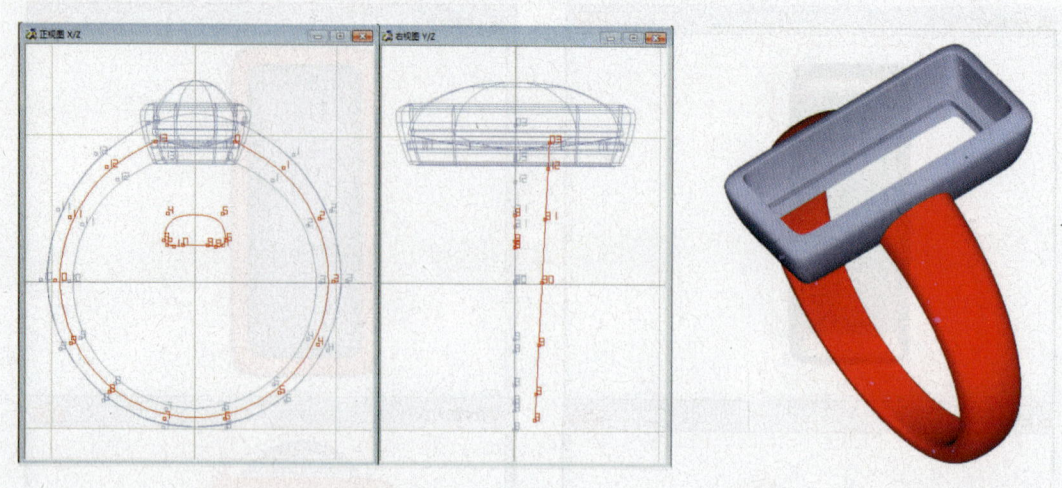

图 4-9-6 戒圈三导轨　　　　　　　图 4-9-7 戒圈成体

将戒指圈 17mm 圆做参照线,在戒指开口处绘制左右对称的封口线以制作夹板(图 4-9-8)。于右视图【直线延伸曲面】2.5mm 宽,置于戒指中间位(图 4-9-9)。

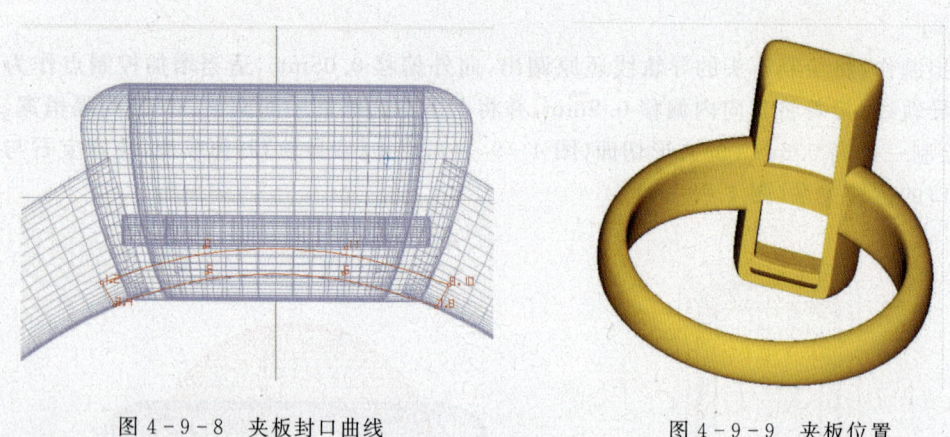

图 4-9-8 夹板封口曲线　　　　　　图 4-9-9 夹板位置

3. 插镶口制作

调出【圆柱曲面】,调整直径为 0.8mm,圆柱高度为 2.5mm。放置于如图 4-9-10 所示位置。完成【左右复制】,再【隐藏复制】将圆柱与戒指夹板相减,甲板上得到插孔位。接着将镶口【隐藏复制】一个,再将镶口与戒指相减得到效果如图 4-9-11 所示。将镶口及圆柱不隐藏得到如图 4-9-12 所示戒指。

4. 掏底

将之前绘制的戒圈不隐藏,缩小并调整,使得正视图掏底留边 0.6mm,侧视图两边各留 0.9mm 位,掏底形态如图 4-9-13 所示,最后将戒指内圈圆形曲线在侧视图【直线延伸曲面】与镶口相减(图 4-9-14)。

掏底完成后模型各视图如图 4-9-15 所示。

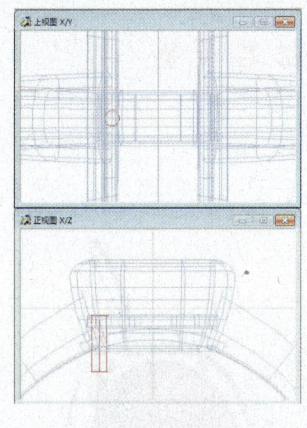 

图 4-9-10 圆柱位置　　图 4-9-11 相减后效果　　图 4-9-12 插口镶效果

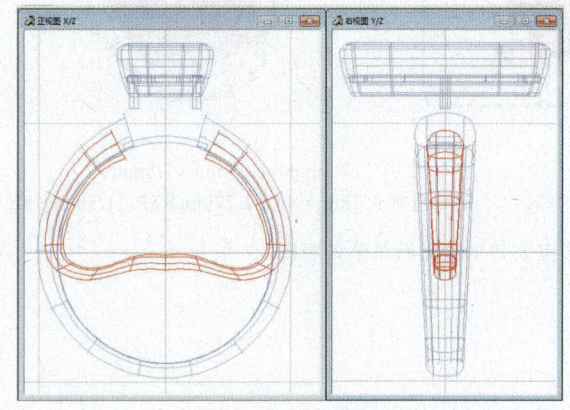 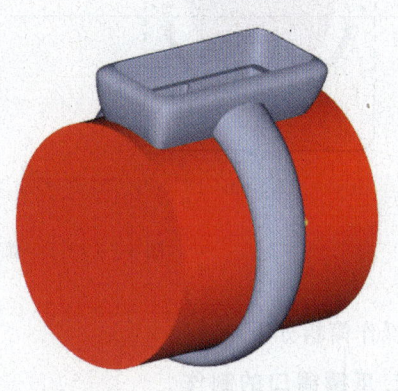

图 4-9-13 掏底形态　　　　　　　图 4-9-14 内圈圆柱

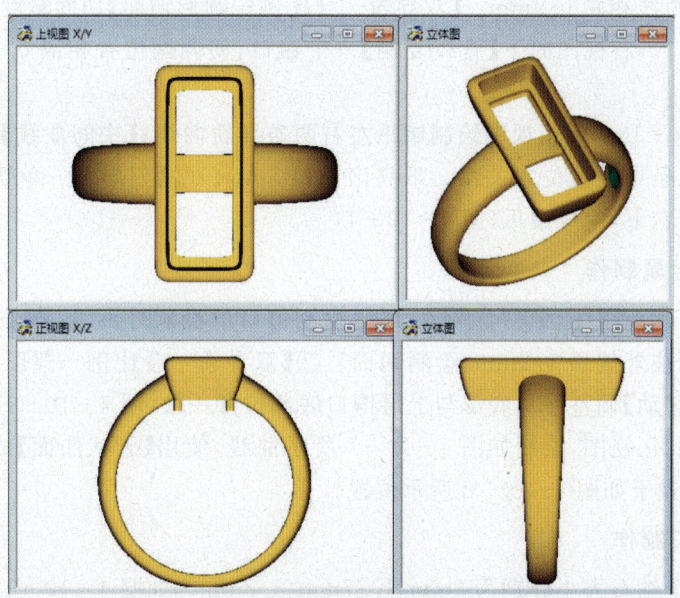

图 4-9-15 最后效果

实例练习十　弧面彩宝公共爪镶钻石吊坠

弧面彩宝公共爪镶钻石吊坠如图 4-10-1 所示。

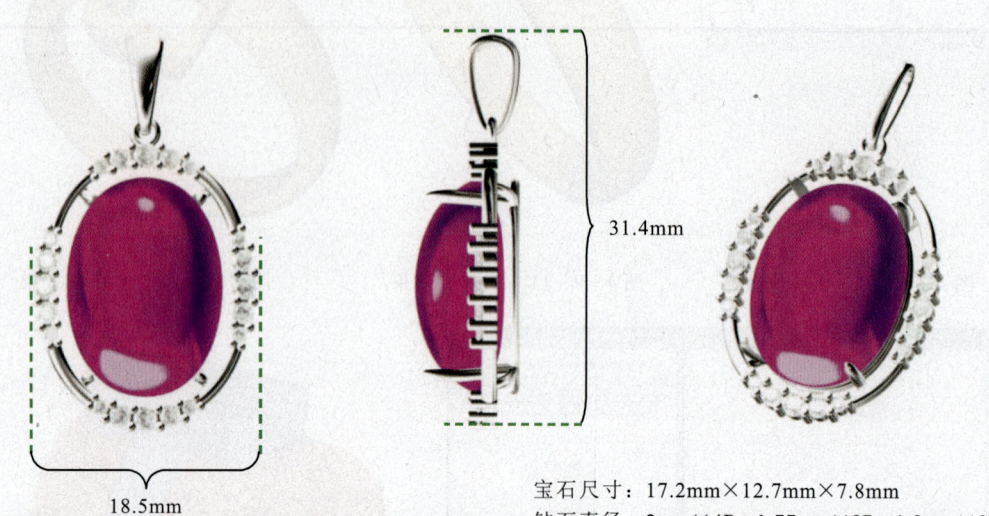

宝石尺寸：17.2mm×12.7mm×7.8mm
钻石直径：2mm×4P，1.77mm×8P，1.3mm×8P

图 4-10-1　弧面彩宝公共爪镶钻石吊坠各视图

操作简析如下。

1. 爪镶镶口的制作

镶口：上视图绘制两条椭圆导轨曲线，外圈导轨线应与石头大小保持一致 17.2mm×12.7mm。两条导轨线相距 0.9mm。【双导轨—合比例—圆形切面】切面量度选择导轨于切面左中右中，生成镶口。右视图向下【直线复制】一个镶口，使两两位置相隔 0.8mm（图 4-10-2）。

镶爪：①如图 4-10-3，正视图绘制镶爪左右两条导轨曲线，【中间曲线】生成上边导轨线去到右视图调整三条导轨线位置关系。爪高出镶口 5mm。②【三导轨—单切面】切面量度选择导轨于切面左下右下，生成镶爪（图 4-10-4）。

2. 镶口周边金属制作

外层金属圈。①如图 4-10-5 所示，还原绘制镶口的椭圆外圈线，向外偏移 1.2mm，再将偏移得到的椭圆往外偏移 1.2mm，绘制切面。②【双导轨—合比例—圆形切面】，生成金属圈。注意正视图【移动】调整使其底部与上层镶口底部位置一致（图 4-10-6）。

支撑结构绘制：正视图，绘制如图 4-10-7 所示曲线，使用【管状曲面】成圆柱体，直径设定 0.9。完成后放置于如图 4-10-8 所示位置。

3. 公共爪镶口制作

镶口绘制：三个钻石大小分别为 2mm、1.77mm、1.3mm。如图 4-10-9 所示从左至右依次排列，两两钻石间隔 0.2mm，每个镶口外围与钻石等大，将三个钻石镶口的外围曲线画出

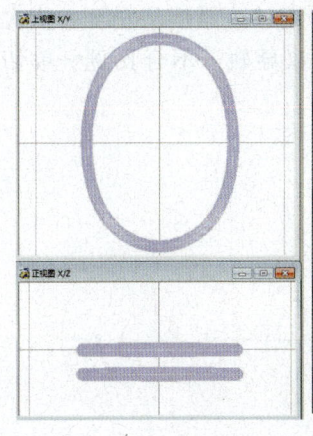 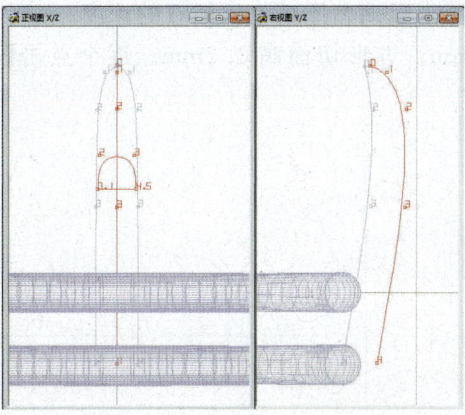 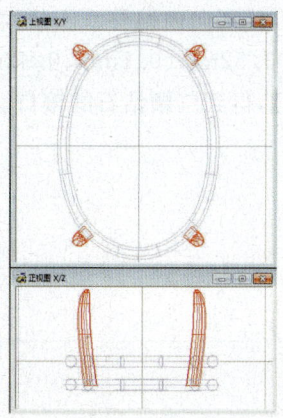

图 4-10-2 镶口托　　　　　图 4-10-3 爪导轨线　　　　　图 4-11-4 镶口

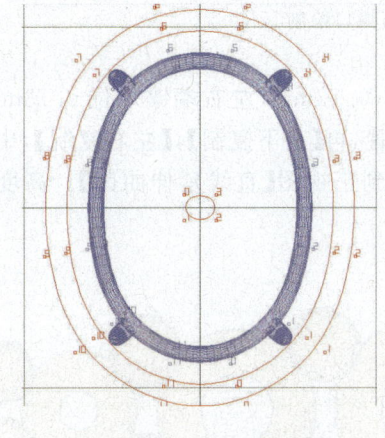 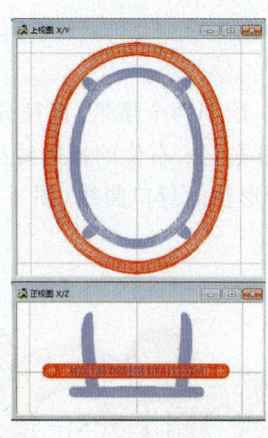

图 4-10-5 金属圈导轨线　　　　　图 4-10-6 位置关系

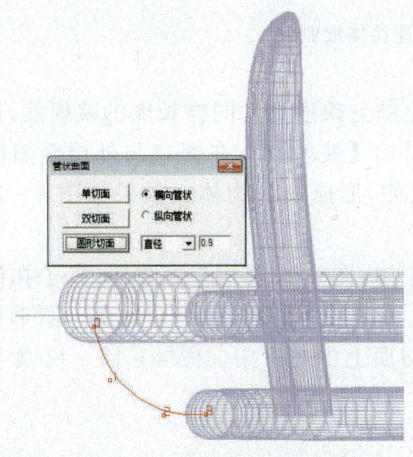 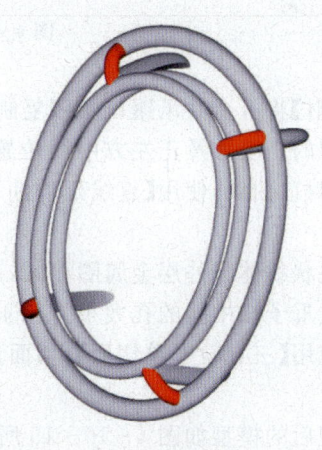

图 4-10-7 支撑制作　　　　　图 4-10-8 支撑效果

· 209 ·

后，分别向内偏移 0.1mm，用来后期参照爪吃入钻石的深度。三个镶口边厚度从左至右依次为 0.52mm、0.5mm、0.42mm。方形切面高 1.2mm。逐个点击【双导轨—不合比例—单切面】，得到三颗钻石的镶口。

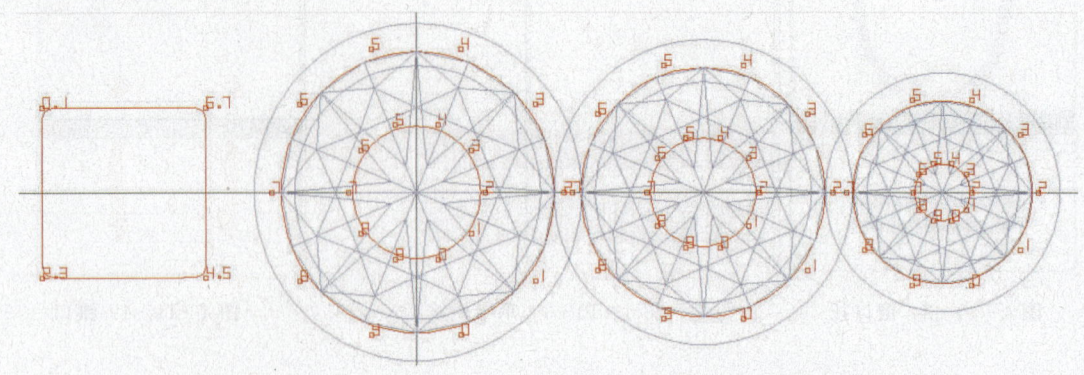

图 4-10-9　钻石镶口绘制

镶爪摆放：绘制两个镶爪，直径分别为 0.8mm、0.73mm，左右端镶爪位 0.73mm；其余爪为 0.8mm。根据吃入石位的辅助线摆好右上边位置，再【上下复制】、【左右复制】，中间空出的位置画出切合形状的封口曲线（图 4-10-10），回到正视图【直线延伸曲面】。高度与镶口一致为 1.2mm。

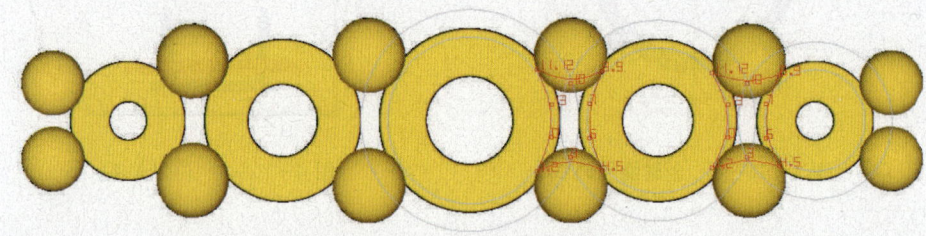

图 4-10-10　镶爪与连接体绘制

【映射】将五个共爪镶口隐藏复制一个，上视图绘制与映射物件同样长度的映射线，位于外层金属圈的正上方及正左方中线位置（图 4-10-11）。【映射】完，在镶口与外层金属圈重合位，绘制封口曲线，使用【直线延伸曲面】于正视图拉伸，形成块状物体。效果如图 4-10-12 所示。

将块状物体与外层金属圈相减，吊坠主体绘制完毕，图 4-10-13 为圆环；瓜子扣的导轨线。注意瓜子扣中间的孔大小为 6.4mm×2.6mm。圆环使用【双导轨—合比例—圆形切面】，瓜子扣使用【三导轨—单切面】，切面量度为导轨在切面上中与下中。图 4-10-14 为导出实体物件。

成型后的模型如图 4-10-15 所示。

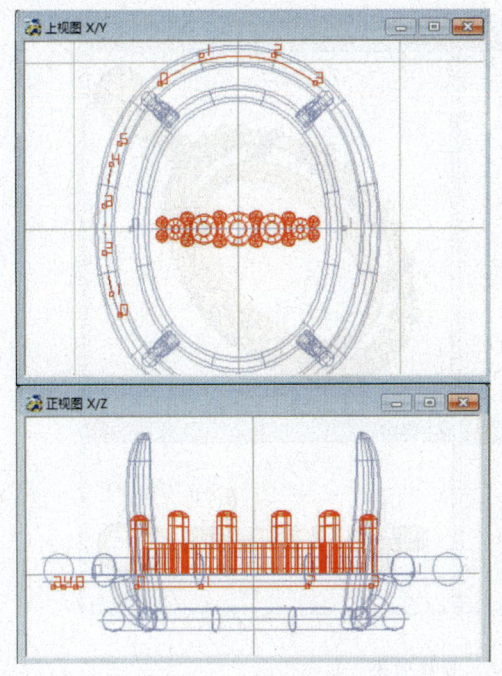
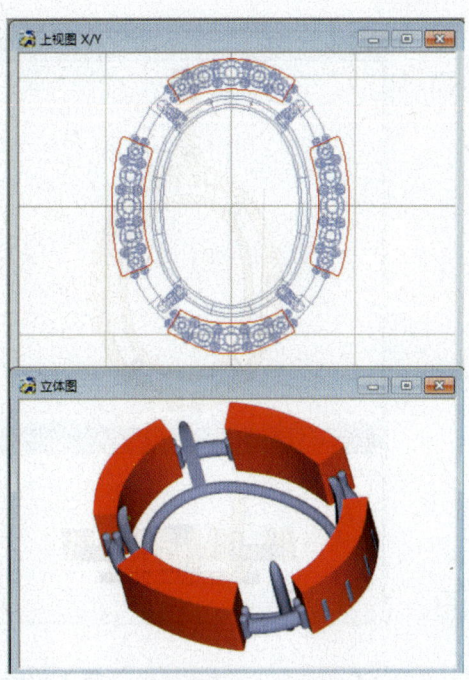

图 4-10-11 映射线绘制　　　　　图 4-10-12 块状物体制作

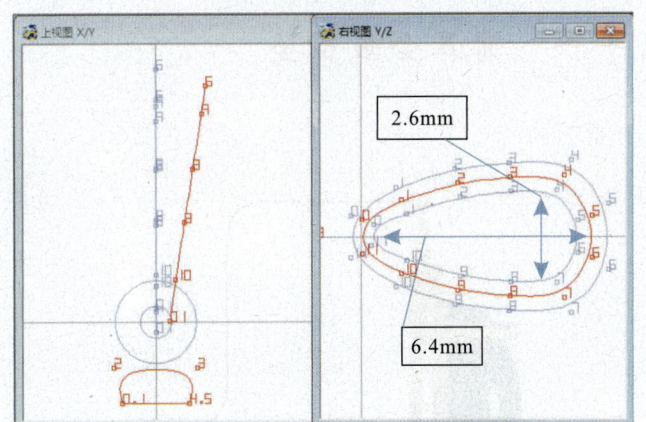
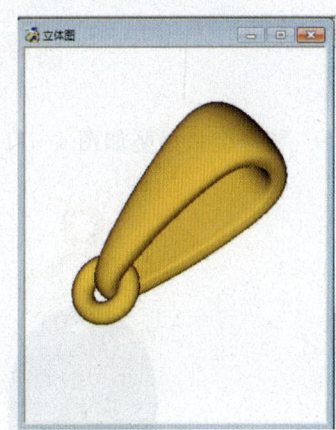

图 4-10-13 瓜子扣导轨　　　　　图 4-10-14 瓜子扣实体

附表　公共爪数据参考　　　　　　　　（单位：mm）

石头大小	爪大小	镶口边厚度	镶口最少高度	爪吃入石
1.3～2.0	0.6～0.8	0.4～0.5	0.7～0.8	0.1
2.0～3.0	0.8～0.9	0.5～0.6	0.8～0.9	0.1
3.0～5.0	0.9～1.1	0.6～0.7	0.9～1.1	0.15
5.0～8.0	1.1～1.2	0.7～0.9	1.1～1.2	0.15～0.2
8.0～10	1.2～1.4	0.9～1.0	1.2～1.4	0.2

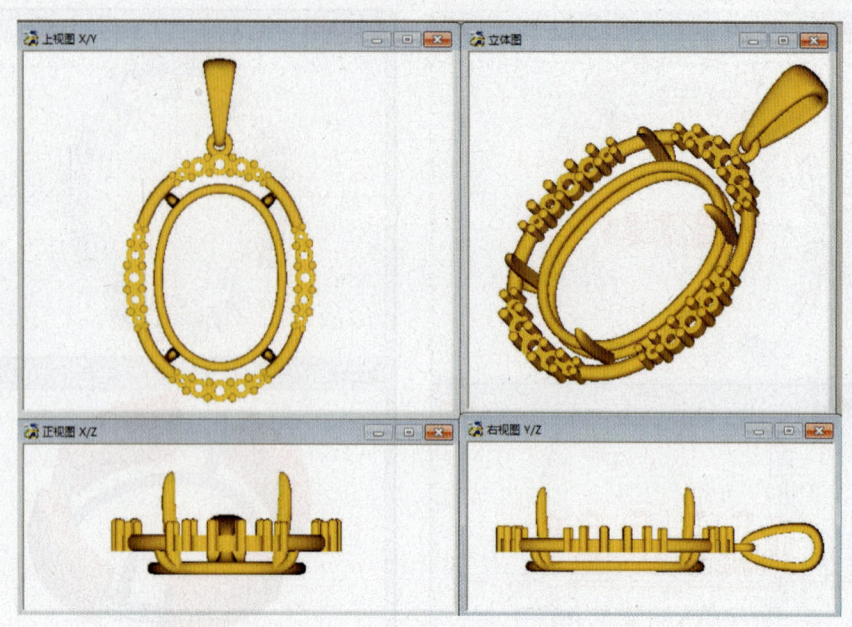

图 4-10-15 最终效果

实例练习十一　翡翠金鱼吊坠

翡翠金鱼吊坠如图 4-11-1。

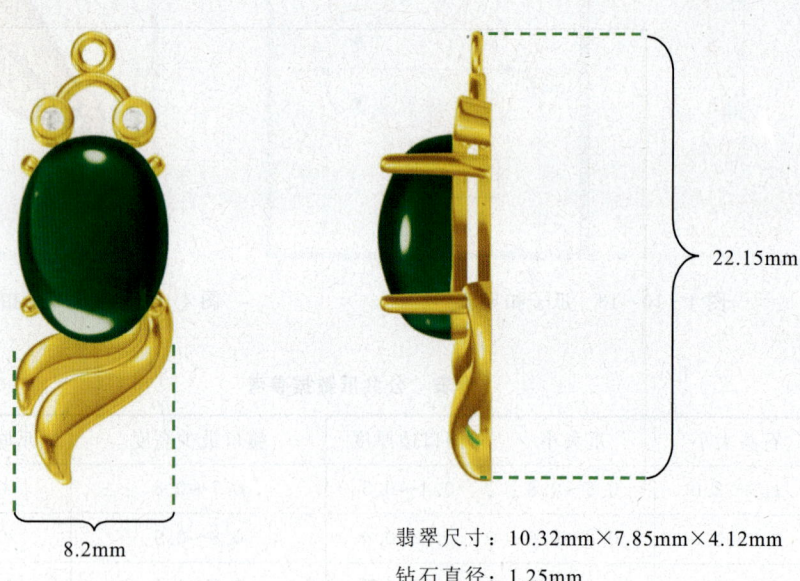

翡翠尺寸：10.32mm×7.85mm×4.12mm
钻石直径：1.25mm

图 4-11-1　翡翠金鱼吊坠各视图

· 212 ·

操作简析如下。

(1)翡翠爪镶镶口的制作(具体可参照第三章案例二:翡翠爪镶戒指)。

镶口。①上视图绘制两条导轨曲线与一个切面(图4-11-2),外圈导轨线应与翡翠大小保持一致。两条导轨线相距0.7mm。②【双导轨—不合比例—单切面】切面量度选择导轨于切面左下右下,生成镶口。选择镶口下端CV点,于上视图【尺寸+左键】等比例往中心点收拢(图4-11-3)。使镶口整体高度为2mm。③【直线延伸曲面】绘制出镶口减空位的曲面,后通过布尔运算减去,完成镶口制作。镶口上部尺寸0.8mm,下部0.65mm(图4-11-4)。

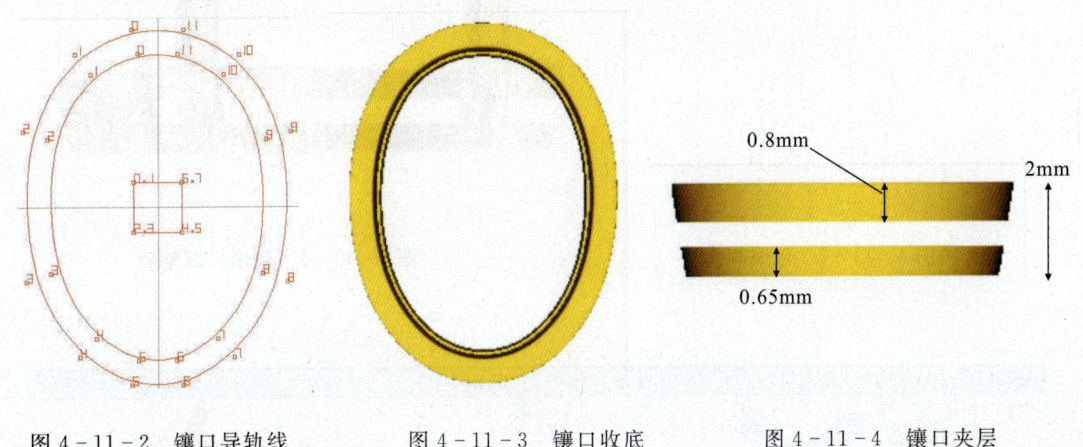

图4-11-2 镶口导轨线　　图4-11-3 镶口收底　　图4-11-4 镶口夹层

镶爪:①三导轨单切面完成爪的制作(图4-11-5),注意镶爪与镶口贴合位置应设定一定数量CV点,便于后期的调整。可参考视图中CV 4点、5点、6点位置。②调整CV点放置四个爪的合适位置(图4-11-6)。注意可与右视图选择镶爪相应位置一横排的CV点,于上视图【移动+右键】进行调整。侧视图中,爪于镶口上部应保持与水平方向垂直。

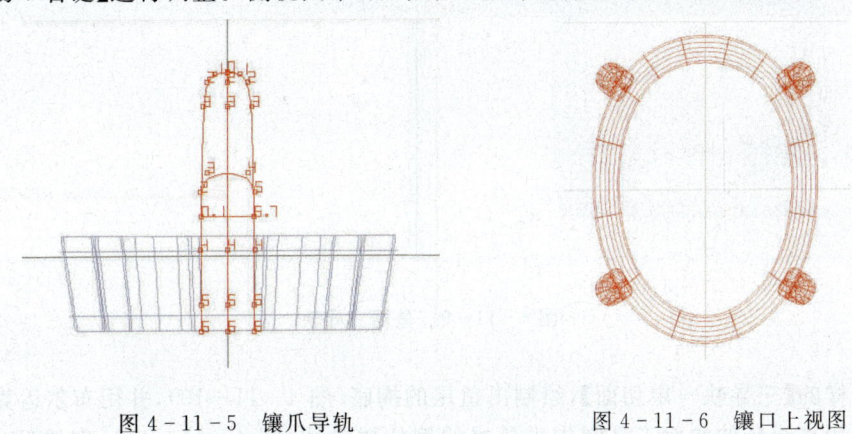

图4-11-5 镶爪导轨　　　　图4-11-6 镶口上视图

(2)钻石包镶镶口的制作。①上视图杂项调出圆钻,设定直径大小1.25mm。于正视图绘制如图4-11-7所示曲线。②利用【纵向环形对称曲面】完成包镶口的制作,旋转调整包镶口位置,再将包镶镶口调整CV点至合适位置(图4-11-8)。

(3)鱼尾巴的绘制。利用【三导轨—单切面】分别绘制出两条鱼尾(图4-11-9)。

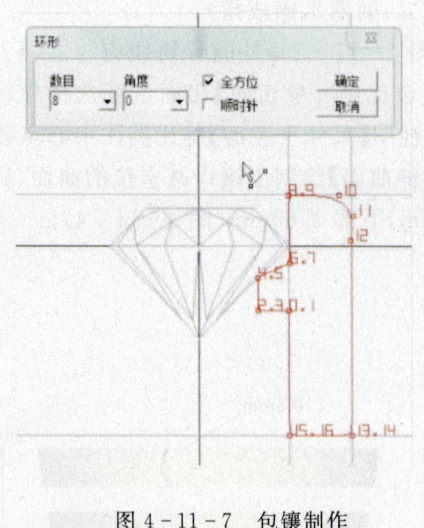
图4-11-7 包镶制作

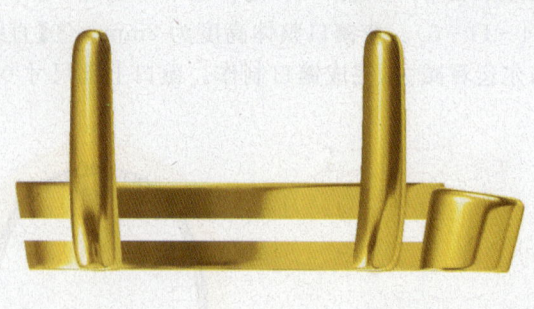
图4-11-8 包镶口调整后

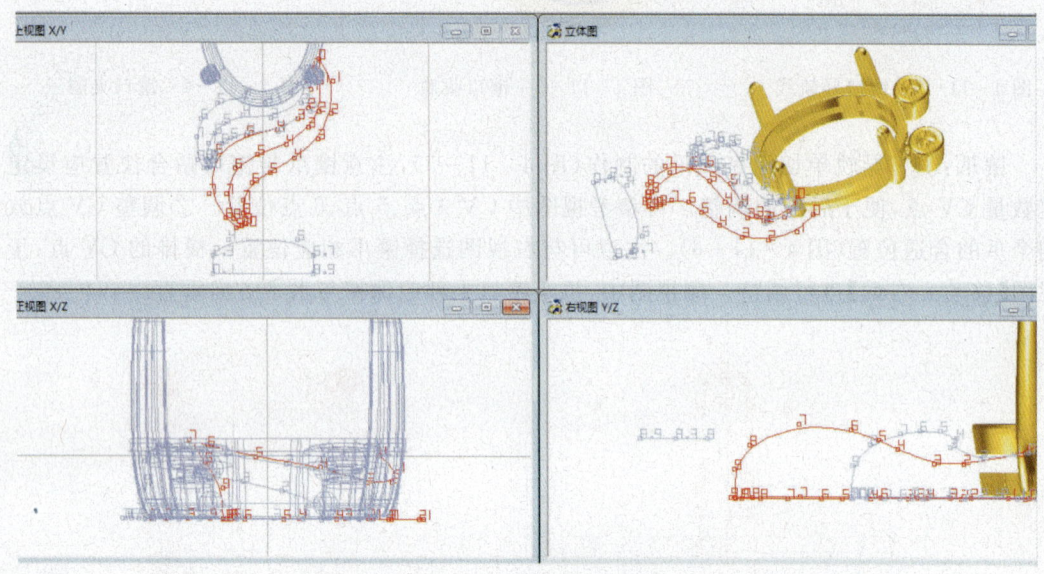
图4-11-9 鱼尾三导轨

(4)同样的【三导轨—单切面】,绘制出鱼尾的掏底(图4-11-10),并用布尔运算减去。

(5)利用直线延伸曲面工具制作出鱼尾的侧位镂空体(图4-11-11),完成后,用布尔运算减去。图4-11-12、图4-11-13为立体图快彩图显示的镂空夹层。

(6)双导轨圆形切面绘制出吊坠上部连接位(图4-11-14)。于右视图调整空间位置(图4-11-15)。

(7)从曲面栏调出球体曲面并调整好大小。用以衔接包镶口与爪镶口(图4-11-16),于右视图调整空间位(图4-11-17)。

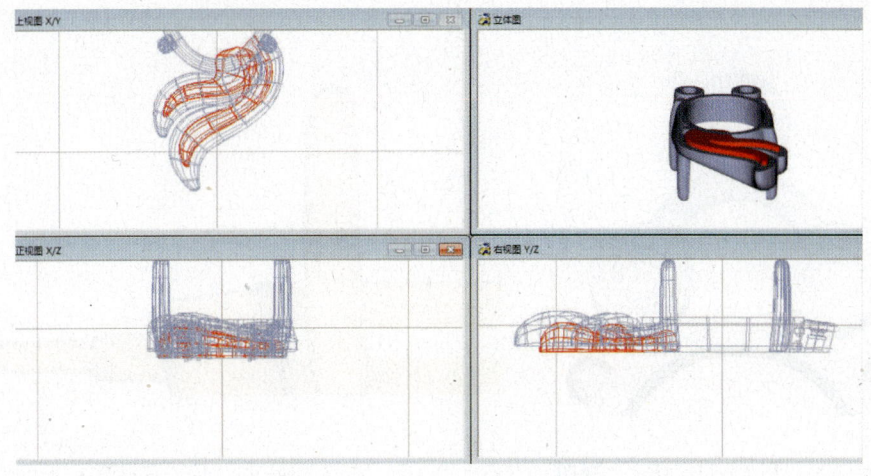

图 4-11-10 掏底各视图位置

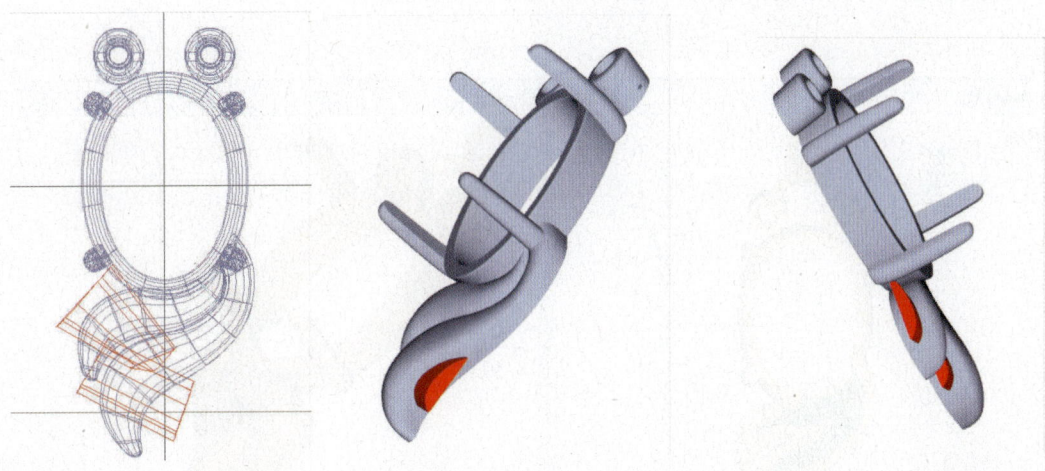

图 4-11-11 镂空体制作　　图 4-11-12 立体图镂空夹层位置　　图 4-11-13 立体图镂空夹层

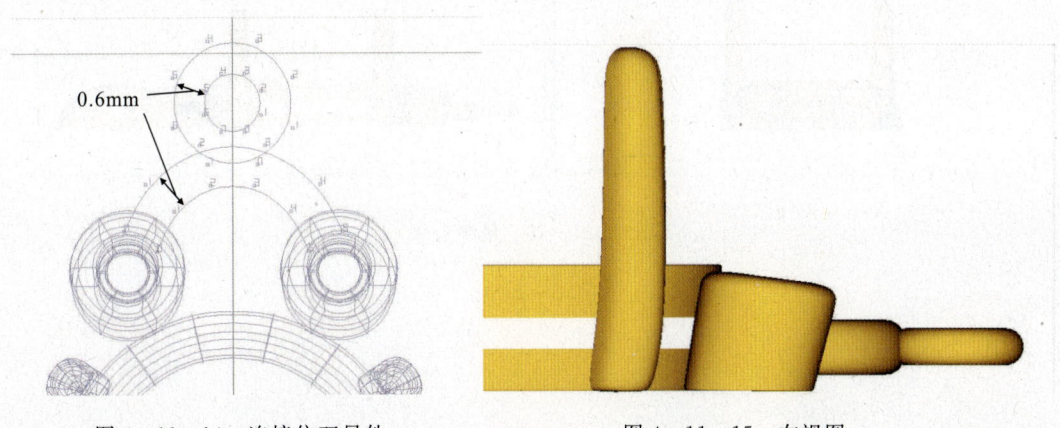

图 4-11-14 连接位双导轨　　　　　图 4-11-15 右视图

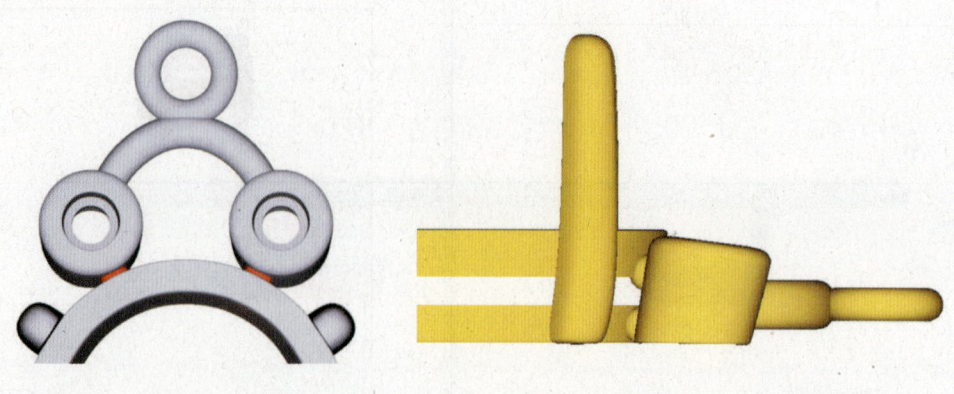

图 4-11-16　上视图　　　　　　图 4-11-17　右视图

完成建模后各视图效果如图 4-11-18 所示。

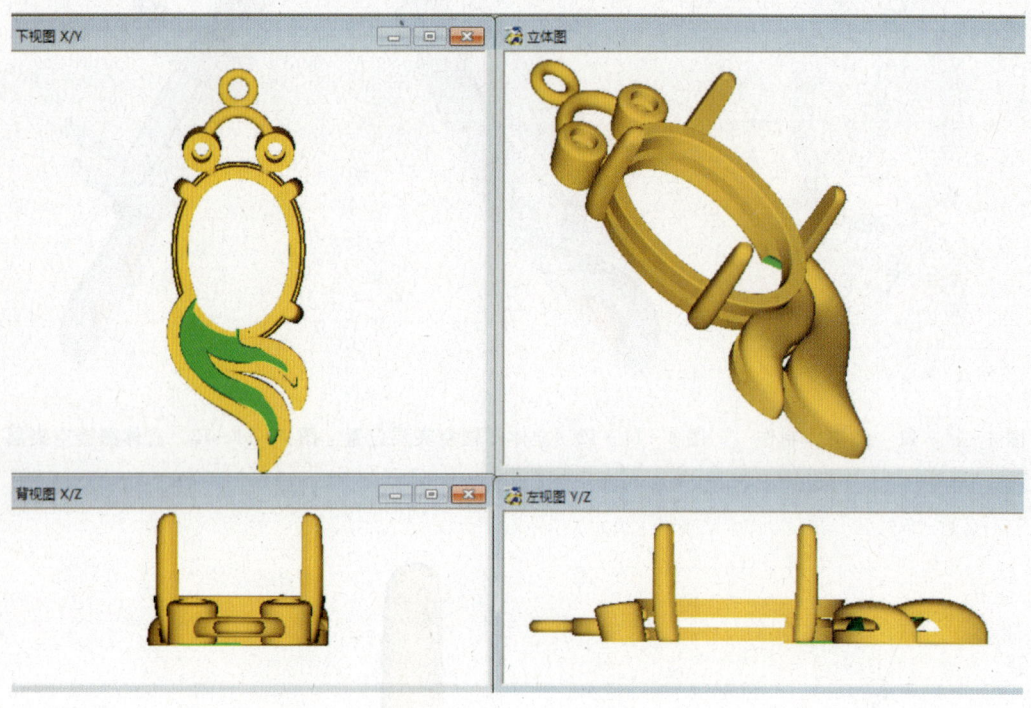

图 4-11-18　最终效果

实例练习十二 "G"形花头翡翠钻石吊坠

"G"形花头翡翠钻石吊坠如图4-12-1所示。

图4-12-1 "G"形花头翡翠钻石吊坠各视图

操作简析如下。

1. 镶口的制作

石头制作：上视图，绘制直径为1mm的圆形曲线，再使用【多重变形】工具比例栏横向输入数值8.56，纵向输入数值8.86，完成石头外轮廓的制作，如图4-12-2所示，绘制高4.88mm的开口曲线。点击【单导轨—单切面】，依次点击石头轮廓线—开口切面，完成石头的制作。

镶口：如图4-12-3所示，还原绘制石头的椭圆外圈导轨线，并将这条导轨线向内偏移0.7mm，再绘制高1.1mm方形切面。【双导轨—不合比例—单切面】，生成镶口后，选择镶口下端CV点，于上视图【尺寸】等比例往中心点收拢。

2. "G"形花头导轨制作

导轨线绘制：如图4-12-4所示，正视图蓝色线段两根为左右宽度导轨，红色线段为上边高度导轨，注意各视图的曲线层次变化，并注意绘制的半弧形切面将其调整为图4-12-4上视图红色封口曲线形状。完成导轨线于切面的制作后，使用【三导轨—单切面】，依次点击内围左边—外围右边导轨—上边导轨—切面，形成"G"形花头。

3. 钻石镶口绘制

宝石库调出直径1.5mm的圆钻。使用【双导轨—单切面】制作出宝石镶口，镶口边厚度0.45mm，镶口高1mm左右。镶爪直径0.55mm。镶爪于右视图略微倾斜，上视图测量并调整，使之吃入石头0.1mm(图4-12-5)。并将其摆放到合适位置(图4-12-6)。

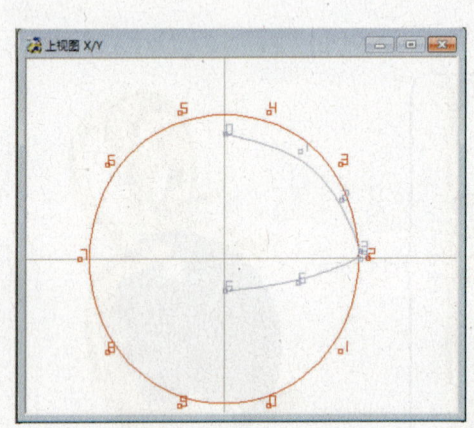

图4-12-2 石头导轨

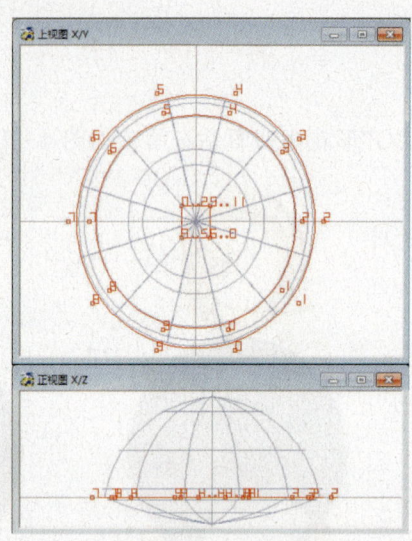

图4-12-3 镶口导轨

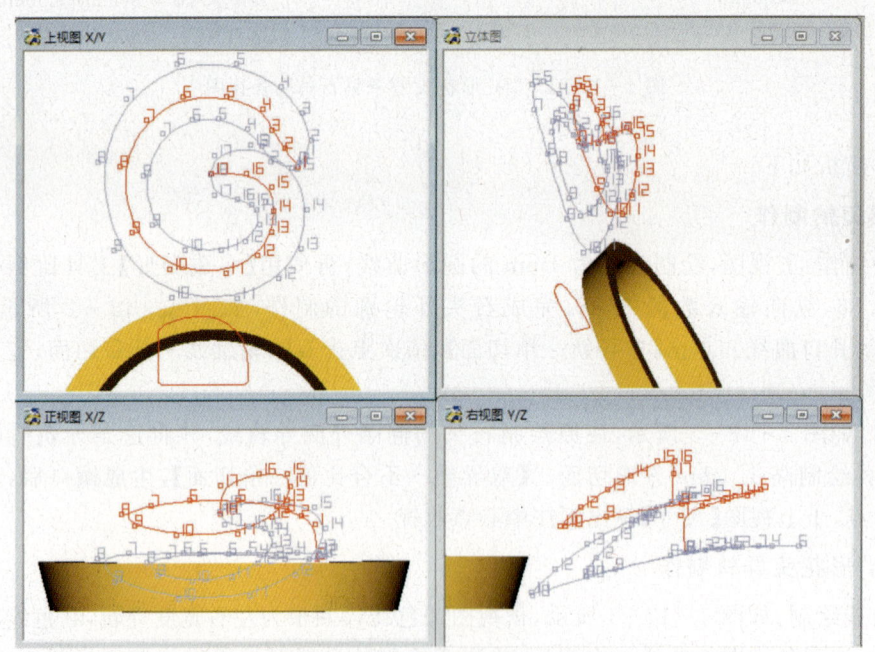

图4-12-4 花头导轨线

4. 夹层制作

夹层底线金属管成体:侧视图沿镶口倾斜角度绘制辅助线,使生成的底线金属管在收底倾斜范围内。设定中间夹层为0.55mm,底线生成后直径0.7mm,在上视图绘制如图4-12-7所示的封口曲线位置,于侧视图离镶口位0.9mm。并使用【管状曲面】圆形切面,设定直径为0.7,点击确定成体,效果如图4-12-8所示。

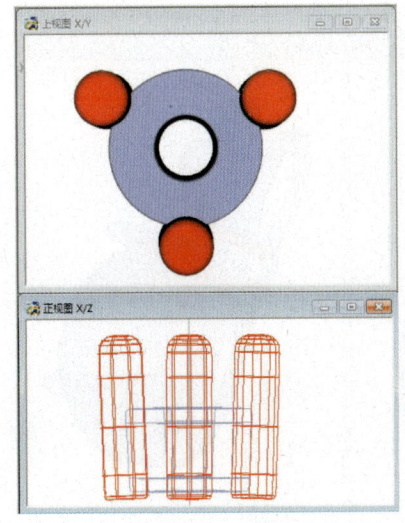

图 4-12-5　钻石镶口

图 4-12-6　钻石镶口摆放

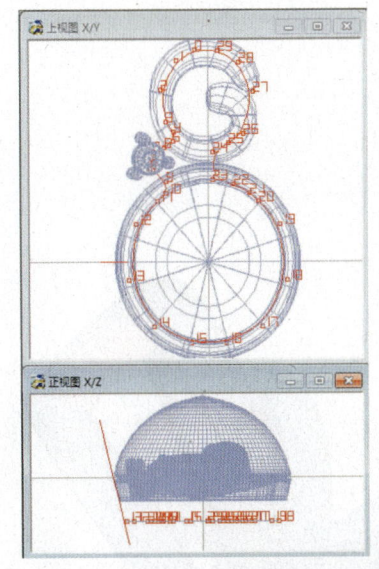

图 4-12-7　封口曲线绘制

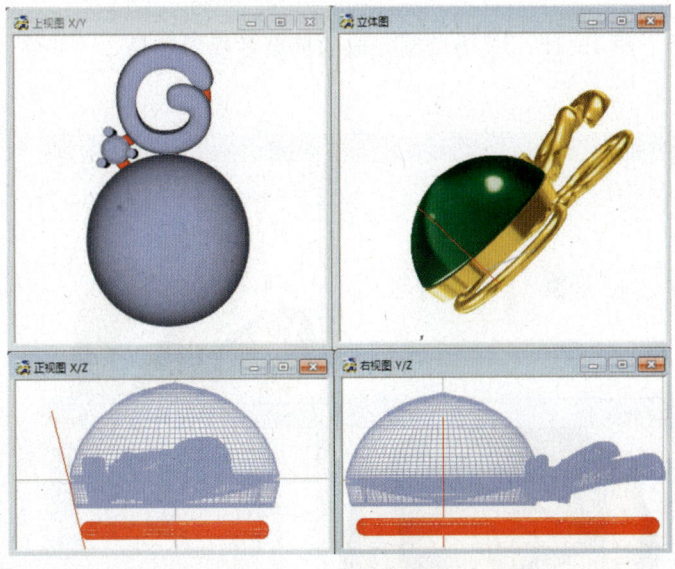

图 4-12-8　底线成体

　　镶爪制作及调整：图 4-12-9 为翡翠镶爪的位置关系，具体制作可参考前面的实例"金鱼翡翠吊坠"。图 4-12-10 为外侧的两个钻石镶爪选点调整后，使之"长"在底部金属管上的效果，注意调整后的镶爪看起来应弧度自然。

　　串链位制作：绘制如图 4-12-11 所示的三条导轨线与切面，红色线段为上下两条导轨，黑色线段为侧边导轨，切面贴合"G"形花头上弧面绘制，呈扇形。使用【三导轨—单切面】，切面量度选择导轨于切面上中与下中。依次点击导轨线与切面生成如图 4-12-12 所示实体，形成穿链位。整个模型绘制完毕。

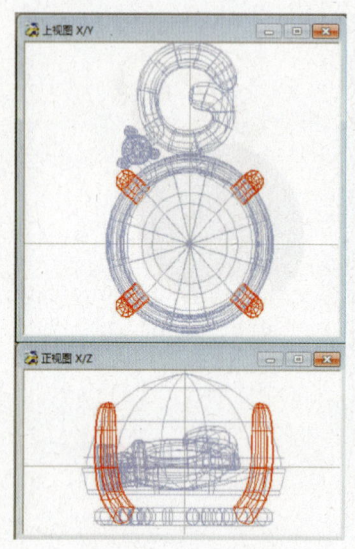
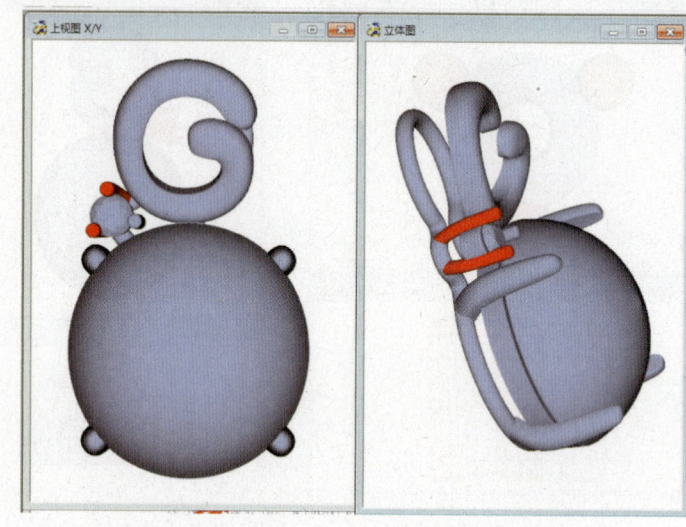

图 4-12-9 镶爪位置　　　　　　　　图 4-12-10 钻石镶爪调整

图 4-12-13 为绘制完成的模型各视图效果。

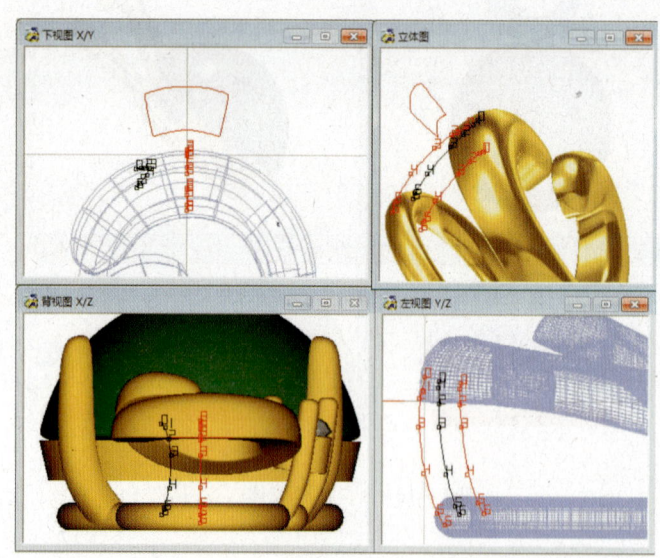
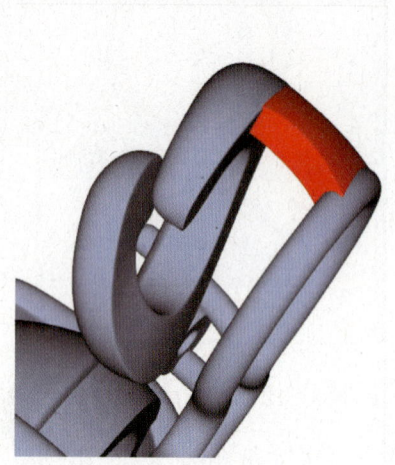

图 4-12-11 三导轨　　　　　　　　图 4-12-12 穿链位

图 4-12-13 最终效果

实例练习十三 莲花葫芦翡翠吊坠

莲花葫芦翡翠吊坠如图 4-13-1 所示。

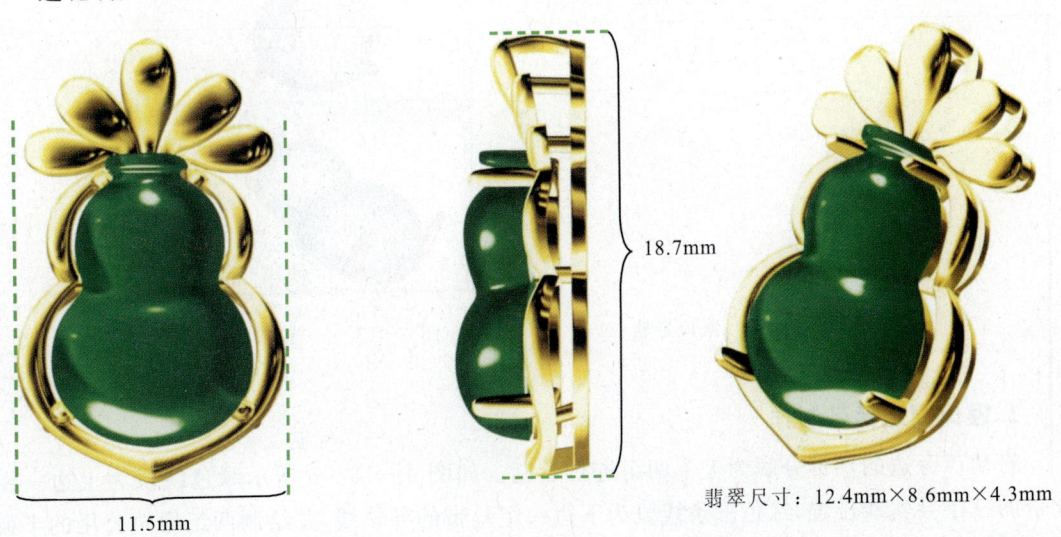

图 4-13-1 莲花葫芦翡翠吊坠各视图

翡翠尺寸：12.4mm×8.6mm×4.3mm

操作简析如下。

1. 葫芦镶口制作

石头绘制：利用对称曲线定义好葫芦的长、宽、高，并利用任意曲线，上视图绘制出左右两条导轨线，右视图绘制上边导轨线，绘制好3.1mm高半弧形切面（图4-13-2）。【三导轨—单切面】导轨成型。接着将葫芦底部CV点选中（对应切面CV0点与CV11点位置），右视图向下【移动】拉伸，调整葫芦厚度形状，使之整体高度达到4.3mm（图4-13-3）。

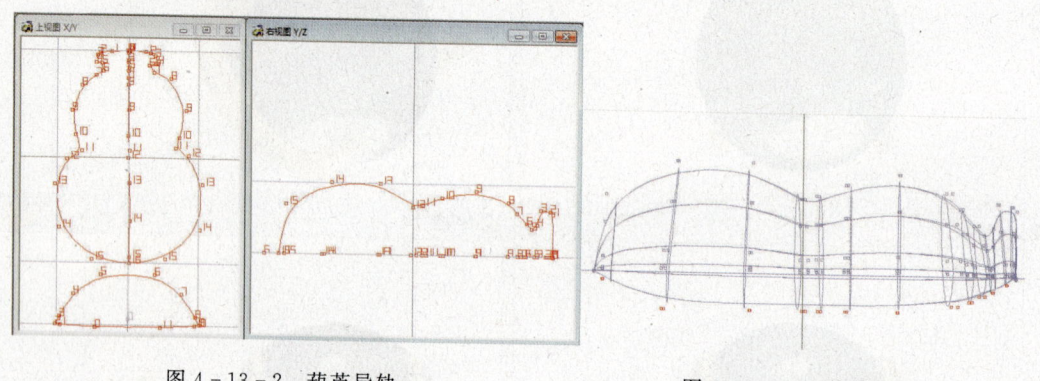

图4-13-2 葫芦导轨　　　　　图4-13-3 葫芦调整

镶口镶爪绘制：左右对称线制作出葫芦外轮廓作为镶口一条导轨线，并向内偏移0.7作为镶口另一条宽度导轨，方形切面高1.15mm（图4-13-4）。使用【双导轨—单切面】依次点击内、外导轨再点击切面形成镶口，参照综合案例的翡翠手链，绘好镶爪，最终造型如图4-13-5所示。

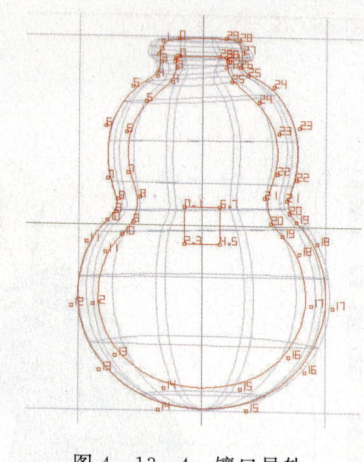 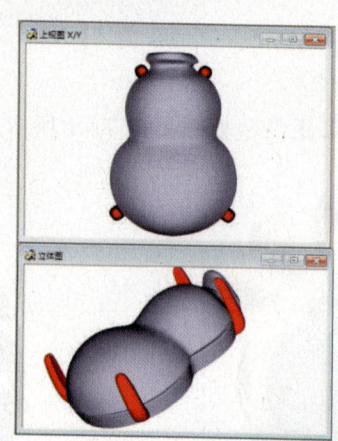

图4-13-4 镶口导轨　　　　　图4-13-5 镶口效果

2. 镶口周边丝带制作

将葫芦旁边的丝带分解为上下两组进行绘制。如图4-13-6所示绿色线段为上边一组丝带的三条导轨线位置，红色三条线段为下边一组丝带的导轨线，并绘制两组导轨公用的半弧形切面，依次点击完成两次【三导轨—单切面】。图4-13-7所示为导轨完成，并左右复制得

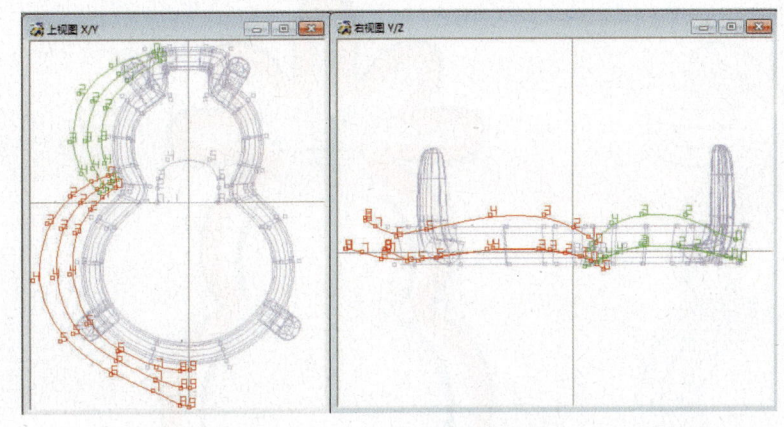
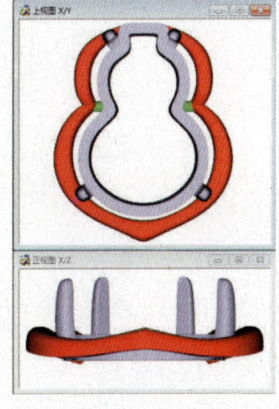

图 4-13-6　左边丝带分段导轨　　　　　图 4-13-7　丝带效果

到的丝带形状,绿色圆柱体连接用来支撑并连接镶口。

3. "莲花头"绘制

任意曲线画出镶口上端装饰的"莲花"造型,分段制作"花瓣",如图 4-13-8 所示红色线段为中间"花瓣"三条导轨线的相对位置,再绘制半弧形切面。使用【三导轨—单切面】,完成制作,并用同样方法制作左边两瓣"花瓣"。左右复制完成"莲花头"的绘制。如图 4-13-9 所示,注意"花瓣"摆放的层次关系。

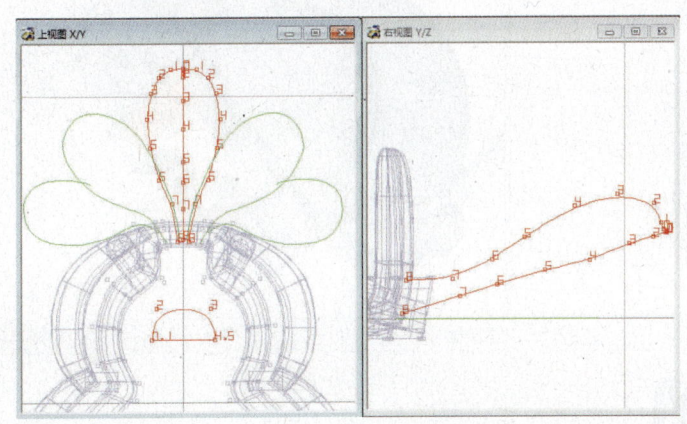

图 4-13-8　花瓣导轨　　　　　　　图 4-13-9　花瓣摆放

4. 夹层制作

底线导轨绘制:绘制如图 4-13-10 所示两条导轨线,并绘制一个切面。注意导轨线点点对应,为达到底线成体后的收底效果。切面一边竖直方向线段略倾斜,切面高度 0.7mm。【双导轨—单切面】,依次点击里面导轨—外面导轨—切面,形成夹层底位金属。图 4-13-11 为完成导轨后的下视图效果。

夹层支撑圆柱与穿链位制作:在夹层位置加上直径 0.7mm 的圆柱支撑。图 4-13-12 所

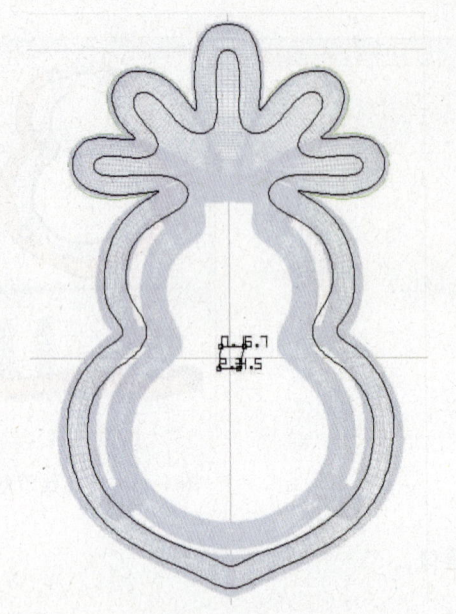
图4-13-10 底部导轨

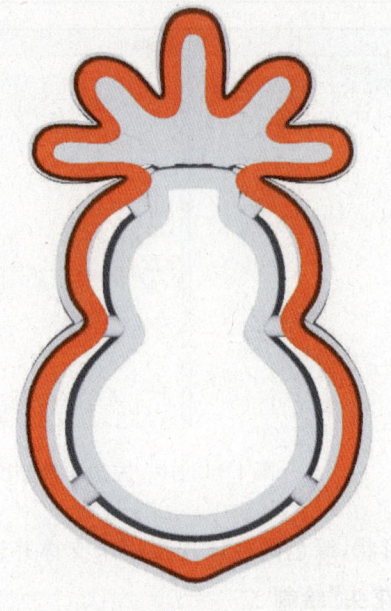
图4-13-11 下视图

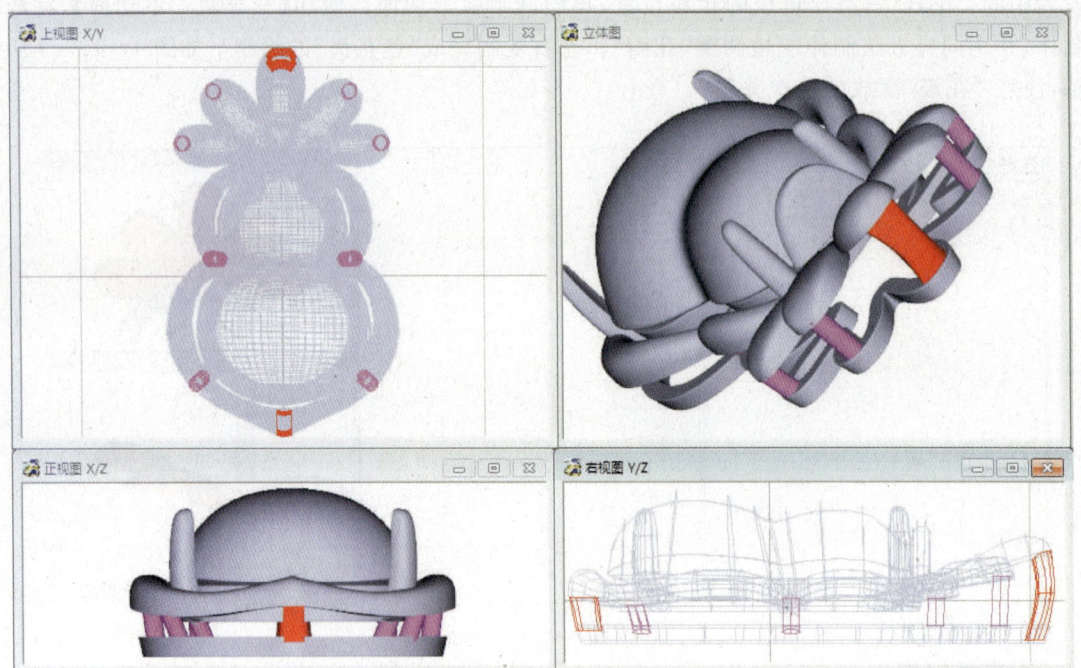
图4-13-12 夹层制作

示上视图,紫色物件为增加圆柱位置。红色物件为贴合弧面的导轨体,分别在花头处形成穿链位,葫芦底尖夹层形成支柱。具体制作方法参考本章实例练习十二"G"形花头翡翠钻石吊坠。整个模型制作完毕。

细节调整完毕后模型各视图如图4-13-13所示。

图 4-13-13　最终效果

实例练习十四　卡通螃蟹镶嵌玉石戒指

卡通螃蟹镶嵌玉石戒指如图 4-14-1 所示。

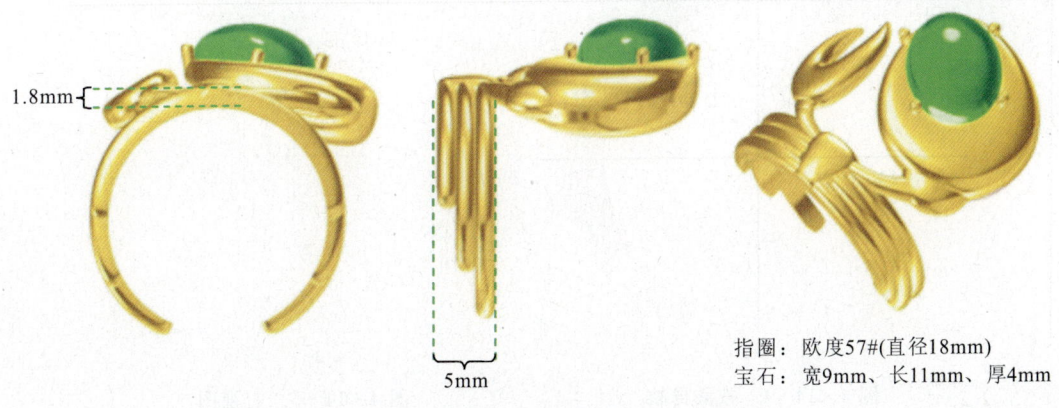

指圈：欧度57#(直径18mm)
宝石：宽9mm、长11mm、厚4mm

图 4-14-1　卡通螃蟹镶嵌玉石戒指各视图

操作简析如下。

1. 绘制戒圈

正视图，用圆形工具绘出一条直径为 18mm 的圆作为戒圈内直径的辅助线，勾勒出戒圈的造型,戒圈单个部件顶部厚度为1.8mm,戒圈开口处厚度为1.5mm。使用【三导轨—单切面】,导轨从切面底部的左下角以及右下角通过(图4-14-2)。图4-14-3所示为三条导轨线的立体图位置及右视图位置,内圈左右两条导轨距离为1.6mm。

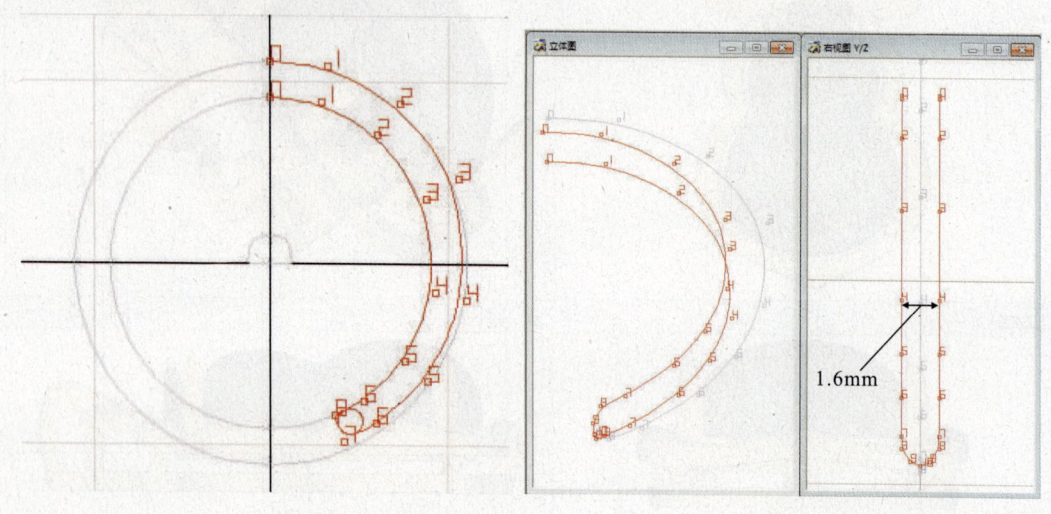

图4-14-2 正视图　　　　　　　　　图4-14-3 立体图/右视图

图4-14-4为正视图详细线图,同样使用任意曲线沿边描绘出第二圈戒圈导轨,利用三导轨成型。第三圈的导轨线绘制方法一致。使用移动工具,在右视图调整好排列位置。用【尺寸】对戒圈的宽度进行右键单向缩放,使其达到5mm,完成戒圈制作(图4-14-5)。

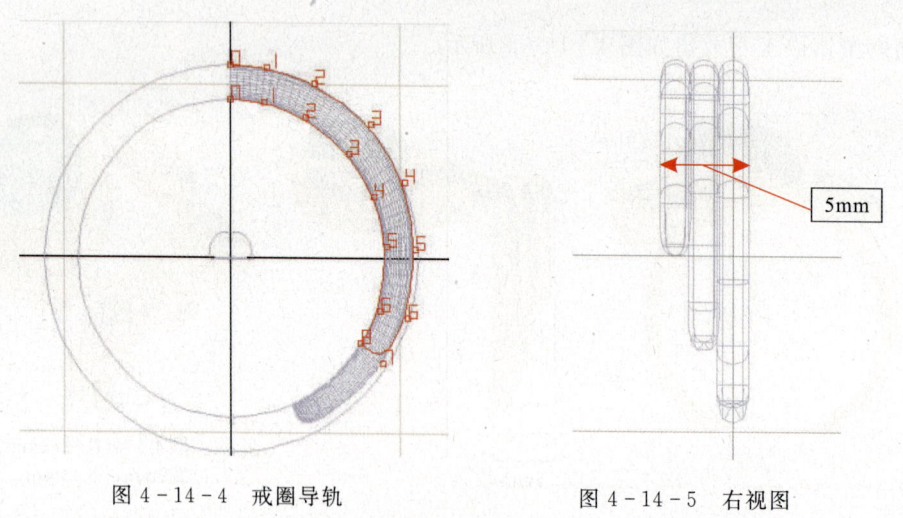

图4-14-4 戒圈导轨　　　　　　　　图4-14-5 右视图

2. 镶口绘制

(1)宝石绘制:上视图中根据宝石大小,绘制宽为9mm、长为11mm的椭圆,并绘制高4mm的开口切面。【单导轨—单切面】,导轨曲线从切面曲线底部的左下角以及右下角通过,形成玉石模型,以供模型绘制参考(图4-14-6)。

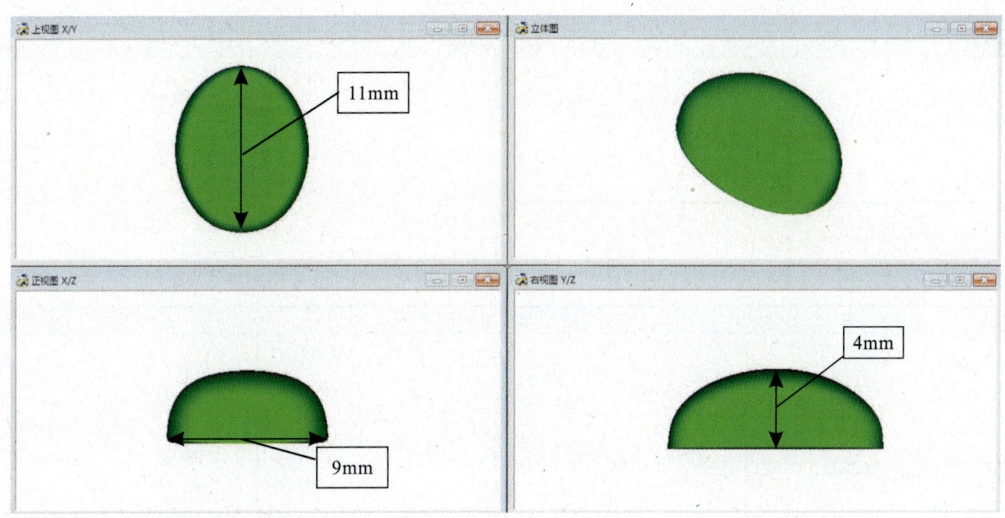

图 4-14-6　宝石成体尺寸

(2)镶口绘制：上视图，将宝石调整到适当的位置，用任意曲线根据宝石绘出轮廓线(图 4-14-7)，宽为 16.5mm，高为 15.5mm。隐藏 CV 点，沿着轮廓线描绘出两条导轨曲线(图 4-14-8)。

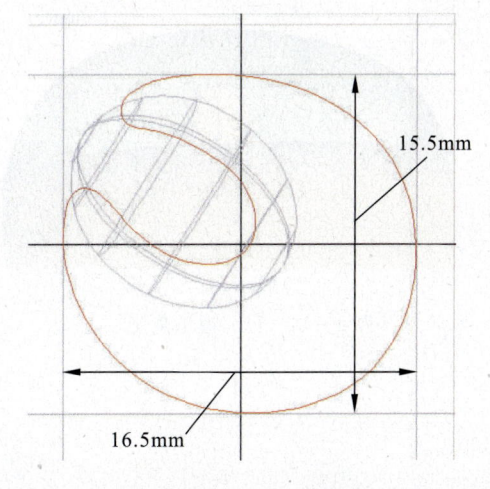

图 4-14-7　镶口描线

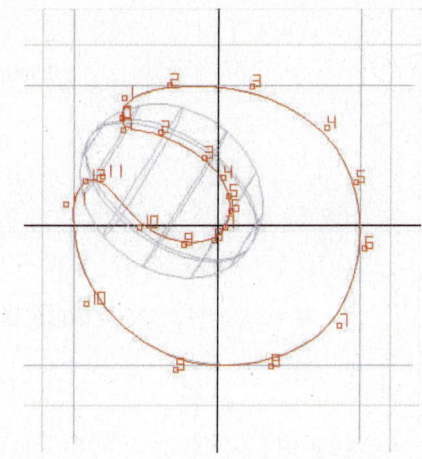

图 4-14-8　上视图导轨曲线

点击【中间曲线】，作为它们的上边导轨，切换到右视图和正视图中调整作为上边高度导轨的中间曲线于空间的位置(图 4-14-9)，最后绘出它的半弧形切面，用【三导轨—单切面】，导轨曲线从切面曲线底部的左下角以及右下角通过，生成模型为钳子镶口的上半部分。

正视图，调整宝石位置，使宝石嵌入金属 0.8mm(图 4-14-10)。制作直径为 1.2mm 的圆镶爪，镶爪露出金属面 1.3mm，分别制作并摆放好四个镶爪(图 4-14-11)。

(3)中心掏空：用绘制钳子镶口的方法制作出用来掏空金属的物件。掏空留边 0.5mm(图 4-14-12 为上视图掏底的两条宽度导轨线)。由于上边镶石头，高度留边 1.2mm。三导轨完成掏空物件后，将掏空物件与钳子镶口一并上下复制。图 4-14-13 为完成后正视图显示两组掏空物件与原物件位置关系。

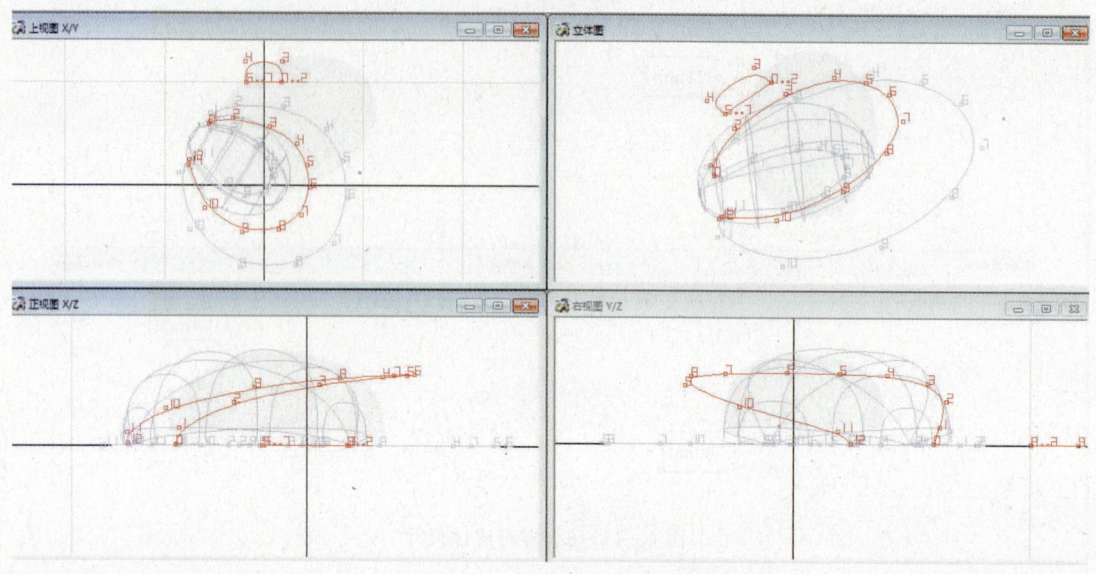

图 4-14-9　三条导轨线位置关系

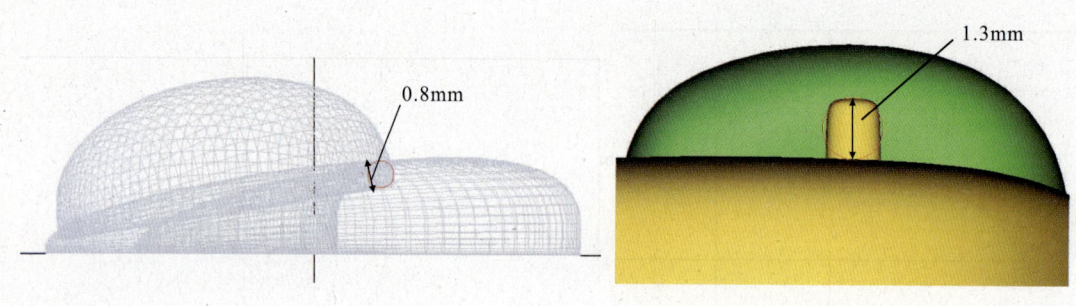

图 4-14-10　宝石与镶口位置　　　　　图 4-14-11　镶爪高度

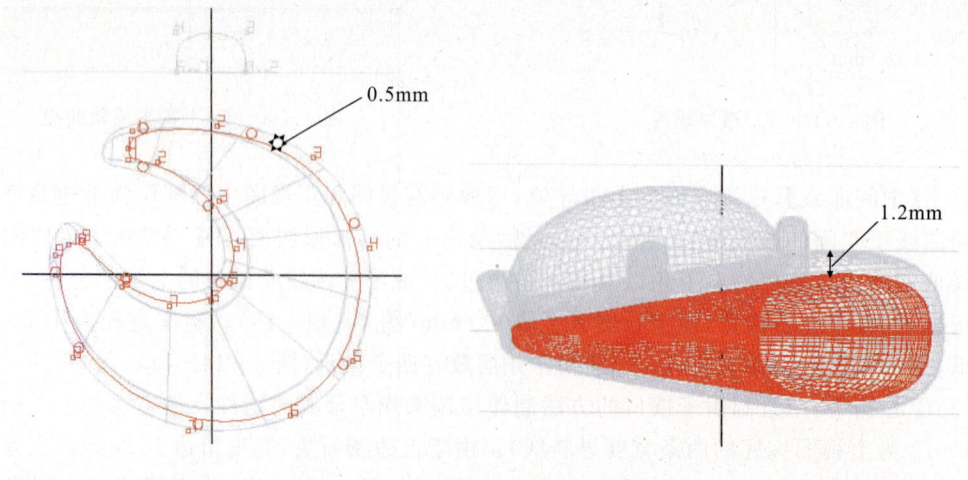

图 4-14-12　上视图　　　　　　　图 4-14-13　正视图

调出【曲面—球体曲面】,使用变形工具对其造型改变,如图 4-14-14 所示,镶口相接形成"螃蟹钳"关节位置。选择将镶口及关节造型做【联集】,接着选中掏空物件,再选择【相减】,点击镶口,使模型成为中空造型(图 4-14-15)。将宝石隐藏复制一个,并将宝石与镶口相减,得到镶嵌位。

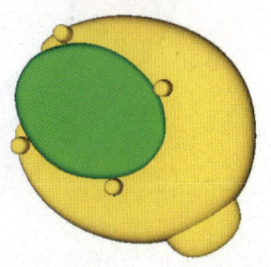

图 4-14-14 关节位制作

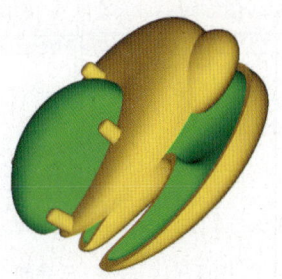

图 4-14-15 中空制作

3. 螃蟹其他零部件制作

(1)小钳子制作。依旧使用任意曲线勾勒外形,三导轨成型的方法,制作出另外一部分模型,宽为 7mm,高为 11.5(图 4-14-16 及图 4-14-17 为成形后的小钳子各视图及尺寸)。

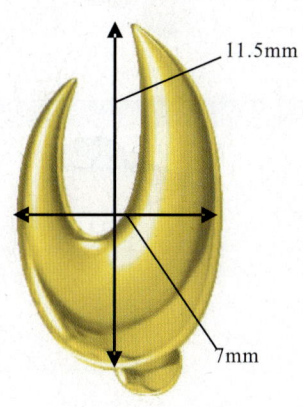

图 4-14-16 上视图

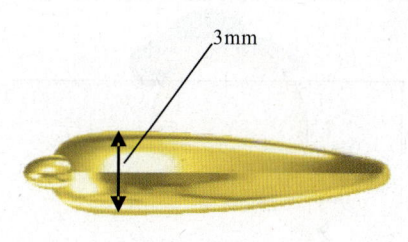

图 4-14-17 右视图

(2)螃蟹身体绘制。上视图,将隐藏的戒圈显示出来,使用任意曲线绘出两条宽度导轨线,在右视图绘出高度导轨曲线(图 4-14-18)。用【三导轨—单切面】生成模型(图 4-14-19)。

将所绘制好的模型部件全部显示出来,依据戒指造型,使用基本变形工具将其各自的空间位置移动摆放到适当的位置上(图 4-14-20)。

螃蟹手臂制作:上视图,选择任意曲线,描绘出两组导轨曲线(图 4-14-21),用【双导轨—圆形切面】,导轨曲线从切面曲线的左边中部以及右边中部通过。完成后对物件微调后效果如图 4-14-22 所示。

戒圈掏底:掏底留边 0.5mm,图 4-14-23 显示背视图效果,由于戒圈内部并不是光滑的,需要建立一个光滑的曲面和其相减,保证戒圈内部是光滑的。所以根据内直径再绘出一条 18.25mm 的圆形曲线,使用【直线延伸曲面】形成圆柱(图 4-14-24),与戒圈相减,完成戒指制作。

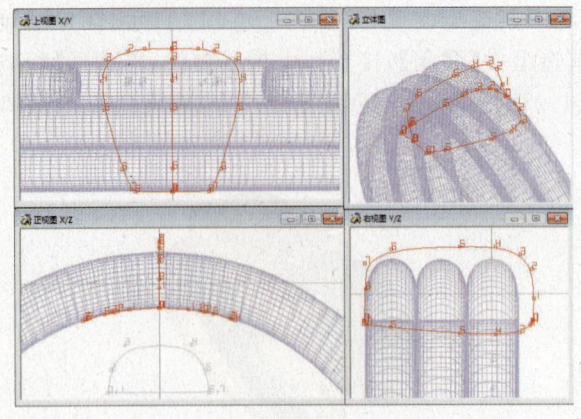
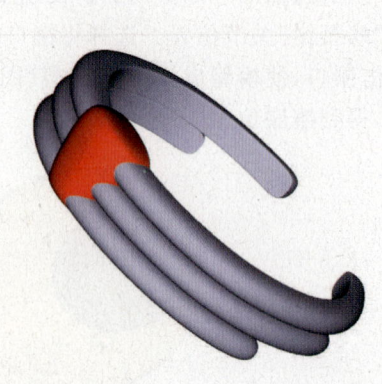

图 4-14-18　三导轨　　　　　　　　　图 4-14-19　生成模型

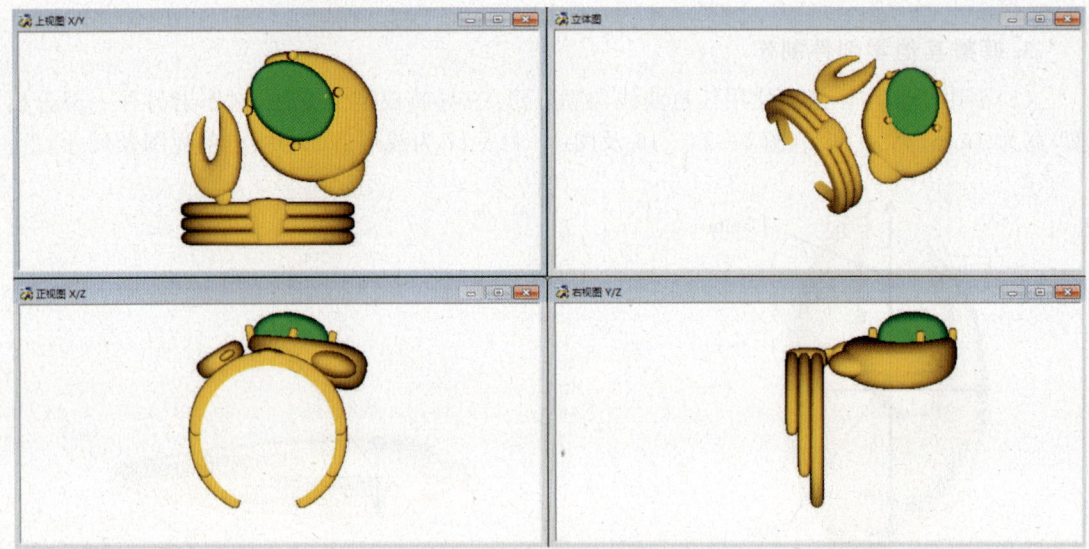

图 4-14-20　各细节位置摆放

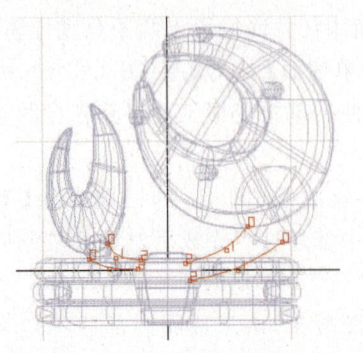
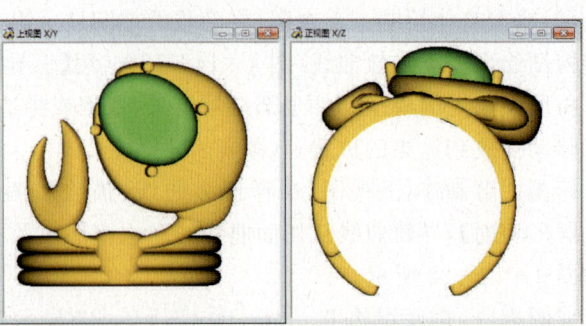

图 4-14-21　手臂导轨　　　　　　　　图 4-14-22　戒指效果

图 4-14-23 背视图　　　　　图 4-14-24 内圈圆柱体

最终模型效果如图 4-14-25 所示。

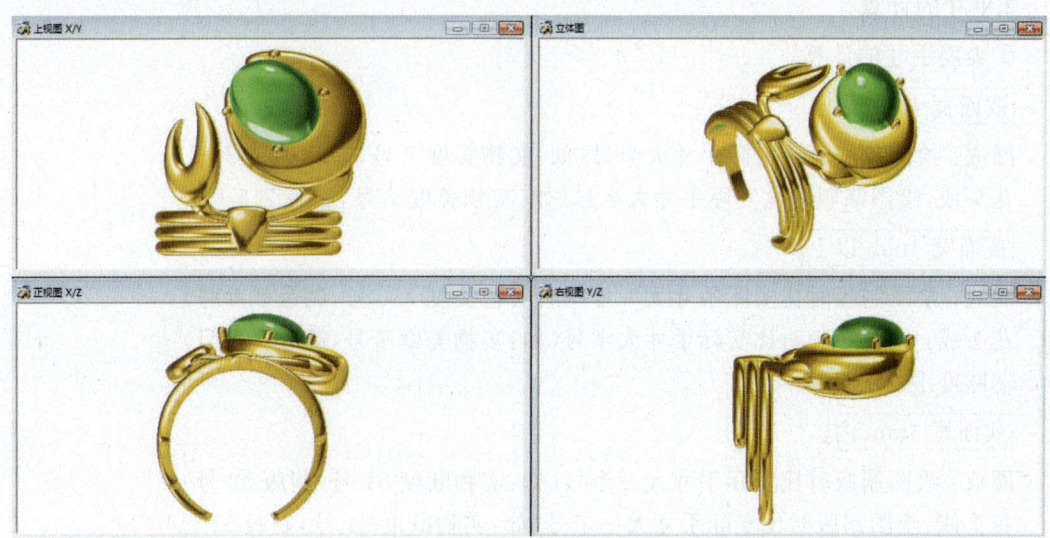

图 4-14-25 最终效果

附录1　制版缩水计算方法

在本书前面的实例练习中,大多以做货为主,建模首饰一般根据石头定制,喷蜡倒模后仅此一件,不用过多的考虑缩水问题。而在商业化首饰批量生产时,则需要制版建模,考虑到制版后续加工过程较多会有一定损耗,因此在电脑绘图时就要考虑到缩水的计算。

1.面宽的计算 (单位:mm)

实际金面宽10mm以内:制版 $10+0.3\sim10+0.5$

实际金面宽10mm以上:制版 $10\times1.03\sim10\times1.05$

2.手寸的计算

①美度手寸的计算

戒面宽4mm内

圈戒:绘图制版时比实际手寸大半号(如:实物美度7号,制版7.5号)

花头戒:绘图制版时比实际手寸大半号(如:实物美度7号,制版7.5号)

戒面宽4mm以上

圈戒:绘图制版时比实际手寸大一号(如:实物美度7.5号,制版8.5号)

花头戒:绘图制版时比实际手寸大半号(如:实物美度7号,制版7.5号)

②欧度手寸的计算

戒面宽4mm内

圈戒:绘图制版时比实际手寸大一个号(如:实物欧度51号,制版52号)

花头戒:绘图制版时比实际手寸大一个号(如:实物欧度51号,制版52号)

戒面宽4mm以上

圈戒:绘图制版时比实际手寸大二个号(如:实物欧度52号,制版54号)

花头戒:绘图制版时比实际手寸大一个号(如:实物欧度51号,制版52号)

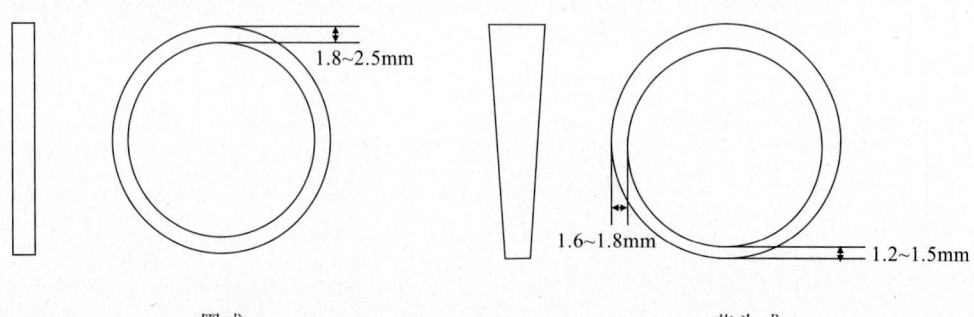

圈戒　　　　　花头戒

3.戒圈厚度：

圈戒：厚度 1.8～2.5 mm

花头戒：肚底厚度：1.2～1.5mm　　中肚厚度：1.6～1.8mm

附录 2　爪镶制版数据分析图

圆刻面宝石爪镶：

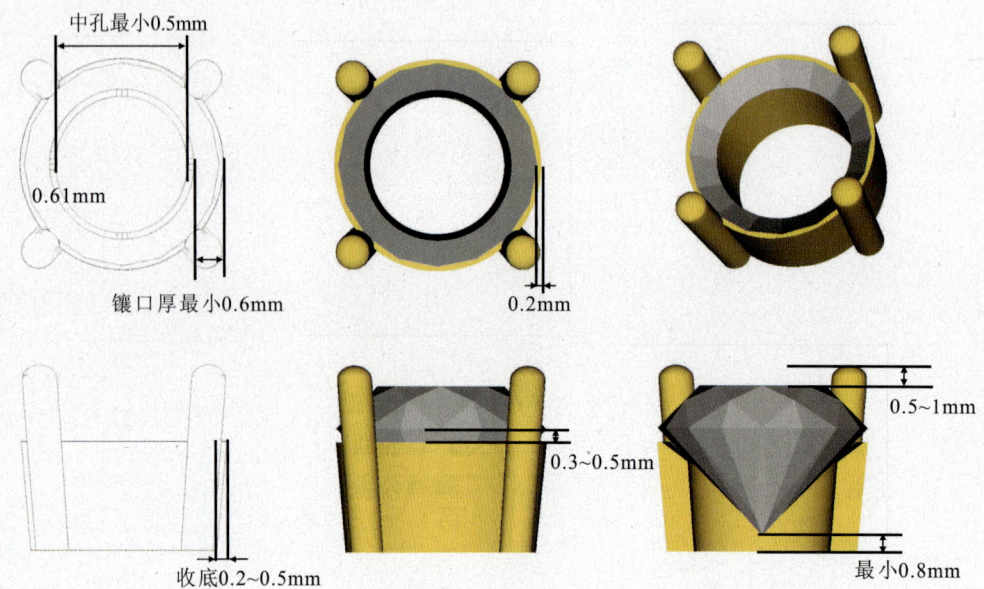

不同刻面宝石爪镶：

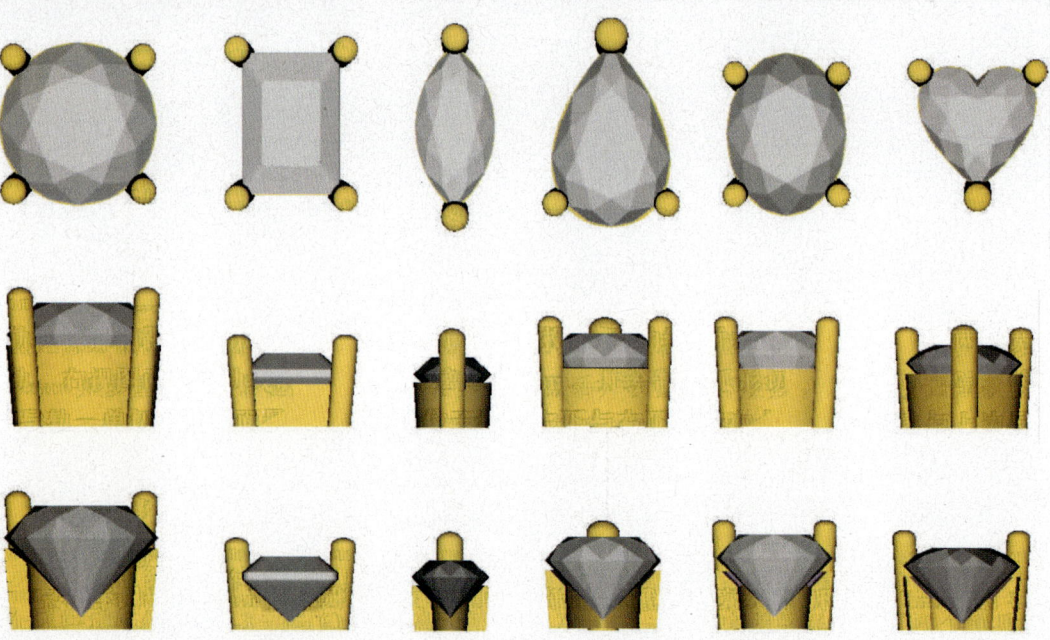

附录3　包镶制版数据分析图

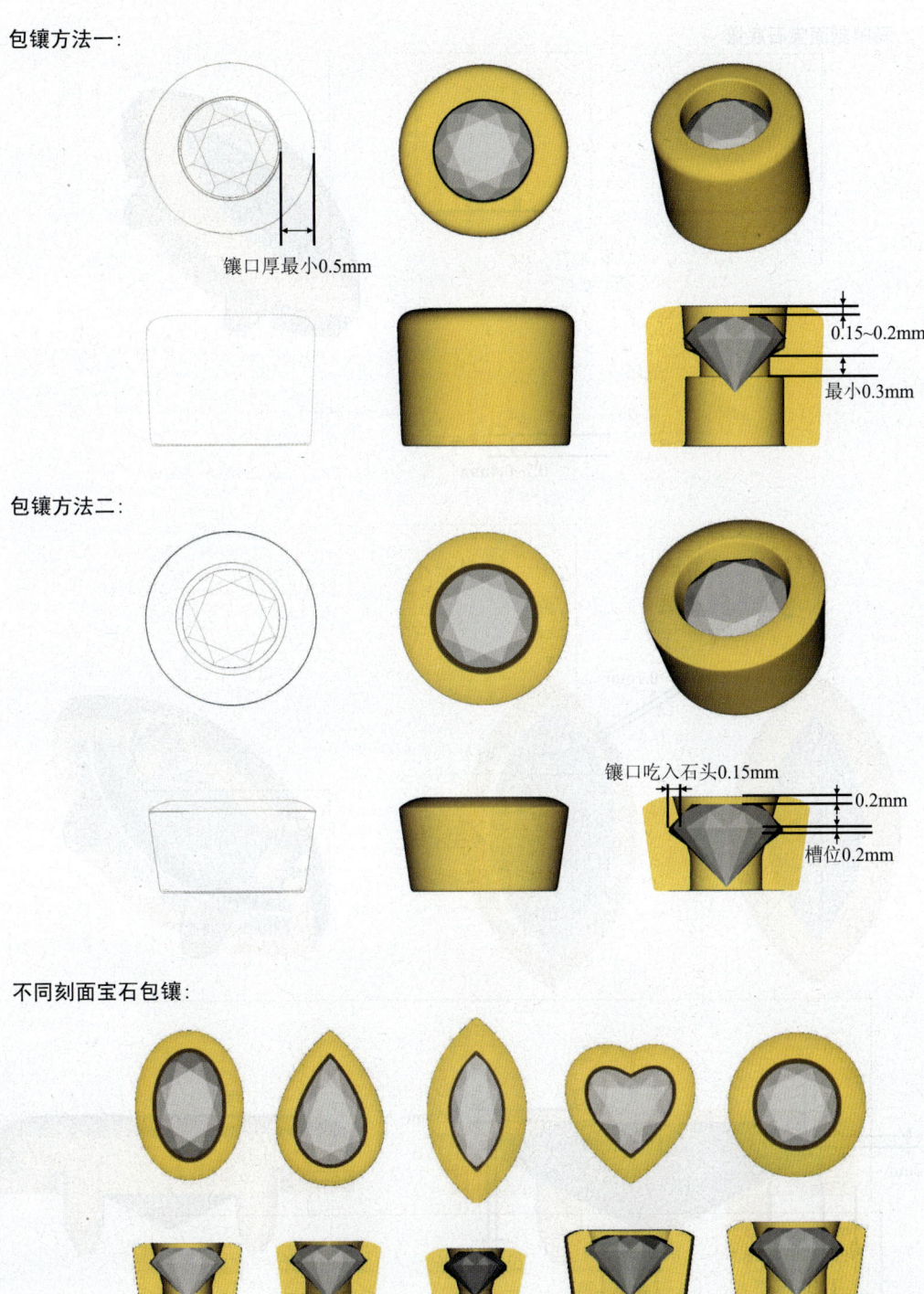

附录 4　底镶制版数据分析图

马眼刻面宝石底镶：

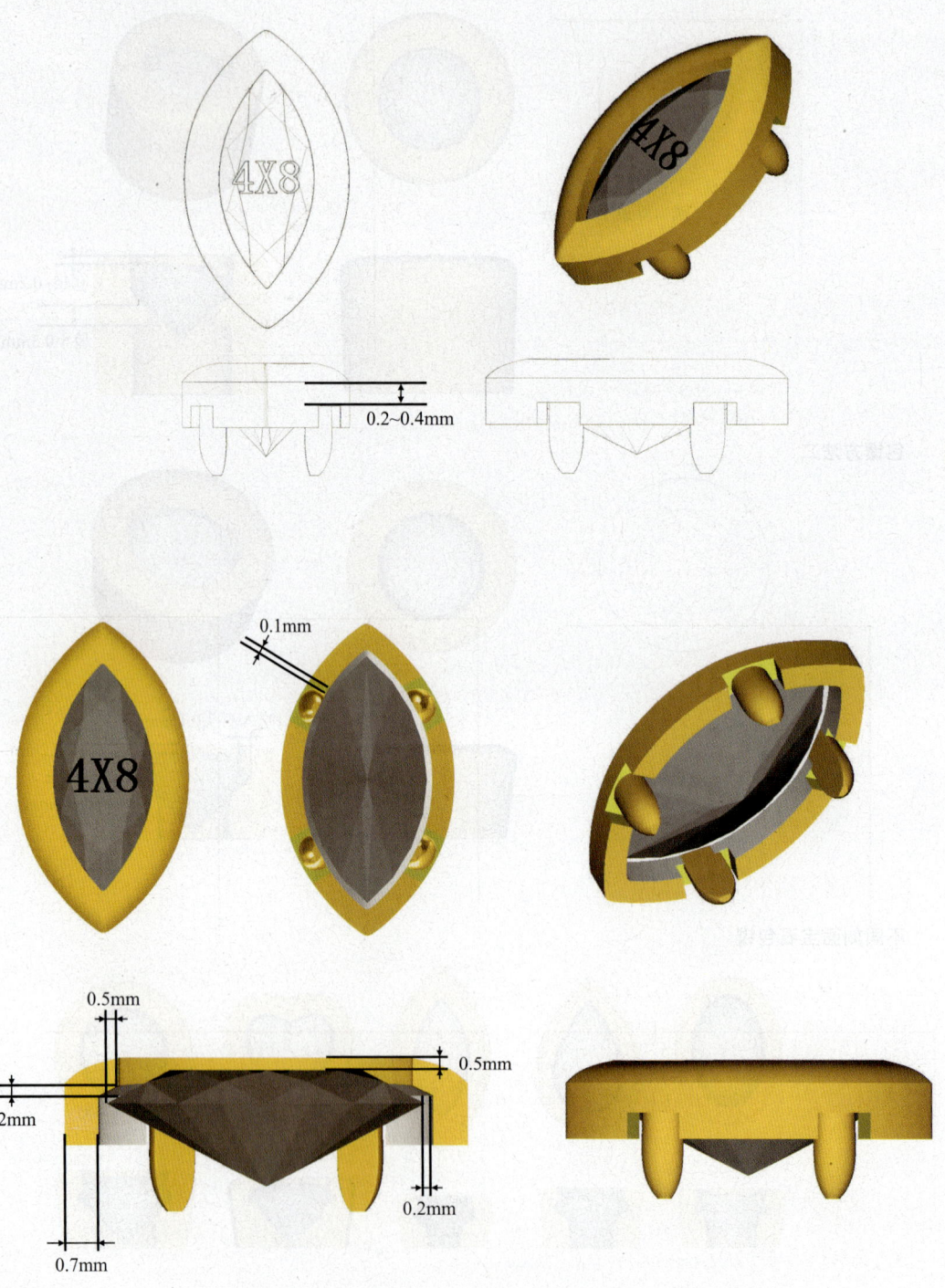

附录 5 面种钉镶制版数据分析图

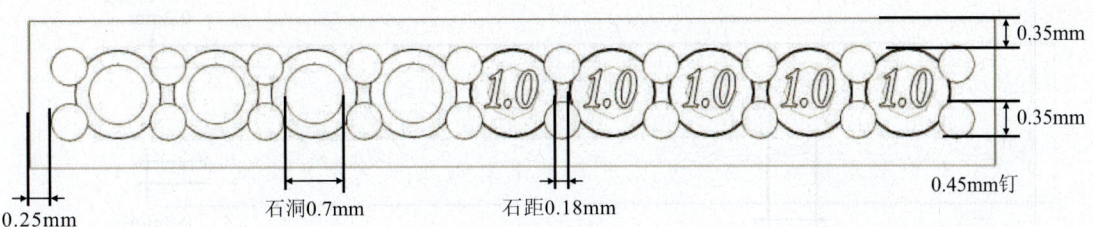

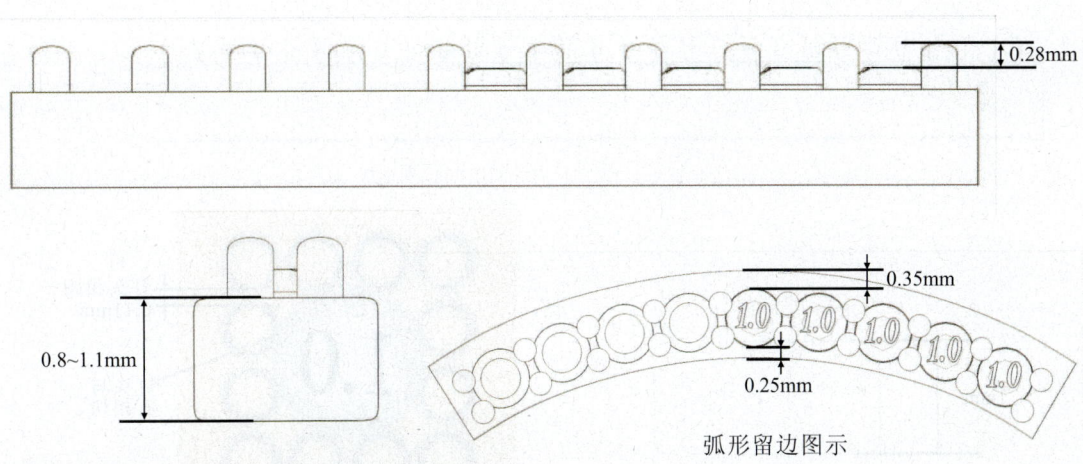

弧形留边图示

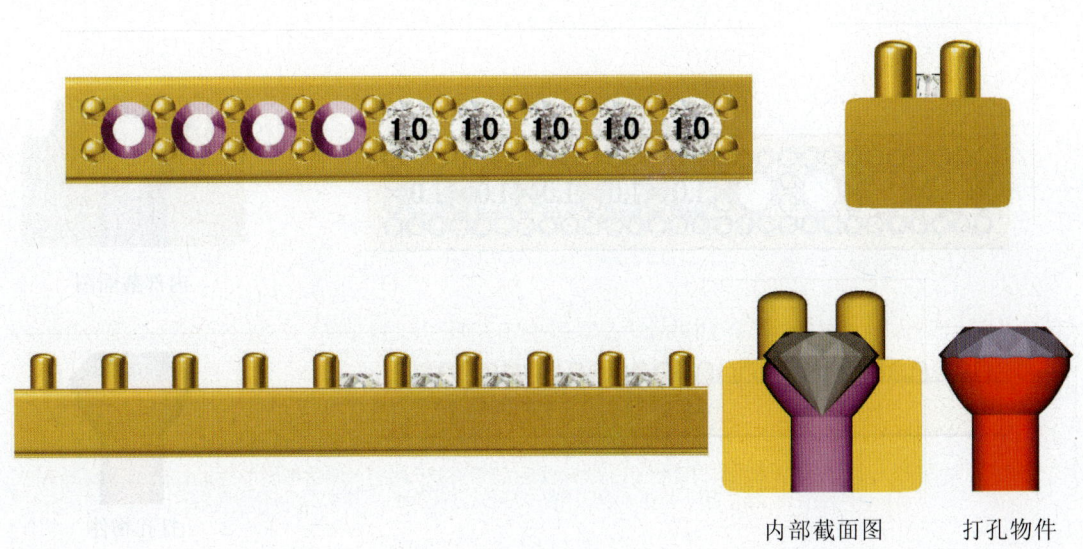

内部截面图　　打孔物件

附录6 面种格子镶制版数据分析图

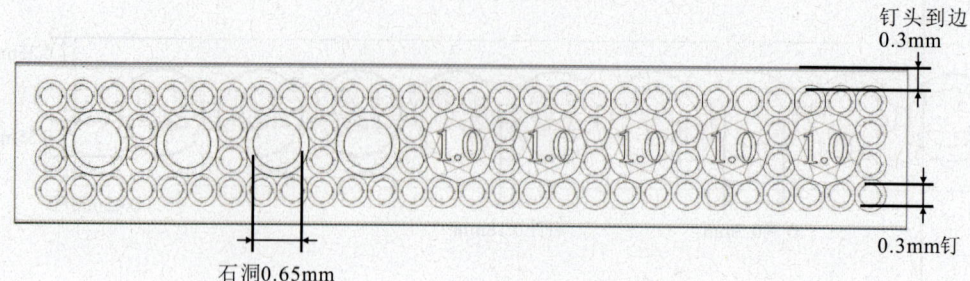

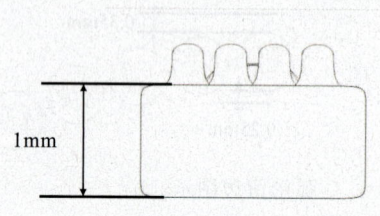

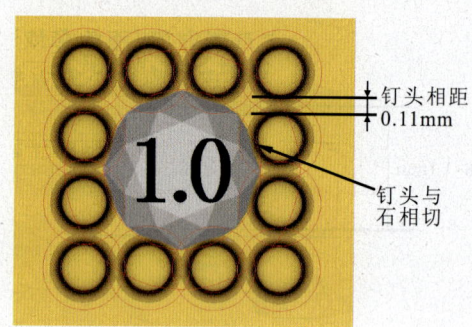

局部示意图

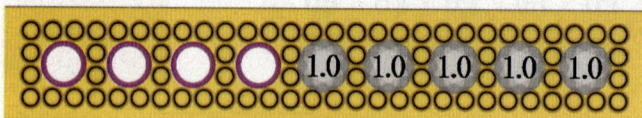

内部截面图

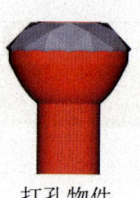

打孔物件

附录7　虎爪微镶制版数据分析图

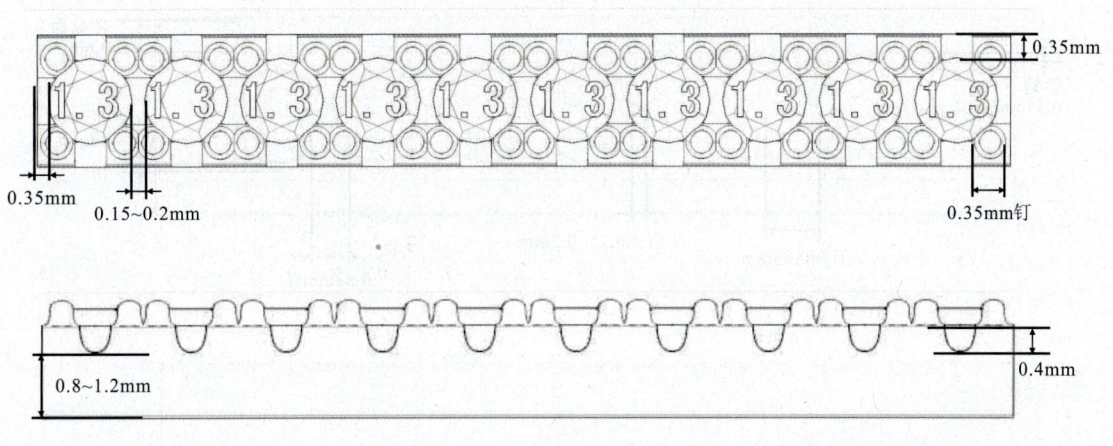

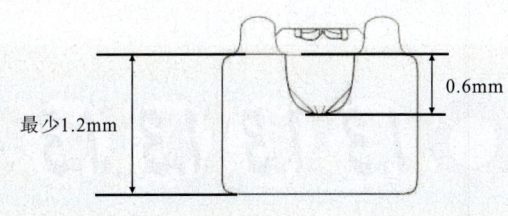

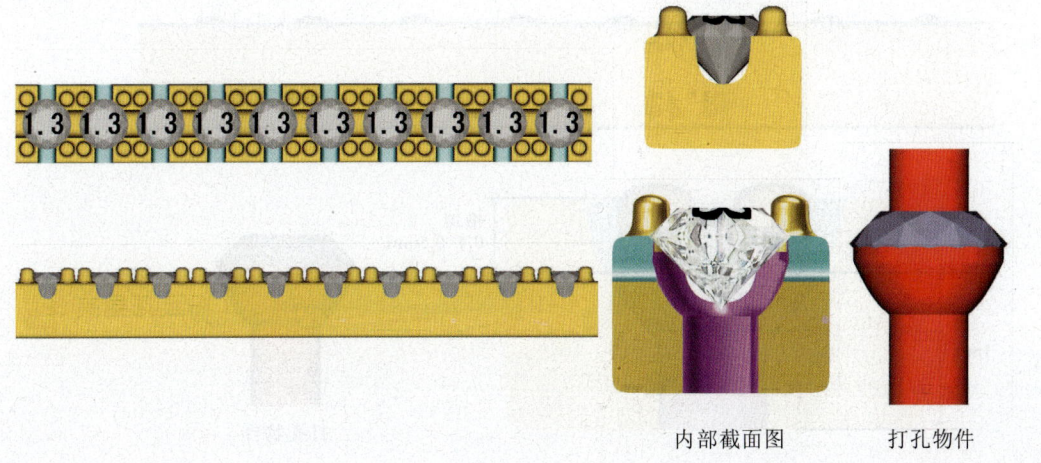

内部截面图　　打孔物件

附录 8　铲边钉镶制版数据分析图

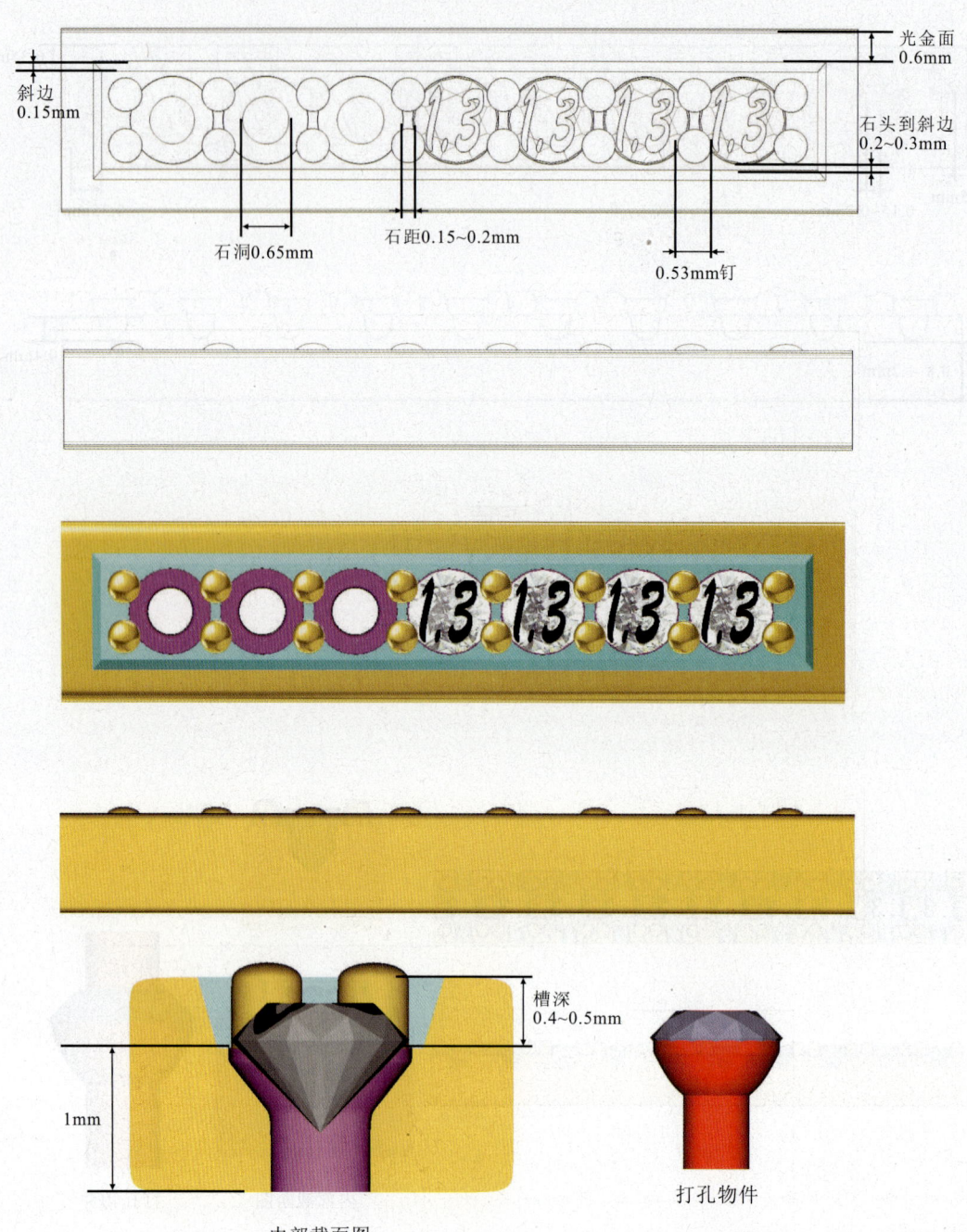

附录9　方石逼镶制版数据分析图

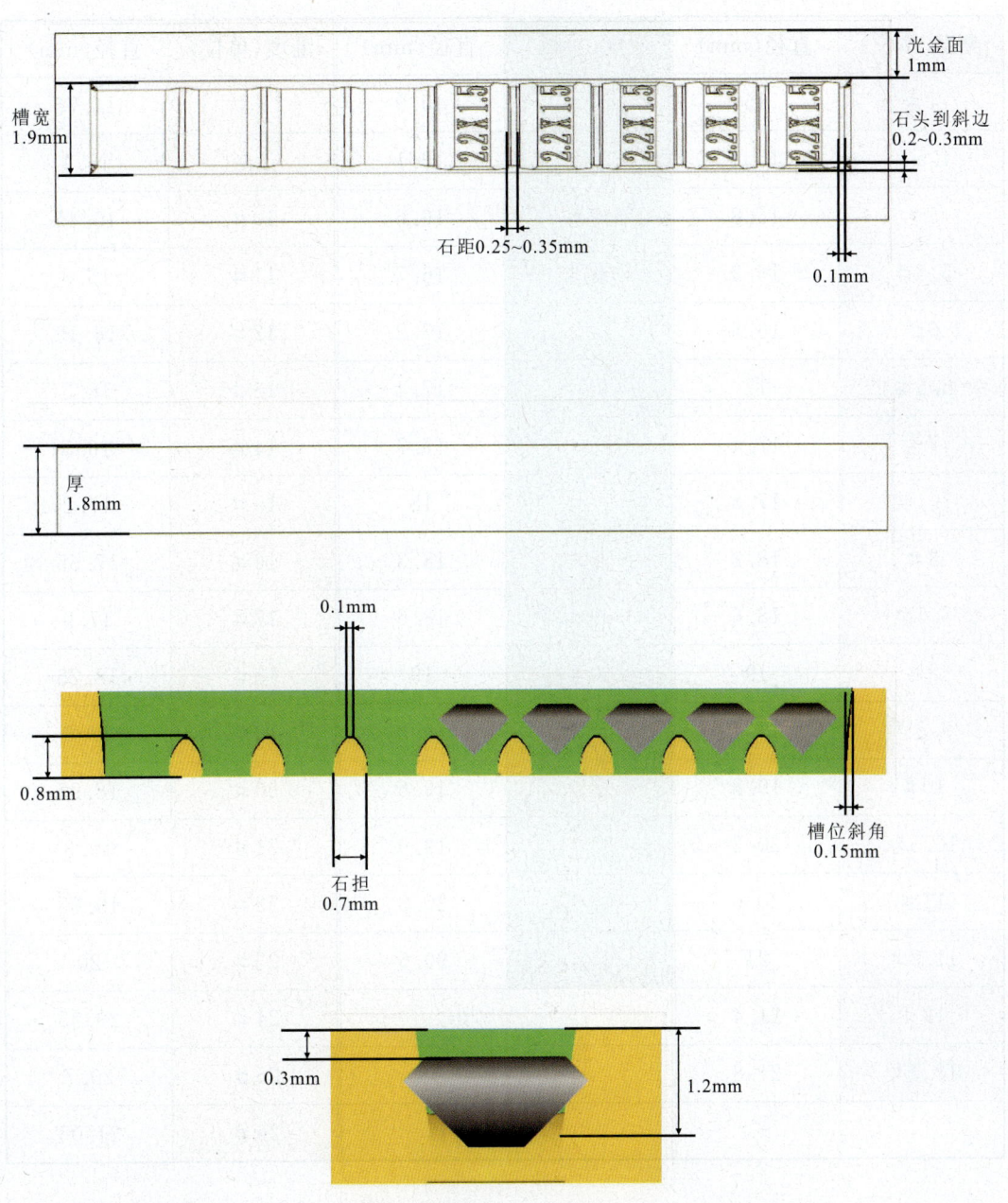

附录10 常用手寸转换毫米直径表

美度(单位)	直径(mm)	欧度(单位)	直径(mm)	港度(单位)	直径(mm)
4#	15	50#	15.9	8#	14.75
4.5#	15.4	51#	16.1	9#	15.1
5#	15.8	52#	16.6	10#	15.45
5.5#	16.2	53#	16.7	11#	15.8
6#	16.6	54#	17.2	12#	16.15
6.5#	17	55#	17.4	13#	16.5
7#	17.4	56#	17.7	14#	16.5
7.5#	17.8	57#	18	15#	17.2
8#	18.2	58#	18.3	16#	17.55
8.5#	18.6	59#	18.6	17#	17.9
9#	19	60#	19	18#	18.25
9.5#	19.4	61#	19.2	19#	18.6
10#	19.8	62#	19.6	20#	18.95
10.5#	20.2	63#	19.9	21#	19.3
11#	20.6	64#	20.3	22#	19.65
11.5#	21	65#	20.5	23#	20
12#	21.4			24#	20.35
12.5#	21.8			25#	20.7
				26#	21.05

主要参考文献

张荣红.电脑首饰设计[M].武汉:中国地质大学出版社,2012.
李天兵.首饰 CAD 及快速成型[M].武汉:中国地质大学出版社,2009.
王晨旭,刘炎.JewelCAD 珠宝设计实用教程[M].北京:人民邮电出版社,2010.